U0219052

LUMINAIRE

光启

守 望 思 想　　逐 光 启 航

动物与人

李鉴慧 著　　曾琬淋 译

为动物而战

19世纪英国动物
保护中的传统挪用

MOBILIZING TRADITIONS
IN THE FIRST WAVE
OF THE BRITISH
ANIMAL DEFENSE
MOVEMENT

上海人民出版社　光启书局

"动物与人"总序

陈怀宇

"动物与人"丛书是中文学界专门探讨动物与人关系的第一套丛书，尽量体现这一领域多角度、多学科、多方法的特色。尽管以往也有不少中文出版物涉及"动物与人研究"的主题，但"动物与人研究"作为一个新领域在中文学界仍处在缓慢发展之中，尚未作为一个成熟的独立学术领域广泛取得学界共识和公众重视，这和国际学界自 21 世纪以来出现的"动物转向"（the Animal Turn）学术发展较为不同。在国际学界，以动物作为主要研究对象的相关研究有诸多不同的提法，如动物研究（Animal Studies）、历史动物研究（Historical Animal Studies）、人—动物研究（Human-Animal Studies）、批判动物研究（Critical Animal Studies）、动物史（Animal History）、动物与人研究（Animal and Human Studies）等。由于不同的学者训练背景不同，所关心的问题也不同，可能会出现很多不同的认识，然而关键的一点是大家都很关心动物作为研究对象所具有的主体性和能动性，并由此出发而重视动物在漫长的人类历史上所扮演的重要角色和发挥的重要作用，而不是像动物研究兴起以前一样将动物视为历史中的边缘角色。我们并不认为这套丛书的出版可以详尽地讨论不同学者使用的不同提法及其内涵，并解决这些讨论所引发的争论，而是更希望在这套丛书中包容不同的学术思路以及方法，尽可能为读者展现国内外学界的新思考。为了便于中文读者阅读接受，我们称之为"动物与人"，侧重关注人类与动物在历史上的互动互存关系，动物如何改变人类历史进程，动物在历史上如何丰富了人类的政治、经济和文化生活等。这套丛书收入的研究虽然以近些年的新著为主，但不排除译介一些重要的旧著，也会不定期将一些颇有旨趣的研究论文结集出版。

在过去二十多年中，全球性的动物与人研究可谓方兴未艾，推动人文和社会科学朝着多学科合作方向发展，不仅在国际上出现了很多相关学术组织，不少丛书亦应运而生，学界同道也组织出版了相关刊物。比如，英国学者组织了全国性动物研究网络（British Animal Studies Network），每年轮流在各个大学组织年会。澳大利亚学者也成立了动物研究学会（Australian Animal Studies Association），出版刊物。美国的动物与社会研究所（Animals and Society Institute）成立时间较早，也最为知名，其旗舰刊物《社会与动物》（Society and Animals）在学界享有盛誉。除了这些专门的学术组织之外，传统学会以及大学内部也出现了一些以动物研究为主的小组或研究机构，如在美国宗教学会下面成立了动物与宗教组，而伊利诺伊大学、卫斯理安大学、纽约大学等都设立了动物研究或动物与人研究所或研究中心，哈佛法学院下面也有专门的动物法律与政策（Animal Law and Policy）研究项目。欧洲大陆的奥地利因斯布鲁克大学和维也纳大学、德国卡塞尔大学等都出现了专门的动物研究或动物与人研究组织。有一些学校还正式设立了动物研究的学位，如纽约大学即在环境研究系下面设立了专门的动物研究学士和硕士学位。一些出版社一直在出版动物研究或动物与人研究丛书，比较知名的丛书来自博睿、帕尔格雷夫·麦克米兰、约翰·霍普金斯大学出版社、明尼苏达大学出版社、哥伦比亚大学出版社等。专门探讨动物研究或动物与人研究的相关期刊则多达近二十种。与之相比，中文学界似乎还没有专门的研究机构，也没有专门的丛书和期刊，尽管在过去一些年里，不少重要的著作都被纳入一些丛书或以单部著作的形式被介绍到中文学界而广为人知。可喜的是，近两年一些期刊也组织了动物研究或动物史专号，如《成功大学历史学报》2020年第58期推出了"动物史学"专号，《世界历史评论》2021年秋季号推出了"欧亚历史上的动物与人类"专号。有鉴于此，我们希望这套丛书的出版，能推动中文学界对这一领域的重视。而且，系统性地围绕这个新领域出版中文新著新作也可以为愿意开设"动物史""动物研究""全球动物史""亚洲动物史""东亚动物史""动物科技史""动物与文学""动物与环境"等新课程的高校教师们提供一些可供选择的指定读物或参考书。而对动物研究感兴趣的学者学生乃至普通读者而言，他们也可以非常便捷地获得进一步阅读的文献。

正因为动物与人研究主要肇源于欧美学界，这一学术领域的发展也呈现出两个特点：一是偏重于欧美地区的动物与人研究，二是偏重于现当代研究。动物与人研究的兴起，因为受到后殖民主义、后现代主义的影响，带有浓厚的后人类主义趋向，这也使得一些学者开始反思其中的欧美中心主义，并批判启蒙运动兴起以来过度重视人文主义所带来的人类中心主义思想趋势。因此，我们这套丛书也希望体现自己的特色，在介绍一些有关欧美地区动物与人研究的新书之外，也特别鼓励有关欧美以外地区动物与人的研究，以及古代和中古时期的动物研究，以期对国际学界对于欧美和现当代的重视形成一种平衡力量，体现动物与人关系在社会和历史发展中的丰富性和多元性。我们特别欢迎中文学界有关动物与人研究的原创论述，跨越文学、历史、哲学、宗教、人类学、社会学、医疗人文、环境研究等学科的藩篱，希望这些论述能在熟悉国际学界的主要成就基础之上，从动物与人研究的角度提出自己独特的议题，打通文理之间的区隔，尽可能利用不同学科的思想资源，作出跨领域跨学科的贡献，从而对更为广泛的读者有所启发。

动物从来就是我们生活中不可或缺的一部分，动物研究的意义从来就不只是局限于学术探讨。作为现代社会的公民，每个人都有责任了解动物在人类历史长河中的地位和意义。人类必须学会和动物一起共存，才能让周围环境变得更为适合生活。特别是今天生活在我们地球上的物种呈现出递减的趋势，了解动物在历史上的价值与发展历程也从未像今天一样迫切。无论读者来自何方，有着怎样的立场、地位和受教育水平，恐怕都不能接受人类离开动物孤独地生活在这个星球之上。这套丛书也希望提供给普通读者一个了解动物及其与人类互动的窗口，从而更为全面地理解不同物种的生存状况，带着一种理解的眼光看待和对待那些和我们不一样却不能轻视的物种。

目 录

推荐序：一部宏观的动物保护运动史

钱永祥

在我研读动物伦理的过程中，由于伦理学或者道德哲学一向被视为一种自主、独立的哲学思考，我出于专业习惯，也就专注于西方当代动物伦理学的基本著作，努力掌握其中的问题、概念、论证。由于当代的动物伦理学无一不是寄身在亚里士多德、康德或者效益主义（utilitarianism）等所谓三大传统之中，所以我也必须回头去更深入地了解西方两千年来的道德哲学史。当然，有时候有动物保护团体邀请我去跟关心动物的"一般人"谈动物伦理学，我也会注意到这些哲学思考应该如何联系到多数人的日常动物经验上。但是整体而言，我眼中的动物伦理学，一直是一个孤立而自足的哲学领域。

到了我想以动物伦理为题撰写一本书的时候，我才意识到，如果不交代当代动物伦理学的历史背景，不先大致说明在人类中心主义笼罩西方的道德、伦理思想两千年之后，为什么会出现"动物伦理"这种突破性的问题意识，那么我所讲述的动物伦理只是一种没有来历、没有根源的哲学空中楼阁。事实上，借着18世纪的人道主义文化提供了情感和思想上的源头，借着法国大革命之后19世纪英国的社会改革运动提供了对社会中弱势群体的关怀，加上这些运动所高举的平等和扶助弱者等价值理念提供了具体的号召，动物保护运动才在这些因素共同促成之下得以诞生。也借着这些源头所供应的哲学论述，动物伦理才挣脱了传统道德思想的人类中心遮眼罩，把动物纳入了道德关怀的范围。

当代动物伦理学，是借着20世纪最后30年的社会改革浪潮才重新出发的，显然有其历史的背景。不过19世纪英国的动物保护运动，已经充分说明了动物伦理学的历史来历。我的《人性的镜子：动物伦理14讲》的繁体中文版，特别以"动物伦理的历史与哲学"作为副书名，就是希望凸显动物伦理除了是哲学思辨，也有其历史的来路。在这本入门所用的小书中，我只能简略提到19世纪英国的社会改革运动和其中的动物保护运动，点到为止，所言只是最简单的轮廓。

如今，中文世界终于有了一本完整研究19世纪英国动物保护运动的史学专著。李鉴慧教授这本《为动物而战：19世纪英国动物保护中的传统挪用》脱胎自她的博士论文，先以英文在英国出版，广受学界好评。现在由曾琬淋女士译成忠实、流畅的中文，对关心动物保护的读者会有直接的帮助；但即使你的兴趣并不在于动物，而在于一般的思想史、社会运动史，也不能不参考这本由于关注范围广阔，不啻维多利亚时代的英国思想史、社会史的重要著作。

翻读本书，你会注意到19世纪英国动物保护运动所"挪用"的思想传统之多样，以及这些传统本身的思想重量和质量：基督教、激进政治、"自然史"（近代中国人称为"博物"）、演化思想，以及文学的传统。这些传统本身无一不具有重大的思想史意义，而动物保护运动以新生挑战者的姿态，大胆地取用这些思潮中的各种成分滋养自己，也与这些思潮中歧视动物地位的力量对抗。这段历史充分说明，动物保护意识注定要扎根在整个社会的文化、风土之上，和社会生活的方方面面纠结在一起；它是社会的一个部分，吸吮着社会的文化成就，承接了社会当下的种种成见，但又要设法挑战成见，甚至为社会再造一种新的人道主义传统。

李鉴慧教授指出，从这个角度看，英国动物保护运动并不如一般史家所言，单纯是早先欧洲思想启蒙运动的后续，也不能简单说是工业社会急遽变迁发展的被动产物；相反，"挪用"一词是要强调动保运动的主体性，它的"中介角色"和"历史能动性"。这可能是本书最主要的论点，也决定了本书在历史方法论上的独特取径，这一点须请读者注意。

本书另一个重要的启示就是，动物议题，并不只是人类如何以人道的方式对待动物的问题。当代动物保护运动在20世纪70年代复苏时，主要的几本著作皆是由哲学家所撰写，于是一时之间动物伦理学似乎成为动物议题的核心。这当然很合理：毕竟，人类关于动物地位的种种成见、偏见，两千年来几乎完全是由西方哲学传统所塑造定型，由道德哲学家提供各种理由来支持的。因此，要突破人类对动物的歧视，势必也要由道德哲学家从伦理学内部揭竿起义。彼得·辛格在这一点上有着莫大的贡献。但是如19世纪动物保护运动的先例所示，伦理只是问题的一个部分，纵使是其核心的部分。动物问题牵涉社会生活的方方面面，牵涉人类的文化、情感、理性、信仰等整体人性的每个角落。这也是为什么一如"文化研究""性别研究"，必须有"动物研究"这个跨学科的领域出现，才能充分处理人类与动物的复杂关系。

　　以上所言，着眼在李鉴慧这本书的宏观意义上，希望有助于读者了解到本书的主题是有其宽广的历史和理论脉络的，在阅读时更能读出书里在多个方面的内涵。至于这本书本身在架构上的完备，在论证上的严谨，在写作上的流畅，乃至于作者长年深入英国各大图书馆查阅堪称"海量"的档案、报刊、历史文献，以及将近百年来无数学者的研究成果，其数量和巨细靡遗令人叹服，都无法在此逐一论及。这些，我必须留给专业的历史学家去判断了。

钱永祥

2024 年 6 月于南港 / 汐止

中文版序

近数十年来，随着动物伦理思潮的勃发，以及人类世危机所引发的对人与其他物种关系的检讨的盛行，学术界也兴起一股"动物转向"（the animal turn）思潮，理解到学术无法将动物排除于人类对生存世界的认识与反思之外。我的这部著作亦是这股时代思潮下的产物。

本书原名 *Mobilizing Traditions in the First Wave of the British Animal Defense Movement*，被列入帕尔格雷夫·麦克米伦（Palgrave Macmillan）的"动物伦理书系"（Animal Ethics Series），于 2019 年出版。出版之后，有幸获得 2020 年第九届"中研院"人文及社会科学学术性专书奖。以下仅借用当时所写的简介，或可为初拾这本书的读者提供先行的认识。

本书探讨"动物研究"（Animal Studies）自兴起以来的一个核心主题——动物伦理思想与动物保护运动（以下或简称动保运动）的发展。它聚焦于全球最早的一场动保运动——英国 19 世纪的反虐待动物与反动物实验运动。在相关著作中，本书的贡献在于首次系统性地检视英国近代动保运动所挪用*的思想传统，包

---

* 原文为 mobilizing，意为挪用、动员、调用等。中文版译为"挪用"，指的是人们有意识地选取并运用各种传统思想资源以达到自身追求的某特定目标的行为，词义中性，不带贬义。* 号均为译者注，下同。

括基督教传统、激进政治传统、自然史传统、演化思想与文学传统，并勾勒出运动的基本轮廓，呈现其主要目标、行动、策略、组织动员与重要里程碑。当中论及的动物议题包括动物实验、牲畜虐待、役用动物处境、竞技性动物表演、屠宰与素食、狩猎运动、鸟类保护等，整体描绘出百年间一场深具维多利亚时代社会主流意识形态的运动，如何通过与时代环境的互动，以及对于智识与文化传统的积极介入，在意识形态上更趋多元，也在目标、论述与行动策略上更趋激进，最终带动时代文化价值的转变，产生实际立法成果，也为今日的全球性动保运动奠定了部分基础。

在取径上，本书跳脱传统社会经济结构论的历史解释，也跳脱思想史的传统研究模式。它不将动保运动视为社会经济结构及文本结构下的产物，而是将之视为一个具有主体性的社群，考察其如何依据自身需要，选择性地挪用19世纪的重要智识与文化传统。各章节逐一考察运动如何通过选择、诠释与传播的过程，援用传统的思想、道德与文化资源等，以促进运动各项动员工作与目标的实现，并参与这些传统的再造。这一理论视角受惠于后结构主义浪潮、新文化史中的接受理论，以及剑桥思想史学派。在知识论层面，它认为意义并非来自语言或文法结构本身，而是产生于特定时空、语境脉络下的"用"。这一认识论的转变，可使人们对于文本或思想多义性的掌握更为全面，也有助于发掘不同"利益群体"或"诠释社群"面对支配性的文化结构时，尚能展现的一定能动性与文化创造力。

就这本书而言，其处理思想传统的模式，除了可破除当代动物伦理讨论中对于特定传统的固有认知（如达尔文主义与基督教传统对运动所具有的"必然"正面或负面的影响），亦有助于提倡一种主动性的（pro-active）历史意识，凸显智识传统的可塑性与历史行动者的文化改造力，以使它们持续发挥更大的现实影响力。不论是对于可供运动介入的智识与文化传统，抑或是对于历史书写，我的这本书最终所想要强调的精神，不外乎 E.P. 汤普森所言："过去并非已故、不具活力或具有限制性，它带有各类隐兆、征象以及创造性资源，可供我们维系今日、昭示未来的可能。"

在人与自然、人与科技的关系不断召唤激进反省的"人类世"与"后人类"时代，我的这本书紧扣"物种关系"这一关键的权力主轴，回归历史上第一场人类对待动物的集体反省与行动。其内容可供学术界探索今日动保运动的历史起源并反思其发展轨迹，其独特视角所凸显的传统可塑性与行动者创造力，亦盼能为今日动保运动的持续发展提供激励与指引。

这是一段直接而正面的内容陈述。当然，若论及个人更为内在的写作心声，包括心中的感念，当时所写的获奖感言或可作为一段交代：

这部著作源起于博士论文。从初识主题至专书出版，转眼间这研究竟以不同的方式伴随了我逾二十载。在这之中，没有一定的执念，不会有此出版。我在这过程中自然也经常有着怀疑：这故事值得讲述吗？值得花费大段人生岁月与气力改写吗？

但我心中始终留存着这么一段记忆，那是在异地求学的日子。强调研究与生命相联结的指导教授曾经问道，我人生中最为关切的是什么东西？青涩的我没有迟疑地说——世上痛苦的减少。如今烦恼多了，我不知道自己是否还会那么直截地回答这个问题。唯一还能确知的，是这个答案与这本著作有着某种微妙联结。而这部著作最终得以出版，也让我心中仿佛卸下了一块大石，了却了一桩惦念，并也获得某种能量，允我向前。

当然，这些个人心事置于无边的现实问题之前，终是无用得可笑。本书的问世与获奖，自也无甚得以多说。但如果这样一部作品仍旧具有某种微渺的意义，也终非成就于我个人。如同地球生灵无法独存，这段写作背后始终仰赖着绵延助力。始终温暖如家的辅仁大学、自求学阶段即宽大包容我如野生动物般存在的成功大学、长年以来任我予取予求的知识宝库剑桥大学、提供研究实质后勤资源的"科技部"，都是重要的结构性支持。然而，与这段书写存在某种更为重大的"关系性能动性"的，当是那群我有幸认识，于历史，于世俗，曾经因受苦动物而哀伤、奔走的朋友们。因为他们，这些故事才终而得以述说，并也再获新生。

在如此心境之下，我原以为，这本书与我的关系或许就此告一段落，其造化或许就留待其品质与时代需求共同决定了。

但是想不到，光启书局欲组织一套"动物与人"丛书，在丛书主编、美国亚利桑那州立大学陈怀宇教授的邀请下，这本书竟然有了以中文问世的可能性。动物保护无国界，人与动物的伦理关系更是一个全球性的议题。面对以全球最多使用者语言出版的可能，我自是乐见其成。特别是，作为一部面向当世境况的著作，即便知道此书力量有限，仍是期盼其能够不仅仅是个人简历上一条冰冷的书目资料信息，还能是一部持续在当代产生影响的作品，尤其是在个人心之所属的更大的中文世界。

与此同时，仿如注定般的缘分，在寻找译者的工作上，我幸运地获得了曾琬淋女士爽快的应允。曾琬淋女士来自香港，是位关切动物伦理议题的倡议者、翻译工作者，亦是《何以爱物：动物伦理二十讲》这部伦理著作的作者。更早前，我们因为《中华文化中的动物》这篇短文的翻译而结识，虽未曾谋面，但也自此成为心灵之交。能够获得具有同等心志者的翻译协助，对我个人而言，自是意义重大，仿如一份纯粹心念之得以延续。在翻译期间，我们为谋求海峡两岸暨香港皆能理解的共同用语而反复沟通，只为文字与思想得以无碍传播。但在彼此的同心支持下，一切烦琐亦是甘之如饴。

如今，在此书中文版本终于得以问世之际，除了必须感谢陈怀宇教授和肖峰老师的美意促成，以及我所敬重的钱永祥教授为本书所写的推荐序，更得感谢文字摆渡者曾琬淋女士两年来的心力付出，以及对我经常性延迟的包容。最终，不论结果如何，我相信琬淋与我会同心认为，我们尽力了。也期盼因为琬淋的努力，关注动物处境以及人与动物共生的星球未来的各界读者，能有机缘翻阅此书，并各依自身需要，汲取历史传统中同等丰富的资源。

译者序

　　每当有人在中国社会论及动物权，甚或只是动物福利时，不免有反对者驳以"动物保护不适合中国""中国人不讲动物权"等话语，以致有人误以为中华文化与动物保护的传统无关。然而，真是如此吗？李鉴慧老师这本书告诉我们："任何思想或传统实不具单一意义、固定影响或绝对的支配力量。"英国是当今世上数一数二的拥有相对完善动物福利保障的国家之一，难道这是因为英国人的血液中就流淌着爱护动物的文化基因？他们的文化传统就必然导致善待动物的想法与行为？非也。正如李鉴慧老师在书中所言，思想传统在成为能带动改革的资源之前，还须依靠历史行动者在适当背景下，以合适策略，主动挪用与反复诠释——有如食材不会自动成为菜肴，厨师的角色至关重要。

　　本书讲述了在英国首场动物保护运动中，一众运动者如何使尽浑身解数，挪用其自身传统资源的历史。然而，书中内容其实与身处任何一方的动保关注者息息相关。依我所见，中国内地的动保进程也正经历与英国当年类似的阶段。正如英国动保运动者曾广引基督教传统，以求寻得各阶层的大量基督徒之支持，此时中国的动保人士也开始积极援引儒道二家乃至佛家的经典语句，希望以之作为切入点，引起大众的文化共鸣。孟子说过："君子之于禽兽也，见其生，不忍见其死；闻其声，不忍食其肉。"《庄子》中亦有反对驯马、养鸟的篇章；佛教传入中国后也特别提倡慈悲戒杀。这些足以证明，同情动物痛苦、尊重动物本性的思想，早就存在于中华文化长河之中。又正如济慈、华兹华斯的诗词曾引起英国人的恻隐之心，苏轼的"我哀篮中蛤，闭口护残汁；又哀网中鱼，开口吐微湿"、白居易的"劝君莫打三春鸟，子在巢中望母归"，也在上千年后的今天被引用来将"关爱动物"建构为一种高雅情感。中国的动保人士想必可以从英国人为动保事业动员传统的经验中找到共鸣之处，并从中借鉴，取长补短，再反思自身的动保策略。更重要的是，李鉴慧老师的研究强调了运动者自身拥有的"能动性"。我们迫切需要意识到此"能动性"所能发挥的强大力量，并主动行使它来造福动物，建设更好的世界。其实，目前我个人的写作计划很大部分也是受到了李老师的大作启发，我亦正尝试探索中国传统的爱物文化资源，希望让前人的爱物思想与美谈，不至于久久沉睡在图书馆一角，而是能够在中文世界重见天日，重新为人所传颂。这些文字不会述说自身，李老师此书给予我勇气，去成为那个诠释者与推广者。

　　我与李鉴慧老师分隔港台两地，多年前因动保而有缘结识。我还曾有幸得蒙李老师为拙著撰写序文。我所认识的李老师，毋庸置疑是一位博学多识、文采出众的学者，同时她也是我在动保路上为数不多的同行者之一。记得 2019 年秋天，我收到了李老师的邮件，问我能否接下此书的中文翻译工作。此前我已拜读过英文原书的其中数章，得知此书将能触及广大的中文读者，实亦十分期待与欣喜。但同时我也深知翻译此著任务之艰巨，生怕自己力有不逮，反而不美。幸而，李老师在最初即表示愿意在译书路上从旁协助，为我排难解惑，我才有信心接下任务。我相信简体中文译本的出版，能推动我国的动物权益讨论，而能为此目标作出贡献，实是我的荣幸。翻译此书对我而言，与其说是一项工作，不如说是一趟学习旅程。李鉴慧老师对我的无限信任与无私指导，使我有幸不用做一个孤独的译者，对此我的感激无以言表。

英文版序

　　此书源起于20世纪90年代我在剑桥大学就读时所写的博士论文。从初识主题至专书出版这些年，我有幸获得了许多人的帮助。我最衷心感激博士导师阿拉斯特·里德（Alastair Reid），当"动物"一词仍会在学术界引来奇异目光之时，他就已全力支持我的研究。多年来，他一直是我的良师益友，我在学术路上的喜悦与困惑，都总能与他分享。同时，我要对安德鲁·林基（Andrew Linzey）深表感谢，我在博士生涯之初即有幸与他相识，他给予了我源源不绝的鼓励和灵感。我还要向这些年来曾在百忙中抽空阅读、评论过我相关研究的以下诸位表达感谢之情：尤金尼奥·比亚吉尼（Eugenio Biagini）、乔纳森·伯特（Jonathan Burt）、钱永祥、戴维·克雷格（David Craig）、戴安娜·唐纳德（Diana Donald）、劳伦斯·高德曼（Lawrence Goldman）、詹姆斯·格里高利（James Gregory）、布莱恩·哈里森（Brian Harrison）、希尔达·基恩（Hilda Kean）、安德鲁·林基、（Rachel Martin）、瑞秋·马丁（Rachel Martin）、詹姆斯·摩尔（James Moore）、詹姆斯·西科德（James Secord）、迈尔斯·泰勒（Miles Taylor）、德博拉·托姆（Deborah Thom）、保罗·瓦尔道（Paul Waldau）、保罗·怀特（Paul White）、克里斯汀·齐默尔曼

（Kristin Zimmerman），以及众多匿名审稿人。我特别感谢希尔达·基恩和菲利普·郝威尔（Philip Howell）慷慨允许我在他们的著作《劳特利奇动物—人类史指南》（*Routledge Companion to Animal-Human History*）出版前阅读其中部分内容。我还要感谢亨利·梭特（Henry Salt, 1851—1939）的遗作管理人——乔恩·温恩-泰森（Jon Wynne-Tyson）允准我查阅梭特未曾公开发表的信件；格雷格·梅特卡夫（Gregg Metcalfe）亦与我分享了他收藏的一些极为珍贵的梭特出版物。以下图书馆和档案馆的管理员亦曾为我提供了专业协助：剑桥大学图书馆、大英图书馆、成功大学图书馆、约翰·里兰斯图书馆（The John Rylands Library）、惠康医学图书馆档案馆（Wellcome Medical Library Archives）、英国皇家防止虐待动物协会档案馆（RSPCA Archives）、英国皇家鸟类保护协会档案馆（RSPB Archives）、蓝十字会档案馆、赫尔大学档案馆（University of Hull Archives）、谢菲尔德公共图书馆档案馆（Sheffield Public Library Archives）和贝特希图书馆档案馆（Battersea Library Archives）。我感谢以下机构允许我重新发表先前已经出版的材料：博睿学术出版社允我引用《基督教、人道主义和慈善事业的结合：19 世纪英国的基督教传统和反虐待动物》（"A union of Christianity, humanity and philanthropy: The Christian tradition and the prevention of cruelty to animals in nineteenth-century Britain"），载《社会与动物》（*Society and Animals*）2000 年第 8 期的部分内容；台湾师范大学英文系允我引用《1870—1918 年英国动物保护运动中的文学挪用》（"Mobilizing literature in the animal defense movement in Britain, 1870—1918"），载《同心圆：文学与文化研究》(*The Concentric: Literary and Cultural Studies, Special Issue on Animals*) 2006 年第 32 卷第 1 期的部分内容；伊利诺伊大学出版社允我引用《维多利亚时代英国反活体解剖运动中的基督教挪用》("Mobilizing Christianity in the anti-vivisection movement in Victorian Britain")，载《动物伦理学杂志》(*Journal of Animal Ethics*) 2012 年第 2 卷第 2 期的部分内容；以及"中研院"欧美研究所 (Institute of European and American Studies, Academia Sinica) 允我引用《一个不自然的联盟？政治激进主义与英国维多利亚时代晚期至爱德华时代的动物保护运动》("An unnatural alliance? Political radicalism and the animal defense movement in late Victorian and Edwardian Britain")，载《欧美研究》(*EurAmerica: A Journal of European and American Studies*) 2012 年第 42 卷第 1 期的部分内容。本书得以问世，我还须感谢科技主管部门为我的书写计划提供了为期三年的资助 (MOST 104-2410-H-006-103-MY3)。借此机会，我亦感谢成功大学历史系和台湾世界史讨论会的众位好同事，多年来能在融洽友好、激励思考的环境中工作与交流，是我莫大的荣幸。此外，我不会忘记选修了"动物"课程的学生，他们对动物议题的青春热情和真诚关切，一直有力地推动着我这方面的研究工作。最后，我感激身处世界各地动物保护组织中默默耕耘的工作者，无论是我有幸得以认识的，还是素未谋面的，在漫长艰辛的写作之路上，他们似乎一直以某种形式与我同行。

导读：为动物挪用传统

19世纪初，一场以改善动物待遇为目标的动物保护运动于
英国悄然萌兴。1824年，第一个反虐待动物协会成立并成功延
续。[1]在接下来的近百年间，数以百计的类似协会及其地方分支
机构亦相继涌现，一场波及英国本土，且影响力远布大英帝国的
动物保护运动也蔚然成形。自18世纪末思想发端，至19世纪初
组织行动，及至一战爆发所带来的运动重大变迁，人类历史上第
一场动保运动在所谓的"漫长的19世纪"（long nineteenth century）
期间，不仅改变了英国大众"看待"和"对待"动物的观念，更
使"善待"动物这一价值观念成为英国国民认同中的一项关键元
素，甚至延续至今。运动中渐次发展而出的各项目标、论点和策
略亦日趋丰富与成熟，并与今天的动保运动具有高度延续性。是
以我们也许可以说，这场萌发于19世纪的动保运动，无疑或直
接，或间接地为今日蓬勃发展于全球各地的动物权益运动，埋下
了根基，也建立了典范。由于这百年事业，在我们所栖居的星球
已然迈入"人类世"之今日，世人已愈来愈越意识到重新审视人
与动物之伦理关系的迫切性。在学界，一个方兴未艾的"动物转
向"趋势更相应而起，既为历史悠久的动保思潮所驱动，更成为
其进一步发展之驱动力。

本书旨在追溯当今动保运动倡议最为关键的前身——英国第一场动物保护运动，通过探讨运动如何挪用英国社会中的各项重要文化和智识传统，包括基督教传统、激进政治传统、演化思想、自然史以及文学传统等，呈现运动的动态形塑历程与社会改造潜能。本书指出，通过挪用 19 世纪丰富而多元的文化与智识传统，第一场动保运动不但完成各项动员任务、推进运动发展，更同时参与这些传统的重构工作，使其进一步在广大社会中协助促进了人与动物伦理关系的发展。如同一场运动无法脱离其时代而自成，一本著作亦是如此，本书便自当代动保运动和相关学术研究中获得了甚多灵感和助力。

19 世纪英国动物保护运动的历史学 *

自 20 世纪 70 年代起，动物伦理在英国渐获重视。个中缘由，不外乎西方世界在此时兴起了又一场激昂的动物解放运动。伴随着运动的勃发，倡议者、评论家与史家也滋生了探讨过往动保运动的兴趣。早期的动保运动往往被视为"现代感性能力"（modern sensibility）的一种展现。在这至今未息的现代感性能力与动保运动史的重建工作方面，不论在学术作品还是大众叙事中，约略可区别出三种解释模式。

第一是思想解释。由于长久以来思想之力量在历史进程中

---

* 简体中文版的本节相比英文原版有一定程度改写。

备受重视，又或者依常理假设，"思想"必然促发"行动"，所以一些学者往往将现代动物保护运动的起源，追溯到近代早期以及启蒙时期以来的智识发展。他们大量引用表达人道主义情感的文学和哲学作品，以及能重构人与动物关系的科学发现等，认定思想所发挥的历史形塑力。[2] 传统思想史普遍侧重"伟大思想家"和"经典著作"的倾向，使得哲学家和科学家诸如勒内·笛卡尔（René Descartes）、杰里米·边沁（Jeremy Bentham）、查尔斯·达尔文（Charles Darwin）等人的观点在历史叙事中备受强调，并被认定直接促成了时代集体思维的转变。第二是社会经济解释。在 20 世纪七八十年代，马克思主义学派的物质决定论，以及受其影响不小的社会经济结构解释观也盛极一时，尤其是在政治史方面，而在动保史领域也不例外。为了解释 19 世纪动保运动的兴起，学者多认为工业化与都市化等社会经济结构性因素是人类转变对于动物的态度的主要促因：工业化使经济主要生产模式不再仰赖动物；都市化使城市人与动物不再有真实接触的机会，逐渐崛起的中产阶级因而转而拥抱宠物；以及社会中上层阶级将其自身价值施加于劳动阶级的霸权控制等。这些被认为共同造成了起源于城市中产阶级的组织化动物保护行动。[3] 第三是社会心理解释。心理层面的解释也经常伴随社会经济解释，形成社会心理取向（socio-psychological approach）这一特定的解释学派。采用此类解释的学者通常用运动支持者的内在心理情结，如隐藏欲望和恐惧不安等情绪，来解释运动之兴起与消退。例如，在一部记述 19 世纪反动物实验运动史的重要著作《维多利亚社会的反动物实验运动和医学》（*Antivivisection and the Medical Science in*

Victorian Society）中，作者理查德·法兰奇（Richard French）首次针对"反动物实验者之心灵"进行深入剖析。[4]他认为运动热潮源于反动物实验者对宠物的热爱，而这种热爱则源自性压抑的维多利亚时代社会中，大众"对肉体和潜伏体内的暗黑'低级自我（lower self）'的恐惧"。[5]随后的著作例如詹姆斯·特纳（James Turner）的《思及禽兽》（*Reckoning with the Beast*）和卡罗尔·兰丝伯利（Carol Lansbury, 1929—1991）的《老棕狗：爱德华时代的英格兰女性、工人和活体解剖实验》（*The Old Brown Dog: Women, Workers, and Vivisection in Edwardian England*），同样对于剖析动保行动者的内在心理世界展现出格外的兴致。特纳认为，维多利亚时代的动物爱好者或动保运动者，多半是想通过关爱动物及帮助它们，排解自身对于性、人类的动物性（animality），以及社会压力的焦虑和内疚感。而提倡"善待动物"的懿行，不但可以在"后达尔文时代"作为"对人类拥有野蛮兽性之说最有力的驳斥"，还可为饱受工业时代压力折磨的都市人提供"抵御现代化冲击的心理屏障"，并且能使因阶级压迫而"深感罪疚的新兴中产阶级"将注意力从"被剥削的工人"转移到受虐待的动物身上。[6]兰丝伯利同样认为，在20世纪初期，有众多工人和妇女声援一只受活体解剖的"棕狗"，他们支持反动物实验，并非因为真心关怀实验动物的痛苦，而是由于他们自己在抑压的工业化社会或父权制度下，有着相似的经验而被运动吸引。部分女性改革支持者的动机，更被说成是"出自一种被虐之欲望，希望如她们所见的解剖台上的动物一样被制伏并被施加痛楚"。[7]根据兰丝伯利的说法，这些暗藏的身份认同和欲望冲动，不但排除了运

动者真心关怀动物的可能，也部分解释了 20 世纪初反动物实验运动衰退之因，因为这从不是一场真正为动物而发的运动。[8]

这几个主要解释模式——思想解释、社会经济解释和社会心理解释——对于我们恰当地理解动保运动势必有所影响。首先，思想解释和社会经济解释虽然有助于在历史大背景中定位动保运动，但这两者往往将与动物虐待无关的思想或物质条件视为运动兴起与发展的充分解释因素，运动则为其直接产物。[9]然而，存在于抽象领域中的各种纷杂思想是透过什么样的过程，又如何作用于物质世界中的实际事件和行动？关注点各自不同的历史行动者，又是怎样从其身处环境中相竞的各种观念寻得可用之材并创造出意义的？在这两类解释中，动保运动在挪用思想资源或诠释物质条件时，所展现出的中介（mediating）角色和历史能动性（agency）总是被略而不提。其次，从社会心理角度解释动保运动的著作，则倾向于回避或淡化运动者自我宣称的动机，以求揭示深藏于历史探究对象的复杂心理，或潜意识中的所谓"真实"动机。因此，运动参与者为动物而发的理性行为往往被翻转成为"非理性"之作为，[10]对受苦动物的真实同情心也同遭否定。[11]这些解释趋势，自然不幸断阻了对动保运动的实际理据和运作的探究，也加强了当代广泛存在的偏见，即视动保运动者为多愁善感、病态痴迷和非理性之流。

然而，在后结构主义的智识浪潮冲击下，无论是新文化史所倡议的传播与接受理论，还是以昆廷·斯金纳（Quentin Skinner）为代表的剑桥思想史学派，皆对思想和文本本身意义的确定性提出了质疑。学者不再假定语言或文本之意涵来自其语言或文法结构，而是产生于特定时空、语境脉络下之"用"。在研究上，则因此着重于探讨不同思想传统的多重阐释与挪用，借以发掘不同"利益群体"（interest groups）或"诠释社群"（interpretive community）在面对支配性的文化结构时，尚能展现的一定能动性与文化创造力。[12]历史中的中介主体，小至某一读者，大至整个诠释社群，在文本意义生成中所扮演的角色，转而成为探究的对象。罗杰·夏蒂埃（Roger Chartier）和罗伯特·达恩顿（Robert Darnton）等新文化史家与社会思想史学者所阐述的"挪用"（appropriation）概念，亦明确彰显了即便是平民百姓，亦有其解读概念与事件的独特模式，并且透过一个建构性的意义创造过程，善用身边的各种文化形式，以实现自身利益、满足自身需要和完成自身任务。[13]此外，在后结构主义同样带动的语言学转向（the linguistic turn）的激发下，以加雷斯·斯特德曼·琼斯（Gareth Stedman Jones）为代表的一批学者率先挑战了20世纪七八十年代在19世纪英国史研究中盛行的马克思主义观点，使人们注意到语言和论述亦具有现实的中介与建构力量，因此应当关注"意识"（consciousness）和"行动"（action）的解释，从而纠正了马克思主义过度简化的物质化约论（material reductionism）或社会学的结构化约论（structural reductionism）。继语言学转向揭露了唯物论解释的有限性之后，行动者所宣称的信念、提出的动机、表露的想法，以及从前被忽视的历史主体的实践和经验，开始在历史分析中占有了席位。[14]一方面，"语言"和"言语行为"（speech acts）在意义建构过程中被赋予了更大的重要性；另一方面，这些意义同样不再被认为是仅存于文本之中，或是文本作者所预设的内在含义，而是由众多持有不同利益、关注点和需求的历史行动者的诠释行为彼此激荡与角力产生。此外，随着史学中各种决定论观点日益受到挑战——不论是文本的、正典的还是社会经济决定论的，众多历史行动者的中介力量亦在社会运动分析中得露锋芒。[15]

　　另外，社会学中的社会运动研究理论的发展亦面临与史学类似的问题。譬如，早期社会心理学对集体行动的解释，倾向于将社会运动描述为自发、杂乱无章的，并且是由心理失调或反常引发的。有鉴于此，发展于 20 世纪 70 年代的资源动员理论（resource mobilization theories），首先聚焦于运动群体获取和部署资源的理性活动，从而修正运动者不具理性的负面形象。而 20 世纪 80 年代后期兴起的文化框架视角（cultural framing perspective），则更充分地考量了运动中的观念要素，以及结构和意识形态如何在相互作用的过程中转化为行动，将对历史主体的意义诠释带入分析之中，补充了在马克思主义和韦伯式社会科学范式下，对运动兴衰的决定论式结构性解释。[16] 这些理论皆对本书聚焦运动的动员过程与传统挪用具有一定启发作用。

　　除此之外，20 世纪 70 年代社会史中"底层史"（history from below）取径所带动的广纳边缘群体为历史探究对象的"史学民主化"趋势，再加上 20 世纪 80 年代兴起的文化史和动物研究，同样使得动保运动研究充满了发展的希望。除了主题上日渐多元，分析视角也推陈出新。希尔达·基恩的《动物权利：自1800 年以来的社会和政治变革》（*Animal Rights: Social and Political Change since 1800*）一书，除了全面描绘 19 世纪动物保护运动，亦提醒了视觉作用也是历史变革的力量。[17]其他重要研究亦以不同取径探讨了动保运动的不同面向，如从阶级、性别、种族、民族和帝国等角度理解动保运动；或聚焦动物实验、狩猎、表演动物、素食主义等具体议题。[18]

对于动物伦理争议中不同行动者的立场与脉络的侧重，同样在近年带动了多重视角的探究，使历史考察更趋周全与持平。艾玛·格里芬（Emma Griffin）对于牛狗相斗这一民间休闲娱乐活动和上层人士狩猎活动的研究，就是其中一例。格里芬不采取传统以改革者为中心的叙事，而是转从休闲运动参与者的角度出发，将动保运动置于日益工业化和都市化的英国，以及国内的政治斗争脉络中分析。[19]此外，19世纪迅速发展的动物实验及其反对运动也吸引了一众科学史家投入其中。这些科学史家多能顾及更广的科学发展脉络，将动物实验置于生物医学科学发展、科学自然主义，以及科学和医学的专业化与制度化等脉络中理解。他们不但关注反动物实验运动，还发掘动物实验从事者的科学实践、理据、身份认同，以及对于反动物实验浪潮的应对。随着学界的"情意转向"（affective turn），[20]此研究领域同样转向分析"情感"对历史之作用。保罗·怀特和罗伯·布迪斯（Rob Boddice）都借此取径重构了支持动物实验科学家的理据与身份认同。怀特和布迪斯指出，虽然这些科学家于道德上备受社会质疑，但是他们通过在科学和诠释面上对"情绪"与"同情心"等概念的重新定义，成功建立起了科学家的正面形象，将其自身认同和职业身份打造为"道德的"和富有"男子气概的"。[21]总而论之，这些研究上的拓展，部分虽非直接涉及动保运动，却同样有助于阐明动保运动所处的大环境以及与之持续互动和交涉的各股社会力量。

此外，对19世纪人与动物关系领域的发展举足轻重的著作，则要数哈莉特·里特沃（Harriet Ritvo）的《动物阶层》（*The Animal Estate*）。里特沃的关切远远超出动保运动本身，而是广及阶级、性别、种族和帝国主义这些文化研究中的热门探讨层面。其取径是将动保运动与维多利亚时期与动物相关的其他现象，例如动物品种培育、狩猎、动物园建设和狂犬病防治等，视为探索人类社会与权力重大关系的折射镜，[22]正如唐娜·哈拉维（Donna Haraway）的名言——"擦亮动物这面镜子，我们得以寻见自身"。[23]里特沃的动物史学奠基之作虽然后来被批评为未将动物本身视作值得关注的议题，但仍算是以一番雄辩说服了前一代的学者——动物议题实有助于我们更深入地理解人类社会，其作用不可或缺。随后的动物研究，多强调回归动物在不同时空脉络中的主体性和经验，以重构出一个"不独具人类"的完整世界认识。这些研究趋势共同营造出一个对于动物的存在与历史能动性更为敏感的整体史学趋势，也对动保史学和人与动物关系史的接续探究有着莫大促进作用。[24]

在当代多股学界潮流的影响下，笔者得以通过一种独特的取径，将英国第一场动物保护运动的故事重新讲述，娓娓道来。这本书聚焦于全球第一场动保运动——19世纪英国反虐待动物与反动物实验运动，并以这场动保运动与当时主要文化和智识传统间的互动作为主要线索，探讨该运动如何挪用各项重要智识与文化传统，以进行运动动员并达成各项目标，进而重构了19世纪英国社会人与动物的伦理关系。本书跳脱思想和物质决定论，不将动保运动视为这些因素的产物或必然结果，而是透过考察运动者如何诠释并巧妙地挪用其当世重要传统，以凸显运动者的主体性与创造力。本书同样充分呈现了动保运动者的自我表达和以目标为导向的努力，建构出动保运动者的理据和作为，据以重建为社会心理学派所否定的运动理性基础，并修正主流论述中动保运动者的负面形象，如心灵扭曲的社会边缘人，或是痴迷动物的怪人。另外，就本书所探讨的各个传统来说，包括基督教传统、激进政治传统、自然史传统、演化论传统，以及文学传统，本书期盼通过考察不同中介群体，在不同历史情境中基于这些传统创造出的多重价值和变动意涵，指出任何思想或传统实不具有单一的意义、固有的影响或绝对的支配力量，而是透过历史行动者的主动挪用与再诠释，转化成为极具潜力的改革资源，甚至是有力的文化转变工具。

当然，即便受益于各路学术发展，本书并不硬性套用特定分析框架，而是仅撷取其中有益之处。譬如，为了还原动保运动者的主体性、宣称动机、表述和经验，本书多着墨于运动的动员过程，仅在必要时才会如社会科学研究般，对各类型的动员工作细加区分，例如对内和对外如何达成共识、形构认同、强化运动者间的凝聚力与个人内在决心等。为避免使语言结构反倒成为另一种意义上的固化根源并导致另类决定论，遮蔽行动者的主体性，本书也特别关注改革者如何针对自身关注点和需求进行选择性挪用和创造性行动。而笔者之所以决定着眼于定义上更为松散的"传统"，而不是"思想"或"文本"，也是为了贴近历史行动者所处的真实情境。他们面对的，并非脱离物质条件的纯粹思想和未经解读的知识，而是由众多混杂形式、不同历史主体共同构成的动态性传统。在任一传统之中，不仅仅有思想、论述与文本，还有各类文化、道德以及情感力量等元素和惯习，这些全都能被足智多谋的运动者收入其动员工作的百宝袋中，以待挪用。[25]为进一步说明动保运动动员工作的广度和文化重要性，本书集中讲述了维多利亚时期社会中最具影响力，同时又与运动关联最为密切的文化和智识传统，包括基督教传统、激进政治传统、自然史传统、演化论传统，以及文学传统。透过深入探讨动保运动其实从未停歇的文化工作，例如挪用、诠释、重构和传播各个传统中的丰硕资源，本书也将展现出英国第一场动物保护运动的活力和创新力，并显示出运动在英国智识和文化生活中的核心地位。最后，绝大部分的传统，无论是宗教的、政治的，还是科学思想的、文学的，今时今日仍然是广义的全球性动保运动的论理基础、道德动力与情感来源，对于运动动员乃至文化深层转化皆具有莫大助益，是以这些传统挪用的故事也格外具有当代意义。

在此笔者也须强调，本书并非这些个别传统本身的历史，而是关于动物行动者选择性"挪用"这些传统的历史。标准的社会运动史一般多按时间顺序叙述运动，并系统交代其组织、领导和成员、部署和策略以及专项活动等面向，本书则因特殊目的而依"传统"分章。然而，笔者仍尽可能依时间顺序讲述，并相信所有的传统挪用历程，应能共同投射出动保运动从19世纪20年代的萌芽阶段到20世纪初的现代景况的基本轮廓。最后，笔者不得不承认，这个关于人类尝试改变动物命运的故事仍是一部以人类活动为中心的历史，较少涉及动物本身的经验与能动性。然而笔者相信，重建人们的能动性，特别是在社会运动研究领域中重建，仍将有助于建立一种能够促进"赋权"与"变革"，并有利于现实行动的主动性史学（pro-active historiography）。

本书章节概要

13   第一章"挪用基督教传统"首先探讨对于英国社会及动保运动影响至深的基督教传统。本章跳脱传统观念史的做法，不着眼于主要神学家和经典文本，而是转向由动保运动中的平信徒和神职人员构成的诠释社群，呈现基督教信仰如何成为运动中大多数人身份认同、论述理据和道德动力的关键来源。通过挪用基督教的核心神学概念，如创造论、人类对动物的统治权柄、上帝的仁慈和基督的自我牺牲精神，以及利用存在于更广泛社会争议中的反科学论述，动保运动者不仅将基督教转化为推进运动的核心动力，更在19世纪英国开创出一个正向而鲜明的人道对待动物的基督教"次传统"（sub-tradition），并在改善动物处境、提升动物地位方面，使其发挥了核心的促进作用。

        第二章"挪用政治传统"探讨了动保运动与激进政治运动间的关联。本章首先指出，19世纪的主要激进政治运动，包括社会主义运动和现世主义运动，在反虐待动物及反动物实验议题上并不存在共识。然而，在进步浪潮交织汇流的19世纪末，许多具有激进思想的反基督教人士、社会主义者和争取选举权的女性运动者纷纷加入了动保运动，并自激进政治传统中挪用了各类概念、修辞形式、批判论述，以及策略等。譬如，他们坚守"人道主义"和"动物权"的一贯原则，以反对主流运动中互相矛盾和充斥社会偏见的保守意识形态；刻意使用"正义"和"权利"等较为激进的政治概念和语汇，以弥补"怜悯"和"仁慈"等宗教式用语的不足；拓展运动关注议题，如检讨狩猎活动、动物表演、动物园和肉食行为。受到 19 世纪末其他激进运动日益大胆的运动策略启发，部分团体亦诉诸秘密调查、媒体曝光、大型海报展示、店面宣传和户外示威游行等有别于过往策略的高调行动。运动的激进派通过广泛挪用激进政治传统各层面的资源，不仅使运动整体在意识形态、目标和策略方面逐渐激进化，亦在基督教道德改革传统整体于社会中渐行衰退后，赶搭上新时代之列车，延续发展，迈入动保运动的第二个百年。

第三章"挪用自然史传统"探讨了动保运动对大众自然史传统的参与和挪用。大约从 19 世纪 40 年代起，自然史文化日渐受到维多利亚社会大众的欢迎，广泛成为人们休闲娱乐、灵性提升、自我教育、道德教化或宣教等活动的最佳素材。本章指出，在运动者同样积极的挪用下——包括扮演自然史的提倡者、教育者、评论者、出版者和推广者等一系列角色，大众自然史传统不仅为运动提供了丰富的知识资源，促进了大众对动物的正确理解和态度，也赋予了运动重要的思想和道德资源，强化了主流运动的核心意识形态和伦理观。最终，运动所从事的自然史挪用工作，更于 19 世纪后期推动了一种有利于运动整体目标、关注伦理和人道精神的自然史次传统，为 19 世纪人与动物关系的文化改造工程作出了贡献。

第四章"挪用演化论传统"指出，尽管现代动保运动者大多热情推崇达尔文的演化论，深信它在提升动物地位方面的革命性影响力，但是在19世纪时，运动对演化论思想的挪用既非必然，过程亦迂回曲折。不少因素令运动者在考虑挪用演化论思想时却步，因其对运动的部分固有基督教信念产生了抵触。此外，达尔文主义与"适者生存"一说的紧密联系、支持动物实验的科学家对演化论思想的挪用，以及达尔文本人对动物实验的支持等，皆使运动者多有顾忌，难以热切拥抱演化论。直到19世纪末，当运动内外宗教信仰与科学理性之间的紧张关系逐渐得到调和，加上20世纪早期达尔文主义的式微使各式各样的演化理论有了发展空间，才有越来越多的运动群体乐于采纳演化论传统。透过一番积极诠释、挪用与传播，运动终而将其转化成为形塑运动多元愿景的一项关键思想要素。

第五章"挪用文学传统"探讨动物保护运动向来所宣称的，它与文学领域之间存在的亲近关系。18世纪大量出版的富有人道主义同情的文学作品、反动物实验运动所广泛采取的文学与科学对立的二元论述框架，以及众多改革者对情感的深切诉求，都促成了运动对文学传统的高度认同。动保运动者通过参与一系列的文学工作，如文学评论、文学批判、编辑人道教育选集、征集作家支持、直接写作等，使得文学传统为动保事业所用，促其成为运动所不可或缺的道德、智识和文化资源宝库，尤其在大众识字率日渐上升和大众出版日益发达的19世纪70年代后，其角色日益重要。

结语部分总结了英国第一场动物保护运动在人与动物关系方面带来的制度、立法和文化成果。它同时反思，一项着眼于运动者的能动性、运动作为社会传统的中介角色和创造性主体的研究，对未来人与动物关系伦理愿景的开展与实现之推动，能够具有何等价值。

注释

[1] 在此之前有动保团体成立，但皆因难以维系而历时不久。

[2] 参见 Dix Harwood, "The Love for Animals and How It Developed in Great Britain," PhD thesis, Columbia University, New York, 1928; Keith Thomas, *Man and the Natural World: Changing Attitudes in England 1500-1800* (London: Penguin, 1984)。

[3] 参见 John Berger, "Why Look at Animals," in *About Looking* (New York: Vintage, 1991 [1977])（文章最初出版于 *New Society*, Mar.& Apr.1977); Keith Thomas, *Man and the Natural World: Changing Attitudes in England 1500-1800*, pp.173-191; James Turner, *Reckoning with the Beast: Animals, Pain, and Humanity in the Victorian Mind* (Baltimore: Johns Hopkins University Press, 1980); B. Harrison, *Peaceable Kingdom* (Oxford: Clarendon, 1982), pp.82-122; Harriet Ritvo, *The Animal Estate: The English and Other Creatures in the Victorian Age* (Cambridge, Massachusetts: Harvard University Press, 1987), pp.125-166; 段义孚（Yi-Fu Tuan）:《制造宠物：支配与感情》(*Dominance & Affection: The Making of Pets*, New Haven: Yale University Press, 1984); Kete Kathleen, *The Beast in the Boudoir: Pet-Keeping in Nineteenth-Century Paris* (Berkeley: University of California Press, 1994); Richard W. Bulliet, *Hunters, Herders, and Hamburgers: The Past and Future of Human-Animal Relationships* (New York: Columbia University Press, 2005)。关于对结构解释的批评，参见 Adrian Franklin, *Animals & Modern Cultures: A Sociology of Human-Animal Relations in Modernity* (London: Sage, 1999), pp.9-33。

[4] 此为该书中有关反动物实验运动的三个章节的主标题。

[5] Richard D. French, *Antivivisection and Medical Science in Victorian Society* (Princeton, NJ: Princeton University Press, 1975), pp.374, 386.

[6] James Turner, *Reckoning with the Beast: Animals, Pain, and Humanity in the Victorian Mind*, pp.33, 54, 67, 77. 针对此观点的类似批判，参见 Keith Thomas, "The Beast in Man," *The New York Review of Books*, Apr.30, 1981。

[7] C. Lansbury, *The Old Brown Dog: Women, Workers, and Vivisection in Edwardian England* (Madison: University of Wisconsin Press, 1985), pp.127−128.

[8] C. Lansbury, *The Old Brown Dog: Women, Workers, and Vivisection in Edwardian England*, pp.24−25, 187−188.

[9] 这一解释从运动的结构条件和智识起源出发，并假定这些因素对运动有着即时和固定的影响。参见 Diane L. Beers, *For the Prevention of Cruelty: The History and Legacy of Animal Rights Activism in the United States* (Athens, OH: Ohio University Press, 2006); Keith Thomas, *Man and the Natural World: Changing Attitudes in England 1500−1800*。

[10] 正如法兰奇在《维多利亚社会的反动物实验运动和医学》论及反动物实验运动时所言："将'动物权'或'动物的永生'那些所谓抽象的哲学和神学说法，视为对宠物的爱的延伸产物，远比视其为运动全然理性的智识基础更为合理。"（第 375 页）

[11] 参见 James Turner, *Reckoning with the Beast: Animals, Pain, and Humanity in the Victorian Mind*; C. Lansbury, *The Old Brown Dog: Women, Workers, and Vivisection in Edwardian England*; Keith Tester, *Animals and Society: The Humanity of Animal Rights* (London: Routledge, 1991)。博迪斯同样贬低运动参与者对动物的真心关注，指运动者其实是"别有用心，却以动保主张作为手段"（344），参见 Rob Boddice, *A History of Attitudes and Behaviours Towards Animals in Eighteenth- and Nineteenth-Century Britain: Anthropocentrism and the Emergence of Animals* (Lewiston: Edwin Mellen Press, 2008)。

[12] Quentin Skinner, *Visions of Politics. Vol.I Regarding Method* (Cambridge: Cambridge University Press, 2002).

[13] 参见 Roger Chartier, "Intellectual History or Sociocultural History?" in Dominick LaCapra and Steven L. Kaplan eds., *Modern European Intellectual History: Reappraisals & New Perspectives* (Ithaca: Cornell University Press, 1982), pp.13−46; Roger Chartier, "Culture as Appropriation: Popular Cultural Uses in Early Modern France," in Steven L. Kaplan ed., *Understanding Popular Culture: Europe from the Middle Ages to the Nineteenth Century* (New York: Mouton, 1984), pp.229−253; Roger Chartier, *Forms and Meanings: Texts, Performances, and Audiences from Codex to Computer* (Philadelphia: University of Pennsylvania Press, 1995); Haydn Mason ed., *The Darnton Debate: Books and Revolution in the Eighteenth Century* (Oxford: Voltaire Foundation, 1998)。

[14] 有关此发展的文献数量众多，各年代学者的部分代表作可参见 Gareth Stedman Jones, *Languages of Class: Studies in English Working Class History 1832−1982*

为动物而战：19 世纪英国动物保护中的传统挪用

(Cambridge: Cambridge University Press, 1983); Eugenio F. Biagini and Alastair Reid eds., *Currents of Radicalism: Popular Radicalism, Organised Labour, and Party Politics in Britain, 1850–1914* (Cambridge: Cambridge University Press, 1991); David Craig and James Thompson eds., *Languages of Politics in Nineteenth-Century Britain* (Basingstoke: Palgrave Macmillan, 2013)。

[15] 关于语言转向之后的史学发展的更详细说明，参见 Gabrielle M. Spiegel ed., *Practicing History: New Directions in Historical Writing After the Linguistic Turn* (London: Routledge, 2005), pp.1–31。

[16] 由于相关文献众多，未能在此一一列出。关于社会运动理论发展的简要回顾，可参见 Stephen M. Engel, "A Survey of Social Movement Theories," in *The Unfinished Revolution: Social Movement Theory and Gay and Lesbian Movement, 167–186* (Cambridge: Cambridge University Press, 2001) 以及 A. D. Morris and C. Mueller eds., *Frontiers in Social Movement Theory* (New Haven: Yale University Press, 1992); Hank Johnston and Bert Klandermans eds., *Social Movements and Culture* (London: UCL Press, 1995); D. McAdam, J. D. McCarthy, and M. N. Zald eds., *Comparative Perspectives on Social Movements: Political Opportunities, Mobilizing Structures, and Cultural Framings* (Cambridge: Cambridge University Press, 1996); Donatella Della Porta and Mario Diani, *Social Movements: An Introduction* (Oxford: Blackwell, 1999)。

[17] Hilda Kean, *Animal Rights: Political and Social Change in Britain Since 1800* (London: Reaktion Books, 1998). 另参见 Richard D. Ryder, *Animal Revolution: Changing Attitudes Towards Speciesism* (Oxford: Basil Blackwell, 1989), pp.81–165。

[18] 关于动保运动的性别化论述，参见 Mary Ann Elston, "Women and Anti-Vivisection in Victorian England, 1870–1900," in N. A. Nupke ed., *Vivisection in Historical Perspective* (London: Routledge, 1987), pp.159–294; Diana Donald, *Women Against Cruelty: Animal Protection in Nineteenth-century Britain* (Manchester: Manchester University Press, 2019)。关于素食主义运动，参见 Tristram Stuart, *The Bloodless Revolution: A Cultural History of Vegetarianism from 1600 to Modern Times* (New York: W. W. Norton, 2007); James Gregory, *Of Victorians and Vegetarians: The Vegetarian Movement in Nineteenth-Century Britain* (London: Tauris Academic Studies, 2007)。关于表演动物的状况，参见 Helen Cowie, *Exhibiting Animals in Nineteenth-Century Britain: Empathy, Education, Entertainment* (Basingstoke: Palgrave Macmillan, 2014); David A. H. Wilson, *The Welfare of Performing Animals: A Historical Perspective* (Berlin: Springer, 2015)。关于反狩猎运动，参见 Philip Windeatt, *The Hunt and the Anti-hunt* (London: Pluto, 1982); R. H. Thomas, *The Politics of Hunting* (Aldershot: Gower, 1983); Allyson N. May, *The Fox-Hunting*

Controversy, 1781−2004 (Farnham, Surrey: Ashgate, 2013); Michael Tichelar, *The History of Opposition to Blood Sports in Twentieth Century England: Hunting at Bay* (London: Routledge, 2017)。关于反动物实验运动，参见 N. A. Rupke ed., *Vivisection in Historical Perspective* (London: Routledge, 1987); A. W. H. Bates, *Anti-Vivisection and the Profession of Medicine in Britain: A Social History* (Basingstoke: Palgrave Macmillan, 2017) 以及本书第二章提及的其他著作。关于有组织的动保运动兴起之前的早期倡议阶段，参见 Kathryn Shevelow, *For the Love of Animals: The Rise of Animal Protection Movement* (New York: Henry Holt, 2008); Tobias Menely, *The Animal Claim: Sensibility and the Creaturely Voice* (Chicago: University of Chicago Press, 2015)。关于屠宰场改革，参见 Chris Otter, "Civilizing Slaughter: The Development of the British Public Abattoir, 1850−1910," in Paula Young Lee ed., *Meat, Modernity, and the Rise of the Slaughterhouse* (Durham: University of New Hampshire Press, 2008), pp.89−126。限于篇幅，此处不罗列涉及 19 世纪英国人类与其他动物之关系的著作，仅涵盖与动保运动相关之著作。

[19] Emma Griffin, "Bull-Baiting in Industrialising Townships, 1800−1850," in Martin Hewitt ed., *Unrespectable Recreations* (Leeds: Leeds Centre for Victorian Studies, 2001), pp.19−30; Emma Griffin, *England's Revelry: A History of Popular Sports and Pastimes, 1660−1830* (Oxford: Oxford University Press, 2005). 另参见 Robert W. Malcolm, *Popular Recreations in English Society 1700−1850* (Cambridge: Cambridge University Press, 1973)。

[20] 参见 N. A. Rupke ed., *Vivisection in Historical Perspective* (London: Routledge, 1987); E. M. Tansey, "Protection Against Dog Distemper and Dogs Protection Bills: The Medical Research Council and Anti-Vivisectionist Protest, 1911−1933," *Medical History*, 38, no.1 (1994), pp.1−26; David Allan Feller, "Dog Fight: Darwin as Animal Advocate in the Antivivisection Controversy of 1875," *Studies in History and Philosophy of Biological and Biomedical Sciences*, 40, no.4 (2009), pp.265−271; Mark Willis, "Unmasking Immorality: Popular Opposition to Laboratory Science in Late Victorian Britain," in D. Clifford and E. Wadge eds., *Repositioning Victorian Sciences: Shifting Centres in Nineteenth-Century Scientific Thinking* (London: Anthem Press, 2006), pp.207−250。

[21] Paul White, "Sympathy Under the Knife: Experimentation and Emotion in Late-Victorian Medicine," in Bound Alberti ed., *Medicine, Emotion, and Disease, 1700−1950* (Basingstoke: Palgrave Macmillan, 2006), pp.100−124; Paul White, "Darwin's Emotions: The Scientific Self and the Sentiment of Objectivity," *Isis*, 100, no.4 (2009), pp.811−826; Paul White, "Darwin Wept: Science and the Sentimental

Subject," *Journal of Victorian Culture*, 16, no.2 (2011), pp.195-213; Rob Boddice, "Vivisecting Major: A Victorian Gentleman Scientist Defends Animal Experimentation, 1876-1885," *Isis*, 102 (2011), pp.215-237; Rob Boddice, *The Science of Sympathy: Morality, Evolution, and Victorian Civilization* (Urbana: University of Illinois Press, 2016).

[22] Harriet Ritvo, *The Animal Estate: The English and Other Creatures in the Victorian Age*, pp.125-166. 而专注于性别和国族等分析角度亦有可能阻碍对动保事业的正确理解，相关例子可参见 Moria Ferguson, *Animal Advocacy and Englishwomen, 1780-1900* (Ann Arbor: University of Michigan Press, 1998)。

[23] Donna Haraway, *Simians, Cyborgs, and Women: The Reinvention of Nature* (London: Routledge, 1991), p.21.

[24] 关于动物在 19 世纪英国城市中之无处不在，并如何冲击过往社会经济角度对运动兴起之解释，可参见本书第四章。19 世纪英国社会和文化史研究亦开始更多地观察到动物所扮演的举足轻重之角色，相关研究可参见 Ann C. Colley, *Wild Animal Skins in Victorian Britain: Zoos, Collections, Portraits, and Maps* (Farnham, Surrey: Ashgate, 2014); Helen Cowie, *Exhibiting Animals in Nineteenth-Century Britain: Empathy, Education, Entertainment* (Basingstoke: Palgrave Macmillan, 2014); Nicholas Daly, *The Demographic Imagination and the Nineteenth-Century City: Paris, London, New York* (Cambridge: Cambridge University Press, 2015); Hilda Kean and Philip Howell eds., *The Routledge Companion to Animal-Human History* (London: Routledge, 2018); Philip Howell, *At Home and Astray: The Domestic Dog in Victorian Britain* (Charlottesville: University of Virginia Press, 2015); Deborah Denenholz Morse and Martin A. Danahay eds. *Victorian Animal Dreams: Representations of Animals in Victorian Literature and Culture* (Aldershot: Ashgate, 2007); John Simons, *The Tiger That Swallowed the Boy: Exotic Animals in Victorian England* (Faringdon: Libri, 2012); Hannah Velten, *Beastly London: A History of Animals in the City* (London: Reaktion, 2013)。

[25] 本书将重点放在"传统"而非单纯的语言、思想或文本的取径，亦受惠于 Mark Bevir, *The Making of British Socialism* (Princeton: Princeton University Press, 2011), pp.3-16。

第一章

挪用基督教传统：
真正的爱国者与基督的牺牲精神

威廉·汉密尔顿·德拉蒙德（William Hamilton Drummond,
1778—1865）是基督教"唯一神论"派（Unitarian）的牧师，他深
信基督教能引导人们仁慈地对待同为神所创造的动物。德拉蒙德
尤其热衷于讲述这样一个故事：

> 许多年前，北爱尔兰有一位长老派牧师，他堂区的信
> 徒非常沉迷于斗鸡活动，尤其是在复活节期间。牧师希望制
> 止这种野蛮习俗，于是就告知信徒将有一场特别有趣的布
> 道，请他们一定要来听讲。大家受好奇心驱使，当日都纷纷
> 前来，竟把讲堂挤得水泄不通。牧师选取了《马太福音》或
> 《路加福音》中的一段故事作为布道内容，以富有感染力的
> 声线和神情，讲述了门徒彼得在听到公鸡啼叫时痛哭失声的
> 情景，并成功运用这段圣经情节达到了他的传道目的。他的
> 信众听后，就此放弃了斗鸡这种残酷的做法。[1]

这个故事在反虐待动物运动的萌芽阶段流行了好一段时间，
与牧师一样深受鼓舞的人都对此津津乐道。热心的基督教神职人
员以令人意想不到的方式援用宗教传统中的元素，在特定历史背
景下成功制止了某种虐待动物的行为——当然，这个奇迹般的案

例只是特例，却也完美地寓示了本章要述说的故事。这个例子一方面忠实地反映了19世纪动保运动中一个显著的趋势，即改革者积极挪用基督教思想传统以达成运动目标；另一方面亦充分描述了改革者对基督教传统的热情和强大信念。他们在引经据典时表现出高度的创意，以《圣经》文本为基础，有时甚至能促成巨大的改变。

与19世纪时刚好相反，基督教在20世纪的西方动物解放运动中往往是众矢之的。此时运动参与者开始对基督教传统进行了激烈、彻底的批判和检讨，认为此传统与运动水火不容。学界的改革者基于正统神学家、哲学家和主流教会的思想——认为动物没有理性、没有灵魂、仅为人类目的而存在的阶层万物观，断言基督教是带有"物种歧视"（speciesist）的宗教，并视之为导致动物长久以来备受人类压迫的罪魁祸首。[2]不出所料，这在学界激发了一场重新审视基督教传统的潮流，人们转而探讨基督教如何能为构建更和谐的人与动物关系提供有助益的见解。为了充分评估基督教对人与动物关系的影响，本章将目光从教会认可的正统宗教文本、主流神学家的著作或宗教组织的官方立场移开，转而聚焦于反对虐待动物和动物实验的一般市井小民，他们确实共同构成了19世纪英国动物保护运动的主力军。[3]当然，基督教传统并非一股必然或单向的力量，它本身内含复杂多元甚至相互矛盾的元素，其所带来的可能性以及所发挥的现实作用，大半仍得通过历史行动者的主动挪用与重新诠释来达成。本书将展示在史上首个为动物而发生的运动中，大多数参与者如何以基督教为道德基础，选择性地挪用其中的神学、道德和情感资源，来促成各项运动目标的实现。尽管当时的动保运动缺乏主要教会的官方支持，大多数教徒最初亦反应冷淡，但不少热心的神职人员和平信徒仍坚持凭着自己的良心行事，没有摒弃基督教传统，甚至积极地从中开创出一个人道次传统。这个孕育于民间的次传统，成为英国动物保护运动在第一个世纪中的重要推动力。

"福音派"复兴的年代

> 抛却福音主义，等于抛却了维多利亚中期英国的道德特质。
> ——大卫·英格兰德（David Englander）[4]

一度极具影响力的"世俗化"理论宣称工业化、城市化、理性精神和宗教衰落之间存在必然的联系，不过有越来越多的史学家质疑宗教信仰在 19 世纪英国渐渐消亡的趋势这一说法。透过实证研究，并重新更广泛地定义"宗教"为包括信仰的多种表现形式，而不局限于参与正式的教堂活动和崇拜，史学家发现宗教在 19 世纪英国大众文化和身份认同中不但未见消亡，反而持续占据中心地位。宗教不仅在工业化、城市化和科技发展中幸存下来，还被确立为维多利亚社会中不可或缺的主要价值观之一。从政治到经济，从社会到文化，几乎在人们所有的生活领域中，宗教信仰都发挥着重要作用，其无上地位至少要持续到 19 世纪晚期。于是，宗教在揭示英国社会本质方面的重要性越来越受到重视。在 20 世纪 90 年代，有关 19 世纪英国的研究开始关注宗教的作用。[5]若不了解相关宗教背景，就不可能听懂 19 世纪英国的故事。所以，要充分理解当时发生的动物保护运动，分析它的发展和特征、优势和弱点等，我们必须同时考量与运动发生无数相互作用的基督教传统。

经过诗人、思想家、神职人员、官员和一般民众持续数十年的发声和行动，到了 19 世纪初，动物保护运动已变得越来越有组织。在 1800 年和 1802 年，英国国会当中首度有议员提出废除斗牛和奔牛活动的动保法案，只是提案最后因微弱的劣势而以失败告终。不过，在经历过 1809 年、1810 年和 1821 年的多番失败尝试后，第一个反虐待牲畜法案终于在 1822 年通过了，首度被列入成文法典，那就是著名的《马丁法案》(Martin's Act)。其实早在 1809 年，一个反对超载和虐待马匹行为的"利物浦防止肆意虐待野兽动物协会"(Liverpool Society for Preventing Wanton Cruelty to Brute Animals)就成立了，只可惜未能长久营运下去。[6]而第一个得以长久运作的动保团体"防止虐待动物协会"(Society for the Prevention of Cruelty to Animals)，最终于 1824 年在英国成立，后来更获得"皇家"(Royal)头衔，成为"皇家防止虐待动物协会"(Royal Society for the Prevention of Cruelty to Animals)。此后数十年，动保团体的数目不断增长，例如"禁止虐待无助动物协会"(Society for the Suppression of Cruelty to Dumb Animals，约 1824)、"理性人道对待受造动物促进会"(Association for Promoting Rational Humanity towards the Animal Creation, 1831)、[7]"动物之友协会"(Animals' Friend Society, 1832)、[8]"有效禁止虐畜妇女会"(Ladies' Association for the More Effectual Suppression of Cruelty to

Animals, 1835）、"苏格兰防止虐待动物协会"（Scottish Society for the Prevention of Cruelty to Animals, 1839）、"都柏林防止虐待动物协会"（Dublin Society for the Prevention of Cruelty to Animals, 1840）和"国家动物之友协会"（National Animals' Friend Society, 1844）纷纷成立。在接下来的20年里，许多团体经历了分裂和整合，它们共同构成了19世纪前半期动物保护运动的主要力量。当时的这些团体主要关注对工作动物和食用动物的虐待，例如马、驴、牛、羊和猪等，虐畜行为在街头上几乎天天上演。它们亦特别关注涉及虐待动物的流行娱乐活动，例如斗牛、斗鸡和斗狗。早期团体将精力集中于对虐待事件和虐待者的稽查与起诉上，它们成为维多利亚时代社会的市集、繁忙街道、老弱马匹屠宰场和娱乐场所中一股鲜明可见的道德改革和监察力量。[9]

　　早期动保运动发生之时，英国社会不仅正面临人口快速增长、工业化与都市化等众多改变，还正处于宗教复兴和政治紧张的时期。复兴于18世纪的英国圣公会福音主义运动，在19世纪初时已蔓延至各教派，其思想亦渗入了维多利亚社会中每一个角落。福音主义强调赎罪、良心行事以及因信得救，并致力于传播福音和倡导多行善事。这股福音潮流对当时人们的个人信仰、家庭生活，以及国家的政治和社会生活都产生了深远影响。[10]福音主义尤其深刻地影响了公共道德领域，创造出一种带有强烈道德主义色彩的国家文化，并引起了一场捍卫宗教与社会道德秩序的道德改革运动，大至废除奴隶制度和改革监狱，小至禁酒运动和遵守安息日，还包括打击赌博和卖淫等败坏道德礼俗的恶习。[11]在自助、私人慈善和民间结社等自由主义价值观的支持下，福音

26

浪潮在日渐工业化的社会中释放了大众基督徒的巨大能量，促使大众积极行善、为帮助弱势群体而开展的慈善项目数量也空前激增。具有明显道德和慈善性质的反残酷对待动物运动，能够首先被视为这股深受福音派复兴影响的社会改革力量的核心要素。

法国大革命与拿破仑战争后的政治形势，激发了福音主义在英国的复兴，使其具有独特的政治属性，反残酷运动亦在价值等各方面受其影响。1789 年的法国大革命，以及 1793 年到 1815 年间与法国时断时续的战争，使英国产生了巨大的危机意识与维护英国体制的决心。由于社会上多数人担心席卷法国的革命狂潮以及各种激进想法将蔓延至英国本土，因此英国政府一改过去对激进势力的宽容态度，民间亦兴起一股自发性的爱国热潮，共同捍卫教会与国家体制，以求维护英国社会和政治稳定。当时的英国统治阶层与大部分民众都认为，国家的宗教信仰、人民道德和政治稳定全都是密切相关的，而不忠诚和不道德的行为立刻会令人联想到在法国大革命期间兴起的雅各宾主义及其可怕后果，因此也被视为对基督教和英国政体的巨大威胁。当时政治意识形态造成的紧张局面不只助长了福音派的复兴，还推动了 18 世纪末和 19 世纪初一场气势汹汹的道德改革运动。各种在改革者眼中属于败坏道德礼俗与破坏公众秩序的行为，比如酗酒、嫖妓、不守安息日、赌博、制造公共骚动、出版反宗教与政治反动读物或是贩卖色情刊物等，都受到严厉禁止和打压。此时宗教、政治和道德改革之间的关系相互交织，反残酷运动也涂上了独特的家长式、道德主义和民族主义色彩，这些特征一直持续到维多利亚时代中期。

道德重整运动的家长式心态与惩罚作风，鲜明地反映在早期反虐待动物运动上。早期运动团体的组成人士大部分都是信奉基督教的中产人士。对他们来说，虐待不会说话的动物很难和"优秀阶层"联想在一起。那些手持铁棍的车夫、拿木棒的牧人、在斗兽场吼叫或发出嘘声的下层民众，以及富人家中的仆役，都是在道德上"令人担忧"的族群。他们所谴责的，自然也多限于下层人士的虐待动物行为，如鞭打驴马、虐待牲畜、非人道屠宰，以及斗鸡、熊狗相斗等娱乐；对于上层人士的相同行为，比如说猎狐、射鸽等，却多避而不谈，或仅是清谈而无实际改革作为。同样，运动改革者受到 19 世纪阶层观念的影响，相信其所属的"有教养、优秀"的阶层有义务肩负起其所应尽的社会责任，即通过言传身教或严刑峻法教化那些比他们"劣等"的阶层。例如，著名的贵格派反奴隶运动领袖 T. F. 伯克斯顿（T.F.Buxton, 1786—1845）在 1824 年"防止虐待动物协会"的成立大会上就清楚地宣称，这个协会的目的"不仅是要防止动物虐待发生，也是要让那些低下阶层的民众，尤其是那些本职工作就得照顾动物的人，能够培养一定的道德感，能够在思想与行为上都能如居他们之上的人们一般值得称许"。[12] 而国会议员兼"理性人道对待受造动物促进会"主席 W. A. 麦金农（W. A. Mackinnon, 1789—1870）在 1831 年年会上谈到充斥于下层民众的不人道行为时，同样表现出家长式的态度："让这些人被好好地教导，让他们的道德原则被纠正过来，让他们知道公众舆论对这些残酷行为的看法。我相信有朝一日，他们将能够与今日我所有幸交流的在座各位一样人道。"[13]

28

第一章　挪用基督教传统：真正的爱国者与基督的牺牲精神　　　　29

对于关注道德的基督教改革者来说，虐待动物的问题不仅在于给动物造成了痛苦，还在于他们相信这些行为会败坏人性乃至整个英国的道德风气。常常伴随熊狗相斗、斗鸡、下层工人苛待工作动物等动物虐待事件出现的社会道德问题，例如打架闹事、醉酒和扰乱公众秩序，同样令改革者感到忧虑。首个参与起诉虐待动物案件的志愿组织"扫除恶习会"（Society for the Suppression of Vice）在报道熊狗相斗的案件时，批评该行为滥用了上帝赋予人类对动物的统治权柄；他们同时亦指出，此等场合会"大量聚集游手好闲、妨碍治安的人，增加闹事和酗酒发生的概率，并且导致公众的危险与骚乱"。[14] 伦敦在 1855 年前最主要的活牲畜供应地史密斯菲尔德市场（Smithfield market），亦常是反残酷团体严厉批评的对象。但他们百般谴责与要求当局关闭和迁址，不单是因为这个人兽杂处之地日日上演着打骂牲畜、令其缺水缺粮和肢体残缺等惨剧，还由于这个市场内部的拥挤污秽及其周边遍布着各种败坏道德的场所，因此运动者认为它是"所有最堕落的贫民窟渣滓的聚集之地"，并会"造成道德污染之扩散"。[15]

29　　早期的反残酷运动，除了具有显著的家长式道德判官作风以及阶级属性之外，还有鲜明的爱国主义色彩。在战后保守爱国主义盛行的时期，早期反虐待协会的会议或报告中都有"净化这个国家，使其从可憎的秽行与耻辱中解放""增进英国福祉，维护基督教之荣誉"的宣言。[16] 由于当时民众的不虔诚与本土激进的雅各宾主义被视为对国家稳定的主要危害，所以此时的动保改革者尽管横跨各党派，据称有"辉格党、托利党、改革派、反改革派"[17] 等，却都坚守着一个共同底线——对基督教与国家秩序的维护，这种团结局面一直维持至 19 世纪 30 年代初。由众多圣公会牧师组成的"理性人道对待受造动物促进会"，经常高调宣示其维护基督教和国家尊严的决心，坚决反对任何危害社会秩序的事情。该促进会的主要领导人物，剑桥大学三一学院的托马斯·格林伍德（Thomas Greenwood）牧师在某次题为"论国家的残酷"的讲道中，就特别强调了爱国心、政治活动和动物保护之间的关联性。他将导致"法国这个基督教国家的大灾难"（指法国大革命）归因于法兰西民族的两大劣根性，即"缺乏男子气概"和冷酷无情。因此，英国若想避免步法国之后尘，当务之急是停止虐待动物。格林伍德牧师利用战后英国国内弥漫的爱国情操，热切地号召国内"真正的爱国者"手持"神圣的慈悲之盾"守护动物，并鼓舞"基督的忠诚战士"团结起来，献身于维护基督的慈悲原则，尤其当其他国家都已弃之而去时。[18]

　　早期运动中这种强烈的政治、宗教正统观念与热情，一方面赋予了动物保护运动额外的救国政治意义，另一方面却也可能构成了运动团体分裂的根源。在对宗教异端包容度不高的社会环境中，运动成员一旦逾越了传统基督教的界限，就可能被视为对运动目标甚至国家不忠，从而成为运动打压排挤的对象。19 世纪 30 年代初，运动内部出现的第一次大分裂也正起因于对非传统基督教观点的恐惧。在这场自清活动当中，"防止虐待动物协会"和"理性人道对待受造动物促进会"的部分成员联合提出抗议，指责从 1826 年起担任"防止虐待动物协会"名誉秘书长的犹太素食者刘易斯·贡珀兹（Lewis Gompertz, 1784—1861），称其著作《道德探索》（*Moral Inquiries*, 1824）中疑似隐含古典异教学说——

毕达哥拉斯学派的内容，而他因此被迫离开了协会。[19] 他们不仅批评贡珀兹支持古希腊哲人波菲里（Porphyry）这个"不值得怜悯的基督教敌人"所宣传的饮食习惯，更声称贡珀兹受到了约翰·奥斯瓦尔德（John Oswald）的影响——奥斯瓦尔德是雅各宾俱乐部的一位成员，并曾在其著作《自然的呐喊》（*The Cry of Nature*, 1791）中提倡印度教的素食主义。在独尊基督教的改革者眼中，奥斯瓦尔德犯了"宣扬恐怖的法国大革命，并煽动他人摒弃人性，使成千上万的同胞陷于水深火热之中"的重大罪行。[20] 在运动起步的数十年内，古典传统、东方传统或激进政治传统中存在的一切智识资源，要么被视为无关紧要，要么被视为危险而遭到摒弃，甚少为运动所援引。出于对协会排外的宗教立场以及效率低下等问题的不满，贡珀兹另起炉灶成立了跨宗教派别的"动物之友协会"。这个协会持续营运至19世纪40年代末期，并在数年内开展了相比"防止虐待动物协会"广及更多城市的工作。[21] 然而讽刺的是，在1844年又有另一群人自"动物之友协会"分离而出，这次脱离的部分原因是贡珀兹相信动物可以永生这非正统基督教的思想。[22]

在这样的背景下，我们可以看到，从动保运动一开始，基督教传统就以压倒性的优势战胜了其他传统，成为该运动认同、合法性和灵感的主要来源。在19世纪上半叶"防止虐待动物协会"的年会上，我们经常可以看到其成员再三强调其坚定的宗教立场，如宣告"我们以基督徒的身份相聚于此""以基督徒的身份发言""以基督徒的身份共同努力"等。就连通过决议、感谢支持者时，他们也这么强调："我们感谢各界所给予的支持——但

　　　　为动物而战：19世纪英国动物保护中的传统挪用

我们是基于基督教原则接受这些协助的；若非基于此原则，我们这个团体也将凋零枯萎。（欢呼声）"[23] 如同当时大多数跨教派的慈善团体或道德改革团体，运动中来自不同教派的神职人员和平信徒改革者，大多能超越教派间的分歧，在基督教的大旗下为共同的目标而努力。[24] 到了 19 世纪晚期，由于政治紧张局势逐渐缓解和福音派狂热逐渐降温，动物保护运动也变得更愿意容纳多元的政治和宗教观点，对相异意识形态不同的资源持更开放的态度。然而在此之前，动保运动的宣传和教育材料一直广泛使用基督教语言与论述，在动保团体的重要场合必然会有祷告和诗歌吟唱的环节，而改革者亦常把无神论与残酷画上等号，这一切都明确反映出运动的基督教属性。

基督教作为资源宝库

　　动物保护运动在其前 20 年的草创阶段，不管在观念还是在工作推进上，都面临了重重困难与挑战，没有多少迹象显示将来有望成功。1824 年，"防止虐待动物协会"在排除万难成立后，旋即面临严重的财务问题，第一位秘书亚瑟·布鲁姆（Arthur Broome, 1779—1837）牧师因协会的债务而入狱，协会工作在1826—1828 年间也因此而停摆。好不容易坚持到了 1830 年，协会又因财务问题而必须减少对动物虐待者的诉讼与宣传活动。[25]当时其他团体的财务状况同样不怎么乐观。贡珀兹及其支持者在1832 年另立"动物之友协会"后，随即与当时其他三个团体竞争

32

极其有限的资源，甚至因此而对簿公堂。[26] 财力的匮乏当然也反映出大众支持的不足。协会的改革者发现，要说服大众"为了受苦的动物捐出他们的宝贵金钱，对他们来说，无异于将钱丢海里去"。贡珀兹也常感叹道："跟英国人谈人道对待野兽，会被视为疯狂之举。"[27] 显然，尽管维多利亚时代的慈善文化蓬勃发展，但将慈善精神扩展到动物身上仍然是一个新奇的做法。

对于萌芽中的运动而言，面对社会大众的漠不关心，首要任务即是要使人们认识到问题的存在，将过去不被视为问题的动物虐待现象"问题化"，进而将关心动物合理化。基督教作为当时社会的主要道德基础，亦与早期改革者自身的信念和宗教认同相符，自然就成为改革者首个加以探索并挪用的传统资源。由于福音派将《圣经》置于"传统或教会权威之上，将其作为宗教真理的来源和检验标准"，[28] 因此《圣经》成为改革者最重要的权威来源。

早期动物保护团体常仿效福音派教徒的做法，不放过任何可以直接引用《圣经》的机会。在"防止虐待动物协会"会议中，经常可以听到委员宣告"召唤我们，我们将手持圣经，以之来协助我们的美好工作"之类的话语，并且获得满堂喝彩。[29] 他们不遗余力地从《圣经》中挖掘出直接劝诫人们善待牲畜和其他动物的经文，在布道或宣传读物中大量引用，以此来显示上帝对受造物的关怀，例如《旧约》中的一些告诫——"牛在踹谷时，不可笼住牛嘴"（《申命记》25∶4）、"不可使牛驴一同耕地"（《申命记》22∶10）、"不可从鸟巢中捕取母鸟"（《申命记》22∶6）等。同样经常被广泛引用的经文还有"义人顾惜牲畜的性命；

恶人的怜悯也是残忍"（《箴言》12：10），这句话不但嘱咐人要善待动物，更将善待动物提升为基督徒必须具备的美德之一。[30]在对英国这个新教国家格外重要的《新约》中，耶稣没有直接言及人类应该如何善待动物，但是19世纪这群充满宗教热情的改革者对《圣经》与其人道目标的关联性深信不疑，不断以各种巧妙方式加以挪用。格林伍德牧师在一场讲道中如此断言："这世上再无第二本书如《圣经》般深深散发着对不会说话的受造物的慈爱，也没有一本书将其福祉置于如此显著之地位。"[31]德拉蒙德牧师在其《动物权》（*The Rights of Animals*, 1838）一书中颇为巧妙地以《圣经》典故解释为何耶稣基督对动物问题保持沉默。他引用《列王纪上》第19章以色列人背弃了盟约、杀了神的先知而引起耶和华愤怒的这段经文，说明为什么"我们的救主在动物虐待上的沉默远胜于最滔滔的雄辩与宣告"，因为当先知以利亚站在耶和华面前时，耶和华是用"微小的声音"向他说话的。[32]他也指出罗马人早期并未订立法律惩处弑父弑母之罪，因为这罪恶是严重到难以想象的。同样地，动物虐待对于基督教来说也是如此，以致"造物主或许认为用任何特殊律法来禁止是多余的"！[33]

　　总而言之，不论改革者如何解释这一问题，面对《圣经》这个内容丰富却没有明确教导人们应如何对待动物的文本，改革者在思想动员上的首要任务是以有利于运动的观点，重新诠释其中的相关概念。归纳起来，有三组主要概念是改革者所不断反复诠释与大力传播的，分别是《旧约》中的创造论、人类对动物的统管权柄，以及《新约》中基督的慈悲精神，它们构成了动保运动论述的核心基础。根据《创世记》第 1 章第 26、28 节，神在创造了世界万物之后，授予人类管理万物的权柄。这些从《圣经》中抽离出来的经句，尚有很大的阐释空间。改革者强调，被神授予托管万物权柄的人类特别应该担负起重责，善待神的受造物，而不是滥用权力虐待它们。在此神学框架内，改革者将人类对动物的支配权和优越性诠释转化为关爱动物的正面力量，以强调在神的设计下，人类对动物有无可逃避的道德责任。神学博士汉弗莱·普莱马特（Humphry Primatt, 1734—1776）在其著作《怜悯的职责》（*The Duty of Mercy*, 1776）中强调："人类是世上最高贵、最杰出且最完美的生物，但是这代表什么呢？……人类所拥有的每一分优越，都对应着一份责任，这是其地位所不能免除的。"[34] 此书被"皇家防止虐待动物协会"尊为思想基石，在 19世纪被多次印行。[35] 约翰·亨特牧师（John Hunt）在一场应协会请求而举办的讲道中同样告诫听众说："尽管人类是动物的主人，却不应是暴君。人类对动物的统治要正义、审慎、有节制。"[36] 虽然当时大多数改革者并未偏离"动物乃为人类之目的而存在"这个基督教的主流想法，但他们强调"使用"不应沦为"滥用"与"虐待"。因此，改革者认同人类有权利为了基本需求而牺牲动物——比如为了生存而屠宰动物，为了运物载货而劳役动物，但是不应肆意虐待动物和使动物承受不必要的痛苦。

35　　在福音主义浓厚的 19 世纪英国，"神的慈悲"这一神学主题尤其占有重要的文化地位。在定义人对动物的统管权柄的性质时，改革者频繁援用基督教思想中神的慈悲精神，以引起当时受众的共鸣。他们积极宣称：正如上帝是仁慈和富怜悯心的，人也有义务效法祂的圣善，对动物仁慈。一直以来，人们认为上帝的仁慈是为人类所独享的，此时，改革者则强调上帝同样珍视一切受造物的生命，悉心满足所有受造物的需要。在此主导论述之下，改革者常援引经文来证明上帝仁慈对待所有的受造物，例如："五只麻雀不是卖两文铜钱吗？然而在上主前，他们中没有一只被遗忘。"（《路加福音》12：6;《马太福音》10：29）"当雏鸦无食，往还飞翔，向上主哀鸣的时候，谁能为乌鸦备食？"（《约伯记》38：41）"祂赐食物给家畜，养育啼叫的雏鸦。"（《诗篇》147：9）[37]经文如"怜悯的人有福了，因为他们将承受怜悯"（《马太福音》5：7）和"你们应怜悯、如你天上的父亦是怜悯的"（《路加福音》6：36）尤其热门，经常被引用或被印制在传单、期刊和书籍扉页。[38]久而久之，带有强烈宗教意义的"怜悯"与"仁慈"等词汇，也成为维多利亚时代动保运动最重要的口号。

　　然而，当面对不同受众时，运动亦会多样化地挪用基督教思想传统中其他的有利元素，以推动其工作。比如说，当改革者的劝诫对象是担任照顾动物职务的下层工人时，他们不只会使用劝人怀有怜悯心和仁慈那一套做法，而是更经常地挪用《圣经》中有点恐吓性质的"审判日"与"地狱之报应"概念，以求直接遏止虐待的发生。在动保团体印制分发给车夫、赶集者、屠夫与动物看顾者等工人的传单中，往往充满以下这些严厉的警告："我必须重申，神要求祂所有子民行怜悯""因为那不怜悯人的，也要受无怜悯的审判"（《雅各书》2：13），[39]以及"且知，那造物者是你的判官"。[40]一段运用"审判日"概念的完整论述大致如下：

噢，想想看，当你被传唤到神之严厉审判前所得面对的罪名，这位神是创造我们与动物，并且将动物托付给我们的神，也是宣告"怜悯动物"是重要美德之一的神。你无须怀疑，审判的那一刻必将来临，你到时将悲痛忏悔你蓄意的残酷行为所带给动物的泪水与苦难，尽管这些动物无法表达它们的感受。[41]

虐待动物的人一再地被警告，他们来世将在地狱永远受苦，上帝还准备了各种惩罚和恶报，会在此生降临他们身上，例如疾病、挫败、贫困甚至死于非命。改革者试图通过这些故事使人们不敢做残忍之事。[42]亚伯拉罕·史密斯（Abraham Smith）在其著作《圣经与道德教理问答》（*Scriptural and Moral Catechism*）中，描述了有个人因为在斗鸡活动中输掉了赌注，就把他的公鸡活生生烤了，后来这人从"目睹了一切公义的上帝那里得到了报应"，上帝"为祂那可怜的受造物，把这人面兽心者击毙了"！[43]"防止虐待动物协会"出版的另一篇短篇故事，则提醒读者要记得当上帝看到巴兰殴打他的驴时有多么愤怒（《民数记》22），并提及曾有一个富有的农民，因为残忍虐待驴马而受到上帝的报应，最终身败名裂且一贫如洗。[44]改革者大量挪用基督教神学中有关上帝惩罚、审判日和地狱等可怕元素，恰好呼应了19世纪上半叶福音派针对下层阶级布道时所采用的威吓式教训口吻。然而，随着后来宗教思想在19世纪逐渐变得更开放，加上在19世纪五六十年代左右福音派神学的基调亦变得更温和，诸如以上的严厉话语也愈发稀少。[45]

动物保护运动亦从自然神学（natural theology）中获得了不少可供挪用以支持其反对虐待动物行为的核心论点。基督徒一般相信，上帝写了两本书，一本是神的话语（《圣经》），另一本是神的作品（大自然）。与福音主义不同，自然神学所仰赖的不是对于《圣经》经文的信仰，而是人类的理性。此一想法最早可追溯至古希腊的斯多葛学派，并于启蒙运动时期再度广为神学家、科学家以及知识阶层所信奉，成为宗教与科学之间的重要纽带。有时，自然神学还决定了某一科学研究是否具有正当性。进入 19 世纪，威廉·培利（William Paley, 1743—1805）广为畅销的《自然神学》（*Natural Theology*, 1802）以及 19 世纪 30 年代盛极一时的《布雷治华特论文集》（*Bridgewater Treatises*, 1833—1836）八卷册的出版，更让这一思想在 19 世纪的教会以及大众间广泛流传。然而值得注意的是，若把自然神学严格定义为一种仅通过自然理性，而不借助《圣经》之启示来认识上帝和真理的神学方法，那么自然神学绝非一种同质性、没有内部争议的传统。事实上，各教派的神学家与科学家对于它的实质内涵，以及是否足以替代启示神学（revealed religion）而成为另一条理解神、追寻神的重要途径，并证明神之存在和至善，往往有着不同看法。[46] 尽管如此，在已接受神之存在和神启之《圣经》的基础上，19 世纪的基督徒仍经常借助更多样的"自然之神学"（theologies of natures）来培养、强化人们对神的崇敬与对基督教的信仰。反残酷运动从一开始就积极拥抱和利用自然之神学，来理解自然界的角色和存在意义，以及神、人和自然界之间的本体关系与道德关系。

正如当时流行的灵修文学一样，改革者反复强调自然中一切神奇的创造、精巧的设计以及完美的秩序和法则，皆证明和展现了神之大能、智慧和良善。许多人也认同培利等神学家的观点，认为大自然处于一个奇妙、完美和幸福的状态，正如睿智仁慈的造物主所期望的那样。基于这个大前提，改革者于是提出一个问题——难道上帝会愿意让其所创造和深爱的受造物遭受人类肆意的伤害和折磨吗？例如，新教牧师约翰·史泰尔（John Styles, 1782—1849）在其获奖论文《受造动物》（"The Animal Creation", 1839）中，广泛引用了培利的著作和《布雷治华特论文集》，并断言"残酷"与"自然万物所反映出的那位上帝的作风和旨意完全背道而驰"。史泰尔牧师认为，"万物之父对最卑微的受造物都表现出极致的关怀，从万物的生态即可看到神有多关注受造物的幸福"，因此人类有义务效仿神，遵循自然法则，以怜悯与仁慈来管治"低等受造物"。[47]塞缪尔·夏普（Samuel Sharp）在为肯特公爵夫人和"皇家防止虐待动物协会"而写的一篇文章中，同样借鉴了培利的观点，即神所创造的大自然本处于完美的幸福状态，他借此指出残酷对待其他受造物会"拂逆上帝旨意，冒犯造物之神"。[48]不只如此，连小学生也常在作文比赛中重申同样的观点，可见基于自然神学思想的论点在当时的动保运动中有多流行。1872 年"皇家防止虐待动物协会"的年度人道作文比赛以"为何应善待而非虐待动物"为题，对此孩子们给出的主要理由是："在动物身上可看出造物主的全知和全能……各种动物的构造和能力满足了人类的各样需要……而且动物的构造刚好吻合它们各自在自然生态中的特定目的。"[49]荣誉受禄牧师杰克逊（Rev. Prebendary Jackson）在总结这些小作家的论点时这样说："神的良善和智慧被如此明显地反映在受造物的构造和存在中，神的大能赋予了它们如此多样的奇妙本能和智慧，显然以仁慈和爱心善待动物是人类不可推搪的义务。"[50]

动保事业的巩固与进展

19世纪中期，维多利亚社会迈入繁盛时期，动物保护运动靠着挪用基督教传统中的多种神学资源，也随之进入了一段平稳的扩张时期。运动不再采用早期的悲情语气来争取支持，取而代之的是一种与当时正急速进步的维多利亚社会相呼应的乐观语调和意气风发的精神。1851年，万国工业博览会于伦敦海德公园的水晶宫盛大举行，骄傲地向世界展示着英国文明的伟大，与此同时，"皇家防止虐待动物协会"也在庆祝动物保护所取得的进展。国会议员麦金农在提及协会获得的"慷慨捐赠"以及他这一代人所处的"幸福乐土"和"光辉时代"时，就如此说道：

> 我们不得不承认，人类社会的道德原则每天都在进步……生活在19世纪的我们，在情感、文明、宗教等方面，以及对低等受造物的态度上，都远比多年前的同胞或其他外国人更优越。[51]

40

早在1840年就获得维多利亚女王御赐"皇家"头衔的"皇家防止虐待动物协会"有了皇室赞助，尤其超越其他动保团体，成为运动的主导力量。从19世纪60年代开始，整个反残酷运动将工作扩展到教育和慈善领域。例如，1860 年成立的"流浪和饥饿狗临时收容所"（Temporary Home for Lost and Starving Dogs）——1871 年后更名为"贝特希流浪狗之家"（Battersea Dog's Home）；自 1867 年以来，由"大都会饮水池与牲畜饮水槽协会"（Metropolitan Drinking Fountain and Cattle Trough Association）设立的牲畜饮水槽；1869 年成立的"皇家防止虐待动物协会"妇女人道教育委员（Ladies' Humane Education Committee）；自 1875 年发起，致力于儿童人道教育的"怜悯小团"（Band of Mercy）运动；由地方报社经营，蓬勃发展的儿童草根团体，如 1876 年由《纽卡斯尔周报》（*Newcastle Weekly Chronicle*）组织的"小小鸟报社"（The Dicky Bird Society）等；于 1885 年成立、鼓励善待工作动物的"伦敦拖车马匹检阅协会"（London Cart Horse Parade Society）。这些团体和项目取得了空前成功，更带动了各地其他类似组织的发展。

随着英国社会在 19 世纪 70 年代进入"新帝国主义"（high imperialism）时代，扩张主义和帝国意识增强，动物保护运动也受到影响，其动员话语和实际工作均抹上了鲜明的帝国主义色彩。运动者利用大英帝国基于基督教道德和义务而产生的自豪感和"托管者"身份认同，将人道对待动物描述成英国文明人道传统中的独特元素，并宣称英国有道德义务向外传播这种美德。[52] 正如一本介绍"皇家防止虐待动物协会"在缅甸、印度等殖民地所开展工作的小册子叙述的那样：

41 　　　在任何时代，对于任何国家，英国统御所及之处都是人道精神的要塞和堡垒……而在国际动物保护事业中，我们取得了导师、良知指引和带领者的公认地位，这足以证明我们的良心……难道我们不应该共同协商，携手合作，推进这项动人、神圣的人道事业的发展吗？大英帝国为促进人类文明贡献良多，将来亦不会止步，我们不应该共同为帝国的未来而努力吗？[53]

在工作实践方面，动保团体也如同传教士一样，怀着乐观的福音传道精神，紧紧跟随着殖民者和帝国官员的脚步，承担起向外传扬英国文明优良传统和"教化万民"的重大责任。例如，英属印度于1857年成立后不久，"加尔各答防止虐待动物协会"（Calcutta SPCA）亦随即成立，主要通过起诉来打击在街头虐待工作动物的行为。然而，正如历史学家珍妮特·戴维斯（Janet Davis）所指出的，即使撇开殖民者与被殖民者之间本质上的家长式不对等关系不谈，此分会是由清一色的英籍居印人士，在殖民地政府的直接财政资助下运作，这一点已充分显示了这个动物保护组织的性质——事实上它也是殖民地政府监管系统的一部分。[54]而且在1917年，英军为了保护附近的波斯油田，并阻止土耳其及其德国盟友进入波斯湾顶端，两度试图占领巴格达，其取得成功后，"皇家防止虐待动物协会"也紧随着开展其工作。在接下来一届的协会年度会议上，一位发言人如此宣布："人们都说英国国旗来到，也必带来自由，现在我们可以说，带来的还有'善待动物'。"[55]事实上，早在1885年，"皇家防止虐待动物协会"就曾经自豪地自封为"世上所有动物保护团体的母会"。[56]到了1900年，协会已经在英国殖民地、海外属地以及其他国家和城市成立了众多分会与组织，远至直布罗陀、马耳他、仰光、科

42

伦坡、香港、孟加拉、孟买、开普殖民地、纳塔尔、奥兰治自由邦、德兰士瓦、纽芬兰、上海、东京、横滨等城市，乃至美国、澳大利亚、新西兰、埃及，以及南美洲等国家和地区。[57]协会的年度大会总在城市中最雄伟的厅堂内举行，规模盛大，不但包括隆重的论文竞赛颁奖仪式，更经常有皇室贵族、政要、来自世界各地的动保协会代表，甚至是外国大使驾临。年会的浓厚帝国色彩，绝对不亚于维多利亚女王的周年庆典。[58]1887年，正值女王登基的金禧纪念（Golden Jubilee），女王更出席了协会的庆功年会，并且发表了以下的著名讲话：

> 在我的臣民所展现的众多进步当中，我特别高兴见到的就是对低等动物的人道情感的增加。如果一个文明的慈善与怜悯，无法触及神所创造的不会说话，亦无法保护自己的动物，这个文明不会是一个完整的文明。[59]

无论以何种标准评价动物保护运动的成就，无可否认的是，经过半个多世纪的努力，曾经备受鄙视的动保事业在各个方面都取得了巨大进步，善待动物更成为英国人身份认同的一部分。这要归功于运动所采用的策略，它从一开始就积极挪用基督教传统，为运动取得道德上的正当性，以加强其说服力。运动也总能在关键的历史时刻调整方针，从而与国家的主流意识形态一致，例如家长制、民族主义，以及大英帝国悠久的道德托管者传统。以上这些意识形态，也深深植根于运动所大力挪用的基督教传统之中，与其密不可分。

不过，动物保护运动对基督教传统的运用远不止于此。自19世纪70年代中期以来，在社会已有的善待动物文化之中，又有另一场强大的动保运动发生，冲击了当时的英国社会。基督教传统又一次被运动改革者以更巧妙的手段挪用。

反动物实验运动的兴起

对于动物实验的批判，其实自动物保护运动起始就已存在，但此时，运动多针对较早开始采用动物实验方法的其他欧洲国家。然而，随着英国的实验生理学于19世纪70年代迅速起步，以及生理学家伯顿·桑德森（Burdon Sanderson, 1828—1905）出版了其具有标志性的著作《生理实验室手册》（*Handbook for the Physiological Laboratory*, 1873），英国人终于切身地意识到动物实验所带来的伦理挑战，相关争议亦在英国迅速爆发。[60] 1875年，英国政府成立了"皇家动物实验调查委员会"（Royal Commission on Vivisection），对国内动物实验的性质和规模正式展开调查。生物医学界和反动物实验运动也各自起草了针对动物实验的法案。在正反两方的大力游说下，英国在1876年通过了世界第一项管制动物实验的法案，建立起有关动物实验的登记、管理与稽查制度。然而，这一试图融合双方意见的法案无法令双方都感到满意，尤其是反动物实验组织。[61] 该法案规定，实验者若能证明其必要性，依然能取得特殊执照而不必施行麻醉；其中对所用麻醉剂类型的规定亦不全面，更缺乏对其实际使用的规定。因此，反动物实验组织认为该法令形同把动物实验"合法化",即"保障实验者,而非实验动物"。[62]因而,在1876年的法案通过后,反对动物实验的运动者在失望之余,亦迅速集结力量,将对策从以前的集中于较高层次的议会游说和谈判,转而发展成一场更具群众基础的社会运动,拥有具体目标、组织、领导层、大众会员,以及更具动员力量的话语。尽管反动物实验运动与一般的反对虐待动物运动之间有着许多共通点,但是反动物实验运动亦把自身区分出来,构成了独特的运动身份。[63]

在1876年法案通过前后,专门致力于反动物实验的团体纷纷涌现。1875年,乔治·理查德·杰西(George Richard Jesse)创立了"全面废止和彻底禁止动物实验协会"(Society for the Total Abolition and Utter Suppression of Vivisection),同年成立的还有由弗朗西斯·珂柏(Frances Power Cobbe, 1822—1904)领导的"保护受实验威胁动物协会"(Society for the Protection of Animals liable to Vivisection),又名"维多利亚街协会"(Victorian Street Society)。到了1876年,又有至少五个反实验团体成立:"《家庭新闻报》反动物实验协会"("Home Chronicler" Anti-Vivisection Association)、于1882年与"维多利亚街协会"合并的"全面废止动物实验国际协会"(International Association for the Total Suppression of Vivisection)、"伦敦反动物实验协会"(London Anti-Vivisection Society)、"爱尔兰反动物实验协会"(Irish Anti-Vivisection Society)与"苏格兰反动物实验协会"(Scottish Anti-Vivisection Societies)。此后数十年间,这些团体的地方分会,以及其他数十个独立团体已遍布于英国的主要城市。

如一般的反残酷运动，反动物实验运动在本质上亦属一场中产阶级运动，并且主要依靠贵族和上流人士的赞助。然而，经过 1867 年和 1884 年的议会改革之后，大众政治时代来临。反动物实验运动就发生在这一时代，改革者知道若要成功推动法例上的变革，赢得拥有选举权的工人阶级的支持十分关键。于是，部分反动物实验团体如"伦敦反动物实验协会"和"全面废止动物实验国际协会"，也开设了面向工人阶层的分支机构。19 世纪 90 年代，随着细菌理论、细菌学研究和疫苗开发的进步，工人阶级对反动物实验运动的支持率大幅提升，这是由长期存在于社会中的反疫苗情绪，以及怀疑医学界会以贫民为实验品的恐惧所致。[64] 而与其他不直接涉及性别问题的改革运动相比，反动物实验运动中却有着特别多的女性支持者与领导者。历史学家 F. K. 普罗切斯卡（F. K. Prochaska）发现，1895 年"维多利亚街协会"的会员人数中，女性占了 66%。[65] 而法兰奇对 19 世纪主要反动物实验团体领导阶层的分析亦显示，女性约占 40%—60%。[66] 在运动发生后的最初半个世纪中，主导运动公众形象的领导者多为女性，包括"维多利亚街协会"秘书长弗朗西斯·珂柏、安娜·金斯福德（Anna Kingsford, 1846—1888）以及"反动物实验与动物捍卫联盟"（Animal Defence and Anti-Vivisection Society）的秘书长露意丝·琳达·哈格比（Louise Lind-af-Hageby, 1878—1963）。[67]

从 1878 年左右，一直到 1898 年运动出现重大分歧之前，英国反动物实验运动的主要团体几乎一致以动物实验的"全面废止"为最终目标。运动者虽然主要关切的是动物的痛苦，但其所提法案并不特别作出区别，因为他们大多相信在现实中难以认定一项动物实验会否会导致痛苦；而尽管施以麻醉，例如使用具有争议的箭毒，其完全免除痛苦的成效亦存疑。此时的医学科学发展仍在起步阶段，缺乏经费、仪器设备和实验室、职业晋升轨道等体制上的支持。因此，在无法预见科学日后的全面发展的状况下，许多运动者仍乐观地相信，动物实验这一刚刚现形的"新罪恶"不过是科学"少年期"的短暂偏差，经由纠正，尚可以撵除。因此对他们而言，"全面废止"动物实验不算是天方夜谭。[68]

在策略上，动保运动大量借鉴了半个多世纪前由反奴隶制运动建立起的行动传统，即教育大众与构建舆论——具体包括群众请愿、巡回演说、分发文献、致信编辑、刊物出版、寻求选举承诺、举办大小集会、抵制支持动物实验的医生和医院等方式。

在反动物实验运动起步之前，更广泛的善待动物文化已经盛行了超过半个世纪，而反动物实验运动作为从中延伸出来的道德改革运动，自然亦继承了反残酷运动的许多基本特征和意识形态。尽管维多利亚时代晚期人们的基督教信仰经历了本质上的变化，但主流的反动物实验运动团体同样有着强烈的基督教认同，并依赖基督教来获得其正当性和行动灵感。

关乎道德与宗教的事业

> 我们的事业是真正进步的事业，是人道的神圣事业，是基督的事业。
>
> ——J. 弗斯科伊尔（J. Verschoyle）[69]

19 世纪下半期，福音主义热潮逐渐消退，所以当反动物实验运动在 19 世纪 70 年代爆发时，宗教的地位与 19 世纪初反残酷运动兴起之时相比，已有了翻天覆地的改变。正如历史学家沃尔特·霍顿（Walter Houghton）所言："自 1830 年以降的思想史，尤其是宗教思想史，记载的就是传统思想遭受一连串重击的历史。每一次知识的进步，每一个新理论的出现，都给宗教带来了新挑战。今日虽得以暂时退守一方，明日又得再遭猛攻。"[70] 到了 19 世纪 70 年代，地质学和古生物学的新发现、演化思想、达尔文主义、圣经批判和人类学等，皆冲击着基督教的基本教义，加剧了自 19 世纪中叶以来笼罩着维多利亚社会的"信仰危机"。然而，尽管面临严峻挑战，宗教并没有如世俗化理论所预示的那般持续衰落。相反，宗教信仰只是有所转化，且在内涵和形式上都更趋多元。其实，大部分信仰批评者和怀疑者正是因受到福音主义的熏陶，才出于对真理的热切追求而向自身信仰提出批评和怀疑。他们并非真的谴责宗教信仰本身，而是在试图寻找一种"更崇高和更恰当"的信仰表达形式。[71] 尽管许多人抛弃了传统福音派教义和正统神学，但他们从未丢弃由福音信仰培养出的强烈道德良知。[72] 即使在 1876 年法案通过之后，宗教在政治和社会大环境中也并未丧失其重要性，维多利亚时代特殊的"政治道德化"（moralization of politics）现象依然存在。大多数民众仍然从道德和宗教角度看待政治和社会问题。正如现代历史学家乔纳森·帕里（Jonathan Parry）所形容的，对于英国的"选民大众"来说，政治终究是重要的，因为它是实现和强化宗教价值的重要手段。[73] 尽管到了 19 世纪 70 年代，动保运动改革者

47

从基督教信仰中选取的内容和挪用的形式已经不同以往，但动物实验议题能被大众重视，并在19世纪与20世纪初的英国社会激起如此强烈的情绪，正因为人们认为它与宗教以及道德问题息息相关。

从动物实验争议爆发之始，主流的反动物实验运动即打着捍卫宗教和道德理念的旗号。虽然它绝非一个完全属于基督教的运动，但基督信仰仍然是运动各方支持者的共同语言。不同教派的平信徒和神职人员，甚至还有已脱离传统基督教但仍认同其道德理念的人，都能够超越信仰差异而紧密地合作。例如，19世纪70—90年代最有影响力的动保组织"维多利亚街协会"就是由约克大主教，有着"福音主义者中的福音主义者"（the evangelical of the evangelicals）之称的谢兹柏利伯爵（Lord Shaftesbury, 1801—1885），以及罗马天主教红衣主教亨利·曼宁（Henry Manning, 1808—1892）共同领导的，二人分别担任主席和副主席。而该协会实际上又是由当时已放弃正统基督教信仰而成为"有神论者"的珂柏领导的。作为有神论者，珂柏虽不承认原罪、基督之替世人赎罪和地狱中的永世惩罚等福音派教义，但仍相信一位全善造物主的存在以及祂赋予人类的道德观。从一开始，反动物实验运动就有强烈的基督教认同，并且毫不避讳地对内外一致如此宣称。珂柏早于1876年就在运动第一份报刊《家庭新闻报》（Home Chronicler）中宣称："我们的工作……是一场社会运动而非政治运动；是伦理与宗教的宣传，而非国会的鼓吹。"[74]在国会法案的辩论当中，运动的几位国会代言人也总是明言运动的宗教属性，并企图借之施展道德压力。作为19世纪下半叶最著名的福

48

音派慈善家和议员，谢兹柏利伯爵也曾这样裹挟着民众的宗教情感、带着威胁口吻在上议院谴责动物实验：

> 对许多人来说，这不单是一个情感问题，而是一个宗教问题。我不相信这问题是可以被根除，或是被部分压抑的。在动物实验这件事情上，完全压制这些"反动物实验的"人的意愿只会引发更强烈的不满，最终只得以采取强制性手段收场……[75]

与谢兹柏利伯爵一起推动 1876 年反实验法案的卡纳凡伯爵49（Earl of Carnarvon, 1866—1923）在 1879 年同样于上议院发言道：

> 如果消息传开来，人们知道政府疏于严格执行 1876 年法案中的各项限制的话……那些最有力量的阶层将会愤慨激昂，因为他们不仅将动物实验视为一个情感问题，更将之视为一个攸关感恩与宗教的问题。[76]

然而，这种普遍的基督徒身份认同和形象，并不表示反动物实验运动单单由基督徒组成。我们将在第二章中看到，运动中的自由思想者和现世主义者经常向其他基督徒运动者提出抗议，反对他们整天宣称反动物实验运动是基督教运动。此外，基督徒运动者一直深信爱护动物的美德是基督教人道文明的一部分，并认为英国是最能展现出这种文明特质的国家。因此他们惯常使用新教徒身份和民族主义言论，这也无形中与持其他信仰的人形成了隔阂。为此，运动也被名副其实地指责为具有反天主教和反犹太教这两种盛行于维多利亚社会的宗教歧视。

在运动的各类大小集会上，不难见到改革者热切地宣告与抒发他们的宗教热情，以及这些情感所发挥的动员作用。改革者借助宗教所带来的强大情感力量，相聚在一起，分享内心深处的信念，以此强化彼此的决心。这些集会往往弥漫着宗教狂热的情绪，大家热切地宣传基督信仰和仁义道德，严厉地谴责使动物受尽折磨的实验，指其严重违反了基督精神。比如，1896年"苏格兰全面废止动物实验协会"（Scottish Society for the Total Suppression of Vivisection）在其格拉斯哥分会成立大会上，宣告其成员将"秉持着宗教的信念，并且相信那万能的神命令人们以怜悯与善意对待祂所创造的所有活物"，这一发言赢得了全场掌声。[77]同年，在"实验常用动物保护协会"曼彻斯特分会的年会上，曼彻斯特主教宣告动物实验乃是"对权力的滥用，是违反神的旨意，是极度恶劣的错误"，语毕全场亦响起一片掌声。[78]隔年，在"曼彻斯特反动物实验协会"（Manchester Anti-Vivisection Society）的年会上，当主席宣告其委员会的"伟大目标"乃是"神的荣耀、人的良善"后，附和声同样激荡在会场上。[79]这些大型集会中狂热的宗教气氛，以及运动者把运动目标和信念视为必然正确和绝对神圣的态度，有时反而给反动物实验运动营造出一种盛气凌人、自以为义的形象。反对动物实验的医生爱德华·贝尔多（Edward Berdoe, 1836—1916）是一位虔诚的基督徒，他也曾在"全国反动物实验协会"（National Anti-Vivisection Society）切尔滕纳姆分会的集会结束时吟诗总结道：

神圣的反动物实验运动必胜，

上帝永在，正义长存。

公义不日将得胜，

心存怀疑即不忠，

意志动摇即罪过。（掌声）[80]

　　著名的资深外科医生亨利·李（Henry Lee）的夫人，亦经常在反动物实验集会上发表讲话，她的演说不但总带着明确的宗教色彩，同时也结合了情绪化、具有高度煽动性的福音派演讲风格。然而，这种演说风格恐怕不太能达到说服异见者的目的，只是加强了运动者们自己的原有信念而已。1899年，在"伦敦反动物实验协会"于圣詹姆斯大厅举办的公众集会中，亨利·李夫人站在讲台上对群众演讲，一再强调基督教信仰和耶稣基督的中心地位，并利用了基督与邪恶势力征战这一模糊却强力的宗教意象所带来的情感力量。她当时这样宣告：

　　单纯的人道主义永远无法成功遏止苦难和不义的浪潮。啊！你们要有信德……今晚那一位就站在我们中间，以上帝之爱子的形象出现，祂恳求我们在这场对抗强大邪恶势力的战争中坚持不懈。如果我们要在这项宣扬慈悲的工作中取得成功，那么救世主必须永远作为我们平台上的中心支柱。朋友们，请注意，我们要靠着祂的力量来打赢这场重大的战争，永远向祂寻求帮助和指导，永远记住，只有靠着祂的十字架，这种邪恶，就如所有其他邪恶一样，最终将会被推

翻。（热烈掌声）[81]

最后，亨利·李夫人以一首带有战斗色彩的基督教赞美诗歌作结——"基督精兵前进/齐向战场走/十架旌旗高举/引领在前头"——并再次赢得全场响亮而持久的欢呼声。要不是演讲中先前提及过"动物实验"四字，真容易令人误以为这是某次宗教复兴主义宣道会或者军事化色彩浓厚的基督教救世军集会呢！

基督的牺牲精神 vs. 自私的科学

动保运动自 19 世纪 20 年代发轫以来，主要诉诸基督教道德，援引《圣经》中的概念——创造论、神所授予人类统管万物之权柄，以及基督的慈悲精神等。然而，对于反动物实验人士来说，实验室里发生的"暴行"标志着人类对动物最严重的背叛，因为这些手无寸铁的动物是上帝委托给人类照顾的。因此，反动物实验的改革者力主援用福音派神学思想核心的"罪恶"概念来阐述其观点。虽说残酷行为原已违背神的道德律法，构成了宗教上的罪恶和人性的堕落，但在过往的反动物虐待运动中，罪恶的概念并没有像在反动物实验运动中那样被高度强调。自从谢兹柏利伯爵首度谴责动物实验为人神共愤的"可憎罪恶"（abominable sin）后，这种说法才迅速于运动中传开，成为描述动物实验的标准形容词。直至 1898 年，珂柏仍这么形容反动物实验运动："在过去的 20 年里，我们的指导原则是，动物实验是一种'可憎罪恶'，如同强盗或强暴那般不应当被包庇或宽容。"[82]同年成立的"英国废除动物实验协会"（British Union for the Abolition of Vivisection）同样采用"动物实验有罪"作为其口号，明确强调其"全面废止"一切动物实验的道德立场。[83]除了强调动物实验的罪恶本质之外，改革者更经常使用一连串带有宗教性质的谴责用词，比如邪恶的、如恶魔的、魔性的、如地狱的、撒旦的、亵渎的等。这些字眼需要从当时运动者所采用的宗教框架来理解，但在旁观者眼中，这样的毒舌行为却让运动显得不够理性与节制，并且充满恶意与怨恨。

动物实验的特殊残酷本质使人们产生了前所未有的愤慨情绪，因此改革者也发展出针对动物实验的专有论述。他们积极地挪用基督教中自我牺牲的神学概念，并以此为基础创造了一系列的衍生论述和富有感染力的形象，以对抗生理科学领域的新发展。自我牺牲的精神源于基督为人类赎罪而被钉死于十字架上的福音教义，此精神是维多利亚社会极力推崇的美德之一。[84]尽管由于当时各种冲击基督教基本教义的新发展，维多利亚社会经历了一场信仰危机及转化过程，但自我牺牲的道德理想，加上"基督"这个明确的道德典范，还是能够在当时的社会中产生持续的文化共鸣。自我牺牲是当时社会和政治生活中常见的主题，亦常为主张扩大选举权的人士和社会主义者等改革人士所借用。而那些表面上扬弃了福音信仰，但仍保留着内心良知的人，一般也认同并持守自我牺牲精神。[85]

在大部分反对动物实验的改革者看来，动物实验与一般常见的动物虐待的差异，在于它并非出于人们的无知或疏忽，而是

53

科学家为了求取其所宣称的医学知识而实施的行为，是高度严谨的计划。究其本质，乃是人类为了一己目的而牺牲弱小动物的行为，其不但残酷，也展现了人性的自私与怯懦。如此作为，恰恰与英国19世纪道德论述中所推举的"自我牺牲"与"利他精神"相背，也与新教的核心信念——"基督救赎"——形成强烈对比。在运动者眼中，基督为了整体人类的救赎，舍弃肉身于十字架上，所展现的乃是一种高位者为低位者牺牲的典范。然而，科学家之作为却恰恰相反，是强者为了自身利益而牺牲弱者。一位从英国国教改信罗马天主教，并曾任职"全面废止动物实验国际协会"执行委员的天主教神父亨利·纳特科姆·欧森汉（Henry Nutcombe Oxenham, 1829—1888），在《对动物实验的道德与宗教评估》（*Moral and Religious Estimate of Vivisection*, 1878）中论及动物时写道："它们的劣等与对我们的依赖……使它们得以要求我们善待它们，这是弱者有权对强者提出的要求，也向来是基督教的目标与荣耀。"[86] 在题为"动物实验与基督教"的一场讲道中，一位讲者同样说道："基督教的本质是高位者为低位者牺牲。你若将耶稣的十字架高举在每一间解剖实验室中，就会看到上帝为实现自己的崇高目标所采用的方式，与人类之间会形成可怕的对比。"[87] 另一位来自"教会反动物实验联盟"（Church Anti-Vivisection League）的成员曾这么阐释基督教的自我牺牲精神：

> "位高权重"——高位者为低位者自我牺牲，难道不是道成肉身（Incarnation）的最伟大教训？解剖者所持的却是相反的信条：为了高等动物实质上或想象中的好处，所有在他

54

之下的物种都得被无情地牺牲。有什么差异是比基督精神与动物实验精神间的差异还要更大的呢？[88]

与基督教的自我牺牲精神相反的是怯懦和自私，在反对动物实验的改革者眼中，此两者正是万恶之源，亦是动物实验的本质。牺牲更为弱小的受造物以求令人类远离死亡和疾病的做法，以及公众普遍关注身体健康而忽视精神原则的态度，对改革者来说都证明了人类的怯懦和自私的不断膨胀，离自我牺牲的精神理想越来越远。[89]事实上，在对19世纪维多利亚社会大众的道德讨论中，诸如"自我牺牲与自私""利他主义与利己主义""勇敢与怯懦"的二元对立概念十分常见。这类二元对立框架存在于基督教传统中，亦是19世纪公众以及J.S.穆勒（J.S.Mill, 1806—1873）和莱斯利·斯蒂芬（Leslie Stephen, 1832—1904）等道德学家在检讨社会与道德问题时常使用的。[90]与当时的许多社会和道德议题一样，动物实验的问题也跟利己主义自私追求与利他主义自我牺牲之间的冲突有关。在反动物实验的集会和文宣中，运动者经常从世俗和宗教的角度来强调这两种冲突精神之间的鲜明对比。在某次抗议集会上，有位发言人扬言动物实验是"对人类道德的伤害，是所有迎合怯懦与自私这两个最低劣本能的行为"，而其后果会"使整个种族堕落"，这番发言迎来了一片掌声和欢呼声。[91]一位教区牧师亦曾这样写道：

作为基督徒，我们不能忽视人类对上帝犯下的罪行，以及对祂的其他创造物施加的残酷虐待……动物实验正是出于 55

自私的本质，它会抹杀所有善行，实在是一种胆怯的、非英国的、非基督教的作为。[92]

"维多利亚街协会"的秘书、反动物实验刊物《维鲁兰评论》（*The Verulam Review*）的编辑查尔斯·亚当斯（Charles Adams），在其所著的《怯懦的科学》（*The Coward Science,* 1882）中，也反复指控这类科学家。他称基督教是宣扬"基督自我牺牲的福音"，而生理解剖却是"一种怯懦的科学"，它唯一存在的理由就是"对其他物种施加极其邪恶的各种折磨，从而使人类免于痛苦"。[93]反动物实验者援用此二元对立的思维模式和论述，将动物实验者与自私、怯懦等负面特质普遍联系起来，以此来对比崇高的自我牺牲精神，因此能有效地把运动理念融入当时宗教和世俗大众的道德框架中。

除了反对动物实验的理性论据之外，从自我牺牲精神延伸而来的，《圣经》中的"苦杯"（bitter cup of Jesus）概念，亦常为运动改革者所引用。这种围绕牺牲的论述在不少运动主要成员的演讲或文宣中反复出现，他们在强烈宗教热情的驱使下，经常公开宣示自己愿意替受苦动物"喝下苦杯"。一向虔诚的谢兹柏利伯爵于 1879 年在上议院推动反动物实验法案时如此说道："我秉持着绝对的赤诚与良心说，无论怎样，我宁愿是那被解剖的狗，而不是操刀的教授。"[94]虽非传统信徒，但怀着同样强烈宗教信念的珂柏亦曾这样公开祷告："我宁愿让疾病吞噬，让死神降临，而不愿因这邪恶的仪式得到任何好处，或是向科学这个新神祈求说'你是我的神'。"[95]曼彻斯特主教詹姆斯·弗雷泽（James

Fraser）则曾在布道中毫不犹豫地表示自己"宁愿死一百次，也不愿通过这种地狱般邪恶的实验来保命"。[96]这类严肃的宣誓似乎传达了众多运动者的心声，借由演讲、评论、讲道与各类宣传在运动中不断被传颂，并获得广泛回响。直到 20 世纪初，反动物实验运动已经进行了 20 余年，威斯敏斯特执事长贝索·威伯福斯（Basil Wilberforce, 1841—1916）在 1901 年的"全国反动物实验协会"年会上，依旧使用着类似的言辞：

> 我完全同意谢兹柏利伯爵的想法——我宁愿死而为人，也不要生而为吸血鬼般的榨取者。如同他一样，我在神之前宣示，我宁愿是那被钉在酷刑台上的不幸动物，也不愿意是那站在一旁的解剖者。[97]

实验室里的基督

为支持反动物实验运动，运动者也创造出一系列描绘基督在实验室里的宗教图像。运动者经常通过邀请听众或读者想象神会如何看待动物实验，来质疑这种残酷实验方法的正当性，并显示它与基督的教义完全背道而驰。在一个崇信基督道成肉身教义的文化中，这种质疑方式十分普遍且有巨大影响力。到了 19 世纪下半叶，关于永世惩罚和代赎等严厉的福音派教义逐渐被一种较为温和的宗教论调取代，耶稣的形象不再时时被强调为"一只献祭的羔羊"，祂同时也是一个人。[98]耶稣基督在人们心中成为一位道德指引者和务实的改革者，祂在世上的生活为虔诚信徒以及拒绝了正统宗教，但仍保持道德观念和社会关怀的人树立了崇高的榜样。在慈善界和改革界，设想基督的观点，质问"基督会怎么看"的言论十分常见。例如，"如果基督身处于维多利亚时期的英国，祂会怎样做，我们又会怎么对待祂？"[99]这类诘问也被反动物实验运动的支持者广泛采用并加以发挥。苏格兰反动物实验协会主席 W. 亚当森（W. Adamson）牧师在 1893 年的"伦敦反动物实验协会"盛大年会上受邀发言时，直接向观众发问："你能够想象基督拿动物做实验这种事吗？"[100]英国首席法官约翰·柯勒律治（John Coleridge, 1820—1894）在反动物实验运动中一直是位具有影响力的发言人，1882 年，他在《双周评论》（*Fortnightly Review*）的一篇著名文章中也曾提出这样的问题。在提到一位主教曾经痛心地质问基督教的神会如何看待美国南方新奥尔良的奴隶市场后，柯勒律治接着写道：

> 我要尝试问一个类似的问题。当我们的神见到一个密室中充满着"祂所爱的无恶意的动物"，一个个因受刻意酷刑虐待而死，或是苟延残喘忍受更多折磨，而这一切只为了追求人类知识，你想，祂会说什么？祂会有怎样的表情？这是人人必须本着良心回答的问题。[101]

柯勒律治之后，此类质疑不断被重复，迫使人们对比基督之典范与解剖者之行径，思考动物实验是否合乎基督教精神。比如 1891 年，一位牧师在描述了动物实验的实际状况后反问听众：

"如果我所告诉你的这些事情发生在 1800 年前的拿萨勒或伯利恒，你认为基督会说什么？"[102] 此外，改革者亦更进一步挑战听众与读者，直接引导他们想象，基督若出现于实验室，亲眼目睹人类把祂的造物绑在解剖台，会是一幅怎样的震撼画面。"曼彻斯特贵格教派反动物实验协会"（Manchester Friends' Anti-Vivisection Society）成员、贵格教派学者约翰·葛莱姆（John William Graham）在一次演讲中，道出了他对实验室中基督形象的想象：

> 我仿佛看到在漫长黑夜里一间荒废的实验室中，一个身影穿梭在被捆绑着、哀鸣的狗的解剖槽间——这是基督哀伤的身影。《圣经》说："在一切苦难当中，祂也同受苦难。"且让我们盼望"祂的御前天使拯救了他们"，甚至是受苦的它们。[103]

基督在实验室这个宗教主题，以及基督与遭解剖动物之间的共通性，尤其具有强大的渲染力与说服力。许多支持动保运动的画家、诗人等，皆运用这个意象创作，以推动运动发展。在维多利亚时代丰富的动物形象传统下，[104] 著名动物和风景画家罗伯特·莫利（Robert Morley, 1857—1941）创作了一幅耶稣基督与一只狗在一起的画，画的上方写有字句："我喜爱怜悯，不喜爱祭祀。"（《马太福音》12：7；见图 1.1）此后他又于 1902 年为"伦敦反动物实验协会"创作了另一幅基督身在实验室的画作（见图 1.2）。在莫利的画中，一位操弄着仪器的科学家、一只以痛苦姿势被捆绑在解剖台上的狗，以及头戴荆棘桂冠、面带愁容的耶

图 1.1　罗伯特·莫利的画作《我喜爱怜悯，不喜爱祭祀》

© British Library Board。引自 Sidney Trist, *De Profundis: An Open Letter*, London, LAVS, 1911, 2。

　　　　　　为动物而战：19 世纪英国动物保护中的传统挪用

图 1.2　罗伯特·莫利的画作《基督降临实验室》

© British Library Board。引自 Sidney Trist, *De Profundis: An Open Letter*, London, LAVS, 1911, 2。

稣同时出现在一间狭小的科学实验室当中。在这实验室上空，还飘扬着一条彩带，上面写着同样曾被反残酷运动广泛引用的《圣经》经句："你们应怜悯、如你天上的父亦是怜悯的。"（《路加福音》6：36）协会后来在画的下方加上了两段分别来自杜伦主教和约翰·葛莱姆的关于对比基督教精神与动物实验的文字，并请莫利加上典雅的边框，大量印制以供人悬挂，以1先令6便士的价格出售。协会表示希望它可以"提醒基督徒们在这场艰难的运动中明确应肩负的责任"。[105]

实验室中的基督也有另一种形象，出自罗伯特·布夏南（Robert Buchanan, 1841—1901）的诗集《梦想之城》（*The City of Dream*, 1888）中的一首诗——《无神之城》（"The City without God"）。布夏南本身也是一位热心的反动物实验人士，十分欢迎运动者引用其诗句。布夏南所建构出的意象，不再是基督目睹心爱的受造物受着解剖之苦，而是实验动物直接变成受难基督的形象，呼应了运动经常描绘的情景——实验动物在手术台上被五花大绑，形同基督因为人类的罪孽而被"钉在十字架上"一样。以下节录自《无神之城》：

> 瞧！奇迹发生了——面孔、形躯和四肢，
> 瞬间完全改变——躺在上面等着挨刀的
> 不再是小猎犬，也非哪个小生灵，
> 是那位，有着苍白如蜡像的形体，
> 手脚上有着圣痕，
> 那带伤的手脚上，

和那苍白脸容上，依旧闪耀着圣光，

是上帝之爱、基督之伤！

我认得，但无他人看见

尽管森林里的小生灵，

喋喋不休呼唤祂的圣名；

祂抬头看着施刑者

流下眼泪，喃喃地说："即使你解剖的，

只是我一个最脆弱的弟兄，

也等于在解剖我！"[106]

　　信奉新兴"神智学"（theosophy）和唯灵论（spiritualist）的美国诗人埃拉·惠勒·威尔科克斯（Ella Wheeler Wilcox, 1850—1919），是一名积极的英国动保运动支持者。她在其诗作《被钉十字架的基督》（"Christ Crucified"）中，同样将基督形象化为受到折磨的实验动物。在诗中，基督被描绘成一位悲伤的父亲降生于世上，承担长着"蹄角和羽翼"的受造物的痛苦，并且"拯救人类免于罪恶"，这不仅发生在实验室里，还发生在动物虐待事件发生的每个角落，从屠宰场到动物园和斗牛场。[107]

宗教与科学之争？

　　　　应让她（科学）知晓其位；她是第二，不是第一。

　　　　　　　　　　　　　　　　——亨利·纳特科姆·欧森汉[108]

62　　　　要挖掘运动曾经挪用过的众多基督教传统，我们必须同时考虑当时的宗教和科学大环境，特别是两者之间的关系和争议。19世纪既是"信仰"的时代，也是"科学"的时代，但科学与神学也不是必然相互冲突的。例如，自18世纪启蒙年代以来的一个多世纪里，对自然世界的科学探究一直以自然神学传统为基础，并且基本上能与宗教思想共存。受到自然神学的影响，人们普遍相信探究大自然的工作犹如宗教之追寻，可以带领人们理解神的本质以及神对世界的计划。然而，到了19世纪中叶，有一群抱持科学自然主义观的"新兴"全职科学家力图打破自然神学对科学的支配。在科学自然主义者看来，众多科学理论例如原子论、热力学及演化论，已经足以充分解释宇宙的构成、运动与发展，上帝已再无立足之地。这群科学家和知识分子主要以托马斯·赫胥黎（Thomas Huxley, 1825—1895）、约翰·丁达尔（John Tyndall, 1820—1893）、威廉·克利福德（William Clifford, 1845—1879）、E. 雷·兰开斯特（E. Ray Lankester, 1847—1929）、赫伯特·斯宾塞（Herbert Spencer, 1820—1903）、亨利·乔治·路易斯（George Henry Lewes, 1817—1878）等人为代表，他们组成的激进小圈子，积极寻求把从前一直主导科学研究的形而上学概念和目的论排除在科学乃至知识领域之外。[109]他们深信建立在经验基础上的知识和科学进步即可促进人类对世界的理解，认为一切现象包括人性与社会，皆受自然法则的支配，故也应以物质、运动和力等自然概念进行解释，而无须加上超自然力量。在文化上，雄心勃勃的科学自然主义者不仅寻求摆脱神学对科学的控制，而且还渴望建立一个由科学家主导，不受神职人员和贵族精英统治的世俗化社会。他们在公开的运动场合中高举自由主义的大旗，积极将科学与知识自由、丰饶物质、国家效益和文明进步等价值结合，并以此来对比宗教和贵族阶级所守护的那些只属于少数人的既得利益。[110] 这场激进的改革运动在 19 世纪六七十年代达到高峰，并持续至 19 世纪末。不过，运动随即招致了来自宗教界、知识界以及社会各界的批评，例如一群北不列颠物理学者、牛津唯心主义学者、神智学者、精神研究学者等。[111] 虽然这些反对科学自然主义的批评者本身未必抱持一致的观念，但他们均认为这样的科学世界观过于狭隘，不能充分描述高层次的人类情感和欲望。面对日益盛行的唯物主义、不可知论和无神论，他们一致同意有必要珍视宗教中所蕴含的精神力量与道德价值，使它们不至于消殒。

反动物实验运动可以算是这股抗衡科学自然主义意识形态力量中的一分子。运动中来自各方各界的著名领军人物，例如珂柏、文学和宗教记者 R. H. 赫顿（R. H. Hutton, 1826—1897）、艺术评论家约翰·拉斯金（John Ruskin, 1819—1900）、作家奥维达 [Ouida，露易丝·拉梅（Louise de la Ramée, 1839—1908）的笔名]、F. O. 莫里斯牧师（Rev. F. O. Morris, 1810—1893）以及许多其他神职人员，早在反动物实验运动之前便已经积极抵制日渐膨胀的科学意识形态。一方面，反动物实验运动大量借用了"宗教与科学之争"中的许多批评论点和修辞，另一方面，动物实验本身也是最能把新科学精神及其问题形象化的标志。因此在这场更广泛的争议中，反动物实验运动也切实给予了宗教阵营强大的助力。而借由运动对宗教与科学自然主义之争的参与，我们也得以进一步观察到运动如何深刻地涉及维多利亚时期的重大社会

64

关切。[112]

许多史家曾提醒不应过度使用战争的比喻来描述 19 世纪宗教与科学之间的冲突，认为如此会过度简化并扭曲事实的真相。[113]然而，在关于动物实验的争议中，正反双方在相互谴责时，的确都倾向于把对方描述成"反科学"或"反宗教"，即使这些二元对立的言辞与事实不完全相符。自争议之始，反动物实验的运动者就有意利用当时的宗教与科学之争，积极地运用描述此争端的战争隐喻，发展出了能引起广泛社会共鸣的现成说法，例如科学"篡夺"了宗教的地位，科学家成为"新祭司阶层"等。尽管反动物实验者坚称他们绝非"反科学"，其理念也不是一种"反科学的鼓吹"，[114]但事实上他们也经常将自己说成处于宗教与科学的战争中，并以动物实验为例，警告大众要当心残酷无情的科学凌驾于宗教价值之上，乃至取而代之。有一位古典学者和道德哲学家，弗朗西斯·W. 纽曼（Francis W. Newman, 1805—1897），他是红衣主教纽曼的弟弟，在 19 世纪 40 年代脱离了正统基督教，但仍保持着虔诚的宗教信仰。纽曼也曾用宗教与科学之争中常见的、有关战争和篡位的譬喻来凸显科学与动物实验的"邪恶"：

65　　　　看哪，现在一种新的恐怖降临到我们身上——那隐藏于科学的华衣美服和豪言壮语之下的残酷！科学声称要纠正宗教，要高举知识的火炬来照亮迷信的暗影，要把宗教的邪恶展示于人前……然而，现在科学的折磨手段已经堪比古代的宗教异端裁判所，知识愈加增长，其折磨手段就愈加高超巧妙。[115]

另外，时任《家庭新闻报》编辑、"伦敦反动物实验协会"的核心成员里布顿·库克（Ribton Cooke）曾持着基督教道德是至高神圣且不可侵犯的立场，在什鲁斯伯里（Shrewsbury）举行的一次反动物实验会议上表示："科学在许多人手中已脱离其固有的位置，挑战了唯有宗教才可拥有的位置。科学必须是宗教的婢女，而非女主人。任何人都无权为任何目的违反这最高的道德原则。"[116]

起初，有科学家曾提出"科学祭司"（scientific priesthood）一词，表示他们要取代传统教士在社会中的角色，[117]但后来这个词在科学与宗教的争议中却成为负面的讽刺用语，之后更被反动物实验运动者广泛挪用和阐述。他们将科学描绘成新出现的伪神，要求人们在"祭坛"上向祂"献祭"；穿着白色长袍的解剖科学家被比作伪神的"祭司"，实验室即其"神殿"；动物实验就是伪神所要求的"祭祀仪式"，或者打压异端的手段。"全国反动物实验协会"的演讲者 R. 萨默维尔·伍德（R. Somerville Wood）曾完整演示了这一关于科学的宗教譬喻。在由维多利亚晚期的女性进步分子主导的"先锋反动物实验会"（The Pioneer Anti-Vivisection Society）的一次会议上，他这样说道："人们正在膜拜一位新神祇——科学女神。她的殿堂是实验室，祭品则是在她那邪恶祭坛上受折磨而死的狗。她的祭司是那些领有执照的生理学家，可以任意操演那不堪启齿的染血仪式。"[118]在不同的语境中，这新来的假神祇或女神可能会被赐予更具体的名称，例如"生理学"、"医学"、希腊神话中的健康女神"希吉亚"（Hygeia），甚至当时流行的"细菌论"等。

66

反动物实验的运动者绝非只是抱着投机心态，随便挪用宗教和科学之争中人们高涨的情绪和激进的言辞。当时的科学和医学文化正在循着令运动者担忧的方向迅速转变，因此要理解反动物实验一方对于解剖科学的强烈不满，需要同时知道他们针对该文化大趋势作出的详尽批评。首先，最常遭反动物实验者谴责的一点就是科学家对知识的贪婪和欲望以及对道德的漠视。在基督教中，尤其是对福音派神学来说，知识并不是使人类得救的最重要因素；相反，失去宗教缰绳的科学探究可能给人类带来灵性与道德危机，如同亚当和夏娃因吃了知识之树的果实而堕落并失去神的恩典，从而被驱逐出伊甸园。因此，在反动物实验论述中，运动者常将动物实验比作摘取知识之树的果实。[119]虽说知识确实可能带来实际效用，但重点是它不该取代宗教信仰中更为重要的道德价值。在"教会反动物实验联盟"的年度布道会中，"防止虐待动物联合祈祷协会"（Society for United Prayer for the Prevention of Cruelty to Animals）主席巴里主教（Bishop Barry, 1826—1910）提及了一句《圣经》经文"知识是叫人自高自大，唯有爱心能造就人"（《哥林多前书》8∶1），意在说明即使知识带来了技术和社会进步，但比人类进步更为重要的是更为崇高的爱德。[120]珂柏在批评动物实验时，也将人类知识与神圣普遍之爱的价值互相比较，并声称："只有爱与仁慈的法则是神圣的，而对知识的渴望则可能是魔鬼的热情。"[121]珂柏认为生理学家追随的并非基督教的真正福音，她在运动刊物《动物爱好者》（The Zoophilist）的一篇社论中，讽刺他们追随的是一部"新科学福音"（New Gospel of Science），当中的第一章即宣告"残酷无情的人有福了，因为他们将获得有用的知识"，以对应正统经文"怜恤人的人有福了，因为他们必蒙怜悯"（《马太福音》5：7）。[122]像这样对《圣经》经文的巧妙改写，正结合了运动对爱和怜悯精神的核心论述，以及对罔顾道德原则的知识追求的批判。

在一篇被"实验常用动物保护协会"转载的文章中，作者科隆尼尔·奥斯本（Colonel Osborn）同样将"现代科学精神"——对知识的渴求，视作"基督教精神"的对立面。他写道："现代对物质世界的所谓'科学'研究精神，将求知欲提升到了至高无上的地位，甚至高于基督教中的爱德……知识真是至高无上和神圣啊，追求知识的行为有绝对的自由，连道德都要给它让路。"[123]"全国反动物实验协会"的名誉秘书史蒂芬·柯勒律治（Stephen Coleridge, 1854—1936）亦赞同此观点，认为科学"高举知识之树而压抑生命之树"，因此在伦理道德领域具有"破坏性"。[124]

除了对知识的一般批判外，来势汹汹的科学自然主义意识形态也是运动批判的对象。对运动中的多数信仰者来说，科学自然主义虽然快速增进了人类的知识，带来了各式各样的科学进步，但这些进步既没有带领人们走向上帝，也没有引导人们走向更深层次的生命意义和道德良善，而是只会使人远离生命中的真正重要的事物，例如艺术、情感、道德和宗教等。如运动的主要领导人之一珂柏所言："如果我们拒绝将科学与神之王座相联结，科学只不过是事实的累积，而非连贯的真理金链。"[125]柯勒律治亦在其著作《科学的偶像崇拜》（*The Idolatry of Science*, 1920）中谴责新科学趋势，他认为科学不再鼓励人们"抬头仰望上天"而是低头关注相对次要的世俗事物，并否认任何科学所无法解释事物

68

的存在。[126]

从 19 世纪 70 年代起，快速发展的生理心理学对心灵的自然主义式解释也令运动者担忧。诸多知识分子不但相信人既属于自然，必能以自然法则解释；也相信人类心灵奥秘亦潜藏于物质之中。根据当时基督教信仰者常用的二元对立思考框架，在一个自然主义解释占主导地位的社会里，道德和精神价值必将萎缩。所有曾经崇高的东西，如思想、自由意志、意识、情绪和情感，也将被"还俗"，化约为物质反应的结果，失去原本重大的道德意义。从这个角度看，不再受自然神学束缚而急速发展的生物科学，不仅会在科学实践者的思想中播下一颗唯物论生命观的种子，更可能进一步创造出一种漠视灵性与道德的社会整体文化。尽管科学家积极辩称他们并非唯物主义者，但反动物实验者与宗教团体人士一样，仍然因生理科学家试图"将思想、记忆、良知、情感等人类和动物的高等特质，化约为物质组织产生的各种功能"而感到十分震惊和担忧。[127]例如，珂柏认为笃信"物质事实"的生理学家必然会看不见所观察现象的精神意义，因此"将其母亲的泪水视作磷酸盐等化学反应现象，而不是哀伤的表现……只是脑部给予泪腺的一种讯号，而非儿子的冷酷无情"。[128]珂柏直言不讳地表示，反对动物实验也同样是与社会中的唯物论、不可知论和无神论等不良时代趋势进行斗争。《动物爱好者》所发表的一篇重要文章也依循类似的逻辑，指出没有任何东西，可以比生理实验室中所发现的"思想与理性仅仅是大脑物质，或渗透大脑的血流中某些化学反应的产物"这类想法更能"带给基督教的敌人更大的愉悦"，并表示"我们当然不是说，所有的动

为动物而战：19 世纪英国动物保护中的传统挪用

物实验者与生物学家都必然是唯物论者，但要证明基督教很难存在于生理学实验室中却是很容易的"。[129]

　　根据类似的思考框架，反对动物实验者认为，反动物实验和支持动物实验的两方分别代表着彼此对立的"灵性/道德/基督教"与"唯物主义/不道德/科学"这两组价值，也因此同样将批评的矛头指向了另一发展中的科学——医学专业。针对新式医学教育，反动物实验者相信，目睹或从事实验中的残酷作为，将使人麻木残酷。如今动物实验已然成为医学教育中的必要环节，受此训练，未来医者的品格与照护品质，岂不令人担忧？此外，以实验室为其权威来源的现代医学，看重的不再是病床边的医疗实践，而是实验操作。医者眼中所见也不再是"病人"，而是"疾病"。病人不再是医疗关系中的主体，而仅是疾病的"样本"与"个案"。 在运动者眼中，医学这一走向，重知识而远人性，令行医者已然失去先前的崇高地位。作为对临床医学衰落以及医院和实验室医学兴起的反应，从19世纪80年代开始，欧洲各地掀起了一场"以病人为本"运动（patient-as-a-person movement）。支持全面废止动物实验的"英国废除动物实验协会"在其发行的一份宣传单中也响应了此理念，它警告读者道："医院的病人有时甚至在没有被医生亲眼看过的情况下接受治疗，因为医生感兴趣的是与病人血液中的细菌战斗，而不是了解病人作为一个'全人'的整体状况。"[130]同时，借珂柏的话来说，新医学精神将身体健康价值视为"至高无上"，并认为一切与健康相关的都在"事实上和道德上合法并且正确"。[131]因此，这种新精神无可避免会与重视思想多于肉体、重视精神多于健康的基督教道德原则产生对立与冲突。

科学和医学领域中所有这些相互关联的发展，震惊了那些深切关注社会宗教和道德风气的反动物实验者。在他们看来，动物实验不仅象征着当代科学的所有弊病，例如道德沦亡、唯物主义、无神论，而且实际上两者也是相辅相成的。因此，打击动物实验与对抗所有随之而来的科学弊病，对运动者来说实在如同一场战争。社会主义者和女性主义者伊莎贝拉·福特（Isabella Ford, 1855—1924）在一次反动物实验集会上，呼吁听众要准备参与一场大规模的战争，她说道："动物实验就是唯物主义的结果，所有奉唯心主义为真理的人都应将其击毁。因为我们深信，精神重于物质。"[132]苏格兰"全国反动物实验协会"年度会议上的一位发言人，同样复述了大多数运动者对动物实验所持的忧虑和敌意，认为它会带来广泛且严重的社会影响：

> 精神的宗教现在一如既往地面临着它的仇敌——唯物主义……在我们的时代，这两种相反的精神必然势不两立……一方面是来自人类私欲的巨大力量，最终会导向唯物主义和精神衰亡；另一方面则是道德演化的进步趋势，我们坚信它是无可阻挡的，而站在最前沿的正是我们这些关心动物的人。[133]

米钦森主教（Bishop Mitchinson, 1833—1918）在"防止虐待动物联合祈祷协会"年会上提醒他的听众："动物实验是唯物主义的产物，除非它与其他形式的残酷行为一同被制止、废除……否则我们的基督教文明将会消亡，丧失存在的价值。"[134]反动物实验运动者坚信"重精神"与"重物质"这两种生命观永无和解之日，所以他们经常毫不讳言地给生理学家、动物实验员以及医生贴上"唯物主义者""无神论者""不可知论者"等标签，而在宗教意识浓厚的社会背景下，这些标签也等同于骂名。运动者对科学家的这些指控，强化了反动物实验阵营的反科学形象，但同时也散发出强烈的情感力量，吸引了志同道合的民众。事实上，正如历史学家露丝·巴顿（Ruth Barton）在谈到支持"演化论"的生物学家赫胥黎时所指出的："战争隐喻本身就是赫胥黎'军械库'中的一件武器……能迫使人们选择阵营。"[135]对于反动物实验运动来说，战争隐喻作为最能带动情绪的术语，同时适用于动物实验、科学和医学所有这些相互关联的批判论述，而且也能达到区分敌我的目的。直到19世纪和20世纪之交，随着维多利亚时代的科学自然主义不再被吹捧为公众理想，宗教与科学之间的敌对关系才开始降温，并在知识界中出现了和解的趋势。此后，我们甚至会看到反动物实验运动以全新方式挪用科学，以推进其动保事业。[136]

争取神职人员的支持

对于高举基督教旗帜，并大量挪用基督教神学概念和论述的动保运动者来说，神职人员和宗教领袖的支持自然不可或缺。19世纪宗教气息浓厚，神职人员如牧师、主教等，往往具有极大的道德权威与社会影响力，牧师的讲道坛可以说是巩固社会道德与宗教思想的最主要媒介。今天的牧师讲道文几乎不会出现在主流媒体上，可是在19世纪时，牧师的讲道文却具有强大的传播力，经常占据着报纸杂志的大幅版面，并且被福音团体大量印行发布，是一般家庭的常见读物。因此，"防止虐待动物协会""理性人道对待受造动物促进会"等动保团体均把争取各教派神职人员的支持视为首要任务，即使如"动物之友协会"这类非基督教团体，也同样积极从事这方面的工作。[137]

然而，在运动初期社会上的动保意识仍有待形成的阶段，多数神职人员实际上并不认同动物保护的目标，甚至还会认为在讲道坛上提及动物是亵渎了神职人员的职责，或是玷污了神圣的安息日。[138]传记作家詹姆斯·格兰杰（James Granger, 1723—1776）在1772年根据观察写道："提及狗和马等畜生会被严厉谴责，因为这一话题滥用并污辱了讲道坛的尊严，斗胆提及会被视为疯狂的举动。"[139]此观念一直持续存在了起码大半个世纪。面对这样的状况，动保团体也仅能如"理性人道对待受造动物促进会"般不断地呼吁："神职人员必须认清此一议题是值得其重视的，而不应该认为这是对神圣讲道坛或安息日的亵渎。礼拜日正是为了教导人们正直，并且使人们知道人道对待动物乃道德责任之一。"[140]直到后来，动保团体在此方面的工作才算渐入佳境。在19世纪30年代，各团体能促成的讲道往往屈指可数。而到了1896年，据"皇家防止虐待动物协会"统计，经其寄发出30000封邀请函后，共计约2000个教会响应，举办了超过2000场以爱护动物为主题的讲道。[141]隔年，讲道次数更增加至5000场。[142]

除了力邀讲道之外，运动团体更是积极地争取神职人员直接参与运动中的各项活动。比如 1889 年时，"皇家防止虐待动物协会"在英格兰与威尔士地区共有 81 个分会，除了 4 个只有妇女教育委员会的地区，以及另外 6 个地区外，71 个地方分会总共有 352 名神职人员担任实际职务。这当中 31 个分会更有牧师或主教担任了会长、主席或秘书等职务，例如担任肯特分会主席的是坎特伯雷大主教。统计起来，平均每个分会就至少有 4 名神职人员的参与。[143] 此外，成立于 1894 年，旨在有系统地传扬"积极善待所有活物是基督徒之职责"的"教会鼓励善待动物协会"（The Church Society for the Promotion of Kindness to Animals）亦宣称其在成立五年后就有超过 500 名神职人员参与，其中多半为担任各地荣誉秘书的教区牧师。[144] 据报道，1903 年，"教会鼓励善待动物协会"在年会上共收到了 25 名主教不克出席的致歉函，由此我们亦可推论出该协会至少在名义上确实享有如此多位圣公会主教的支持。[145] 可是，改革者越相信基督教与运动的精神一致，当面对不理想的神职人员支持度时，他们的挫折感也越强烈。在演讲或文章当中，运动者最经常抱怨的就是神职人员与教会的漠不关心。"皇家防止虐待动物协会"委员会主席乔治·萨缪尔·米森（George Samuel Meason）爵士在 1892 年的年会上说道：

> 在协会拓展工作的过程中，我们持续得到来自媒体、警方以及几乎所有阶层人士的支持，对此我们深表感谢。但是我必须很抱歉地说，我们并没有从各教派牧师处得到应有的支持。要记得《圣经》反复提及："你们应怜悯、如你天上的父亦是怜悯的。"（附和声）[146]

从这类控诉话语来看，教会似乎很少支持运动。然而，其实这些控诉所反映的并不是教会对运动的实际支持度，而是因为运动成员对教会抱有较高的期望，深信运动精神是与基督教精神一致的，所以期望愈高，失望愈大。

反动物实验运动中的情况也类似，许多反动物实验团体也有宗教信仰基础，例如活跃的"防止虐待动物联合祈祷协会"、"英国圣公会反动物实验联盟"（Church of England Anti-Vivisection League）和"贵格教派反动物实验联盟"（Friends' Anti-Vivisection League）。即使是不隶属于任何宗教派别的团体，也通常会邀请教会代表担任一些领导角色。在"实验常用动物保护协会""伦敦反动物实验协会"和"全国反动物实验协会"这些团体的年度会议上，一般都少不了神职人员发表讲话，他们会反复申明反对动物实验是基督徒的责任。在组织架构上，几乎所有的动保团体都列有长串的副会长名单（通常是荣誉职位），名列其中的全是牧师、主教等教会要员。比如"全国反动物实验协会"在1897年初成立时，有8位主教与大主教担任其荣誉副会长。[147] 1896年，共计有11477人签名要求严格执行1876年动物实验管制法的联合陈情书，其中就包括12位主教与333位各教派牧师。[148] 此外，珂柏更声称在1892年前后，有至少4000名圣公会牧师表示反对动物实验，但这一点尚未有足够证据的支持。[149] 然而，尽管神职人员在动保运动中的曝光率很高，但所有这些支持却都只是"代表个人立场"，而未有代表所属教会的官方支持。这令一些运动者格外失望，因为他们深信为受苦动物发声与基督教精神是一致的，也应是所有基督教会的"存在理由"（raison d'être）。[150]

　　　　　　为动物而战：19世纪英国动物保护中的传统挪用

1892 年在福克斯通举行的圣公会教会大会，是英国国教会方面唯一一次几乎公开承认动物实验问题的严重性的场合，但最后的会议结果让反动物实验人士深感失望。在这场全国瞩目的大会中，温莎城堡座堂法政牧师、前澳大利亚主教巴里联同曼彻斯特主教，一起发表了激昂的反动物实验演讲，但爱丁堡主教还是以如下发言结束了讨论：

> 曼彻斯特主教的演讲真是风趣幽默……我敢肯定，那不 75
> 代表我们绝大多数神职人员的意见。如果大家真把曼彻斯特
> 主教和巴里主教表达的观点当成教会的观点，我敢肯定，那
> 对我们的英国圣公会来说后果不堪设想。教会绝不敌视科
> 学，教会是支持科学的……我敢说……我完全是站在动物实
> 验者这边的。[151]

圣公会此次对动物实验争议的表态不但获得了广泛的新闻报道，并且刚好发生在对反动物实验阵营最不利的时刻。那时，珂柏因其著作《九层地狱内的无辜生灵》(*The Nine Circles of the Hell of the Innocent*, 1892) 而正被维克多·霍斯利（Victor Horsley, 1857—1916）医生控告，指责她对实验程序细节的描述失实。这些接连发生的事件，无疑使得珂柏和反动物实验阵营在公众前的信誉和形象受损，并且令巴里主教等教会内的运动支持者看起来像异类的极端分子。[152]

面对各教派对于反动物实验运动所抱持的漠然乃至敌意，如1892 年的圣公会教会大会的状况，深信制止动物实验是基督徒之责的运动支持者万分失望且愤怒。他们毫不犹豫地公开表达抗

议，以至于从整个 19 世纪到 20 世纪初，运动者对教会态度的不满甚至成为反动物实验文宣和演讲中的一大常见主题。然而，与更广泛的动保运动情况一样，这一现象只能显示反动物实验阵营坚信基督教精神与其目标一致，却不一定能忠实反映这场运动受教会实际支持的程度。

1882 年，首席法官约翰·柯勒律治曾在发表于《双周评论》的著名反动物实验文章中，也透露出同样的不满。他怀着一股典型的福音派热忱，深信个人内省和内心良知比教会权威更应受到重视，[153] 因此他激励那些秉持基督信仰参与运动的人，不要害怕与其他人，甚至与教会立场背离：

> 若有需要，我们就必须承担起应有的责任，在不依靠权威的情况下，自行采取思考和行动；或甚至有必要挑战这样的权威……任何承认神之权威的人……都必须以基督的思想引导自身的生命。"你不应当怜恤你的同伴，像我怜恤你吗？"（《马太福音》18：33）祂似乎这么对我说着，我亦须如此行事。[154]

30 年后，他的儿子、"全国反动物实验协会"名誉秘书史蒂芬·柯勒律治在布莱顿的一次大型集会上，也发表了类似的意见：

> 若你看看反动物实验运动的情况，你会发现一件令人震惊的事……那就是运动者从宗教团体取得过的帮助极其微小。（附和声）……我们很自然会认为像这样的运动能立即引起神职人员的同情，并获得他们坚定不移的热烈支持。[155]

这番言论引来了一片掌声。主持集会并在柯勒律治之后发言的神职人员亚瑟·纽兰（Arthur Newland）接着补充道："然而，无论是否有神职人员的支持，我们都会继续坚守帮助动物的任务，在目标达到之前绝不松懈。"[156]

运动参与者对神职人员的失望情绪，于1911年达到了最高峰，当时竟有16名主教和几位座堂主任牧师和教区牧师出任了支持动物实验的"研究捍卫会"（The Research Defence Society）荣誉副主席。该协会自1908年成立起，就一直是支持动物实验阵营的最主要宣传组织。不出所料，反动物实验刊物上随即涌现出一篇接一篇的抗议文章。[157]"伦敦反动物实验协会"秘书西德尼·崔斯特（Sidney Trist, 1865—1918）更写了5000字的公开信给"研究捍卫会"副主席名单上的所有牧师和主教。他在信中反复强调上帝对所有受造物的爱护和怜悯，并向教会要员发出警告，表示如果神职人员与"研究捍卫会"结盟，将会令教会大失民心。信末，他再次引用"实验室中的耶稣基督"那强大有力的视觉意象，而这次的实验科学家身旁却多了一位主教形象的"助手"：

尊敬的牛津主教，教授需要那把手术刀！麻烦您递一下。尊敬的斯特普尼（Stepney）主教，请您把索带拉紧些，不然这动物待会可能会挣脱。尊敬的艾希特（Exeter）和特鲁罗（Truro）主教们，还有亲爱的威斯敏斯特座堂和前温彻斯特教区的主任牧师——请碰一下那支操控杆。

我的心灵已能看见，无形的上帝显现了……诸位主教！诸位！你们难道听不见神的声音吗？……"你们只要坐在我最弱小的一个弟兄身上，就是坐在我的身上。"[158]

熟悉的"实验室中的基督"形象再加上这些"主教助理"，基督徒运动者的挫败感在其中表露无遗。他们一直以来依赖基督的教导和榜样来获得道德和情感上的支持，但教会的反应却令他们心灰意冷、深感挫败。

反动物实验者一直以来试图令大众相信，基督教和教会神职人员都是坚定不移地站在他们这边的。而现在众多神职人员前所未有地纷纷公开支持科学界阵营，显示在这场"牧师争夺战"中，代表支持动物实验一方的"研究捍卫会"以其有效对策获得了胜利。同时，这也说明了随着科学和医学在专业、制度和文化方面的地位不断提升，反动物实验运动面临越来越多的阻力，日益举步维艰。事实上，经过20多年的宣传与攻防战，反动物实验运动仍未能促成任何法令或制度上的实质转变。到了19世纪末，运动中愈来愈多人认为，完全废止动物实验的理想在有生之年恐怕难以企及。各运动团体尽管仍以彻底废除动物实验为最终目标，但同时也转向了采取更为渐进可行的"管制"立场。[159] 1897年，柯勒律治将其"全面废止动物实验国际协会"更名为"全国反动物实验协会"，并于1898年以八票的优势，将协会目标由"废除"改为循序渐进的"管制"。部分不满的成员认为这无异于"自杀政策"，[160]于是他们在珂柏的带领下，愤而出走，成立另一团体"英国废除动物实验协会"。到了1920年，"英国废除动物实验协会"和"全国反动物实验协会"两个组织在全英国总共有200多个分会，从此成为反动物实验运动中持有不同立场的两大主力。尽管存在着如此显著的立场分歧，但主流反动物实验运动在道德基础和意识形态方面仍然是统一的，基督教仍是能号召所有运动者共同合作的旗帜。1899 年出版的"英国废除动物实验协会"期刊《废除动物实验人士》(*The Abolitionist*)，其中第一篇社论即呼吁运动各方团结一致：

> 我们的事业是一个共同的平台，所有基督徒都可在这个平台上团结起来，达成基督给予我们的目标，解救与我们同为受造物的受压迫动物。我们怀着爱的精神和自我牺牲的生活理想团结一致，所带来的力量是非常巨大的，以至于我们之间的分歧根本微不足道。[161]

重构基督教传统

专门研究 19 世纪英国的历史学家基特森·克拉克（Kitson Clark）曾经指出，19 世纪英国"国民生活在很大程度上受到宗教主张的影响，人们以宗教之名能行使巨大权力"，其程度几乎再没有另一个时代可比拟。[162]另一英国历史学家斯特凡·科里尼（Stefan Collini）亦认为，身处于世俗时代的我们往往轻易"低估了 19 世纪宗教和信仰的强大力量和广泛性"，他提醒我们，事实上"19 世纪的许多重大智识争论要么直接与宗教有关，要么由于它对宗教信仰可能造成的影响而更加受到重视"。[163]除了动物虐待的问题，围绕演化论的争议也是一个典型例子。相关争议能在

79

19世纪后期的英国社会掀起持续的大风浪，正是由于人们认为宗教和人道对待动物之间有着密切的联系。宗教在当时的英国国民的公共和私人生活中，拥有巨大的权威和力量。因此，为追求各种目标而积极动员基督教传统的动保运动所产生的文化影响不容忽视。诚然，19世纪动保事业的进步和巩固不能仅仅归因于对基督教传统的挪用，但基督教确实在将近一整个世纪的时间里充当了无数运动者身份认同、正当性和灵感的主要来源，动保事业大半的成就依然得归功于它。此外，基督徒运动者通过以基督教之名发言，诉诸国民的道德良知，全面挪用基督教传统中所有能与当时文化产生共鸣的神学、道德、情感和修辞资源，又利用家长制、民族主义、"道德帝国主义"（moral imperialism）等与当时英国政策相符的主流意识形态，不仅有效地为人道对待动物的主张建立了意识形态基础，并且成功地把善待动物提升为现代英国身份认同的特色之一。

80 话虽如此，动物保护运动从来就不是完全由基督徒主导，也不是仅仅依靠基督教传统来进行动员工作的。接下来，我们会探讨自19世纪后期开始，抱持不同宗教信仰和政治信念的运动者，如何同样挪用了与自己最密切相关的传统资源，来对动保运动产生显著的影响。

注释

[1] 故事被引用于 "Facts and Scraps: The Force of Religion," *The Voice of Humanity*, 3 (1832), p.75。同时亦在以下文献中被引用或提及：W. H. Drummond, *Humanity to Animals: The Christian's Duty; A Discourse* (London: Hunter, 1830), p.45; John Dent, *The Pleasures of Benevolence; A Poem* (London: Hunter, 1835); Rod Preece and

Chien-hui Li eds., *William Drummond's The Rights of Animals and Man's Obligation to Treat Them with Humanity (1838)* (Lewiston: Edwin Mellen Press, 2005), p.223; Abraham Smith, *A Scriptural and Moral Catechism Designed to Inculcate the Love and Practice of Mercy, and to Expose the Exceeding Sinfulness of Cruelty to the Dumb Creation* (London: SPCA, 1839), pp.62-63; James Macaulay, *Essay on Cruelty to Animals* (Edinburgh: John Johnstone, 1839), pp.132-133。

[2] 参见 Lynn White, "The Historical Roots of Our Ecological Crisis," *Science*, 155 (1967), pp.1203-1207; Peter Singer, *Animal Liberation* (London: Pimlico, 2nd ed., 1995), pp.189-212; Steven M. Wise, *Rattling the Cage: Towards Legal Rights for Animals* (London: Profile Books, 2001), pp.10-22; Andrew Linzey, *Animal Rights: A Christian Assessment of Man's Treatment of Animals* (London: SCM Press, 1976); Andrew Linzey, *Christianity and the Rights of Animals* (London: SPCK, 1987)。关于挑战此主流看法的作品，参见 Rod Preece, *Animals and Nature: Culture Myths, Culture Realities* (Vancouver: University of British Columbia Press, 1999)。越来越多学者观察到这种观点的局限性，因而转向基督教寻求有助于构建"动物友善"神学的资源和灵感，参见 Andrew Linzey, *Animal Theology* (London: SCM Press, 1994); Andrew Linzey and Dorothy Yamamoto eds., *Animals on the Agenda: Questions about Animals for Theology and Ethics* (London: SCM Press, 1998); Andrew Linzey and Dan Cohn-Sherbok, *After Noah* (London: Mowbray, 1997); S. H. Webb, *On God and Dogs: A Christian Theology of Compassion for Animals* (Oxford: Oxford University Press, 1998); David L. Clough, *On Animals: Volume 1 Systematic Theology* (London: T&T Clark, 2012); David L. Clough, *On Animals: Volume 2 Theological Ethics* (London: T&T Clark, 2017); Waldau and Kimberley Patton eds. *A Communion of Subjects: Animals in Religion, Science & Ethics* (New York: Columbia University Press, 2006)。

[3] 本书使用"动物保护运动""反残酷运动"或"动物捍卫运动"来涵盖所有关于救助动物的运动以及反动物实验运动。为忠实反映当时人们所采用的术语和范畴，本书同样依据当时用法来使用"受造动物""野蛮动物""无理性的受造物"或"动物"之类的词语。然而，在不特别提及某历史人物或人群的观点时，本书则简单地采用"动物"一词来指除人类以外的一切动物。

[4] David Englander, "The Word and the World: Evangelicalism in the Victorian City," in Gerald Parsons ed., *Religion in Victorian Britain*, Vol.2, *Controversies* (Manchester: Manchester University Press, 1988), pp.14-38, at p.18.

[5] 参见 Alex Owen, *The Place of Enchantment: British Occultism and the Culture of the Modern* (Chicago: University of Chicago Press, 2004), pp.1-16; S. J. D. Green, *Religion in the Age of Decline: Organisation and Experience in Industrial Yorkshire,*

1870−1920 (Cambridge: Cambridge University Press, 1996) pp.1−30; Jacqueline De Vries and Sue Morgan eds., *Women, Gender and Religious Cultures in Britain, 1800−1940* (London: Routledge, 2010); Simon Skinner, "Religion," in David Craig and James Thompson eds., *Languages of Politics in Nineteenth-Century Britain* (Basingstoke: Palgrave Macmillan, 2013), pp.93−117。

[6] 参见 *Report of the Society for Preventing Wanton Cruelty to Brute Animals* (Liverpool: Egerton Smith, 1809)。

[7] "理性人道对待受造动物促进会"出版了季刊《人道之声》(*The Voice of Humanity*), 到 1832 年至少已有四个地方分会，并于同年与"防止虐待动物协会"合并。

[8] "动物之友协会"出版了刊物《动物之友》，又称《人道进展》(*Progress of Humanity*)。本书使用后者以区别于另一本在 1894 年创刊，同名为《动物之友》的期刊。

[9] "（皇家）防止虐待动物协会"提出的动物虐待诉讼从首年的 100 宗增加到 19 世纪末的平均每年 5 000 宗。参见 B. Harrison, *Peaceable Kingdom* (Oxford: Clarendon, 1982), pp.82−122。

[10] 关于福音主义及其对维多利亚社会的影响，参见 Boyd Hilton, *The Age of Atonement: The Influence of Evangelicalism on Socialand Economic Thought, 1785−1865* (Oxford: Clarendon Press, 1988); J. Wolffe, *God and Greater Britain: Religion and National Life in Britain and Ireland 1843−1945* (London: Routledge, 1995), pp.20−30; D. W. Bebbington, *Evangelicalism in Modern Britain: A History from the 1730s to the 1980s* (London: Unwin Hyman, 1989)。

[11] 关于当时英国风俗改革和道德改革传统，参见 J. Innes, "Politics and Morals: The Reformation of Manners Movement in Later Eighteenth-century England," in E. Hellmuth ed., *The Transformation of Political Culture: England and Germany in the Late Eighteenth Century* (Oxford: Oxford University Press, 1990), pp.57−118; Alan Hunt, *Governing Morals: A Social History of Moral Regulation* (Cambridge: Cambridge University Press, 1999); M. J. D. Roberts, *Making English Morals: Voluntary Association and Moral Reform in England, 1787−1886* (Cambridge: Cambridge University Press, 2004)。

[12] E. G. Fairholme and W. Pain, *A Century of Work for Animals* (London: J. Murray, 1924), p.55。

[13] *A Report of the Proceedings at the Annual Meeting of the Association for Promoting Rational Humanity Toward the Animal Creation* (London, 1832), p.16。

[14] *An Address to the Public from the Society for the Suppression of Vice, Part the Second* (London, 1803), p.91. 动物虐待个案只是该协会起诉工作的一小部分，在协会第

一年促成的 678 起定罪之中，有超过 600 起是关于违反安息日的，只有 4 起与虐待动物有关。

[15] *Herald of Humanity*, Mar.1844, p.2（按：此为当时的运动刊物而非学术刊物，故无卷期资料）; "Bartholomew Fair," *Voice of Humanity*, 1 (1830), p.54.

[16] *A Report of the Proceedings at the Annual Meeting of the Association for Promoting Rational Humanity Toward the Animal Creation* (London, 1832), p.13. 另参见 *RSPCA Annual Report, 1832*, p.13。

[17] *Report of an Extra Meeting of the Society for the Prevention of Cruelty to Animals.* (London: SPCA, 1832), p.4.

[18] Thomas Greenwood, "On National Cruelty," *The Voice of Humanity*, 1 (1830), pp.146–147.

[19] 参见 "Appendix to the Prospectus of the Animals' Friend Society," *Progress of Humanity*, 1 (1833), pp.20–21; *Progress of Humanity*, 1 (1833), pp.7–9。

[20] *A Report of the Proceedings at the Annual Meeting of the Association for Promoting Rational Humanity Toward the Animal Creation* (London, 1832), p.13.

[21] 例如，"防止虐待动物协会"的工作有好一段时间仍然主要局限在大伦敦地区，但"动物之友协会"在 1841 年时已经设立了十个分会，扩展到多佛、坎特伯雷、格雷夫森德、伯明翰、沃尔索尔、布里斯托尔、雅茅斯、布莱顿、诺维奇和曼彻斯特等地方，而且"动物之友协会"也会更一视同仁地谴责社会各阶层的动虐行为。

[22] 参见 *Herald of Humanity*, Mar 31. 1844, pp.1–2, 16。

[23] *RSPCA Annual Report, 1835*, p.39.

[24] 例如，"理性人道对待受造动物促进会"的组织成员包括了不少圣公会牧师，其秘书之职则由另一教派卫斯理公会的周报（*Christian Advocate*）副主编 J. W. 格林（J. W. Green）担任。

[25] L. Gompertz, *Objects and Address of the Society for the Prevention of Cruelty to Animals* (London: SPCA, 1829), p.6.

[26] 贡珀兹仍担任"防止虐待动物协会"秘书时，曾控告"理性人道对待受造动物促进会"的约翰·路德·芬纳（John Ludd Fenner）侵吞了本应给予协会的捐款。参见 *Remarks of the Proceedings of the Voice of Humanity and the Association for Promoting Rational Humanity to the Animal Creation* (London, n.d., tract circulated by the AFS), pp.2–5。

[27] *Progress of Humanity*, 1 (1833), p.6; "Letter of An Hindo to His Friend," *Progress of Humanity,* 3 (1835), reprinted in Gompertz, *Fragments in Defence of Animals*, p.109.

[28] 参见 Best, "Evangelicalism and the Victorians," p.38。

[29] *RSPCA Annual Report, 1838*, p.55.

[30] 关于曾引用此经文的布道，参见 J. Granger, *An Apology for the Brute Creation, or Abuse of Animals Censured* (London: printed for T. Davies; and Sold by J. Bew, 1774), p.5; *On Cruelty to Animals* (London: Tract Association of the Society of Friends, 1856), p.4; John Dent, *Bull Baiting! A Sermon on Barbarity to God's Dumb Creation* (Reading: Smart and Cowslade, 1801); Thomas Moore, *The Sin and Folly of Cruelty to Brute Animals: A Sermon* (Birmingham: J. Belcher and Son, 1810), p.1。

[31] T. Greenwood, "The Existing and Predicted State of the Inferior Creatures, a Sermon," *The Voice of Humanity*, 2 (1831), p.149.

[32] Rod Preece and Chien-hui Li eds., *William Drummond's The Rights of Animals (1838)*, pp.27−28.

[33] Rod Preece and Chien-hui Li eds., *William Drummond's The Rights of Animals (1838)*, p.28.

[34] H. Primatt, *A Dissertation on the Duty of Mercy and Sin of Cruelty to Brute Animals* (Fontwell, Sussex, 1992 [1776]), p.29.

[35] E. G. Fairholme and W. Pain, *A Century of Work for Animals*, p.10. 普莱马特的著作在 1822 年、1823 年和 1834 年数度再次发行。

[36] John Hunt, *The Relation Between Man and the Brute Creation: A Sermon* (London: Whittaker and Co., 1865), p.6.

[37] 参见 Thomas Moore, *The Sin and Folly of Cruelty to Brute Animals: A Sermon* (Birmingham: J. Belcher and Son, 1810), p.6; H. Primatt, *A Dissertation on the Duty of Mercy and Sin of Cruelty to Brute Animals*, Chapter 3。

[38] "皇家防止虐待动物协会" 于 1883 年替 "怜悯小团" 会议设计的奖牌，就刻上了经文 "如你父般怜悯"（Be Merciful After Thy Power）。

[39] "防止虐待动物协会" 所印制的传单，"On the Folly of Supposing Dumb Animals to Have No Feeling," in *RSPCA Annual Report, 1837*, pp.104−105; *Short Stories No.3. On Cruelty to Animals* (London: SPCA, 1837)。

[40] 19 世纪上半叶的反残酷文学中经常引用《箴言》12：10 的经文："义人顾惜牲畜的性命"。参见 *RSPCA Annual Report*, 1832, p.5; Henry Crowe, *Animadversions on Cruelty to the Brute Creation, Addressed Chiefly to the Lower Classes* (Bath: J. Browne, 1825), title page。

[41] "防止虐待动物协会" 所印制的传单，"An Address to the Drivers of Omnibuses and Other Public Carriages," in *RSPCA Annual Report, 1837*, pp.113−114, at p.114。

[42] Anon, *Short Stories. Awful Instances of God's Immediate Judgement for Cruelty to Brute Creation* (London: SPCA, 1837).

[43] Abraham Smith, *Scriptural and Moral Catechism Designed to Inculcate the Love and Practice of Mercy*, pp.59−60.

[44] *Short Stories No.3. On Cruelty to Animals*, p.1.

[45] 关于 19 世纪基督教末世论和福音派神学的发展，参见 Geoffrey Rowell, *Hell and the Victorians: A Study of the Nineteenth-Century Theological Controversies Concerning Eternal Punishment and the Future Life* (Oxford: Clarendon Press, 1974); Boyd Hilton, *The Age of Atonement: The Influence of Evangelicalism on Socialand Economic Thought, 1785−1865*。

[46] 例如，福音派对自然神学中各派思想的态度远非一致。不少人曾指出对自然的研究未必足以回应福音派信仰中的一些核心元素（如赎罪和救赎），而且多数基督徒都不会依靠它来证明上帝之存在。参见 Aileen Fyfe, *Science and Salvation: Evangelical Popular Science Publishing in Victorian Britain* (Chicago: Chicago University Press, 2004), pp.7−8; Jonathan R. Topham, "Science, Natural Theology, and Evangelicalism in Early Nineteenth-Century Scotland," in David N. Livingstone, D. G. Hart, and Mark A. Noll eds., *Evangelical and Science in Historical Perspective* (Oxford: Oxford University Press, 1999), pp.142−174。

[47] J. Styles, *The Animal Creation: Its Claims on Our Humanity Stated and Enforced* (London: Thomas Ward and Co., 1839), pp.71, 109, 112.

[48] Samuel Sharp, *An Essay in Condemnation of Cruelty to Animals* (London: Messrs. Simpkin, Marshall and Co., 1851), p.1.

[49] "Late Royal Patronage of Educational Measures for the Prevention of Cruelty to Animals," *The Animal World*, Sep.1872, p.195.

[50] "Late Royal Patronage of Educational Measures for the Prevention of Cruelty to Animals," p.195.

[51] *RSPCA Annual Report, 1851*, p.24.

[52] 关于"帝国托管者"（imperial trusteeship）的思想，参见 C. C. Eldridge, *England's Mission: The Imperial Idea in the Age of Gladstone and Disraeli 1865−1880* (Basingstoke: Palgrave Macmillan, 1973)。

[53] Charlton [Hon. Mrs.], *Toilers and Toll at the Outposts of Empire* (London: RSPCA, 1911), p.2.

[54] 关于印度殖民时期的动物团体与大英帝国机器之间的关系分析，参见 Janet M. Davis, *The Gospel of Kindness: Animal Welfare & the Making of Modern America* (Oxford: Oxford University Press, 2016), pp.160−167。

[55] *RSPCA Annual Report, 1918*, p.158.

[56] *RSPCA Annual Report, 1885*, p.84.

[57] *RSPCA Annual Report, 1907*, pp.51-73.

[58] 关于女王的周年纪念如何作为一种帝国盛事, 参见 David Cannadine, *Ornamentalism: How the British Saw Their Empire* (London: Penguin, 2001), Chapter 8。

[59] "The Lamented Decease of the Queen," *The Animal World*, Feb.1901, p.18.

[60] 更多有关反动物实验的相关争议, 参见 L. G. Stevenson, "Religious Elements in the Background of the British Anti-Vivisection Movement," *Yale Journal of Biology and Medicine*, 29 (1956), pp.125-157; R. French, *Anti-vivisection and Medical Science in Victorian Society* (Princeton: Princeton University Press, 1975); C. Lansbury, *The Old Brown Dog: Women, Workers, and Vivisection in Edwardian England* (Madison: University of Wisconsin Press, 1985); N. A. Rupke ed., *Vivisection in Historical Perspective* (London: Croom Helm, 1987)。有关 19 世纪英国实验生理学和医学发展, 参见 Gerald L. Geison, *Michael Foster and the Cambridge School of Physiology: The Scientific Enterprise in Late Victorian Society* (Princeton: Princeton University Press, 1978); Andrew Cunningham and Perry Williams eds., *The Laboratory Revolution in Medicine* (Cambridge: Cambridge University Press, 1992); W. E. Bynum, *Science and the Practice of Medicine in the Nineteenth Century* (Cambridge: Cambridge University Press, 1994); M. Worboys, *The Transformation of Medicine and the Medical Profession in Britain 1860-1900* (Cambridge: Cambridge University Press, 2000)。

[61] 有关这两个法案草案的对比, 以及其与最终通过的法案的关系, 参见 R. French, *Antivivisection and Medical Science*, pp.112-159; Susan Hamilton, "Introduction," in Susan Hamilton ed., *Anima Welfare & Anti-Vivisection 1870-1910*, Vol.1 (London: Routledge, 2004), pp.xiv-xlvii, at pp.xxiv-xxx; David Allan Feller, "Dog Fight: Darwin as Animal Advocate in the Antivivisection Controversy of 1875," *Studies in History and Philosophy of Biological and Biomedical Sciences*, 40, no.4 (2009), pp.265-271。

[62] 关于谢兹柏利伯爵就 1876 年法案于下议院之发言, 参见 *Hansard's Parliamentary Debates*, Jul.15, 1879, p.426。

[63] "实验常用动物保护协会" 在 1881 年进行了一项调查, 调查动保团体对于动物实验的态度。在给予了回复的 69 个团体中, 超过一半明确表示反对动物实验, 有部分团体没有形成共识, 只有一个团体持支持动物实验的非官方立场。参见 "Prevention of Cruelty Societies and Vivisection," *Zoophilist*, Jan.1882, pp.169-171。

[64] 关于反疫苗运动和反动物实验运动与工人阶级对人体实验的恐惧之间的联系, 参见 Nadja Durbach, *Bodily Matters: The Anti-Vaccination Movement in England, 1853-1907* (Durham: Duke University Press, 2005); Ian Miller, "Necessary Torture? Vivisection, Suffragette Force-Feeding, and Responses to Scientific Medicine in Britain

为动物而战：19 世纪英国动物保护中的传统挪用

c. 1870−1920," *Journal of the History of Medicine*, 64, no.3 (2009), pp.333−372。

[65] F. Prochaska, *Women and Philanthropy in Nineteenth-Century England* (Oxford: Oxford University Press, 1980), p.243。

[66] R. French, *Antivivisection and Medical Science*, p.239.

[67] 关于妇女在反动物实验运动中的参与，参见 Mary Ann Elston, "Women and Anti-Vivisection in Victorian England, 1870−1900," in N. A. Nupke ed., *Vivisection in Historical Perspective* (London: Routledge, 1987), pp.159−294; Diana Donald, *Women Against Cruelty: Animal Protection in Nineteenth-Century Britain* (Manchester: Manchester University Press, forthcoming in 2019)。

[68] W. E. Bynum, *Science and the Practice of Medicine in the Nineteenth Century*, p.114.

[69] J. Verschoyle, "The True Party of Progress," *Zoophilist*, Jan.1884, p.232.

[70] Walter E. Houghton, *The Victorian Frame of Mind, 1830−1870* (New Haven: Yale University Press, 1957), p.67.

[71] 此说法出自莫里斯 . 曼德尔鲍姆（Maurice Mandelbaum），引自 James R. Moore, "Theodicy and Society: The Crisis of the Intelligentsia," in Richard J. Helmstadter and Bernard Lightman eds., *Victorian Faith in Crisis: Essays on Continuity and Change in Nineteenth-Century Religious Belief* (London: Macmillan, 1990), pp.153−186, at p.154。

[72] J. L. Altholz, "The Warfare of Conscience with Theology," in Gerald Parsons ed., *Religion in Victorian Britain, Volume IV Interpretations* (Manchester: Manchester University Press, 1988), pp.150−169.

[73] Jonathan Parry, *Democracy and Religion: Gladstone and the Liberal Party, 1867−1875* (Cambridge: Cambridge University Press, 1986), p.5. 关于 19 世纪宗教在政治中的中心地位，参见 Boyd Hilton, *The Age of Atonement: The Influence of Evangelicalism on Socialand Economic Thought, 1785−1865*。

[74] "Cobbe's letter to the editor," *Home Chronicler*, Sep.16, 1876, p.201.

[75] *Hansard's Parliamentary Debates*, May 22, 1876, p.1021.

[76] *Hansard's Parliamentary Debates*, Jul.15, 1879, p.434.

[77] *Zoophilist*, Mar.1896, p.322.

[78] *Zoophilist*, Mar.1896, p.328.

[79] *Zoophilist*, Apr.1897, p.212.

[80] *Zoophilist*, Mar.1899, p.219.

[81] *Against Vivisection: Verbatim Report of the Speeches at the Great Public Demonstration* (London: LAVS, 1899), p.26.

[82] F. P. Cobbe, "Miss Frances Power Cobbe on 'Lesser Measures,'" *Zoophilist*,

Feb.1898, p.171.

[83] "Our Cause and the Moral Law," *Abolitionist*, Jul.15, 1902, pp.39−41, at p.40.

[84] Boyd Hilton, *The Age of Atonement: The Influence of Evangelicalism on Socialand Economic Thought, 1785−1865.*

[85] S. Collini, *Public Moralists: Political Thought and Intellectual Life in Britain* (Oxford: Clarendon, 1991), pp.60−90; J. F. C. Harrison, *Late Victorian Britain 1875−1901* (London: Fontana, 1990), pp.120−130.

[86] H. N. Oxenham, *Moral and Religious Estimate of Vivisection* (London: John Hodges, 1878), p.13.

[87] "The Pulpit: Vivisection and Christianity," *Abolitionist*, Apr.1902, p.51.

[88] *Man's Relation to the Lower Animals, Viewed from the Christian Standpoint* (London: CAVL, n.d.), p.12.

[89] F. O. Morris, *The Cowardly Cruelty of the Experiments on Animals* (London: n.p., 1890); Ouida, "The Culture of Cowardice," *Humane ReviewI*, 1 (1900−1901), pp.110−119.

[90] S. Collini, *Public Moralists: Political Thought and Intellectual Life in Britain*, pp.60−90.

[91] "The British Institute at Chelsea," *Zoophilist*, Aug.1898, p.72.

[92] R. Barrett, "May a Christian Tolerate Cruelty?" *Home Chronicler*, Jul.6, 1878, p.11.

[93] C. Adams, *The Coward Science: Our Answer to Prof. Owen* (London: Hatchards, 1882), pp.196, 228−229.

[94] *Hansard's Parliamentary Debates*, Jul.15, 1879, p.430.

[95] F. P. Cobbe, "Mr. Lowe and the Vivisection Act," *Contemporary Review*, 29 (1876−1877), p.347.

[96] 引用自 Edward Berdoe, *An Address on the Attitude of the Christian Church Towards Vivisection* (London: VSS, 1891), p.5。

[97] *Zoophilist*, Jun.1901, p.10.

[98] Boyd Hilton, *The Age of Atonement: The Influence of Evangelicalism on Socialand Economic Thought, 1785−1865*, pp.5−6.

[99] J. F. C. Harrison, *Late Victorian Britain 1875−1901*, p.126.

[100]"Annual Meeting of the LAVS," *Animals' Guardian*, Jun.1893, pp.150−164, at p.156.

[101] J. D. Coleridge, "The Nineteenth Century Defenders of Vivisection," *Fortnightly Review*, 31 (1882), p.236.

[102] "Our Cause in the Pulpit," *Zoophilist*, Jun.1891, p.27. 关于贵格派反动物实验人士为何也采用相同方式提问，参见 Halye Rose Glaholt, "Vivisection as War: The

'Moral Disease' of Animal Experimentation and Slavery in British Victorian Quaker Pacifist Ethics," *Society and Animals,* 20 (2012), pp.154−172, at pp.162−163。

[103] "From the Battlefield," *Animals' Friend,* Sep.1894, pp.40−42, at p.42.

[104] Diana Donald, P*icturing Animals in Britain, 1750−1850* (New Haven: Yale University Press, 2007).

[105] "Christ in the Laboratory," *Animals' Guardian,* May 1902, p.57.

[106] Robert Buchanan, "The City without God," *The Monthly Record and Animals' Guardian,* Jun.1901, pp.66−67.

[107] Ella Wheeler Wilcox, "Christ Crucified," in *Poems by Ella Wheeler Wilcox* (London: Gay & Hancock, 1913), pp.106−108, at p.108. 关于另外两首同样描写基督和受苦动物的诗，参见 *Animal Guardian,* Jun.1909, p.105。

[108] H. N. Oxenham, *Moral and Religious Estimate of Vivisection,* p.11.

[109] 更多有关科学自然主义的资料，参见 Frank Turner, *Between Religion and Science: the Reaction to Scientific Naturalism in Late Victorian England* (London: Yale University Press, 1974); Frank Turner, *Contesting Cultural Authority: Essays in Victorian Intellectual Life* (Cambridge: Cambridge University Press, 1993); Bernard Lightman, *Evolutionary Naturalism in Victorian Britain: The "Darwinians" and Their Critics* (Farnham: Ashgate, 2009); Gowan Dawson and Bernard Lightman eds., *Victorian Scientific Naturalism: Community, Identity and Continuity* (Chicago: University of Chicago Press, 2014); Bernard Lightman and Michael S. Reidy eds., *The Age of Scientific Naturalism: Tyndall and His Contemporaries* (London: Pickering & Chatto, 2014)。

[110] Frank Turner, *Contesting Cultural Authority: Essays in Victorian Intellectual Life,* pp.197−198, 201−228; Ruth Barton, "Huxley, Lubbock, and Half a Dozen Others: Professional and Gentlemen in the Formation of the X Club, 1851−1864," *Isis,* 89, no.3 (1998), pp.410−444.

[111] Bernard Lightman, "Science and Culture," in Francis O' Gorman ed., *The Cambridge Companion to Victorian Culture* (Cambridge: Cambridge University Press, 2010), pp.12−60.

[112] 关于反动物实验运动对迅速发展中的科学、医学专业以及伴随而来的科学自然主义意识形态的更多批评，参见 R. French, *Antivivisection and Medical Science,* pp.220−372。

[113] James R. Moore, *Post-Darwinian Controversies: A Study of the Protestant Struggle to Come to Terms with Darwin in Great Britain and America, 1870−1900* (Cambridge: Cambridge University Press, 1979); J. H. Brooke, *Science and Religion: Some*

Historical Perspectives (Cambridge: Cambridge University Press, 1991); Bernard Lightman, "Victorian Sciences and Religion: Discordant Harmonies," *Osiris*, 16 (2001), pp.343-366; D. N. Livingstone, D. G. Hart and M. A. Noll eds. *Evangelicals and Science in Historical Perspective* (Oxford: Oxford University Press, 1999).

[114] "The Twentieth Annual Report of the Victorian Street Society," *Zoophilist*, Jul.1895, p.205.

[115] "Professor F. W. Newman 'On Cruelty,' in 'Fraser's Magazine,' April, 1876," *Home Chronicler*, Jul.29, 1876, pp.90-91, at p.90; 亦见于 H. N. Oxenham, *Moral and Religious Estimate of Vivisection*, p.19。

[116] "Vivisection Meeting at Shrewsbury," *Home Chronicler*, Oct.27, 1877, pp.1130-1132, at p.1130.

[117] Francis Galton, *English Men of Science: Their Nature and Nurture* (London: Macmillan, 1874), pp.259-260.

[118] *Zoophilist and Animals' Defender*, Jun.1902, p.34.

[119] 关于著名运动人士安娜·金斯福德如何生动地运用此比喻,参见 Samuel Hopgood Hart ed., *Anna Kingsford: Her Life, Letters, Diary and Work. By Her Collaborator Edward Maitland, Vol.I, 3rd ed* (London: J.M.Watkins, 1913), p.261; "Professor Michael Foster on Vivisection," *Verulam Review*, Oct.1894, pp.303-307。

[120] "London: Church Anti-Vivisection League," *Zoophilist*, Jul.1901, p.84.

[121] "Cobbe's letter to the editor", *Home Chronicler*, Sep.16, 1801.

[122] F. P. Cobbe, "The New Morality," in *The Modern Rack: Papers on Vivisection* (London: Swan Sonnenschein, 1889), p.65-69, at p.65.

[123] Colonel Osborn, *Colonel Osborn on Christianity and Modern Science* (London: VSS, 1891(?)), p.2.

[124] Stephen Coleridge, *Great Testimony against Scientific Cruelty* (London: Bodley Head, 1918), p.vi.

[125] F. P. Cobbe, "Magnanimous Atheism," in *The Peak in Darien* (Boston: Geo. H. Ellis, 1882), pp.9-74, at pp.50-51.

[126] Stephen Coleridge, *The Idolatry of Science* (London: John Lane, 1920), pp.7, 93.

[127] "A Portrait," *Zoophilist*, Feb.1882, pp.179-181, at p.179.

[128] F. P. Cobbe, *The Scientific Spirit of the Age, and Other Pleas and Discussions* (Boston: G.H. Ellis, 1888), p.12.

[129] *Zoophilist*, Aug.1902, p.93.

[130] *The Place of Pasteur in Medicine*, 8, in "Pamphlets 1876-1927," U DBV/25/3, BUAV Archives, University of Hull. 另参见 *The Scientist at the Bedside* (written

为动物而战：19 世纪英国动物保护中的传统挪用

by an M. D) (London: VSS, 1887)。关于"以病人为本"运动的更多资料，参见 Roy Porter ed., *The Cambridge History of Medicine* (Cambridge: Cambridge University Press, 2006), pp.123~126。

[131] Cobbe, "Hygeiolatry," in *The Peak in Darien* (Boston: Geo. H. Ellism, 1882), pp.9~74, at p.78.

[132] *Zoophilist*, Jun.1902, p.34.

[133] L. I. Lumsden, *An Address given at the Fourth Annual Meeting of the Scottish Branch of the National Anti-Vivisection Society* (London: NAVS, n.d), p.6.

[134] *Zoophilist*, Jun.1896, p.20.

[135] Ruth Barton, "Evolution: The Whitworth Gun in Huxley's War for the Liberation of Science from Theology," in David Oldroyd and Ian Lanham eds., *The Wider Domain of Evolutionary* Theory (Dordrecht, Holland: D. Reidel, 1983), pp.261~287, at p.262.

[136] 见本书第五章。

[137] Egerton Smith, "Prospectus of the Late Association for Promoting Rational Humanity Towards the Animal Creation," in *Elysium of Animals: A Dream* (London: J. Nisbet, 1836), p.1; *RSPCA First Minute Book, 1824~1832*, p.113; *The Voice of Humanity*, 2 (1831), p.149.

[138] T. Greenwood, "The Existing and Predicted State of the Inferior Creatures, a Sermon," p.149.

[139] J. Granger, *An Apology for the Brute Creation, or Abuse of Animals Censured*, p.28.

[140] *The Voice of Humanity*, 2 (1831), p.21.

[141] *RSPCA Annual Report, 1896*, p.125.

[142] *RSPCA Annual Report, 1897*, p.126.

[143] 此统计结果源自"皇家防止虐待动物协会"的干部名单，参见"Appendix IV. Branches and office bearers," *RSPCA Annual Report, 1889*, lv-lxx。

[144] "Kindness to Animals," *Times*, Jul.4, 1898, p.11.

[145] "Kindness to Animals," Jul.7, 1903, p.15.

[146] *RSPCA Annual Report, 1892*, p.139.

[147] *Zoophilist*, Nov.1897, p.130.

[148] *Zoophilist*, Apr.1896, p.333.

[149] F. P. Cobbe, *Life of Frances Power Cobbe as Told by Herself* (London: S. Sonneschein & Co., 1904), p.675.

[150] F. P. Cobbe, *The Churches and Moral Questions* (London: VSS, 1889), p.5.

[151] C. Dunkley ed., *The Official Report of the Church Congress, Held at Folkestone, 1892* (London: Bemrose & Sons, 1892), p.440.

[152] "The Church Congress," *Times*, Oct.7, 1892, p.6; "Experiments Upon Living Animals," *Times*, Oct.25, 1892, p.2.

[153] Frank Turner, "The Victorian Crisis of Faith and the Faith That Was Lost," in R. J. Helmstadter and B. Lightman eds., *Victorian Faith in Crisis* (Basingstoke: Macmillan, 1990), pp.3-98, at pp.13-17.

[154] J. D. Coleridge, "The Nineteenth Century Defenders of Vivisection," p.236.

[155] "Vivisection Denounced," *Zoophilist*, May 1913, p.10.

[156] "Vivisection Denounced," p.10.

[157] "A Bishop on Vivisection," *Zoophilist*, Mar.1911, p.174; Edward Berdoe, "Progressive Morality," *Zoophilist*, Jan.1914, pp.140-141; Stephen Coleridge, "Dr. Randall Davidson, Archbishop of Canterbury," *Zoophilist*, Oct.1912, p.94.

[158] Sidney Trist, *De Profundis: An Open Letter* (London: LAVS, 1911), pp.13-14.

[159] 就工作方针而言, 更恰当地说, 两大阵营之间的区别应是 "渐进主义者 vs. 即时主义者" (gradualists vs. immediatists)。即使是致力于修订 1876 年法案 的 "全国反动物实验协会" 和 "反动物实验与动物捍卫联盟", 亦没有放弃将 彻底废除动物实验作为其不可动摇的最终目标。本书英文版的封面图片取自 "反动物实验与动物捍卫联盟" 的刊物《反动物实验评论》(The Anti-vivisection Review), 恰恰表达了当时大多数反动物实验团体的共同目标: 箭靶圆心是 完全废除动物实验, 中间圈是限制动物实验, 外圈则是反对一切动物虐待, 尽管它们彼此间存有歧异。关于反动物实验团体的分裂和相关争议, 参见 Stephen Coleridge, "The Aim and Policy of the National Anti-Vivisection Society," *Zoophilist*, Oct.1900, pp.138-139; F. P. Cobbe, *The Fallacy of Restriction Applied to Vivisection* (London: VSS, n.d.); V. W., "Half a Loaf," *Zoophilist*, Aug.1902, p.70。

[160] F. P. Cobbe, "Miss Frances Power Cobbe on 'Lesser Measures,'" p.171.

[161] [editorial] "Abolition and Christian Duty," *Abolitionist*, Apr.1899, pp.6-8, at p.8.

[162] G. Kitson Clark, *The Making of Victorian England* (London: Routledge, 1962), p.20.

[163] Stefan Collini, *Matthew Arnold: A Critical Portrait* (Oxford: Clarendon Press, 2008), p.93.

为动物而战: 19 世纪英国动物保护中的传统挪用

第二章

挪用政治传统：
"要正义，不要施舍"

20 世纪 70 年代是个激进解放的时代。对于活跃在此时期的　89
运动参与者而言，"政治激进主义"和"动物解放"成为亲密战
友往往是顺理成章的事情。物种歧视、种族歧视、性别歧视和其
他形式的压迫，在时人眼中既如出一辙也相互关联，其解决方式
也都涉及对于整个社会体制的反思和重构。[1]不过回到距此百年
以前的英国维多利亚时期，激进政治和动保主义在很长一段时间
内并无绝对关联，甚至有所抵触。这时期的反残酷运动属于英国
道德改革传统的一部分，抱持改良主义，既不具有政治激进性，
也不构成对社会结构与秩序的挑战。相反，反残酷运动正是通过
刻意迎合维多利亚社会的主流价值观，例如社会阶级观、家长
制、基督教信仰、私人慈善、民族主义和帝国主义等，来获取人
心以求发展。

以"皇家防止虐待动物协会"为例，它扎根于基督教传统，　90
在行事风格上刻意避免与其温和形象不相符的激进思想，并倾
向于从道德和神学角度来解释社会问题，宣扬私人慈善和人心转
变，而并未一以贯之地对社会结构和经济制度提出批判。在推动
实际改革时，协会往往同时强调个人道德和宗教虔诚的重要性，
特别是对于所谓"低下阶层"的道德责任。此外，协会的"皇
家"头衔也反映出它的道德权威正是来自英国王室，因此它顺理

成章地认同英国的帝国宏图，而其海外动物慈善工作自然也少不了对于帝国主义意识形态与论述的高度挪用。这一切皆确保了协会在英帝国国内和海外殖民地备受尊敬、享有崇高地位，同时也决定了它在社会和政治面向上的保守性格。[2]当时有不少动保团体效法"皇家防止虐待动物协会"，采用相同的价值观和行事作风。这些团体共同形成了一股温文尔雅的主流动保运动文化，使得任何激进或反传统的社会观、政治观或宗教观都在动保运动中倍显突兀。也因为这一保守属性和狭隘的改革目标，今天多数动保运动者往往难以与维多利亚时代的反虐待动物先驱产生共鸣。相反地，在这延续百年的第一场动保运动中，反倒仅有诸如"人道联盟"（Humanitarian League, 1891—1919）秘书长亨利·梭特那样的人，能够获得现代动保人的认同，并被视为思想与行动上的先行者。

梭特活跃于19世纪末20世纪初，是一位扬弃了传统基督教信念的自由思想者和社会主义者。他提倡动物权观念，并将人道事业视为民主运动的一部分。现代动保运动者往往将他描绘成一位"在荒野中呐喊"的先知，在顽固守旧的维多利亚至爱德华时期踽踽独行而不获回响。当代著名哲学家彼得·辛格（Peter Singer）在其号称"当代动保《圣经》"的著作《动物解放》（*Animal Liberation*, 1892）1995年版本的序言中，特别提出将此书献给自20世纪60年代以来为运动奋斗的所有人，同时写道：

91
　　若无这群人的努力，本书于1975年初次出版时必会步亨利·梭特《动物权利》一书的后尘——尘封于大英博物馆的图书馆书架上，直到80年后，新一代的运动者为提出新论点而寻找文献时偶然瞥见这本久经蒙尘之书，才惊觉他们所想到的早已有人说过，只是没有找到听众。[3]

作家卡罗尔·兰丝伯利在《老棕狗》一书中也曾表示梭特的著作"吸引力非常有限"，认为他在其时代中实在是别具一格：

> 辛格和雷根（Tom Regan）之间有关动物道德地位的辩论，大概会让维多利亚时代的人听得一头雾水——只有亨利·梭特一人是例外。我们的祖辈一定没有预料到，动物权以及人类如何对待动物的道德意义，能够成为现代哲学的一个主要关注点。[4]

梭特本人的自传名为《在蛮荒世界七十年》（*Seventy Years Among Savages*, 1921）——这一诙谐的书名似乎也表明梭特感觉到自己与时人格格不入。然而，梭特在其时代真的是一个毫无知音的孤独先知吗？要全面解答这个问题，我们必须提出一个更宏观的历史问题：在19世纪到20世纪初，动物保护运动与各种政治激进主义之间有着怎样的关系？尤其是梭特本人也曾公开认同并参与其中的那些激进派别。史学家希尔达·基恩首开先河，探讨了社会主义者和女性主义者对反动物实验争论的参与。她认为，若充分考虑时代背景，那么梭特的思想也并非十分独特，只是人们一般未注意到当动物保护运动在迈进20世纪之时，英国社会中早已弥漫着一股激进气氛。莉亚·莱纳曼（Leah Leneman）和戴安娜·唐纳德的研究则探讨了女子普选权运动、素食主义、女性主义和反动物实验运动在意识形态上的联系。[5]然而，此类开创性研究未能涵盖过往全貌，仅仅揭露了历史一隅。本章将进一步探讨政治激进传统中的现世主义（secularism）和社会主义这两股英国政治激进浪潮如何与动物保护运动产生互动，并尝试剖析它们之间的关系。[6]对于动物议题，现世主义和社会主义的运动者往往没有一致的立场和看法。不过，早在梭特之前，现世主义和社会主义运动中确实也有一部分关心动物的人。他们从与主流动保运动不一样的角度来理解动物伦理议题——现世主义者主要仰赖效益主义（utilitarianism）和演化主义论述；而社会主义者则通过正义、平等和"兄弟情谊"等概念批判一切形式的特权和社会压迫。从19世纪晚期开始，许多现世主义者、自由思想者、社会主义者和女性主义者纷纷加入了动保运动，并通过激进政治传统来定义运动。他们引入的新概念、用词、批判论述和另类策略，挑战了传统动保运动的温和政治风格，也为运动注入了多股激进元素。

相对于动保运动与激进政治传统的联结，运动与道德改革传统的关联获得了更多学者的关注。布莱恩·哈里森和 M.J.D. 罗伯茨（M.J.D.Roberts）等现代历史学家通常将反残酷运动置于18世纪末兴起的英国道德改革传统中。[7]哈里森论证了道德改革传统如何在塑造维多利亚社会的道德和文化价值观方面起到了关键作用。尽管急速的工业化和城市化在19世纪席卷英国，但当时社会各阶级之间并未产生严重冲突，这使得英国社会成为其书名所称的"和平国度"（*Peaceable Kingdom*, 1982）。哈里森指出，这一切都有赖道德改革传统的功劳。罗伯茨则在其著作《创造英国

道德观》（*Making English Morals*）中将动保运动视为 19 世纪道德 93
改革中极为成功的事业之一，并引用了 1887 年维多利亚女王于其
登基 60 周年之际在"皇家防止虐待动物协会"年度大会上所发表
的祝贺致辞，来展示运动成功使女王所宣称的"爱护动物"价值
观登堂入室，成为英国社会各阶层道德观中的重要元素。[8]

　　不过，虽说动保运动与维多利亚时代的道德改革传统密不可
分，但动保运动在 19 世纪末 20 世纪初蒸蒸日上、蓬勃发展时，
正值道德改革传统之下的多项改革如禁酒、安息日推广、捍卫道
德礼俗等自 19 世纪 80 年代开始陷入式微，[9] 个中原因为何？答
案极可能就在于激进政治传统对动保事业的影响。在 19 世纪和
20 世纪之交，部分动保人士开始积极吸纳并挪用其他激进改革
运动中的思想以及语汇，推动了动保运动在意识形态、论述语汇
和改革目标等层面的激进化。来自激进运动的影响回应了主流动
保运动自道德改革传统遗传而来的弊病，突破了运动先前的局限
性，使这场运动得以顺利地转型为具备现代属性的社会运动，并
在 20 世纪持续发展。不单是梭特，还有其他无数的激进思想者，
也在动保运动这一转型过程中发挥了作用。

现世主义运动与动物保护事业

　　　　达尔文为善待动物所作的贡献，远大于使徒保罗或耶稣
　　基督。

　　　　　　　　　　　　　　　　　——J. M. 惠勒（J. M. Wheeler）[10]

在那个质疑教会会被视为动摇社会秩序的时代，任何偏离正统宗教的思想都无可避免地带有政治意涵。在 19 世纪的多股反宗教思潮中，拥有众多工人阶级支持者的现世主义运动（the secularist movement），在英国政治激进传统的形塑过程中尤其发挥了核心作用。[11] 现世主义运动承袭了纷繁的思想与行动助力，其中包括启蒙运动和法国大革命的理性批判精神与世俗关怀、革命家托马斯·潘恩（Thomas Paine, 1737—1809）的激进主义和自然神论、政治改革者理查·卡莱尔（Richard Carlile, 1790—1843）的煽动性宣传风格、欧文（Robert Owen, 1771—1858）的乌托邦社会主义，以及宪章运动于 19 世纪 40 年代后期消退后的残余影响。在无神论激进政治家查尔斯·布拉德拉夫（Charles Bradlaugh, 1833—1891）的领导下，该运动的影响力在自由主义盛行的 19 世纪 60—80 年代达到了顶峰。此时恰逢动物保护运动也顺利开展了各项慈善和教育工作，动物实验争议也开始引起全国关注。尽管现世主义运动的标志性团体"全国现世协会"（National Secular Society）成员数目仅有数千，但它凭着议论文化、自我教育、亵渎神圣的媒体宣传、广发文宣、卷入多起亵渎官司案所带来的公众关注，以及布拉德拉夫的长期议会抗争，仍主导了 19 世纪下半叶的公民自由和宗教自由之争。[12]

持反教会、反教权以及反威权哲学理念的现世主义运动，关注的社会和政治议题十分广泛，上至共和主义运动、议会改革、爱尔兰地方自治、宗教自由和言论自由，下至贫穷者、工人阶级和其他受压迫群体的处境。运动奉行以效益主义为导向的道德观，不受宗教教条的限制。与科学自然主义者一样，现世主义者深信科学可以战胜社会中的邪恶，将科学奉为理性、物质富足和其他正面人类价值的代名词，同时亦将基督教神学思想视为造成世间所有丑恶事物的罪魁祸首。[13]在与基督宗教和社会弊病的抗争中，现世主义运动者积极使用各种最新的科学发明与进展作为运动的智识武器，并大量印刷宣传品和设立"科学馆"（Halls of Science）来公开支持、大肆宣扬被不少人视为亵渎上帝的生物演化理论。由于其特有的意识形态特征，现世主义运动自然也从不同于主流动保运动和反动物实验运动的角度来看待动物议题。

95

在众多有关动物的伦理议题中，动物实验最能吸引现世主义者的关注，并在现世主义圈子中激发了许多讨论。现世主义者一向对宗教道德主义十分反感，而且有着强烈的阶级认同。当时的动物保护者多为公开信奉基督教的中产与上层阶级人士，这使现世主义者与反动物实验运动一开始就格格不入。因此，在反动物实验运动起步之时，"全国现世协会"在其宣传刊物《全国改革者》（National Reformer）中直接将狂热的反动物实验团体与推行道德改革的"扫除恶习会"相提并论，指两者的主张都是对宗教自由和公民自由的重大威胁。[14]安妮·贝森（Annie Besant, 1847—1933）和 J. M. 罗伯逊（J. M. Robertson, 1856—1933）等现世主义运动的主要领导者，甚至曾公开反对反动物实验运动，坚持认为科学的发展不应受到任何阻碍。1881年，当国会审议一项彻底废除动物实验的法案时，贝森猛烈地将之批评为"富人和闲人的无病呻吟"，并重申科学的效用和科学自由的重要性。[15]罗伯逊也秉持现世主义运动所标榜的理性和批判精神，逐个指出了反动物实验运动的谬误和矛盾之处，例如运动者对动物本性的极端理想化看法，只关注用于实验的猫狗而忽略其他实验动物，以及宣传手法诉诸情绪渲染而欠缺逻辑论证等。[16] 1892 年，当圣公会教会大会对于动物实验的讨论又引发了社会上一场关于动物实验的激烈争论时，刚接替布拉德拉夫担任《全国改革者》主编的罗伯逊也加入论战，发表长篇雄辩。罗伯逊采取与贝森相似的亲科学、效益主义立场，但作为刊物主编的他因急于表明立场，导致了部分读者的不满——认为他沦为"动物实验的肮脏喉舌和赞助人"，并威胁要与该刊物"划清界线"。[17] 这一现象反映出在深具争议性的动物实验问题上，现世主义者的立场远非一致。

在现世主义运动中，确有不少成员对动物的处境胸怀一定程度的关心和同情。由贝森主编的刊物《我们的角度》（Our Corner）设有一个家庭宠物专栏，偶尔会发表文章展示动物的非凡智慧。布拉德拉夫因曾目睹西班牙的斗牛活动，也公开批判斗牛，并通过自己的出版社（Freethought Publishing Company）以廉价平装本形式，再版已故作家兼早期动保运动者亚瑟·海普斯爵士（Sir Arthur Helps, 1813—1875）所著的《动物与主人》（Animals and Their Masters, 1873）。与一般支持善待动物的文字宣传不同，该著作并不排斥非基督教传统，收录了大量取自非基督教来源的善待动物思想实例。[18] 此外，"现世主义"本身对不少人来说正是"宗教之残酷"的反义词，一位现世主义者 R. H. 戴亚斯（R. H. Dyas）在天主教国家法国目睹一匹负担过重的马匹受到虐待后，愤愤说道："要不是因速度不及，我真想上前用现世主义启蒙一下那名残忍的马夫。"[19]

一直到了 19 世纪 90 年代，现世主义运动内部才算取得了较广泛的共识，共同支持动保事业。贝森和罗伯逊此时也一改先前对于动物实验的看法。贝森后来转向了神智学（Theosophy），深深为其中的"普遍兄弟"（Brotherhood）精神所打动，因而更愿意从灵性和道德角度来思考动物议题，体认到"众生皆有亲缘关系"（kinship of all life），应同善待之。而罗伯逊虽然仍坚持效益主义原则，但不再相信动物实验如其支持阵营所声称那样的利多于弊。[20]身为现世主义运动创始人之一的"理性主义者出版协会"（Rationalist Press Association）主席 G. J. 霍利奥克（G. J. Holyoake, 1817—1906）亦宣称支持"为每个生命争取正义，从统治者到人民，不分性别，包括低等动物"。[21]现世主义运动中更为重要的转折点是在 1891 年布拉德拉夫去世后，G. W. 富特（G. W. Foote, 1850—1915）继任"全国现世协会"主席职位。自此，运动的主要策略从较具政治属性的国会抗争，转向压力团体政治（pressure group politics），并专注于人道主义和宗教思想自由等较为非政治性的议题。

在富特的带领下，"全国现世协会"在组织实际目标中首次 97加入了"将道德原则延伸至动物，确保动物得到人道待遇以及免受虐待的法律保障"。[22]此后，协会与动物保护运动的新兴激进派别密切合作。富特曾给"人道联盟"的梭特写信道：

> 尊敬的梭特先生，我怎可能拒绝您的任何请求？您所进行的工作，使我对您心怀尊重、敬佩以及（非男女之间的）爱意。我现在、过去、将来所写的文字，都可为您的人道主义事业所用。请随您意愿拿去使用吧。[23]

梭特领导的"人道联盟"汇聚了许多进步分子和激进分子成员。富特对"人道联盟"的认同与密切合作关系，也绝非现世运动中的例外。现世运动中不少著名改革者，如霍利奥克、罗伯逊、海帕西亚·布拉德拉夫·邦纳（Hypatia Bradlaugh Bonner，1858—1935）与亚瑟·邦纳（Arthur Bonner）夫妇、赫伯特·布罗斯（Herbert Burrows, 1845—1902）和 J. H. 利维（J. H. Levy, 1838—1913），都曾在"人道联盟"担任过一般委员或执行委员之职。

支持动保事业的现世主义者，主要是从强调苦乐计算的效益主义角度出发，并且由生物演化论推导出"众生皆有亲缘关系"的概念。现世主义者尤其不满于基督教忽视伸张现世社会公义，只将苦难推诿为神的旨意。相对于此，他们主张一种无须仗赖宗教、只基于效益主义原则的道德观。虽然从前有不少现世主义者因相信动物实验可为人类带来益处而支持动物实验，不过现在罗伯逊等反对动物实验的现世主义者也开始质疑动物实验的实际效用和必要性，因而改变了立场。富特等其他现世主义运动者则从更为长远的道德原则层面，而非个别行为层面来量度效益，正如富特本人的解释："我们争取的是最大效益，而不是一时半刻的狭隘效益，那只能算是权宜之计；我们争取的是千秋万代的广大效益，这关乎原则。"[24]此外，虽然运动者普遍认为道德是"由人所设，为人而设"，但不少人也认为可将道德考量的对象扩展到同样能感知苦乐的动物身上。当主流的动物保护运动仍在犹豫是否接受演化论之时，现世主义运动者已经大量引用演化论来支撑这一观点。[25]现世主义者相信，基督教神学中人与动物之间的等级关系是导致人类蔑视动物的主因，因此他们对指出人与

　　　　　　为动物而战：19 世纪英国动物保护中的传统挪用

动物有着共同起源和身心相似性的演化论寄予厚望，乐观地预期"随着达尔文演化论和其他演化学说越来越得到广泛承认，人类明白自己也是动物之一……也就同样会对那些无力捍卫自身的美好动物亲族怀有善意"。[26]人与动物之间的亲缘关系，以及达尔文提出的人与动物各种属性"程度虽异，本质相同"的概念，成为这些自由思想者关心动物的中心理据。他们主张由于动物和人同样能感受到痛苦和愉悦，同样具备心理能力，只是在程度上可能有高低之别，在性质上却是相同的，因此"道德法则也应在相应程度上适用于它们"。[27]

虽然自由思想者和基督徒动保运动者都支持动保事业，但他们之间不免经常唇枪舌剑、相互较劲。考虑到两派动保人士之间的意识形态差异，也不难理解他们为何水火不容。敢言的现世主义者从不放弃任何诋毁基督教的机会，并将人对动物的残酷完全归咎于基督教传统，尤其抓着基督教认为人对动物有绝对统管权柄这一点不放。[28]达尔文的《物种起源》(*The Origin of Species*, 1859) 出版后不久，《全国改革者》随即借此尖锐地驳斥了"皇家防止虐待动物协会"认为基督教与善待动物密不可分的说法：

> 相信我吧，先生……仁慈不是基督徒的专利，而是全人类的共同遗产，有人的地方就能有仁慈。相信我，达尔文、赫胥黎和兰克斯特这几位值得我们敬仰的科学家，在宣扬和推动善待低等动物方面的成就，远比《圣经》有史以来已取得的，或将取得的成就要多得多。[29]

类似的主张还有"达尔文为善待动物所作的贡献，远大于使徒保罗或耶稣基督"[30]等，这种想法一直主导了现世主义者"推动"动保事业并使其"世俗化"的努力。与此同时，亲基督教的反动物实验阵营仍旧维系其一贯宣称——虐待动物，尤其是动物实验，与无神论思想有密切联系。面对此类广泛指控，现世主义者则会巧妙地以其人之道还其人之身，即引用《圣经》经文，特别是在《旧约》中有关酷刑、屠杀和焚烧异教徒的众多历史记载。例如，19世纪80年代的著名反动物实验人士安娜·金斯福德刻意将"动物实验和嗜肉成性"与"无神之城巴黎"相提并论。这随即招致了现世主义刊物《自由思想者》(*The Freethinker*)的激烈反击。对于现世主义者来说，上帝才是"动物实验者之首和最嗜肉的神灵"。他们翻阅《圣经》，指出《出埃及记》第9章第1—3节中上帝使无辜动物染上瘟疫，以及《利未记》第7章第2—5节中上帝要求人们以牲畜血肉献祭等段落，说明基督教的上帝实际漠视甚至敌视动物生命。[31]

像梭特那样的坚定自由思想者，亦与现世主义者有着同样的不满，他特别反感著名动保运动领导人弗朗西斯·珂柏和其他反动物实验运动者提出的"无神论者 vs. 善待人与万物之仁慈上帝的信徒"这样的二元对立观念。[32]自由党议员兼"人道联盟"核心成员乔治·格林伍德（George Greenwood, 1850—1928）在一次联盟会议上发表了一番批评主流动保阵营的言论，其后梭特在写给友人爱德华·卡本特（Edward Carpenter, 1844—1929）的信中兴奋地回忆格林伍德当时"神采飞扬地说了几句，就拂去了一些他所称的'蜘蛛网'[珂柏姓氏（Cobbe）与蜘蛛网（cobweb）谐音］……（尽管他没有指名道姓，但珂柏女士那些关于无神论和动物实验的瞎话也就一扫而空了）"。[33]动保人士和素食主义者动不动就引用《圣经》的习惯，在《自由思想者》写作者看来亦十分可笑。《自由思想者》就曾针对一本惯用《圣经》来支持素食主义的杂志发表评论道："其实任何人都可以引用《圣经》来支持任何事，听说就连魔鬼也曾为求达到目的而引用经文呢。"[34]简而言之，支持现世主义与信奉基督教的两派动保改革者，当时大概绝无可能意气相投、握手言和。反传统和反教权的现世主义者也以其标志性的讥讽口吻，挖苦其他动保运动者带有宗教色彩的宣传手法。[35]1910 年，"全国反动物实验协会"名誉秘书长史蒂芬·柯勒律治在一次演讲中表示，正是他的基督教信仰使他走上反动物实验这条道路，现世主义者听罢立即通过《自由思想者》发表抗议：

> 柯勒律治先生简直是胡说八道！世界上有数以亿计的基督徒没有反对动物实验……且难道说又是基督教令伏尔泰、边沁和叔本华成为反动物实验人士的吗？柯勒律治先生，能不能把你的宗教偏见带离你所代表的道德运动之外呢？难道这是因为基督徒真的都如此气焰高涨、自以为是吗？[36]

现世主义运动在动保运动之中，一如其在社会之中，都扮演了扩大信仰自由度的角色。现世主义者利用效益主义和演化论观点，锲而不舍地与基督徒动保改革者进行言论游击战，从而打破了基督教对动物议题的垄断，使得动保运动在 19 世纪晚期以后 101

有足够宽广的意识形态空间来吸纳非宗教性的动保支持论点。

然而值得一提的是，拥护激进自由主义的现世主义运动自19世纪80年代以来，就随着社会主义运动的兴起和更广泛的自由主义势力转型而逐渐衰落。不过，许多现世主义者并没有就此放弃参与社会运动，而是将他们的精力转向了社会主义运动，这是一场于19世纪80年代到1914年间给英国社会带来重大冲击的政治与社会运动。

社会主义运动与动物保护事业

《佩尔美尔街报》热切呼吁大家善待"饥饿的狗"！主编史泰德先生如今已不再关注挨饿的穷人了。
　　　　　　　　　　　　　——《正义报》（*Justice*）[37]
我们的口号应该是"正义"，而非"慈善"。
　　　　　　　　　　——阿尔弗雷德·拉塞尔·华莱士（Alfred Russel Wallace, 1823—1913）[38]

19世纪70年代，在经历一个世代的繁荣后，英国经济陷入低迷，出现了周期性下滑。步入80年代，50年前已引发社会广泛议论的"英国现状"问题又被重新提出，迫使公众清晰地意识到贫困和失业等社会问题的日益严重。上个世纪一直养尊处优的自由党，此时也面临多重危机与严峻考验，无论是在国内社会和政治改革议题，还是在爱尔兰地方自治和殖民政策等方面。在经济萧条和社会动荡之中，新兴的社会主义犹如一面耀眼的旗帜，引来各方激进改革者聚集于其下，共同为建设更美好的社会而奋斗。

　　社会主义很难被简单地定义为某一套特定的思想或改革方案。正如学者马克·贝维尔（Mark Bevir）所言，我们应将社会主义运动或者任何动态发展的社会运动，视为在特定时代和背景下的历史行动者，为应对他们当时所感知到的问题而产生的思想和采取的行动。[39] 事实上，英国社会主义运动由众多且纷杂的团体组成，而每个团体都有各自的意识形态倾向，挪用了各种迥然相异的传统，例如浪漫主义、福音主义、"不服从国教派"（Nonconformism）、内在论（Immanentism）、共和主义和自由激进主义等。不同意识形态背景的社会主义运动者，也共同开创了一种英国特有的社会主义，或如贝维尔所称的"一种复数的多元社会主义"（plural socialisms）；而相对于欧洲大陆主要基于马克思主义的社会主义运动，英国的社会主义运动更为仰赖的是其自身的激进自由主义（radical liberalism）。[40]

　　概括而论，社会主义运动从经济、政治和伦理角度对现行社会制度和社会结构提出全面的批判，致力于揭露资本主义制度和"放任自由主义"（*laissez-faire* liberalism）背后所隐藏的弊病，并毫无保留地对例如"体面"（respectability）、自助和私人慈善等当时普及的自由主义价值观进行伦理批判。许多社会主义者都怀抱彻底改革社会的崇高理想，向往着一个没有阶级剥削、正义常存、人人平等、彼此以手足相待的未来社会。虽然有部分社会主义者寻求的是整个政治和经济体系的变革，期待以集体主义原则重组社会并规划其发展，但亦有另一部分社会主义者则寄望于个人的自发行动，主张在个人层面进行精神和道德上的变革。由于运动蕴含多元的智识传承，社会主义运动纲领所涵括的目标也十分广泛，从个人伦理改革、简朴生活、人民公社和"睦邻运动"（Settlement movement），到生产与分配手段公有制、土地与主要工业公有化以及消除私有财产和地主所有制。一些激进自由主义传统向来所关切的核心议题，例如成人选举权、年度国会选举、《济贫法》改革、八小时工作制、土地和累进所得税改革，同样

103 是许多社会主义运动组织议程中的重要事项。总而言之，社会主义的理想和目标十分多样，有时甚至相互抵触。对于有关动物的伦理问题，社会主义者也未能达成共识。不过，社会主义所带来的新思维和指导原则，确实为时代中的改革者提供了大量可应用于动保运动和其他社会运动的宝贵资源。

　　由于社会主义运动主要关注的对象是社会上的受压迫者和弱势群体，因此对于富裕和"优闲"阶级人士过度溺爱动物的种种行径，大多数社会主义者的第一反应是极其反感。特权阶级花大量金钱和心血在他们的爱犬和爱马身上，却对贫困的工人和妇孺不屑一顾，这令许多社会主义运动者义愤填膺，特别是在英国社会正经历大规模失业的艰难时期。社会主义媒体常将富人溺爱宠物的奢华生活与被资本主义无情压榨的工人的困苦生活进行对比，以凸显出阶级之间的严重不公，以及工人所遭受的非人待遇。在1884—1886年的经济艰难期，工人的生活尤其困苦。正值此时，"社会民主联盟"（Social Democratic Federation）的党报《正义报》就发表了一连串以"享福动物与受苦之人"为主题的文章。这些文章指出：英国社会上有为流浪或走失的猫和马而设的

收容所，却没有足够的房屋给予穷人；有医院专门治疗过劳和受伤的马匹，而精疲力竭或因工伤残的工人却会直接被替换掉；虐待马匹的人需要坐牢，令女工过劳致死或者饿死的人却只需缴付罚款。[41]

在社会主义媒体的描绘下，相对于穷人，养宠物的富人和他们那些与其主人同样"体面"的爱犬，[42]形象同样负面。1886年，英国爆发狂犬病，狗主人被要求为狗套上口罩，这激起了狗主人的强烈抗议。当时，社会主义哲学家E.贝尔福特·巴克斯（E. Belfort Bax, 1854—1926）在"社会主义同盟"（Socialist League）的报刊《政治共同体》（*Commonweal*）中撰文指出，那些被没戴口罩的狗咬伤的对象主要都是穷人的孩子，他对狗主人居然为了给狗套口罩的要求而"火冒三丈"表示极度反感，认为这赤裸裸地反映了"中上层阶级的极度自私"。[43]在艰难的1885年，著名工运领袖约翰·彭斯（John Burns, 1858—1943）也在《正义报》中生动地描述了他在一个寒冷冬日偶然目睹的一幕[44]：一对打扮得体的夫妇到犬舍门前接回他们走失的狗，那只狗不断吠叫，夫妇就抚摸并亲吻了它，又从袋子中拿给它一些精美点心。与此同时，在附近有大约七八个蓬头垢面的街童，身上连御寒的靴子和厚衣服都没有，他们只能在街角眼巴巴地看着这一幕。当夫妇带着狗乘出租车离去后，孩子们连忙冲过去，他们在下水道里找到了还剩一点面包碎屑的袋子。年龄最大的孩子拿到了袋子，立刻就"像个小英雄一样把里面的战利品分享给他的小伙伴"。[45]彭斯为这些穷孩子之间的手足之情所感动，他在文末呼吁工人团结一致为社会主义而战，因为社会主义将"给予人类平等的机会和权利，确保每个男人、女人、小孩都得温饱，不再有人需要为了吃到狗的残羹剩饭而爬地沟"。[46]在接下来数年内，"社会民主联盟"为实现这些目标而在伦敦领导了好几次失业示威游行。1889年，彭斯又领导了伦敦码头工人罢工，开创了工会运动的新阶段。比起从前，此时的工会运动手段更加激进，观点亦更偏向于社会主义的理念。

当时主流动物保护运动中显著的阶级偏见、宗教保守主义、对工人困境的漠视，还有开会时所讲究的豪华场地与衣着规范等，也使阶级意识强烈的社会主义运动者难以认同主流动保运动，更别说参与其中了。[47]曾有一位反对动物实验的社会主义者向1912年的《正义报》投稿抱怨道：

> 社会主义者若与任何现有的反动物实验团体合作，都是不智之举。首先，这些团体主要由中产和上流阶级的富人组成，在他们之上还有"更上流"的委员会成员负责管理……即使大多数反动物实验人士并不都是如此，但有许多动保运动者的确是更关心低等动物、猫、狗、马、兔子和豚鼠的福祉，更甚于同为人类的低下阶层人士的生活处境。[48]

虽然动保运动有这些使社会主义者敬而远之，或耻于为伍的特质，但社会主义运动强烈的伦理倾向却拉近了两场运动之间的距离。在19世纪八九十年代，"伦理社会主义"（ethical socialism）——或称"社会主义宗教"（religion of socialism）——一度吸引了大量的追随者，尤其是在英国北方的某些城镇中。这种社会主义以托马斯·卡莱尔（Thomas Carlyle, 1795—1881）、约翰·拉斯金、拉尔夫·沃尔多·爱默生（Ralph Waldo Emerson, 1803—1882）、亨利·梭罗（Henry Thoreau, 1817—1862）和沃尔特·惠特曼（Walt Whitman, 1819—1892）等浪漫主义和超验主义思想家的学说为基础，同时亦向基督教"道成肉身"神学（incarnational theology）、唯心主义、神智学和印度教等借用了"内在论"（immanentism）的概念。[49]伦理社会主义者提倡一种重视道德、精神和美学观点的开阔社会视野，并支持不只涉及公共领域，还涵盖私人领域的广泛改革方案。他们认为，社会主义不应该只专注于经济和政治方面的变革，还应该推动社会的全面更新。而与伦理社会主义相对的，就是所谓的"务实社会主义"（practical socialism）。相较之下，务实社会主义者倾向于从经济而非道德层面分析社会问题，专注于政治和经济议题，并且不赞同为了人道主义和个人改革等非重点工作而分散运动注意力。可想而知，动保运动更能吸引着重"伦理"而非"务实"的一派社会主义者。[50]

　　成立于 1893 年，具有强烈宗教和道德倾向的社会主义政党"独立工党"（Independent Labour Party），从初始阶段就表态认同动保事业。到了 1894 年，该党的周报《劳工领袖报》（*The Labour Leader*）的发行量已达五万份。[51]周报经常发表文章，呼吁广大读者关注动物实验、长期在矿坑工作的小型马和狩猎活动等动物议题，部分文章亦会探讨"众生皆有亲缘关系"和动物权等概念。"独立工党"的党员相信，社会主义与人道主义的出发点是一致的，因此他们也全力支持"人道联盟"当时的反狩猎运动，

106

并表示"若我们继续肆意虐待比我们低等的动物亲族，我们也不可能奢望人类会在社会中以文明彼此相待"。[52]在周报内专为社会主义"小卫士"而设的专栏"与少男少女的谈话"亦会定期谈及动物伦理话题，并鼓励小孩子成为自然史家，帮助保护动物。例如，"老爹时光"专栏的作家在一篇文章中就教导"小卫士"要捍卫鸟巢：

> 当你们去寻找鸟巢时，尝试多去了解鸟儿，它们有什么习性，它们的蛋长什么样。如果发现有人想伤害鸟儿，记住，身为小战士，你们有义务保护鸟儿，就像保护亲弟弟和妹妹一样。[53]

"老爹时光"的匿名作家不是他人，正是"独立工党"的创始人兼首任党魁凯尔·哈迪（Keir Hardie, 1856—1915）本人，他坚信社会主义"归根结底就是关乎伦理和道德"。[54]哈迪显然十分喜爱动物，有一次一只流浪狗走到了党报办公室门前的台阶上，哈迪"看到它后，怜悯之情油然而生，立即邀请流浪狗进入编辑部的小窝中"。[55]然后，他和办公室其他同事找来了糕点和牛奶给狗填肚子，又用地毯和一些过期的《劳工领袖报》为它铺了一张简陋却舒适的小床。此外，"独立工党"其他同样倾向于伦理社会主义的著名成员，如约翰·布鲁斯（John Bruce, 1859—1920）、凯瑟琳·康威（Katherine St. John Conway, 1867—1950）、S. G. 霍布森（S. G. Hobson, 1870—1940）和菲利普·斯诺登（Philip Snowdon, 1864—1937），也都曾公开表态支持动保事业。

活跃于 19 世纪 90 年代的"劳工教会"（Labour Churches）和《号角报》运动（Clarion Movement），是社会主义运动中另外两股特别关注伦理道德的主要力量。"劳工教会"在 1895 年的鼎盛时期共有 50 多家专属教会，其教徒信奉一位与劳工运动者同在的"内在上帝"（immanent God），并谨守兄弟情谊和伙伴互助的道德精神。[56] 在教徒眼中，劳工运动首先是一种宗教运动，其目标是通过个人道德的提升和社会变革而"让神之国降临"。劳工教会团体因怀有强烈的道德意识，所以也十分乐意经常将其宣传平台借给反动物实验和素食主义运动等人道主义事业使用。他们的宣传报刊《劳工先知报》（*The Labour Prophet*）偶尔亦会采取激进角度，发表与动物相关的文章，而他们为青少年组织的主日学校也鼓励年轻一代的社会主义者以"善待动物"为己任。[57] 至于扎根基层、主要通过其同名周报组织起来的《号角报》运动，亦与"独立工党"和"劳工教会"交流密切，运动者抱着相同的社会主义愿景，希望能按照社会主义理想全面改变人们的生活方式和社会关系。所谓"民以食为天"，由于饮食在经济和个人生活中的重要性，素食主义也成为盼望建设新未来的改革者经常讨论的话题之一。《号角报》运动在北方城市的领头人物罗伯特·布莱奇福德（Robert Blatchford, 1851—1943）本身就是一名素食者，并在"人道联盟"的人道饮食委员会（Humane Diet Committee）任职。[58] 布莱奇福德在其销量逾 70 万本的著作《喜乐英格兰》（*Merrie England*, 1893）中讨论了素食对经济、健康和人道主义运动的益处，宣称素食是"最佳"的饮食模式。[59] 另一个具有宗教和无政府主义倾向的"兄弟教会"（Brotherhood Churches），也经常在其刊物《兄弟报》(*Brotherhood*)中讨论和宣传有关素食的议题。其中一篇文章《我们应当吃什么?》("What Shall We Eat?")建议读者"试试素食",并列出了一些包括伦理道德方面的理由来支持素食主义。[60]

然而,务实社会主义者却认为素食主义和反动物实验等议题只会分散运动者对于"真正的"社会主义目标的精力。"社会民主联盟"领导人兼后来的英国社会主义党(British Socialist Party)党魁 H. M. 海德门(H. M. Hyndman, 1842—1921)明确表示:"比起实验用的豚鼠可能感受到的小小痛痒,更令我关切且无限痛心的是人类所承受的完全不必要的苦难。"[61] 1913 年,该党的月刊《英国社会主义者》(*The British Socialist*)中有一篇文章称社会主义运动中有"大量优秀的同志"染上了许多"令人发指的怪癖",这些"怪癖"有不少涉及动物议题。该文如此数落这类走偏了的社会主义者:

> "一号社会主义者"接受了我们的信条,但素食主义正如恶魔一般在侵蚀他的心……接下来更是没完没了:反动物实验、争取妇女投票权、反疫苗、人道主义、神智学、顺势疗法等——要什么有什么,就是不去关注我们自己本身实实在在的、天知道有多么紧急重大的社会主义事业。[62]

不过,下一期月刊随即刊登了一篇读者来稿。有一位社会主义者撰文反驳,称废除动物实验"与废除资本主义的大业同等重要",[63]并指出有关社会主义运动是否应关注动保等其他议题的争论，最终"取决于我们所说的社会主义是一种经济制度，还是一种生活理想……若是后者，那么社会主义者也必须根据正义的原则，就其他社会议题采取立场"。[64] 由此可见，虽然伦理社会主义和务实社会主义多有重叠，但这两种不同的社会主义愿景之间仍然存在难以磨合的紧张关系。

值得一提的是，个别社会主义者不一定同意他们所属组织或团体的观点。例如从现世主义转向社会主义和神智学的赫伯特·布罗斯，其政治生涯离不开以务实主义著称的"社会民主联盟"，但他认为"社会民主联盟"实属"过于现实而缺乏理想"，[65] 而且布罗斯本人也致力于参与反动物实验和其他动保运动。[66] 另外，"社会民主联盟"报刊《正义报》的编辑哈里·奎尔奇（Harry Quelch, 1858—1913）尽管曾以"多愁善感病发作"来形容伦理社会主义者，[67] 但他亦在1909年的国际反动物实验暨动物保护大会（International Anti-Vivisection and Animal Protection Congress）上发言并联署支持彻底废除动物实验。[68] 费边社（Fabian Society）这个以冷静理性的政治经济分析与务实性格而闻名的社会主义团体，同样有不少核心成员曾投身动保事业，例如大名鼎鼎的萧伯纳（George Bernard Shaw, 1856—1950）、爱德华·卡本特，还有梭特。到了20世纪20年代，费边社会员当中的素食者已为数不少，甚至需要特地安排几张素食餐桌。[69]

在意识形态方面，支持动物保护的社会主义者通常有着与主流动保运动者不同的出发点。社会主义者之所以认为虐待动物不可接受，主要是因为认为人与动物之间的不平等剥削关系亦属压迫和暴政的一种。他们秉持着对所有社会问题的一贯分析角度，将对动物的残酷行为归咎于资本主义和商业竞争等结构性因素，而不是如主流动保运动所归诸的道德沦丧或宗教信仰的欠缺。过劳、被鞭打的马和驴，与被剥夺尊严的穷苦工人，同样是无情资本主义制度之下的受害者。[70] 按此思路，要终结人类暴政对动物的压迫，就如同结束阶级之间的剥削一样，绝非单靠人心改变和私人慈善事业即可达成，而是需要按社会主义原则来重组社会和经济制度才能实现。[71] 社会主义者认为，富裕阶层组织的慈善项目不但成效存疑，而且这种慈善的本质也十分虚伪。相较之下，以"正义"（justice）与"平等"（equality）作为行事原则，比这种"基督教慈善"（Christian charity）更实际可靠。为被压迫人群争取权益的社会主义者一直坚持"要正义，不要施舍"（Justice, not charity），现在他们也同样将此理念应用于捍卫动物的抗争中。与达尔文共同提出了演化论的阿尔弗雷德·拉塞尔·华莱士，后来亦成为社会主义、神智学、反疫苗运动和反动物实验的支持者，曾就"基督教慈善"作此评论："这种方式并没有减轻现今随处可见的人类苦难，因为它实在是治标不治本……让我们毫不妥协地争取社会公义吧……我们的口号应是：'要正义，不要施舍。'"[72] 在社会主义者眼中，穷人不是应被可怜的对象，而是本应有权享有公平、公正待遇的人。同样，动物也应得到符合正义的待遇，而非人类随意的慈悲施舍。与英国动物保护运动关系密切的美国小说家兼社会主义者杰克·伦敦（Jack London, 1876—1916），曾为1891年成立的英国"国家犬类捍卫联盟"（National Canine Defence League）撰文，当中即论及呼吁"善心"（kindness）这般传统动保诉求的荒谬性：

　　　　　　　为动物而战：19世纪英国动物保护中的传统挪用

我们到底为什么要大肆宣扬以"善心"待动物？你难道有听说过以推广"善待人类"为宗旨的团体吗？……然而"善待动物"却成了动保运动的刻板口号，几乎每次动保运动为动物发声时都会听到……什么"怜悯"！真是够了！

他接着写道：

　　动物所需要的，也是我们有职责提供的，就是直截了当的基本"正义"。除非我们认清了自己的责任，否则我们所做的一切都只是"在脓疮上盖一层皮膜，任由恶臭的脓水在里面溃烂，以致感染蔓延仍懵然不知"。[73]

　　正如人际间的和谐关系是社会主义的理想，社会主义者也致力于挪用演化论和内在论思想来建立一种更为平等的人与动物关系。社会主义运动当中有不少不信国教但十分虔诚的新教徒，而社会主义一向与达尔文主义有着难以调和的紧张关系，[74]不过，仍有不少社会主义者转向演化论，以其作为建立平等的人与动物关系的基础。《劳工领袖报》就曾形容"亲族关系"——一切有感知生灵之间的平等情谊——"深刻地触动了社会主义者的心弦"。[75]

　　作为对 19 世纪后期信仰危机的一种回应，许多伦理社会主义者也转向了某种形式的内在论思维，因此当他们在建立符合道德的人与动物新关系时，自然也从内在论中取材。内在论思想不相信有一个超然的至高上帝，而是认为神泛存于万物，万物皆具内在神圣性，而演化过程亦为神圣目标得以实现的方式。以

111

托马斯·格林（T. H. Green, 1836—1882）的唯心主义哲学思想为例，神性被认为仅存在于人的理性和思想中，至于动物有没有这种神性，他却没有阐述。不过另有许多内在论信仰者如神智论者和美国浪漫主义者，因受到了印度教思想影响，相信动物和自然万物亦共享了这种神性。[76]这种"万物以神性合一"的假设，有两大可供进步改革者发挥与挪用的含义：第一，所有拥有神性的生灵同处于平等的本体论基础上；第二，只有着重"团体情谊"（fellowship）、"休戚与共"（solidarity）和"兄弟情谊"（brotherhood）的伦理，才可彰显这万物共有的神性。[77]因此，这类内在论不但在本体论层面可促使社会各阶层之间的关系民主化，亦可让关怀地球上所有本质一体的生命成为人类不可推卸的社会职责。当时许多受到各式各样内在论思想影响的社会主义者，如安妮·贝森、赫伯特·布罗斯、爱德华·卡本特、夏洛特·德斯帕德（Charlotte Despard, 1844—1939）、凯瑟琳·康威以及约翰·格拉西尔（John Glasier, 1859—1920），均提倡所有阶级人民以及所有生命的一体关系——包括动物生命。例如担任《劳工领袖报》主编的约翰·格拉西尔，热衷于宣扬"生命一体"的道德理想，并设想终有一天"地球上所有生命将以兄弟相称"，到那时，"动物将与人为伴，却不是作为敌人或奴隶；而是作为可与我们互惠共生、共享生命的朋友"。[78]康威和格拉西尔更进一步提出，既然"众生一体"（life is One），那么任何人都不可能脱离"伟大的整体"而独活，也不能"独自得到救赎"。因此，人人都应团结起来为"共同福祉"（commonweal）出一份力，而这种"共同福祉"亦包括了一切拥有生命的动植物。[79]简而言

　　　　　为动物而战：19世纪英国动物保护中的传统挪用

之，许多社会主义者从演化论或者内在论中重新发现了人与其他动物物种之间的精神纽带，并寻得为之努力的理由和精神能量。

随着人与动物关系平等化和民主化这一愿景而来的，是一系列新的"称呼"，动物不再被称为上帝那些"笨不能言"（dumb）、"野蛮"（brute）或"可怜"（poor）的受造物，而开始被称为人类有智慧的"朋友""表亲"和"兄弟姐妹"。这些在当时算是激进的人与动物关系观点，纵使只是在现世主义和社会主义运动中偶尔被模糊地提出，渐渐也得到了动保运动中的许多自由思想者、社会主义者和女子选举权运动者的注意，并被他们以更系统的方式挪用。因此，这些散见于各处的新想法和新观念亦能在这个向往进步的世纪末时代中，推动动物保护运动在意识形态、目标和策略等方面的实际转变。

意识形态上的激进转向

在 19 世纪末，自由放任经济、父权制、帝国主义等各种传 113
统价值观日益面临严重挑战，各种新观念和理想亦遍地开花。这时，许多具有激进和进步倾向的改革者也纷纷加入了动保运动的行列。他们带来的不只是人数的增长，还有以前一直被主流动保运动忽略的行动资源。大概是基于意识形态观点方面的矛盾，这些改革者多偏向于自立门户，而少有人加入现成的动保团体。从 19 世纪 90 年代起，具有激进倾向的新型动保团体陆续涌现，例如由社会主义者、女性主义者兼作家莫娜·凯德（Mona

Caird, 1854—1932）创立的"反动物实验独立联盟"（Independent Anti-Vivisection League），还有与女性主义期刊《箭与光》（*Shafts*）和"进步先锋社"（Progressive Pioneer Club）妇女分会关系密切的"先锋反动物实验协会"（Pioneer Anti-Vivisection Society, 1894）。到了 20 世纪初，由路易丝·琳达·哈格比领导的"反动物实验与动物捍卫联盟"采取曝光"棕狗事件"的创新策略，轰动一时，同时也为反动物实验事业带来了新动力。虽然这些非主流团体在成员数目和资金方面都不如传统动保团体实力雄厚，但它们都能各施所长，在意识形态、目标和策略层面给主流动保运动注入了多元化的新思维和新动力。以梭特为首的"人道联盟"是其中最激进的团体，吸引了大量投身现世主义运动的自由思想者、社会主义者和各种激进改革者加入动物保护事业，在挑战主流动保运动的既定意识形态方面作出了最显著的贡献。

亨利·梭特在全身心投入人道主义运动之前，已从事过许多其他激进的改革事业。[80] 他先后就读于伊顿公学和剑桥大学国王学院，毕业后回到伊顿公学担任古典文学助理教师。根据梭特自己的说法，他在"托利主义的摇篮"[81]（指保守主义浓厚的学校风气）中度过了十年"待遇优厚却有志难伸的职业生涯"，[82] 之后才决心脱离这个"衣冠楚楚、高薪厚职、文质彬彬、左右逢源的"、[83] 与其出身注定相联结的体面世界。1884 年，梭特在英格兰东南部的萨里（Surrey）乡间租了一间小屋，这里后来亦成为当时许多进步改革者的聚会场所。[84] 梭特的妻舅詹姆斯·约恩斯（James L. Joynes, 1854—1893）曾因在 1882 年伴随著名土地制度改革运动者亨利·乔治（Henry George, 1839—1897）前往爱

114

尔兰考察并一度被捕而声名大噪。[85]梭特通过约恩斯结识了伦敦的不少激进知识分子，而当时的伦敦可以说是进步和激进理念的大本营。虽然梭特移居萨里之举似是"归园田居"，然而事实上此举却标志着梭特进一步投身于进步政治，因为此时进步政治群体亦具有浓烈的回归自然倾向。[86]自从有了更多时间在大自然、文学和政治之间游走，梭特开始积极运用其诙谐和富有批判性的文笔，参与当时的许多激进事业。在社会主义月刊《今日》（To-Day）、"社会民主联盟"党报《正义报》、"社会主义同盟"党报《政治共同体》，以及富特主编的《进步报》（Progress）等各种激进报刊中都可找到梭特的文字。此外，梭特一方面隶属于深具伦理社会主义色彩的"新生活同志会"（Fellowship of the New Life），另一方面也是讲究务实的费边社核心成员。历经多年的激进政治洗礼，梭特也承袭了丰富的激进政治资产，此后，他又迈出了决定性的一步，创立了在1891—1919年间震撼动保圈子的"人道联盟"。

虽然同样是为动物谋福祉，但"人道联盟"自创立之始就抱持着与主流动保组织截然不同的愿景。当大多数动保团体都忠实奉行着诸如社会阶级观念、基督教、自助和慈善工作之类能以"体面"一词概括的维多利亚时代核心价值观时，承传了各派激进意识形态的"人道联盟"却不仅刻意与之划清界限，更常常毫不留情地公开批评这些"体面价值"。在激进改革者眼中，时人所追捧的"体面"价值观与自由放任的经济制度、阶级剥削和帝国主义扩张环环相扣，这种体面本质上就是筑于贫苦大众的血汗和无数其他社会不公之上，它所代表的正是民主和社会公义的对

115

立面。梭特曾宣称，当时盛行的对"体面"的崇拜只不过是"重新包装粉饰的古老野蛮行径——无情且虚伪"。[87]而经常把大批拥护者引到伦敦素食餐厅举行"人道联盟"每周下午茶的卡本特，亦曾撰文痛斥时人的"体面癖"："体面！……难道你们不用为无辜者被谋杀负责？体面！干净的双手、洁白的衣裳——为何我却看到了你们如同食尸鬼一般，以他人的苦难为乐？"[88]在那些视动保事业为全面争取社会公义其中一环的激进改革者看来，某些动保团体精心塑造的体面公众形象，等于在协助掩盖社会剥削和虚伪。事实上，对于狩猎活动和劳工苦况等牵涉上流阶级利益的议题，当时的主流动保团体确实是避而不谈，并且一直毫无作为，这正好印证了激进改革者的说法。因此梭特主张，若要追求包括动物在内的社会公义，则必须从"蔑视体面"开始，因为"体面"与"人道"之关系正如"体面"与"进步"之关系，不可兼得或共存。[89]

当时的动保团体普遍沉醉于英国在文明发展和人道改革领域所取得的成就，因此自鸣得意，这种自满态度亦是激进的"人道联盟"完全无法理解和认同的。所以"人道联盟"在宣传策略上，不仅不会采用这种把高尚人格和关怀动物颂扬为英国特质的民族主义和帝国主义话语，还刻意使用严厉的反帝国主义论述来揭穿英国人自诩崇高的人道形象。最能反映"人道联盟""与众不同"的一次事件，发生在1897年维多利亚女王登基60周年的纪念之时。当时大多数动保团体都与全国一起热烈庆祝这个极具象征意义的时刻，并且不忘以纪念为引子，盛赞英国在维多利亚女王的"仁政"下在人道改革方面所取得的空前成就。"贝特

116

希流浪狗之家"特意将新郊区分所的开张时间安排在纪念之际。"皇家防止虐待动物协会"则除了如往常一样向女王献上表忠心的贺词外,亦在其出版于 1897 年的月刊集《动物世界》(*The Animal World*)的献词中写道:"献给仁爱的女王陛下,皇家防止虐待动物协会的赞助人。"另外,其成员还专门创作了《维多利亚女王!》("Victoria, Queen!")等赞美歌曲,供英国国内及其殖民地数百组"怜悯小团"的儿童和青少年成员咏唱。动保团体高调表态效忠国家君主和颂扬她所象征的价值观,不仅有助于确立自身的"体面"形象定位,还能巩固与社会"体面"阶层的情谊,尤其是与他们最举足轻重的赞助者——女王本人。[90]

此时"人道联盟"却大唱反调,其组织刊物《人道主义者》(*The Humanitarian*,后来更名为 *Humanity*, 1895—1919)在这举国同庆的特别时刻,发表了一篇批评社论,毫不客气地指出女王的统治绝对称不上"繁荣与和平",并且列举了一堆隐藏在太平盛世之下的败絮:巨大的贫富差距、白人奴隶问题(即劳工与娼妓问题)、维多利亚统治期间发起的逾 40 场军事侵略,以及动物虐待的问题。文章直指英国在众多方面仍落后于其他国家,因此"面对这样的事实,若还能假装此统治时代是对动物仁慈的时代,那实在是荒谬至极;相反,事实是保障人道对待动物的立法被坚定否决,相信女王和'皇家防止虐待动物协会'都不会真心认为这一点值得庆贺"。[91]"人道联盟"毫不隐讳地表示自己与主流动保团体之间的道不同不相为谋,并从成立之始就有意挑战传统的动保政治。联盟所推行的动保工作主要受另外两套相互关联的原则引导,即人道主义和动物权观念。而此两大原则的出处正是来自梭特本人所撰写的两部重要动保专著——《人道主义》（*Humanitarianism*, 1893）和《动物权》。

"新人道主义"

承袭了社会主义批判的"人道联盟"，强烈反对标榜以"慈善"工作帮助弱势人群和以"善心"对待动物的"旧式人道主义"。梭特认为一般人的慈悲本能仍然过于"稀薄零散"而无系统，[92] 不能对此寄予厚望，因此他主张：

> 如要研究如何应用人道主义来使我们自己或我们的关怀对象受惠，我们就应该理性地研究它，将它视为道德科学下的一个明确分支，而不是一种业余嗜好，随自己阴晴不定的心情和倾向而采用或抛弃。[93]

"人道联盟"借鉴了社会主义对阶级制度、私人慈善和自由放任资本主义制度的批判论述，提倡以"新人道主义"（new humanitarianism）或"全面人道主义"（all-round humanitarianism）取缔无效率而且与自由经济体系同流合污的旧式人道主义。联盟认为，"以怜悯和施舍眼光看待其'低等阶层'或'低等动物'同情对象的那种偏向保守、传统和满腹虔诚的仁慈"，与现代民主观念格格不入，因此应被摒弃。[94] 与之相反的"新人道主义"，将施予和接受援助的双方共置于平等的关系中，不论其社会阶层之高低或者人与动物的物种区别。新人道主义也不像旧人道主义那样仅以慈善工作"治标"，而是直面社会苦难与不公不义的结构根源以"治本"。从前，人们惯常从道德角度来理解一些残酷现象，并将其归因于人性的丑恶或个人的性格缺陷。现在，"人道联盟"则会从社会、经济或环境因素中寻求结构性解释。因此，梭特就曾提出，虐待动物的根源在于"鼓励竞争和奖赏自私的无情制度"以及"各个阶级之间的隔阂"。[95]

118

新人道主义者相信各种社会问题可追溯至共同的根源，所有改革努力，都是出于同样的人道理念，因此他们讲求的是"全方位"的改革工作。"人道联盟"成员经常提倡人们对文明社会中针对他人或动物的"众多野蛮行为"进行"系统的抗议"。[96]他们指出，当时慈善界和传统动保界的最根本问题，在于其广泛存在的"道德不一致性"与"片面"人道主义精神（one-sided humanitarianism）——只批评鸡毛蒜皮之事，却忽略重大罪行；或是只关心受苦的动物而忽略人；或是只在乎人而不关心动物。"人道联盟"作为激进派之一，也十分蔑视养尊处优的动保人士，并且特别奉劝所有"动物之友"反思：若"不公然宣告与社会家国的所有不公不义为敌"，这人还称得上"人道主义者"吗？[97]

为落实人道主义的指导原则，"人道联盟"设立了四个专职部门来处理所有须应对的社会问题，分别是刑法和狱政改革部、人道饮食和穿着部、开展人道教育工作的儿童事务部，以及推动反狩猎运动的反狩猎部（后三个与动物相关的部门于1908年合并为动物捍卫部）。在传统的人道主义团体看来，此举似是标新立异，而事实上这种做法只是遵循了当时进步界中的主流理念，即"合一改革"（oneness of all reforms）和"众生一体"。因此，"人道联盟"得以吸引了许多志同道合的进步界运动者的积极参与。作为联盟活跃成员，同样认同新人道主义精神的克罗伊登兄弟会教会（Croydon Brotherhood Church）牧师兼劳工教会讲师约翰·肯沃西（John Kenworthy, 1861—1948），曾在一次组织演讲中呼吁各种改革应齐驱并进、团结合一：

> 人道主义者、社会主义者、素食主义者、反动物实验人士、禁酒主义者、土地改革运动者，以及所有追求人类福祉的人，必须牢记这一点：每个人的特定努力，都是社会整体更新工程的一部分细节。若要正确理解并统筹我们各据的一方努力，我们须时刻把自己的小目标视作整体大目标的一部分来看待，并为之奋斗。[98]

与"先锋反动物实验协会"具有关联且具灵学与神智学倾向的女性主义刊物《箭与光》同样秉持新人道主义理想。此刊矢志对抗阻碍社会进步的一切不公、压迫和残酷，并同"人道联盟"一样关注彼此环环相扣的广泛社会问题，而非单一议题，例如妇女问题、狱政改革、动物实验、屠场改革、废除《传染病法》等。[99]

动物权政治

> 若人类拥有"权利"，那么动物在一定程度上也应拥有相同的权利。
>
> ——亨利·梭特[100]

"人道联盟"开展工作所依据的另一主要哲学理念就是动物

权概念。在第一次世界大战爆发之前的三十年间，"人道联盟"凭借动物权的理念开创出一种新型的动保政治。与新人道主义一样，动物权既是对传统动保政治的批判，也是动物保护运动的新指引方针。

值得注意的是，"权利"的概念在动保运动中其实并不新鲜，早在梭特以前就有学者提出过类似概念。基于动物感受苦乐之能力的动物权理论，最早出现在格拉斯哥大学道德哲学教授弗朗西斯·赫奇森（Francis Hutcheson）逝世后出版的《道德哲学系统》（*System of Moral Philosophy*, 1755）一书中。[101] 赫奇森的理论仍然建立在基督教自然神学之上，认为仁慈和睿智的神希望动物生活在幸福的状态中，赐予动物感受的能力，因此动物受到神之慈爱与智慧，存活于一种幸福状态之中；而动物作为具有感受能力的受造物，因此具有被神视为正义，且与生俱来的"幸福权利"（right to happiness）。在法国大革命之后的数十年间，权利语言在政界也十分普遍。各种改革者视"促进幸福"（promotion of happiness）为政府的责任和存在目的，以及"衡量所有法律的标准"。[102] 此时，强调基于自然神学框架的动物"幸福权"概念在论及动物道德地位的专著中尤为常见。汉弗莱·普莱马特、托马斯·杨（Thomas Young, 1773—1829）、威廉·德拉蒙德（William Drummond）和托马斯·厄斯金（Thomas Erskine, 1750—1823）等动物保护人士在形成自身的动物权论点时，仍很大程度上基于略带效益主义色彩的基督教观点，并以之确保动物能跻身国家保护的范围之内。[103] 然而，权利话语在 18 世纪末至 19 世纪初短暂流行过后，就逐渐被要"怜悯"和"仁慈"地对待动物这类更占主导地位的基督教话语盖过风头，这种宗教式话语在维多利亚时代达到了顶峰。到了进步主义盛行的 19 世纪末至 20 世纪初，情况再次有所转变，各种激进派改革者又开始有意识地复兴权利的概念。

因此，梭特的动物权理论虽然异于前人，但同样有一些相似之处，譬如他同样以感受苦乐的能力来证明动物权的合理性。然而，梭特作为一名自由思想者，他的主张并不基于任何形式的自然神学，而是以科学的演化论为基础。在梭特看来，动物权的理据不仅来自动物的感知能力，亦源自动物与人在生理和情感上具有的亲缘关系，例如动物也拥有和人一样的"独特个性"。[104]梭特将其工作稳稳扎根于当代动保政治中，他从最初就表明自己无意深究"自然权利（natural rights）的抽象理论"，因为他的目的"不是搞学术，而是追求实践"，亦即为了"纠正社会不公"。[105]

尽管梭特既非提出动物权理论的第一人，其提出的理论亦不算最详尽精深，但他凭借对当时动保政治的尖锐批评而独树一帜。[106]梭特提出动物权的缘由与新人道主义一样，首要是用"某种全面且清晰的原则"来取代大众对动物的直觉式"含糊同情心"。[107]他相信如果动物权得到充分维护和全面落实，将能消除动保运动中经常出现的各种矛盾，例如所谓的"动物爱好者"以羊排来喂养他们的爱犬；贵妇头戴羽毛装饰礼帽出席反动物实验集会；运动者强烈反对动物实验却又对狩猎问题只字不提。相较之下，动物权立场要求的是一致地、系统地反对一切形式的动物虐待行为。例如，梭特领导的"人道联盟"明确将自身与过时守旧的"爱动物"派（zoophily）区分开来，除了坚持系统地反对一切残害有情众生的行为之外，还特别关注最常被"公然忽视"的问题。[108]大多数动保团体都视吃肉的议题为烫手山芋，而"人道联盟"却不讳言地坚持"若要将动物权的信念从理论转化为实践"，那么素食就是无可回避的结论。[109]

主流动保运动向来鼓吹人对动物"仁慈""怜悯"之义务，这种立场无疑曾在半个多世纪内成功推动了英国国内动物保护意识的普及。不过，随着"权利"立场的出现，这类主流动保话语无疑也经受了严峻的考验。梭特指出，这种依赖自由心证的传统动保立场的问题，正在于可被任意解读，且欠缺约束力。人们可随心所欲地遵从或不从，这是动保运动被诟病欠缺道德一致性且停滞不前的罪魁祸首。当时，有位支持仁慈职责但反对动物权的里奇教授（D. G. Ritchie, 1853—1903），曾撰文批评梭特的权利论，梭特则以水龙头和水的比喻反驳他说："仁慈是水，而职责是水龙头。这种观念的便利之处在于，人可以随时并随意中断仁慈；例如，在动物实验问题上，里奇先生就把他的水龙头关上了。"[110]"人道联盟"的另一创始人兼权利立场支持者霍华德·威廉姆斯（Howard Williams, 1837—1931）则认为，仁慈的伴生用语"怜悯"一词被广泛应用绝非好事，他表示：

> 因为从逻辑上讲，这意味着它们不值得享有自然和道德上的正义，仅可获得基于施予者飘忽情感的微弱"善待"。无论使用的人想要如何理解，"怜悯"一词总表示接受的一方是有罪或不配的，或者缺乏正当权利要求得到免受虐待和痛苦的保障。[111]

第二章　挪用政治传统："要正义，不要施舍"　　135

随着无可协商之权利的确立，为动物争取正义成为绝对之事，并且无须再在人类善变的情感或其自称的优越性面前让步。

"人道联盟"仔细分析了传统动保政治的根本问题，并深信"在从事任何全面性的改革之前，必须首先认可动物具有'权利'"，联盟也因此将"阐明动物权这项大原则"视为其首要任务。[112]为推动权利立场，以之作为动保运动的新指引方针，联盟积极安排大量关于动物权的讲座和研讨会，出版相关读物，并且不错过任何一个在有关争议中表态和发声的机会。他们曾嘲讽"皇家防止虐待动物协会"欠缺智识活力且逻辑混乱，甚至公开宣称他们不如"以更有效和更有智识性的方式"整顿其协会：

> 例如贵会的刊物《动物世界》，怎么发表的总是一些语无伦次的幼稚故事？如果所谓的"动物爱好者"都表现得如此愚昧，我们如何能期望动物的权利得到大众的尊重？就算冒着可能失去部分具有妆点效果的权贵赞助者的风险，采取一致方针来倡导动物权难道不是更明智之策吗？[113]

不过，实际动物权原则在动保运动中到底有多大的接受度呢？运动又在多大程度上受到如"人道联盟"所倡导的动物权及其相关激进意识形态的影响？自19世纪后期以来，权利论的话语和修辞的确更加普遍，只不过其他团体挪用权利话语的动机，未必出于与激进改革者同样程度的批判意图。

在激烈的反动物实验运动中，行动者甚早已开始采用"正义"和"权利"等相关言论来抗衡运动中软弱无力的"善待动物"主张。如同经常宣称自己并非"善待动物"团体的"人道联盟"一样，[114]许多支持彻底废除动物实验的运动者也开始拒绝被称作"爱动物之人"，并刻意避免使用对动物"仁慈""怜悯"之类的空泛言辞，而将其换成动物应得的正义。[115]最能体现运动作风上的改变的，莫过于连支持动保的神职人员也转而宣扬正义之说。例如，罗斯牧师在为动保宣讲时，总以"人若是公义，且行正直与合理的事"(《以西结书》18：5) 作为他的讲道经文，而不是更典型的"你们要慈悲"之类的经文。罗斯牧师有一次布道时，开头就以极具激进改革派特色的语气和用词对听众说明："我不是来向你们宣讲温和、仁慈和怜悯这些美好正面却软弱无力的空话。[动物保护] 不是关乎仁慈的问题，而是关乎基本正义的问题。"[116]这篇讲道后来亦被刊登于动保团体刊物《动物之友》(The Animals' Friend) 之中。

124

　　大部分自由思想者和社会主义者是以不带宗教色彩的正义和权利话语，来抗衡当时已被视为残缺破败的主流基督教动保意识形态。不过，激进圈以外相当一部分动保运动者则只是采用这些话语来"补充"而非"取代"诉诸宗教的动保论述，他们认为两者并用并无不妥。特别是对于那些以宗教信仰作为其指引和力量之根基的基督徒运动者来说，动物是否真的拥有权利并非重点，他们采用权利话语只是作为一种为动物谋福祉的权宜之计。例如，珂柏一方面曾在与耶稣会的里卡比神父 (Father Rickaby) 就动物是否应比木头和石头享有更多权利的争论中，坚决捍卫动物的权利；另一方面却仍然说道：

对耶稣会那位卫道士的主要不满，在于我认为我们与动物是否具有权利这类争论纯粹是迂腐无益的学究式探讨，因为我们早已拥有更崇高的［来自神的］"爱之法则"来激发我们对所有苦难的同情和怜悯。但是，即使是从较次要的权利角度看，里卡比神父的立场仍然是站不住脚的。[117]

同样，我们可以看到这一时期的运动者其实经常兼用强硬的正义和权利修辞与诉诸怜悯心和宗教思想的传统话语。例如在1893年"伦敦反动物实验协会"的一次激昂热烈的年度会议上，"苏格兰反动物实验协会"会长亚当森牧师对台下反应热烈的听众如此说道：

125 我想让大家知道，动物和人一样拥有权利（附和声和掌声）。我们必须承认这些权利。人无权为了满足自己而折磨动物——我讲到这程度（附和声）……我很高兴得知今年有一本以"动物权"为名的书在伦敦出版了（附和声），这表示我们在动物问题上的确朝着正确的权利方向迈进。[118]

然而，亚当森在接续讲话中又重复那套标榜基督教道德优越性的传统论调，指《圣经》"充满了对动物的爱"，并问听众："你可以想象至高上帝会做动物实验这样的事吗？"[119]

虽然具有宗教背景的运动者不一定如"人道联盟"那样理解动物权概念并强调其批判含义，但无可否认的是，权利言辞似乎颇为符合反动物实验支持者的狂热情绪，并能反映出他们为动物而战的坚定决心。权利理论与运动传统对《圣经》权威的依赖和"实验室中的基督"等论述的并用，也显示了基督徒运动者开始愿意采用世俗性的权利修辞，这种修辞常见于与社会受压迫人群的抗争中。值得注意的是，亚当森牧师演讲中提到，并受众人喝彩的以"动物权"为主题的新书，正是梭特于1892年出版的新作《动物权》。此书一出版，旋即得到国内外动保运动者的热烈回应。到了1915年，原著已经被翻译成法语、德语、荷兰语、瑞典语和捷克语。"斯堪的纳维亚反动物实验协会"（Scandinavian Anti-Vivisection Society）出版瑞典语版本的《动物权》之时，甚至举办了一场"动物权"特别讲座，并奉梭特的作品为"动物之友的圣经"。[120]

在19世纪与20世纪之交，动物权观念和修辞逐渐为主流动126-127保运动所接受，不论作为指导原则、表示坚定道德立场、展现强硬态度，还是单纯作为宗教论述的补充。英国艺术家华特·克莱恩（Walter Crane, 1845—1915）曾为激进派之一"反动物实验与动物捍卫联盟"设计一幅版画，其中的反动物实验女战士的形象，最能反映出权利立场在当时运动中的重要性。（见图2.1）。[121]画中的女战士右手高举一面飞扬的横幅，上面写着"保护我们不会言语的朋友免受实验解剖之苦"，左手则持有一面写着"动物权"的盾牌。作为著名的社会主义画家，克莱恩曾为社会主义运动创作过许多充分呈现运动精神的画作。他本人同时也是反动物实验人士和"反动物实验与动物捍卫联盟"的荣誉会员。[122]当再度引发激烈反动物实验抗争的第二次"皇家动物实验调查委员会"相关讨论仍进行得如火如荼之际，这幅瞩目的版画作品刚好为反

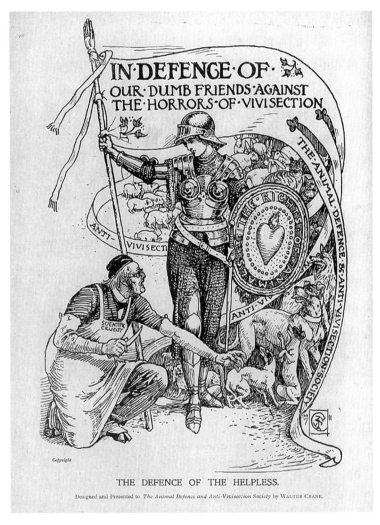

图 2.1　华特·克莱恩《捍卫动物权利之盾》（The rights of animals shield）

© British Library Board。引自 *The Anti-Vivisection Review*, November-December 1911, unpaginated。

动物实验运动创造了一个令人深刻的象征标志，真实地反映了运动在 1911 年顶峰时期的精神面貌。版画在《反动物实验评论》（*The Anti-Vivisection Review*）上首次发表后，也一直出现在"反动物实验与动物捍卫联盟"1912—1928 年的年度报告封面上。

动保运动目标的激进转向：反狩猎运动

这一时期的动保政治转向，当然不仅将"权利"和"正义"挂在嘴边，亦有在实际目标上的突破性转变，使涵盖议题更多更广。虽然大多数团体不至于与激进派一样，声言关乎人类或动物的改革都是一体，但许多团体的确开始留意其在各方立场上的道德一致性，并愿意为更广泛的动保目标而奋斗。有了"人道联盟"所起的带头作用，一些主要的动保团体亦以反对一切虐待动物的行为为宗旨，并在实际上介入更多动虐问题。"反动物实验与动物捍卫联盟"针对一些最常被忽视的议题开展了与"人道联盟"类似的综合性计划，例如关注在运输和屠宰牲畜时发生的动物虐待情况，以及推广素食主义。另外，"伦敦反动物实验协会""英国废除动物实验协会"和"动物之友协会"（Animals' Friend Society, 1910）等团体则在专注于其本身议题的同时，亦明确表态反对任何形式的动物虐待。整体而言，动保运动所关注的议题远较先前广泛。除了纳入新议题，动保运动也更加关注许多日益严重的旧议题。

随着商业化休闲活动、时装产业、煤炭产业、全球资本主

128

义的发展以及帝国版图的扩张，还有枪械技术的进步，涉及动物虐待的问题也更为层出不穷——射鸽活动、矿坑小马的使用、皮草和羽毛的生产、海豹狩猎、国际牲畜贸易、野鹿和大型动物狩猎，以及马戏团、动物园和赛马活动等。随着运动关怀范围的扩大，专门应对特定动虐问题，或涉及某一种类动物的动保团体也在 19 世纪末 20 世纪初相继涌现，例如"英国（皇家）鸟类保护协会"［（Royal）Society for the Protection of Birds, 1889］、"国家犬类捍卫联盟"（1891）、"猫保护协会"（Society for the Protection of Cats, 1895）、"全国马科动物捍卫联盟"（National Equine Defence League, 1909）、20 世纪初成立的"反缰绳协会"（Anti-Bearing-Rein Association）和"反捕兽器协会"（Society for the Suppression of Cruel Steel Traps）、"表演及被囚禁动物捍卫协会"（Performing and Captive Animals' Defence League, 1914），以及致力于屠宰场改革的"动物正义委员会"（Council of Justice to Animals, 1911）。除此之外，在此时期蓬勃发展的还有一些宣扬素食的团体。

在动保运动众多新兴的关注项目当中，由"人道联盟"带头的"反血腥狩猎运动"（anti-blood sports）与激进意识形态的渊源最深，同时也是在动保运动中取得最大突破的项目。1835 年，英国的《反虐待动物法》（Cruelty to Animals Act）禁止斗鸡和斗牛等流行于工人阶级的娱乐活动。但是，狩猎运动却一直因为"贵为"皇室、贵族和地主的娱乐活动而免于被批评和压制。纵使 1831 年通过的《狩猎法》（Game Act）规定只有购买许可证的人才可以从事狩猎活动，但参与狩猎活动所需的马匹、服装和装备全都价值不菲，这意味着参与这些活动在实际上仍属于富裕阶层的社会特权。在立法后，富裕却没有土地的城市工商业阶层富人也对狩猎活动趋之若鹜，希望能以此跻身上流社会。[123] 狩猎活动的"高贵"属性，使动保组织一直不敢置喙。从 19 世纪 70 年代的反动物实验运动一开始，作为运动主要敌对阵营之一的医学界，就愤怒地揪着运动者对于奢侈的消遣性狩猎运动毫不作为这一点不放，认为他们的选择性沉默显示了运动的虚伪、非理性和感情用事。然而，即使有强大的外部压力存在，并且在运动内部偶尔也有批评声音，可是动保运动很长时间内没有实际触碰狩猎这方面，直到"人道联盟"采取行动，争取立法废除消遣性狩猎。在推动法律层面的改革这方面，"人道联盟"也于抗争活动中频频挪用其丰富的激进批判思想资源。

由于狩猎活动与地主制、君主制和帝国特权主义有着密不可分的历史渊源，因此自 19 世纪中叶以来，共和党人、现世主义者、土地改革者、社会主义者等各派激进分子，都视打击国内外的狩猎活动为改革目标之一。[124] 对于激进改革者来说，以射击动物来消遣的行为，完全反映了富人生活的奢侈和无所事事，以及他们的心灵的堕落和残酷。而富裕阶级的少数人独占狩猎场土地，这种排他性使用权本就是一种封建特权，侵犯了普罗大众对土地的祖传权利。严格的《狩猎法》一边维护特权阶级对狩猎场土地的垄断和对猎物的专有权，一边惩罚为生计而被迫偷猎的穷人，这进一步揭示了贵族狩猎运动的不公性质。共和党人向来视君主制为一种暴虐制度，而英国皇室却赞助昂贵而血腥的狩猎运动，此举难免让他们联想到皇室不劳而获的特权、专制的作风以及自古以来的暴政。而从帝国主义批评者的角度来看，英国皇室和大型动物猎人在海外殖民地肆意捕杀当地的动物，这赤裸裸地反映了殖民地人民和野生动物从属于大英帝国的地位，以及帝国统治的野蛮和残忍本质。以上种种批评都常见于当时的激进主义报刊，例如《雷纳德新闻报》（Reynolds's Newspaper）、《号角报》和《全国改革者》。根据历史学家安东尼·泰勒（Antony Taylor）的说法，到19世纪晚期，反对血腥狩猎已成为"组成当时激进知识分子圈子的新生活追求者（New Lifers）、社会改革者和趋附时代潮流之人士（faddists）的既定立场"。[125] 刚好聚集了大量这类激进知识分子的"人道联盟"，从成立之初就向狩猎运动宣战，并在漫长的抗争中广泛应用了迄今为止被主流动保运动敬而远之的一系列批判思想。

1894—1910年，"人道联盟"不下十次地针对狩猎运动提出《运动监管法案》[Sports Regulation Bill，后来更名为《伪运动法案》（Spurious Sports Bill）]，旨在废止猎驯鹿、射鸽和猎兔的活动。以上三种狩猎活动均以被驯养或已被捕捉之动物作为猎物，并常牵涉赌博活动，因此早已为不少人所蔑视，被认为是一种懦弱和"欠缺体育精神"的狩猎形式。向来讲究策略的"人道联盟"看准了这些狩猎运动的负面形象，因而选择从它们入手。此外，上述三种狩猎活动也涉及不同的阶层，猎鹿、猎鸽和猎兔分别流行于上层、中层和底层人士，策略性地选择这些狩猎活动，也是为了避免仅打击特定阶层之嫌。除了主要推动这项国会法案，"人道联盟"亦针对另外两个象征性的目标下手，即皇家狩猎（Royal Buckhounds）与伊顿公学的比格犬狩猎（Eton Beagles），它们分别代表了耗费公帑的皇室猎鹿活动和贵族精英学府的猎兔传统。

"人道联盟"在反狩猎运动中所挪用的激进主义思想，基本上在其所出版的文集《为运动行杀戮》(*Killing for Sport*, 1915)中展露无遗。[126]这本文集由萧伯纳执笔作序，集合了各路激进改革者的文章。莫里斯·亚当斯（Maurice Adams）谴责狩猎为一种不符合时代精神的活动，仅因上层阶级对土地的垄断才得以残存。他呼吁全面推翻狩猎者这些压榨平民百姓血汗的"寄生阶级"（parasitic classes）。爱德华·卡本特则提议进行农业改革，加强发展一直因地主阶级的狩猎需求而萎缩的小农制和农业合作。从经济角度审视狩猎的 W. H. S. 蒙克（W. H. S. Monck）则指出，狩猎是一种奢侈的浪费活动，因为它只能惠及极少数既有钱又有余暇的人。J. 康奈尔（J. Connell）基于英国人民对公共土地的传统拥有权，批评为保障"掠食者"阶级而设的《狩猎法》的不公性质，以及执法层面对偷猎者和贫困阶级的暴力。[127]而反帝国主义的梭特则将残酷的狩猎运动与战争相提并论，谴责两者所蕴含的侵略意识和野蛮本质。除了上述从激进主义角度出发的批评外，另有一些文章则基于较传统的人道主义和生态观点。以往激进主义的批判论述很少出现在动保运动的话语当中，反过来，动物痛苦和侵害野生动物的伦理问题也甚少被激进主义者提及。在这本文集以及"人道联盟"的其他反狩猎出版物中，激进批判与动物伦理却产生了难得的结合。

当殖民地狩猎规模扩大，并且与帝国主义意识形态的联系变得更明显之时，"人道联盟"通过借鉴激进政治传统中的反民族主义、反帝国主义批评，成功进一步推翻 19 世纪 70 年代以降的

131

帝国主义高峰期支持狩猎的流行论点。当时的狩猎支持者声称狩猎活动可以控制"害兽"的数量、振兴乡村经济，甚至有人指出其实猎人和猎物双方都很享受这"追逐的乐趣"。除此以外，他们更会从爱国主义和帝国主义角度为狩猎辩解，将狩猎运动描述成英国的重要习俗，有助于打造在身体和精神上都更优越、强大的盎格鲁-撒克逊种族，以维持大英帝国在全球的军事霸权地位。支持者们相信在狩猎场上可以学到军事战略、训练体格、培养男子气概等。这种论调在战争时期特别盛行，例如在第二次布尔战争期间（1899—1902）。到了19世纪与20世纪之交，狩猎作为"战争预演"的观点，以及"滑铁卢战役是在伊顿公学的运动场上赢来"之类的说法广为流传，也常见于《狩猎场》（*The Field*）等狩猎爱好者刊物。[128] 对于同样信奉民族主义和帝国主义的当代主流动保运动者来说，壮大英国种族和扩张帝国伟业这两大理据实在是无懈可击。不过，"人道联盟"大多数成员本来就反对军国主义和帝国主义，他们也一直在推动全面裁军、国际仲裁，以及结束对英殖民地的剥削。因此，有关血腥狩猎运动如何关系到帝国繁荣的那些说辞，对"人道联盟"来说反而更显示了狩猎运动和殖民统治两者都不应继续存在。[129] 尤其是在战时，例如在布尔战争和一战期间，好战并带侵略性的极端爱国主义（Jingoism）情绪弥漫全国，梭特此时频频发表文章对比血腥运动与残酷的战争，希望暴露出两者在其光鲜形象背后所涉及的野蛮遗俗。他如此写道："事实上，狩猎就是一种战争形式，而战争也是一种狩猎形式；为伊顿比格犬狩猎传统辩护的人认为，沉迷其中的男孩能因此被训练成将来忠心捍卫大英帝国的男子汉，他

　　　　为动物而战：19世纪英国动物保护中的传统挪用

们绝对可以保留这种想法——如果他们真的直视过战争和帝国主义实况的话。"[130]而联盟不只在其积极的反狩猎宣传工作中讥讽了狩猎、帝国主义和战争之间的联系，还曾机智地令支持帝国主义的狩猎者阵营大出洋相。

1907年，当"人道联盟"准备再次将《伪运动法案》提交国会时，几名伊顿公学毕业生出版了一本名为《比格兄弟》(*The Beagler Boy*) 的刊物，从宗教、帝国主义和英国民族的角度为伊顿的狩猎传统辩护，并提出："就如滑铁卢战役是在伊顿公学的运动场上赢来的，特拉法加海战之胜利也是从达特河畔（River Dart，英国皇家海军学院的所在地）取得的！"[131]在《比格犬狩猎的帝国意义》一章中，刊物的编者提出诘问：

> 有些被误导的英国人缺乏爱国情操，我们能作何感想？……他们居然希望夺走锻炼我们年轻一代伊顿男孩和海军学员所需坚韧体魄的宝贵机会，就因为他们相信一只被猎杀的野兔所受的痛苦，能与培育一个强大民族的重要性相提并论。[132]

133

并接着喊话道：

> 我们坚信，如果是为了给心爱的祖国培育出下一个伟大的战争英雄——下一个威灵顿将军或纳尔逊将军，那么哪怕杀死1000只野兔，使1000只猎犬爪牙染血，也都是值得的！[133]

《比格兄弟》更直接将伊顿猎兔传统奉为一项"神圣的、皇家的运动"。[134]此刊一经推出，旋即受到《马与猎犬》（*Horse and Hound*）、《运动与头条新闻画报头条》（*Illustrated Sporting and Dramatic News*）、《郊野》（*Country-Side*）和《运动家》（*Sportsman*）等支持狩猎体育报刊的热烈欢迎。[135]《运动家》甚至将《比格兄弟》誉为"在内容和风格上均与我们心意契合的出版物"，并且称赞它"不仅英勇捍卫了狩猎运动，更猛烈重击了密谋推翻这运动的那些多愁善感的病态之徒"。[136]然而，狩猎界的一片赞誉声和热情后来却被一个尴尬的发现泼了一头冷水。原来，声称基于"更崇高的帝国需要"[137]而高调支持狩猎运动的伊顿毕业生，正是属于"人道联盟"成员的梭特和自由党议员乔治·格林伍德！他们其实是以此举来讽刺那些嗜血如命的帝国支持者和狩猎支持者。

134　　"人道联盟"反对"血腥运动"的倡议活动吸引了大量动保团体和反动物实验组织的支持，这些协会也终于明白以一致的道德标准看待动物虐待问题的重要性，并且愿意付诸行动。就连最传统的"皇家防止虐待动物协会"的许多地方分会也采取了明确的反狩猎路线。然而在1906年，正值反狩猎运动蓄势待发之时，协会的中央委员会竟拒绝继续给予反狩猎运动官方支持。上议院中的四位副主席甚至在1909年决议时投票反对联盟的反狩猎法案。[138]不出所料，这随即引发了联盟和"皇家防止虐待动物协会"之间的一连串骂战，前者指责后者"神志不清"，并且"仍活在自己过去的回忆中"。[139]最终，尽管"人道联盟"的《伪运动法案》没有获得通过，但他们的努力在1900年成功终止了拥有800年历史的皇家猎鹿活动。由于"人道联盟"的积极动员，有史以来首次有如此之多的民众共同反对血腥的狩猎运动，这为始于20世纪20年代的第二波反狩猎运动奠定了基础。[140]"血腥运动"（bloodsports）一词，也因联盟的广泛使用而变得家喻户晓。

　　然而，激进政治传统对"人道联盟"来说也是一把双刃剑，"人道联盟"虽曾从中承继了许多有用的智识资源，但后来也同样受其约束甚至拖累。进步派从来就不是一个意识形态同质的圈子，例如关于爱国主义和战争的问题长久以来就是进步分子内部分歧的根源所在，而这在"人道联盟"成员之间也不例外。在第二次布尔战争期间，"人道联盟"的执行委员会尚能够在存在分歧的情况下，仍保持组织表面上的统一反战立场。然而，到了一战爆发时，"人道联盟"在征兵问题和对军事冲突的态度问题上出现了难以掩饰和磨合的严重分裂。最后，就如1916年因战争问题而解散的国际社会主义组织"第二国际"（Second International）一样，"人道联盟"也因致命的内部冲突而分裂，最终在1919年走上了解散的末路。至于其他动保团体，由于他们本来就不太在意各种残酷和压迫的彼此连结与共通的社会根源，因此战争的来临并没有给他们的工作造成多少冲击，他们皆全心全意支持国家战事。在战争爆发时，主要的反动物实验团体如"全国反动物实验协会"和"英国废除动物实验协会"反而迈进了另一个活跃阶段，针对疫苗的有效性以及强制士兵接种疫苗问题，与支持动物实验的"研究捍卫会"展开激烈抗争。[141]《动物爱好者》和《废除动物实验人士》等支持国家参战的动保团体刊物，更是趁着人们爱国情绪高涨之时，频繁发文将打击动物实验的"圣战"与打击德国的重大战争相互联系、等同看待。[142]对于"皇家防止虐

135

待动物协会"和"蓝十字"（Blue Cross）等较大型的动物慈善团体来说，战争还为他们创造了新的工作项目，例如营救战马和协助安置宠物，这甚至使他们的活跃度和民间声望再创新高。

相比之下，"人道联盟"的结局则有点讽刺。先前借着挪用激进主义传统中各种对军国主义、帝国主义和狩猎活动的批判而壮大的运动，现在却因此步上瓦解之途。但我们又该如何评价"人道联盟"这个于世纪末不论在动保还是其他社会议题上，都展现了崇高理想与坚定追求的组织呢？或许，我们不应只以外部成败论英雄，而应考虑"人道联盟"的自身说法。梭特后来在回顾"人道联盟"的全方位人道主义工作的重要性时如此说道：

> ……也许"人道联盟"的真正成功并非在于它达成了什么，而是它提出了怎样的诉求……毕竟，能否成功废止某一种的残酷行为并非重点，更重要的是证明给大家看——一切形式的残酷都与进步无法相容。正是在这方面，我们敢说"人道联盟"所开展的那些在智识层面上和具争议性的工作比人们普遍认为的更有意义。[143]

动保运动策略的激进转向

136   在行动策略方面，动物保护运动因为积极挪用了 19 世纪末的政治激进传统而更趋激进，这在反动物实验运动中最为明显。自 19 世纪 70 年代以来，反动物实验运动一直进行各种高调且诉诸高层的倡议活动，旨在努力维持其体面的清高形象。当时运动的主要诉求对象，基本上就是具有政治与社会影响力的中上受教育阶层，所以运动也只采用比较"温文尔雅"、非暴力的手段，例如文宣散发、读者投书、集会演说、文雅聚会和抗议从事动物实验的医院等。至于大型户外集会和街头示威等这类令人联想到工人阶级激进主义的策略，以及公开展示印有血腥图像的标语牌这种会冒犯到维多利亚公众品位的示威行为，运动者一般都刻意避免采用。

不过，在这一点上运动内部也存在不同的声音。珂珀就曾计划在公众场合通过挂着夹板的"三明治人"、巨大标语牌以及幻灯片，来展现一系列动物实验。而当时最大的反动物实验团体"维多利亚街协会"（Victoria Street Society）的主席谢兹柏利伯爵却一再对此表示反对，他认为这种做法会使公众感到厌恶和恐惧，反而会吓走他们。该协会于 1877 年短暂试行过的海报宣传策略，也一直到 20 世纪初才再次被运动者采纳。[144] 而首本专门致力于反对动物实验的刊物《反动物实验者》（The Anti-Vivisectionist），虽然经常在其封面后的第 2 页和第 3 页印上描绘动物实验的版画，但也不忘提醒其读者，如果不想看到这些图像，可以"不剪开期刊的前两页"。[145] 不过，随着 19 世纪后期整体政治氛围的转变，改革运动策略也日渐激进化，加上对激进政治文化有更高接受度的年轻一代新鲜血液加入运动，这种处处自我捆绑的温和宣传作风也越发少见。

在世纪末，维多利亚时代的诸多传统价值观遭到了反抗浪潮的全面冲击，社会运动改革者也开始积极运用各种更激进的

137

策略。罢工、示威、户外集会和频繁的曝光行动不再是工人阶级、失业者和工会成员的"专利"，而开始被众多中产阶级成员的社会主义运动和女性主义运动广泛采用。例如，在 1885—1886 年的经济萧条期间，工人、失业人士和社会主义者经常通过群众集会、示威和游行来要求英国政府进行经济和政治改革，并借此行使和维护人民示威的权利。可是，这些集会也经常被粗暴地镇压，以警察与抗议者之间的冲突而告终。其中最令人深刻的要数 1887 年 11 月 13 日英国政治抗争史上著名的"血腥星期天"（Bloody Sunday），当天有一名抗议者不幸在冲突中身亡，另有数十人受伤。在工会运动界，一连串的抗争事件也营造了当时的政治气氛，例如 1888 年布莱恩与梅火柴工厂（Bryant and May's factory）举行的"火柴女工罢工行动"（Match Girls' Strike），以及 1889 年伦敦的"码头大罢工"（Great Dock Strike）等，并且有越来越多半技术工人与非技术工人也纷纷加入工会组织。到了 20 世纪初期，争取女子选举权的女性改革者更是逾越了传统界线，更大胆采取了一向属于男性"专利"的激进手段来争取大众关注，例如只身拦截和闯入议会质问政治人物、狱中绝食、放炸弹和纵火，以及走上街头示威等，她们的行为挑战着传统的"区隔领域"（separate sphere）——性别意识形态，形同闯进了一直由男性主导的政治空间。[146] 受到当时政治文化的影响，反动物实验运动者同样有意识地积极采取了一系列以往从未严肃考虑使用的争议性策略，例如"潜入性调查"（undercover investigation）、媒体曝光、法庭问讯、店铺宣传、街头"三明治人"宣传、大型海报展示和上街游行等。在 1904 年珂柏逝世后，露易丝·琳达·哈格比成为 20 世纪初英国反动物实验运动的领头人之一。而哈格比围绕着一只传奇的"棕狗"所开展的一连串抗争行动，或许最能体现出动保运动策略在这时期的激进转向。

哈格比出身瑞典显贵家族，曾于切尔滕纳姆女子学院（Cheltenham Ladies' College）接受英国贵族教育，后来入籍成为英国公民。她受维多利亚时代晚期的激进进步主义文化熏陶，毕生致力于参与各种社会改革事业，从争取女子选举权到废除白奴贩卖、狱政改革、战时救济和反战等。与上一代许多动保改革者不同，哈格比的思想和行事不受正统基督教教义的束缚。然而，由于属灵 * 力量在当时是女性主义政治的重要支持力量，像同时代许多女性主义者和女子参政运动者一样，哈格比也倾向信奉神智学。事实上，她一向自称有着深厚的宗教信仰，其信仰基础就是内心的精神追求，积极服务社会就是她"事奉"的方式。[147] 在哈格比的领导下，"反动物实验与动物捍卫联盟"于 1909 年创立，旋即吸引了大量男女进步分子加入。"反动物实验与动物捍卫联盟"自始即与"人道联盟"密切合作，并且大力支持"人道联盟"许多较为激进的项目，例如反狩猎、推广素食和屠宰场改革等。"反动物实验与动物捍卫联盟"也与神智学运动组织保持着友好合作关系。自 20 世纪最初十年以来，神智学运动组织一直由贝森领导，他们信奉宣扬"普遍兄弟"和"众生一体"理想的内在论，同时也活跃于政治领域，积极推行各类社会改革。[148] 然而，哈格比领导的反动物实验运动的最与众不同之处，还是其大胆创新

---

* 属灵是宗教用来描述世俗生命以外的存在状况。

的策略。哈格比深信"舆论宣传"是他们唯一有效的武器，[149]因此每每卷入争议之时，她都将其扭转为吸引媒体和公众关注的大好机会。

1900 年，哈格比与好友丽莎·夏道（Leisa Schartau）同游巴黎。由于对带动了重大医学进展的细菌理论深感兴趣，途中二人心怀仰慕地来到了"巴斯德研究中心"（Pasteur Institute）参观。这两名年轻女子因为此行意外地首次窥见了动物实验的残酷，惊愕且痛心的哈格比返回瑞典后，随即成立了"反动物实验协会"（Anti-Vivisection Association）。两年后，哈格比与夏道为深入地了解更多动物实验的内幕，决定注册入读伦敦女子医学院（London School of Medicine for Women），取得观摩医学院动物实验教学的机会。她们亲身旁听动物实验课程，巨细靡遗地记录每场示范细节，之后就将课堂观察笔记交给了英国当时最大的反动物实验团体"全国反动物实验协会"秘书长史蒂芬·柯勒律治。"全国反动物实验协会"的核心干部恩斯特·贝尔（Ernest Bell, 1851—1933），也立刻通过其家族出版社（G. Bell & Sons）将两名卧底学生的课堂笔记完整出版，并取书名为《科学屠宰场》（*The Shambles of Science*, 1903）。在这次潜入性调查所曝光的众多事件中，在伦敦大学学院的实验室里发生的一只无名棕色小狗的故事，后来竟成为 20 世纪初许多激烈争议的焦点，后世称之为"棕狗事件"。[150]

著名的"棕狗"是哈格比与夏道在课堂上目睹被解剖的一只棕色梗犬。根据二人观察，这只棕狗在实验前已有多处伤疤，实验进行时亦不断痛苦挣扎，因此她们认为棕狗未经麻醉，便反复遭受实验解剖。依照英国 1876 年通过的动物实验管制法，未经麻醉且重复对同一动物实验是违法的。棕狗的悲惨遭遇，正能清楚地向社会大众反映出 1876 年法案的许多缺点与漏洞，例如对教学性质的动物实验管制不够严格、麻醉剂的功效和施用方式成疑，以及对动物实验程序的监管不足。在 1903 年 5 月 "全国反动物实验协会" 的大型年会上，荣誉秘书长柯勒律治将棕狗的遭遇公之于世。然而，棕狗的解剖者威廉·贝里斯（William Bayliss）声称有关实验过程的描述不实，他迅即向法院控告柯勒律治毁谤。这场涉及著名学府教授和英国最大的反动物实验团体的官司迅速成为媒体关注的焦点，捍卫动物实验和反对动物实验阵营之间的激烈对战一触即发。这回，反动物实验者更采用了不少 "新型武器"。

最初，不少动保团体也担忧柯勒律治所挑起的官司会影响社会大众对于运动的观感，且若未能胜诉，就会白白消耗运动的有限经费。[151]然而大家没想到的是，这场由作为证人的哈格比和在法庭内外闹事的医学生上演的法庭对决，居然被 "全国反动物实验协会" 成功变成了一次向普罗大众宣扬反动物实验立场的最佳机会。自 19 世纪 80 年代出现的报业新发展趋势 "新新闻主义"（New Journalism），提倡利用耸人听闻的方式报道改革议题，以此促进报纸销售。[152]从 "柯勒律 vs. 贝里斯" 案开庭之始，新闻媒体即以最大的篇幅报道案情，各通俗报如《每日邮报》（Daily Telegraph）、《每日镜报》（Daily Mirror）、《每日新闻》（Daily News）、《每日画报》（Daily Graphic）等，每日紧密追踪着案情发展，其中一些的销售量更高达 100 万份。1885 年，《佩尔美尔街报》（Pall

140

Mall Gazette）由 W. T. 史泰德（W. T. Stead, 1849—1912）接手后，一直对弱势群体如工人、娼妓、雏妓等相关社会议题保持高度关注，并带动新闻媒体策略的新发展。而此时诸如《每日新闻》、《星报》（Star）和《太阳报》（Sun）等报章也效法《佩尔美尔街报》，采取鲜明立场，甚至还扮演了反动物实验宣传者的角色。虽然最终官司的结果是反动物实验阵营的柯勒律治败诉，但据《每日新闻》报道，短短数日内义愤填膺的大众就通过捐款凑齐了 5000 英镑的巨额败诉赔偿金！[153]

　　然而，棕狗事件并没有随着官司告一段落而就此落幕。在"国际反动物实验会"（International Anti-Vivisection Council）秘书 A. L. 伍沃德女士（A. L.Woodword）的奔走下，1906 年 9 月，在伦敦南部以进步风气著称的贝特希，在市中心一个繁忙交通路口的广场旁，人们为这只饱经折磨的小棕狗树立了一尊庄严傲立的高大铜像。批准该计划的贝特希区议会以其"市镇社会主义"（municipal socialism）理想而闻名，自 19 世纪 90 年代中期以来，其议员包括了大量社会主义者、工会人士、激进自由主义者等各类进步分子，例如领导伦敦码头大罢工的彭斯以及出任"反动物实验与动物捍卫联盟"副主席，并领导激进的"妇女自由联盟"（Women's Freedom League）的夏洛特·德斯帕德（Charlotte Despard, 1844—1939）。此后数年间，这尊刻写着棕狗生前最后遭遇的铜像，在支持动物实验的人眼中成为"公开谎言"的象征，并激发了医学生多次的激烈抗议、示威和骚乱，贝特希区议会更因此需要每年额外支付 700 英镑的特殊费用给保护铜像的警方。然而，纵使面临越来越大的压力，进步派的议会成员仍决心守护棕狗铜像。贝特希区议会屡次传出可能移除铜像之风声，于是在某次的地区棕狗铜像捍卫大会上，激进派的贝特希市长威廉·威利斯（William Willis, 1908—1909 年间任职）引用了"人道联盟"的"新人道主义"精神来抨击"任何形式的残酷"。在会议上，有好几名区议员和当地的社会主义者表态支持，其中一名社会主义者更扬言，如果医学生"来贝特希制造麻烦，贝特希居民也将迎战"。[154] 然而，到了 1910 年，区议会在历经无数次讨论后，最终通过了拆除棕狗铜像的决议。向来支持保护棕狗铜像的区议会最终让步，是因为议会代表不久前改选，社会主义等进步派势力失势，保护铜像一派失去政治后援。[155]

不过，就如先前那宗败诉却占据道德高地的诽谤案一样，这次铜像的移除也只是表面上的失败，事实上却成功地进一步引起人们的义愤，为反动物实验运动带来了更多的媒体曝光机会。[156] 自 1903 年以来，所有围绕棕狗发生的冲突和争议，都发挥了推进实现运动目标的作用。棕狗案例不仅把 1876 年法案常被诟病的几项严重问题暴露在公众面前——该事件所引发的舆论压力还促成了 1906 年第二次"皇家动物实验调查委员会"的成立，还为 20 世纪最初十年争取在动物实验中禁用犬类动物的《犬只（保护）法案》[Dog（protection）Bill] 提供了助力。在随后的几年里，当皇家委员会的调查正在进行，犬只法案亦被数度提交国会审议的期间，反对和支持动物实验的两方阵营都加强了宣传力度。支持动物实验阵营从其先前一贯的"与政府对话而拒绝与民众沟通"作风，转变为广泛公开地以大众作为诉求对象——活跃敢言的"研究捍卫会"于 1908 年成立就是最明显的例子。[157] 反动物实验阵营同样积极利用盛行于当时的政治传统，采取最能引起大众关注的宣传策略。

　　历史学家注意到，在 20 世纪初的英国政治冲突中有一种非常重要的元素，那就是图像宣传。此时不但商业广告开始盛行，而且主要政党及社会运动组织也都会利用"视觉政治"来对普罗大众进行政治论述与宣传。这有赖于平板印刷术的改良，让海报制作摆脱过去的局限，得以使用更大的尺寸及更多样的色彩，被批量且廉价地印刷。[158] 20 世纪初的反动物实验运动并未脱离这一潮流，同样积极运用新改进的技术资源来进行宣传，例如大量使用巨型海报、"三明治"夹板，或租用公车的广告空间和设立宣传店面，以加强视觉宣传效果。[159]

　　通过捍卫动物实验的领头团体"研究捍卫会"所留下的资料可知，在一年之内（如 1909 年），伦敦区铁路（District-Railway）就悬挂了 70 幅大型反动物实验海报；大西部铁路（Great Western Railway）车站也曾张贴 50 张海报。若不是米德兰铁路（Midland Railway）和伦敦公车公司（London General Omnibus Company）因"研究捍卫会"抗议而拒绝反动物实验团体买下广告空间，至少还会有上百张反动物实验海报出现在伦敦区极为显眼的公共场所中。[160] 此类视觉宣传策略经常受到"研究捍卫会"等支持动物实验团体的批评，认为他们向民众的宣传并非诉诸理据，而是诉诸情绪甚或是彻头彻尾的"谎言"，例如隐瞒有关麻醉剂使用的实验细节。[161] 若投诉未受理会，没能阻止反动物实验者在公众场合竖立广告，"研究捍卫会"就"以图还图"，将己方的海报尽量"紧临反对阵营的海报"来展示，以发挥平衡宣传之效。[162]

进入 20 世纪，动物实验运动在策略上还有另一个与商业主义、美学宣传概念充分结合的突破，即宣传店面的设立。"英国废除动物实验协会"看准了人们喜欢"橱窗购物"（window shopping）这一现代都市文化，率先采用了"反动物实验店铺"来展示海报并派发文宣。这种宣传方式亦为同一时期的女子普选权运动所广泛采用。事实证明，它的确能同时吸引"众多阶级和普罗大众"的目光。[163] 自 1901 年第一间店铺创立，至 1911 年止，在 16 个主要反动物实验团体中，就有 5 个曾采用此宣传手法，前后共开设了 20 间店铺。[164] "英国废除动物实验协会"和其他类似团体在早期仍会确保"不在店铺橱窗展示骇人动物的实验图片"。[165]

　　然而，在哈格比的领导下，在意识形态和战术上更为进取和创新的"反动物实验与动物捍卫联盟"从来就没有这方面的顾忌。1911 年，英国国王乔治五世举行加冕仪式。为了配合在伦敦举行的各项热闹庆祝活动，当年联盟也在伦敦商业中心皮卡迪利（Piccadilly）开设了一所宣传店铺，更于店铺中再现了实验室中的"实景"。在这个与揭露棕狗遭遇之书同样名为"科学屠宰场"的店铺中，联盟竖起了一个与真人同样大小的科学家人像，从实验仪器行买来一个真实的解剖台，并在上面绑了一只如棕狗般被四脚朝天捆绑着的小狗标本。而在这些宣传店铺门前，往往有穿着"三明治"夹板的女性志愿者向路人分发传单和出售刊物。这种做法也效法了先前女子普选权运动人士经常采用的一种宣传形式。这些女子走上了迄今为止专属于男性的街道公共空间，这冲击了当时的性别意识形态。

143

此外，"研究捍卫会"为了对抗"反动物实验与动物捍卫联盟"的店铺策略，他们亦雇来一些人站在联盟的店铺外，分发支持动物实验的文宣；其后又以其人之道还治其人之身，自行承租隔壁店铺，同样摆设各式各样的支持动物实验的宣传品来吸引群众，还在《佩尔美尔街报》上发动文字攻势，指责对方以及其他反动物实验团体进行虚假宣传。[166]然而，此时的哈格比早已习惯了动物实验支持者的对抗式政治，尤其是医学生平日对公众集会更为严重的干扰与骚乱，因此她面对街头上或法庭上的对峙场面时从不胆怯。为防止对方阵营的人前来干扰店铺运作，哈格比就雇用男性站在店外看守。另外，为反驳对方的抹黑，她不但公开表示会向任何在她所分发传单中发现失实之处的人赔偿100英镑，还主动出击，控告"研究捍卫会"的萨利比博士（Dr. Saleeby）和《佩尔美尔街报》诽谤。

这次"哈格比 vs. 萨利比与《佩尔美尔街报》"案所引起的媒体关注度，丝毫不输先前的"柯勒律治 vs. 贝里斯"案。哈格比此次更选择在法庭上自辩。这场破纪录的审判历时长达16天，她在开庭陈述中用了九个半小时，接着的讯问和盘问过程分别长达九小时和八个半小时，盘问后还有三个半小时的复问，最后她的结案陈词也长达三个半小时。哈格比以理性且富有感染力的言辞，讲述了自己参与反动物实验运动的初心，娓娓道出了所有反对动物实验的理据。她的口才赢得了广大媒体的赞誉，更赢来"现代鲍西娅"（the Modern Portia）之称号，意指哈格比如同莎翁笔下那位聪慧敢言的奇女子一样能言善辩。最终，哈格比在诽谤案中败诉，但与"柯勒律治 vs. 贝里斯"案一样，支持改革派的《每日新闻》——现已更名为《每日新闻与头条》（*Daily News and Leader*）——再次发起公众筹款为哈格比承担诉讼费和罚金，并在短短约两周内就筹得超过 7000 英镑。这场轰动全城的审判，自然也为反动物实验运动带来了无数的曝光和宣传机会。[167]

在选举权逐渐扩及更广泛阶层的大众民主时代，公众舆论和"平民百姓"（man in the street）在政治中扮演越来越重要的角色。反动物实验运动也紧随其他社会运动的步伐，离开了属于体面阶层的室内会议厅，走上了带激进意味的户外街头。[168]动保史上最早一次游行应是 1894 年由"皮令可激进俱乐部"（Pimlico Radical Club）于伦敦切尔西区主办的一场反对"英国预防医学机构"（British Institute of Preventive Medicine）的抗议游行。此场游行的参与者多来自工人阶层、女子普选权运动者与其他激进改革派，这呼应了此时反动物实验运动对这一机构的强烈抗议。[169]显然，在 20 世纪最初十年，街头和公共空间已然不再如 19 世纪时那般是男性的专属活动空间。1907 年那场妇女争取普选权的游行，吸引了大众的好奇目光，参与游行的人数虽仅约 3000 人，但一路上吸引了更多的围观者。女子走上街头的"奇景"，旋即成为媒体评论的焦点。女士们拖着维多利亚式长裙，每个人的裙裾都沾满了泥泞和融雪，这场游行也因而被称为"泥巴游行"（mud march）。这些妇女团体善用艺术创作和剧场概念，通过鲜艳壮观的横幅、服装、乐队，组成令人印象深刻的游行队伍。两年后，在其成员中拥有许多妇女和普选权运动者的"反动物实验与动物捍卫联盟"也效仿了这种"奇观政治"（politics of spectacle）。在为期五天、特别高举动物权和新人道主义精神的"国际反动物实

145

验暨动物保护会议"于伦敦举行期间，联盟同时举行了相似规模的游行。[170]在游行尚未出发前，许多人曾对哈格比表示担忧，认为"将动物实验议题带上街头"不是明智之举，因为来自对方阵营的医学生可能会再度制造暴动，甚至会有"血腥和屠杀"状况发生。[171]幸运的是，整场从泰晤士河畔一路走到海德公园的游行最终以和平收场。[172]两周后，代表"完全废止动物实验"立场的"英国废除动物实验协会"亦举办了一场由海德公园走向特拉法加广场的游行，作为其主办的第四届"世界保护动物与反动物实验联盟"国际会议的闭幕活动。四个月后，该协会又组织了另一场示威活动，旨在抗议国会拟推出的《国家保险法案》（*National Insurance Bill*）当中的第 15 条 B 节。该法案计划设立一个由国家资助的"医学研究委员会"（Medical Research Council）来推动医学发展，形同由国家出资赞助动物实验。一年后的 1910 年，当棕狗铜像遭移除的消息传出，"反动物实验与动物捍卫联盟"再次走上街头，哈格比在短短数日内展开动员，举办了另一场规模浩大的游行与集会，以确保棕狗这一"为动物争正义、争怜悯的标志不会寂然消失"。[173]

146　　　一如过往其他声援棕狗的活动那样，这次的三千人游行也得到了激进派团体如"神智学反动物实验联盟"（Theosophical Anti-Vivisection League），以及众多劳工组织包括"煤气工人联盟"（Gasworkers' Union）、"贸易与劳工委员会"（Trades and Labour Council）、"贝特希劳工联盟"（Battersea Labour League）、"铁路服务员合并工会"（Amalgamated Railway Servants' Association）和"铁路工人协会"（Carmen's Association）的鼎力支持。贝特希区也派来了一支大型代表团参加这次抗议活动。与一年前的"反动物实验与动物捍卫联盟"游行一样，女性示威者仍占大多数。由于女子人数众多，《佩尔美尔街报》甚至评论道，若把"反动物实验与动物捍卫联盟"的标志颜色——橙色和蓝色换成"妇女社会与政治联盟"（Women's Social and Political Union）的标志性绿、紫、白三色，那么这场游行看上去真与一场争取妇女普选权的游行无异。[174]

要正义，不要施舍

在《老棕狗》一书中，兰丝伯利将跨越爱德华时代在 20 世纪初的近十年的棕狗事件，视为一个纯粹被工人和妇女利用的"宣传故事"，因为他们在棕狗身上看到了自己的影子——作为个体被束缚和捆绑在工业化体系、现代妇科医学程序和色情文学中。兰丝伯利进一步宣称，这些工人和妇女与持高尚信念的梭特不同，他们并非真心关注动物的命运，只是借棕狗的故事来抒发自身的欲望、痛苦与恐惧——这亦是兰丝伯利认为运动在 20 世纪会以失败告终的原因。[175] 虽然兰丝伯利采取的分析有失偏颇，但她说对了一件事，运动确实在 20 世纪初开始衰落。

尽管反动物实验运动者施展了浑身解数，充分利用了时代政治变迁、物质文明资源以及社运策略，但他们的对手和阻力也同样强大。医学界一直积极地进行他们一方的宣传工作，更重要的是科学和医学实际上也接连取得空前重大的进展，文化地位因而不断提升，科研能得到越来越多的公共基金赞助。制药业亦开始蓬勃发展，越来越有利可图，同时抗毒素和血清的开发也有了突破。[176] 以上种种都带给了反动物实验运动不小的冲击。其中一个具体事例，是部分反动物实验团体提倡多年的禁用犬类于动物实验的犬只保护法案，原本于 20 世纪 10 年代初颇有经国会通过之可能，但就在这即将成功之际，由政府赞助的狗瘟疫苗刚好研发成功。医学界自然不会放过这大好机会，"英国医学委员会"（British Medical Council）、"英国医学协会"（British Medical Association）以及"研究捍卫会"全力动员，积极进行国会游说和大众宣传，称"动物实验亦能使动物受惠"，这最终令舆论发生逆转，使法案通过无望。[177] 虽然反动物实验运动在争取立法方面陷入僵局，但作为 20 世纪初运动焦点的棕狗事件，绝非由想要宣泄情绪和诉求、并非真正关心动物福祉的不同人群引发的一连串孤立事件。恰好相反，棕狗事件恰恰标志着动物保护运动的激进转向：它不但以一致的道德原则，如权利和正义观念，展现出高度的理想性，也介入了广泛议题，乐于与其他改革运动携手并进。此外，它更展现出高度的意愿——积极挪用当代激进政治文化中多元而激进的行动策略以推动时代转变。

反动物实验运动中的著名社会主义运动者爱德华·卡本特，本身也是一位自由思想者、素食者，以及 19 世纪末 20 世纪初各种憧憬美好社会愿景者所推崇景仰的"心灵大师"（guru）。他曾在其回忆录中如此形容 19 世纪 80 年代后的岁月：

> 那是一个迷人而充满热情的时期……社会主义和无政府

主义者的发声、女性主义和女子普选权运动的奋战、工会的蓬勃发展、神智学运动的发扬，以及戏剧、音乐与艺术的新发展乃至于宗教界的变革——所有这些从各处源头而来的溪流，皆汇入了一条带动社会发展的滔滔江河。[178]

确实，在激荡人心的进步变革氛围中，动物保护运动并不置身事外，而是江河汇流的一部分，并受江河带动向前。在此关键时期，动物保护运动诸多团体都明显展现了在意识形态、言辞、目标和策略方面的激进转向。"人道主义"和"动物权"的一贯原则成为改革者高举的旗帜，他们借此消除主流动保运动的局限性和弊端，使运动得以突破停滞不前的困境。众多改革者还有意识地挪用当时流行的"正义""权利"等政治激进论述，来替代或补充"怜悯"和"仁慈"对待动物那套宗教式言辞。以往主流运动一直选择性避而不谈的问题，例如狩猎、肉食和屠宰场改革，也终于受到应得的关注。此外，运动者巧妙利用了大众民主时代的特性，首次大量采取媒体曝光、大型海报展示、店铺宣传、户外集会与示威游行等常见于 19 世纪末 20 世纪初的亮眼视觉宣传策略，以求触及更多受众，并为运动寻求更多曝光率。当然，运动此时的激进转向并非当时社会与政治文化的必然产物，而是一众能与激进政治文化产生共鸣的动物保护者有意为之的结果。有赖于这些激进改革者对政治激进传统的动员努力，到了 19 世纪与 20 世纪之交，主流动保运动已大致摆脱了长久以来所依赖的道德改革传统，转而与政治激进传统建立更为紧密的联系。将梭特奉为先驱的现代动保运动人士，想必也能从 19 世纪末另

148

类的动保政治思想中找到共鸣。梭特的思想肯定不是徒劳无功的：动物保护运动得以持续发展，梭特等激进改革者可谓居功至伟。正是他们的激进思想赋予了动保事业生存优势，使其在踏进 20 世纪之时能紧紧跟上新时期的进步潮流。

注释

[1] 近数十年来，不同压迫形式的交叉性（intersectionality）和联盟政治（alliance politics）的重要性也成为发展中的批判动物研究（Critical Animal Studies）领域的主要关注点，参见 Steven Best, "The Rise of Critical Animal Studies: Putting Theory into Action and Animal Liberation into Higher Education," *Journal of Critical Animal Studies*, 7, no.1 (2009), pp.9–53; Anthony J. Nocella II, et al. eds., *Defining Critical Animal Studies: An Intersectional Social Justice Approach for Liberation* (New York: Peter Lang, 2014); Atsuko Matsuoka and John Sorenson eds., *Critical Animal Studies: Towards Trans-species Social Justice* (London: Rowman & Littlefield, 2018); Nik Taylor and Richard Twine eds., *The Rise of Critical Animal Studies: From the Margins to the Centre* (New York: Routledge, 2014)。

[2] "保守"（conservative）一词此处指的不是与自由党（Liberals）相对的保守党之理念，而是一种维护而非挑战现行政治制度和意识形态的态度。

[3] Peter Singer, *Animal Liberation* (London: Pimlico, 2nd ed., 1995), p.xvi.

[4] C. Lansbury, *The Old Brown Dog: Women, Workers, and Vivisection in Edwardian England* (Madison: University of Wisconsin Press, 1985), pp.170, xi.

[5] H. Kean, "The 'Smooth Cool Men of Science': The Feminist and Socialist Response to Vivisection," *History Workshop Journal*, 40 (Autumn, 1995), pp.16–38; Hilda Kean, A*nimal Rights: Social and Political Change since 1800* (London: Reaktion, 1998), pp.132–164; Leah Leneman, "The Awakened Instinct: Vegetarianism and the Women's Suffrage Movement in Britain," *Women's History Review*, 6, no.2 (1997), pp.271–287; Diana Donald, *Women Against Cruelty: Animal Protection in Nineteenth-Century Britain* (Manchester: Manchester University Press, 2019), Chapters 5 and 6. 另参见 Rod Preece, *Animal Sensibility and Inclusive Justice in the Age of Bernard Shaw* (Vancouver: University of British Columbia Press, 2011)。

[6] 本章不把政治激进传统视为一种固定不变，且存在于纯粹思想领域的观念，而是一种复杂而流动的思想与行动的结合，必须借由实践方才能够展现。因此，本

章将不再采用传统政治思想史的探究方式，而是通过考察现世主义者和社会主义者对于其所属思想传统的挪用，来理解这两类运动者对动保事业的实际态度。

[7] B. Harrison, *Peaceable Kingdom* (Oxford: Clarendon, 1982); M. J. D. Roberts, *Making English Moral: Voluntary Association and Moral Reform in England, 1787−1886* (Cambridge: Cambridge University Press, 2004); Alan Hunt, *Governing Morals: A Social History of Moral Regulation* (Cambridge: Cambridge University Press, 1999).

[8] M. J. D. Roberts, *Making English Moral: Voluntary Association and Moral Reform in England, 1787−1886*, pp.245−246.

[9] 道德改革运动式微的原因复杂。罗伯茨对社会问题进行了"结构性"和"社会性"，而非"道德性"的分析。国家权力的扩张、社会分工的细化，以及选举权扩大所产生的强调群体利益的新兴政治文化使人们对改革"精英"的"利他主义"主张产生了怀疑，这些都是道德改革传统衰落的原因。

[10] J. M. Wheeler, "Animal Treatment," *Freethinker*, Feb.11, 1894, pp.91−92.

[11] 关于现世主义运动，参见 Susan Budd, *Varieties of Unbelief: Atheists and Agnostics in English Society, 1850−1960* (London: Heinemann Educational Books, 1977); Edward Royle, *Radicals, Secularists and Republicans: Popular Freethought in Britain, 1866−1915* (Manchester: Manchester University Press, 1980); David Nash, *Secularism, Art and Freedom* (Leicester: Leicester University Press, 1992)。

[12] 此时英国《亵渎法》（Blasphemy Laws）依旧存在，亵渎基督教的神与批判教会触犯法律。持非正统宗教信仰或无神论的现世主义运动者据理力争的包括信仰、言论、出版与集会结社等方面的自由，成员亦自称"自由思想者"（freethinker），运动则有"自由思想运动"（freethought movement）之称。

[13] 关于现世主义者对科学自然主义的贡献和宣传，参见 Ruth Barton, "Sunday Lecture Societies: Naturalistic Scientists, Unitarians, and Secularists Unite Against Sabbatarian Legislation," in Gowan Dawson and Bernard Lightman eds., *Victorian Scientific Naturalism* (Chicago: University of Chicago Press, 2014), pp.189−219; Michael Rectenwald, *Nineteenth-Century British Secularism* (Basingstoke: Palgrave Macmillan, 2016), pp.107−134. 然而，随着科学界自 19 世纪 70 年代起逐渐获得大众的尊重，科学家亦开始有意识地疏远带激进倾向的现世主义运动。

[14] O. D. O., "Sidney Smith on the Vice Society," *National Reformer*, Mar.24, 1878, pp.1114−1115; "Sugar Plums," *Freethinker*, Jun.17, 1883, pp.189−190.

[15] Annie Besant, *Vivisection* (London: A. Besant & C. Bradlaugh, 1881), p.8.

[16] J. M. Robertson, "The Ethics of Vivisection," *Our Corner*, Aug.1885, pp.84−94, at p.x.

[17] 引自布拉德拉夫的女儿布拉德拉夫·邦纳夫人（Mrs. Bradlaugh Bonner）收到

的信件，参见 J. M. Robertson, "The Rights of Animal," *National Reformer*, Dec.11, 1892, pp.369−371, at p.371。

[18] Charles Bradlaugh, "A Bull-Fight in Madrid," *Our Corner*, Jan.1883, pp.10−14.

[19] R. H. Dyas, "Cruelty and Christianity in Italy (Part II)," *National Reformer*, Jan.21, 1887, pp.86−87, at p.87.

[20] Annie Besant, *Against Vivisection* (Benares, India: Theosophical Publishing Society, 1903); Annie Besant, *Vivisection in Excelsis* (Madras, India: T. S. Order of Service, 1910); J. M. Robertson, "The Philosophy of Vivisection," *Humane Review*, 4 (1903), pp.230−244.

[21] G. J. Holyoake, "Characteristics of the Drama," in Florence Caroline Dixie ed., *Isola, or, the Disinherited: A Revolt for Woman and All the Disinherited* (London: Leadenhall, 1903), p.xi.

[22] G. W. Foote, "The Kinship of Life: A Secularist View of Animals' Rights," *Humane Review*, 4 (1904), pp.301−311, at p.307.

[23] 引自富特写给梭特的无日期信件，Wynne-Tyson Collection, Sussex; 另参见 H. S. Salt, "Mr. G. W. Foote," *Humanitarian*, Jan.−Feb.1916, p.134。

[24] G. W. Foote, "The Kinship of Life: A Secularist View of Animals' Rights," *Humane Review*, 4 (1904), pp.301−311, at p.303. 此一立场，类似今日伦理学中的准则功利主义（rule utilitarianism）。

[25] 关于主流动保运动对演化论的反应，参见本书第四章。

[26] R. H. Dyas, "Cruelty and Christianity in Italy (Part I)," *National Reformer*, Jan.14, 1887, pp.27−28, at p.27.

[27] G. W. Foote, "The Kinship of Life: A Secularist View of Animals' Rights," *Humane Review*, 4 (1904), pp.301−311, at pp.303−304.

[28] G. W. Foote, "Dying Like a Dog," *Freethinker*, Jun.4, 1899, pp.353−354; G. W. Foote, "Christianity and Animals," *Freethinker*, Jul.30, 1899, pp.116−117.

[29] T. Ellis, "The Royal Society for the Prevention of Cruelty to Animals," *National Reformer*, Jan.15, 1865, p.35. E. 雷・兰克斯特（E. Ray Lankester, 1847—1929）是达尔文主义的拥护者，有"赫胥黎的斗犬"（Huxley's bulldog）之称；赫胥黎因拥护演化论，也同样有"达尔文的斗牛犬"之称。

[30] J. M. Wheeler, "Animal Treatment," *Freethinker*, Feb.11, 1894, pp.91−92.

[31] May 20, 1883, *Freethinker*, p.156. 还可参见 Macrobius, "Concerning Vivisection," *National Reformer*, May 22, 1892, pp.323−324; J. M. Robertson, "Notes and Comments," *Freethinker*, Oct.16, 1892, p.250。

[32] H. S. Salt, "Anti-Vivisectionists and the Odium Theologicum," *Humane Review*, 4

(1904), pp.343-349.

［33］引自梭特写给卡本特的信件，日期为 1903 年 11 月 13 日。参见 Carpenter Collection, MSS 356-22 (2), Sheffield Public Library。

［34］*Freethinker*, Jun.17, 1894, p.384. 参见如魔鬼三次试探耶稣的故事，见《马太福音》4：1-11。

［35］J. L. Marsh, W*ord Crimes: Blasphemy, Culture and Literature in Nineteenth-Century England* (Chicago: University of Chicago Press, 1998).

［36］"Notes and Notices," *Zoophilist and Animals' Defender*, Apr.1910, p.197.

［37］*Justice*, Jan.12, 1889, p.2.

［38］A. R. Wallace, *Studies Scientific and Social* (London: Macmillan, 1900), pp.527-528.

［39］Mark Bevir, *The Making of British Socialism* (Princeton: Princeton University Press, 2011).

［40］Mark Bevir, *The Making of British Socialism*, p.14. 还可参见 Jon Lawrence, "Popular Radicalism and the Socialist Revival in Britain," *Journal of British Studies*, 31, no.2 (1992), pp.163-186; Lawrence Goldman, "Ruskin, Oxford, and the British Labour Movement 1880-1914," in Dinah Birch ed., *Ruskin and the Dawn of the Modern* (Oxford: Clarendon, 1999), pp.57-86。

［41］"Brutes and Brutes," *Justice*, Jun.21, 1884, p.1; "Lower Than the Beasts," *Justice*, Jul.26, 1884, p.1; "Horrible Cruelty to Animals," *Justice*, Dec.12, 1885, p.5; "Housing Our Cats," *Justice*, May 22, 1886, p.3; "Man and Beast," *Justice*, Jul.17, 1886, p.1; "Workmen and Horses," *The Commonweal*, Aug.7, 1886, p.147.

［42］John Burns, "Outside the Dog's Home," Justice, Mar.7, 1885, p.2.

［43］E. B. Bax, "Free Trade in Hydrophobia," *The Commonweal*, Oct.9, 1886, p.219.

［44］John Burns, "Outside the Dog's Home," *Justice*, Mar.7, 1885, p.2.

［45］John Burns, "Outside the Dog's Home," *Justice*, Mar.7, 1885, p.2.

［46］John Burns, "Outside the Dog's Home," *Justice*, Mar.7, 1885, p.2.

［47］"Notes," *Humane Review*, 1 (1900-1901), p.175.

［48］P. E. Tanner, "Vivisection," *Justice*, Oct.5, 1912, p.3.

［49］"内在论"或译为"遍在论""衍生论""流溢说"或"泛神论"，主要探讨神与万物之关联，认为神遍布于宇宙万物之中，并参与其生成变化；神不但是万物起源，亦是其最终归处。因为神之泛存于万物，万物也因此具有一个共同的神圣本质；这一本质赋予万物之间的一体性。参见李鉴慧《论安妮·贝森的神智学转向：宗教、科学与改革》，载《成大历史学报》，2016 年 12 月，西洋史学专刊，第 51 号，第 113—170 页，第 147 页。

［50］部分历史学家将伦理社会主义视为社会主义运动的一个分支，但亦有历史学

家将 20 世纪最初十年中期以前的伦理社会主义视为社会主义运动的一个阶段。自那之后，伦理社会主义就开始将关注点转移到选举和治理问题上。关于伦理社会主义，参见 Stanley Pierson, *Marxism and the Origins of British Socialism* (Ithaca: Cornell University Press, 1973); Stephen Yeo, "A New Life: The Religion of Socialism in Britain, 1883–1896," *History Workshop Journal*, no.4 (1977), pp.5–56; Mark Bevir, *The Making of British Socialism*。

［51］ K. O. Morgan, *Keir Hardie: Radical and Socialist* (London: Weidenfeld and Nicolson, 1975), p.67.

［52］ *Labour Leader*, Feb.24, 1905, p.557.

［53］ Daddy Time, "Chats with Lads and Lasses," *Labour Leader*, May 18, 1895, p.12.

［54］ Keir Hardie, *From Serfdom to Socialism* (London: George Allen, 1907), p.35.

［55］ J. Clayton, "Between Ourselves: A Tale of a Dog," *Labour Leader*, Jun.1, 1895, p.2.

［56］ Mark Bevir, *The Making of British Socialism*, p.284.

［57］ Mark Bevir, *The Making of British Socialism*, p.282; A. Payne, "Work in Our Sunday Schools," *Labour Prophet*, Dec.1894, p.175.

［58］ Robert Blatchford, "Vegetarianism," *Vegetarian Messenger*, Jun.1907, pp.153–154.

［59］ Robert Blatchford, *Merrie England* (London: Journeyman Press, 1976 [1893]), p.16.

［60］ "What Shall We Eat?", *Brotherhood*, Aug.1888, pp.25–26.

［61］ H. M. Hyndman, "Correspondence: Mr. Hyndman on Vegetarianism, Anti-toxin and Vivisection," *Humanitarian*, Dec.1911, pp.191–192, at p.192.

［62］ C. H. le Bosquet, "Down with the Faddist!" *The British Socialist*, Aug.1913, pp.349–353, at p.351.

［63］ "Down with the Faddist! A Reply to C. H. Le Bosquet," *British Socialist*, Sep.1913, pp.391–394, at p.392.

［64］ "Down with the Faddist! A Reply to C. H. Le Bosquet," *British Socialist*, Sep.1913, pp.391–394, at p.391.

［65］ 引自 Stanley Pierson, *Marxism and the Origins of British Socialism*, p.169。

［66］ Herbert Burrows, "Vivisectionist Fallacies and Futilities," *Justice*, Aug.24, 1912, p.5; Herbert Burrows, *Moral Degradation and an Infamy* (London: LAVS, n.d.).

［67］ 引自 Stanley Pierson, *Marxism and the Origins of British Socialism*, p.170。

［68］ "A Democratic Protest Against Vivisection," *Humanity*, Mar.1896, p.101; "Down with the Faddist! A Reply to C. H. Le Bosquet," *British Socialist*, Sep.1913, pp.391–394, at p.393.

［69］ Ernest Bell, *Fair Treatment for Animals* (London: G. Bell & Sons, 1927), p.296.

［70］ 关于运动在早期提出的类似批判，参见 Diana Donald, "'Beastly Sights': The

Treatment of Animals as a Moral Theme in Representations of London, c. 1820-1850,"
in Dana Arnold ed., *The Metropolis and Its Image: Constructing Identities for London,
c. 1750-1950* (London: Blackwell, 1999), pp.48-78; Diana Donald, *Women Against
Cruelty: Animal Protection in Nineteenth-Century Britain*, Chapter 1 on Elizabeth
Heyrick and Chapter 4 on Anna Sewell。

[71] 参见格拉西尔（Catherine Bruce Glasier）于"全国反动物实验协会"会议上的发
言，"Anti-Vivisection," *Labour Leader*, Jun.9, 1900, p.181。

[72] A. R. Wallace, *Studies Scientific and Social*, pp.527-528.

[73] Jack London, "Foreword," in F. A. Cox ed., *What Do You Know About a Horse?*
(London: G. Bell & Sons, 1916), pp.xi-xvi, at p.xii.（引用词句出自莎士比亚的
《哈姆雷特》）

[74] 关于19世纪晚期社会主义与达尔文主义的关系，参见 D. A. Stack, "The First
Darwinian Left: Radical and Socialist Responses to Darwin, 1859-1914," *History of
Political Thought*, 21, no.4 (2000), pp.682-710。

[75] E. Reclus (trans. E. Carpenter), "The Great Kinship," *Humane Review*, Jan.1906,
pp.206-214; "Our Lost Kinship," *Labour Leader*, Feb.16, 1906, p.564.

[76] 关于神智论者对动物议题的关注，参见 Joy Dixon, *Divine Feminine: Theosophy
and Feminism in England* (Baltimore: Johns Hopkins University Press, 2001), pp.132-
134, 201。

[77] 马克·贝维尔主张在当时就发生了一场从"赎罪时代"（age of atonement）到
"内在主义时代"（age of immanentism）的广泛文化转变，指的是社会关注
点从福音派伦理强调的个人责任与救赎转变为"社会的团体情谊"（social
fellowship），虽不失宗教面向，但所仰赖的信仰也更多元。参见 Mark Bevir, *The
Making of British Socialism*, pp.217-297。

[78] Catherine Bruce Glasier, "Should We Be Humanitarians?" *Labour Leader*, 引自
Humanitarian, Feb.1907, p.106。

[79] Katharine St. John Conway and J. Bruce Glasier, *The Religion of Socialism: Two
Aspects* (Manchester: Labour Press Society, 1894), pp.4, 8.

[80] 关于梭特和人道联盟，有两部堪供参考的传记作品，参见 Stephen Winsten, *Salt
and His Circle* (London: Hutchinson, 1951); D. Weinbren, "Against All Cruelty: The
Humanitarian League, 1891-1919," *History Workshop Journal*, 38 (1994), pp.86-105。
关于梭特的简明传记，参见 George Hendrick, *Henry Salt: Humanitarian Reformer
and Man of Letters* (London: University of Illinois Press, 1977)。另可参见梭特的自
传 *Seventy Years Among Savages* (London: G. Allen & Unwin, 1921)。

[81] H. S. Salt, *The Nursery of Toryism: Reminiscences of Eton Under Hornby* (London: A.

C. Fifield, 1911).

［ 82 ］ H. S. Salt, *Seventy Years Among Savages*, pp.48－49.

［ 83 ］ H. S. Salt, "Song of the Respectables," *Commonweal*, May 31, 1890, p.175.

［ 84 ］ 其中比较著名的改革者有萧伯纳、卡本特、韦伯夫妇（Sidney and Beatrice Webb）、海德门、西德尼·奥利维尔（Sidney Olivier）和詹姆斯·麦克唐纳（James Ramsey Macdonald）。

［ 85 ］ J. L. Joynes, *The Adventures of a Tourist in Ireland* (London: Kegan Paul, Trench, 1882).

［ 86 ］ 关于此时进步派圈子内的绿色思想，参见 P. C. Gould, *Early Green Politics: Back to Nature, Back to Land, and Socialism in Britain 1880－1900* (New York: Harvester, 1988)。

［ 87 ］ H. S. Salt, "Song of the Respectables," *Commonweal*, May 31, 1890, p.21.

［ 88 ］ 引自 H. S. Salt, "Edward Carpenter's Writings," *Humane Review*, 4 (1903), pp.160－171, at p.166。参见 Edward Carpenter, "High Street, Kensington," *Humanity*, Mar.1900, pp.19－20 [reprinted from *The Commonweal*]。

［ 89 ］ H. S. Salt, "Reviews," *Humanity*, Aug.1897, p.63.

［ 90 ］ 参见 "皇家防止虐待动物协会" 给女王的致辞，*RSPCA Annual Report, 1896*, p.19。

［ 91 ］ H. S. Salt, "Thoughts on the Jubilee," *Humanity*, Jul.1897, p.50.

［ 92 ］ H. S. Salt, "Humanitarianism," *Westminster Review*, 132 (1889), pp.74－91, at p.80.

［ 93 ］ H. S. Salt, *Humanitarianism* (London: William Reeves, 1893), p.21.

［ 94 ］ H. S. Salt, "Cruel Sports," *Westminster Review*, 140 (1893), pp.545－553, at p.552.

［ 95 ］ H. S. Salt, "Humanitarianism," *Westminster Review*, 132 (1889), pp.74－91, at p.90.

［ 96 ］ *The Humane Yearbook and Directory of Animal Protection Societies* (London: T. Clemo, 1902), p.62.

［ 97 ］ H. S. Salt, "Prefatory Note," in H. S. Salt ed., *Cruelties of Civilization, Vol.II* (London: William Reeves, 1895), pp.v－vii, at pp.v－vi.

［ 98 ］ John Kenworthy, "The Humanitarian View," in H. S. Salt ed., *The New Charter: A Discussion of the Rights of Men and the Rights of Animals* (London: G. Bell & Sons, 1896), pp.3－24, at pp.3－4. 还可参见 H. Baillie-Weaver, *The Oneness of All Movements for Sympathy and Liberation* (London: League of Peace and Freedom, 1915); Charlotte Despard, *Theosophy and the Woman's Movement* (London: Theosophical Publishing Society, 1913); Gertrude Colmore, "Humanitarianism and the Ideal Life," *Vegetarian News*, Feb.1923, pp.24－28。

［ 99 ］《传染病法》最初于 1864 年通过，旨在防止性病传播，特别是于军营所在之地，但其做法只对从娼者进行规范，赋予警方权力，强制疑似从娼的女性接受检

查与治疗。此举引发社会上的广大争议，被认为是深具性别歧视的法案。在历经长久的运动后，此法终于在 1886 年废除。反传染病法运动（Anti-contagious Disease Act Movement）集结了众多女性主义者，也为女性争取投票权的运动铺平了道路。

［100］ H. S. Salt, "Humanitarianism," in J. Hastings ed., *Encyclopedia of Religion and Ethics, Vol.VI* (Edinburgh: T. & T. Clark, 1913), pp.836−840, at p.838.

［101］ 关于赫奇森的思想以及其与普莱马特和边沁的理论的关系，参见 Aaron Garrett, "Francis Hutcheson and the Origin of Animal Rights," *Journal of the History of Philosophy*, 45, no.2 (2007), pp.243−265。

［102］ Joanna Innes, "Happiness Contested: Happiness and Politics in the Eighteen and Early Nineteenth Centuries," in Michael J. Braddick and Joanna Innes eds., *Suffering and Happiness in England 1550−1850* (Oxford: Oxford University Press, 2017), pp.87−108, at p.95.

［103］ H. Primatt, *A Dissertation on the Duty of Mercy and Sin of Cruelty to Brute Animals* (Fontwell, Sussex, 1992 [1776]); T. Young, *An Essay on Humanity to Animals* (Lewiston: Edwin Mellen Press, 2005 [1798]); Rod Preece and Chien-hui Li eds., *William Drummond's The Rights of Animals* (Lewiston: Edwin Mellen Press, 2005); Hansard's Parliamentary Debates, *Cruelty to Animals Bill*, House of Lords, May 15, 1809, pp.554−571. 效益主义（utilitarianism）的最主要想法在于追求绝大多数人的最大快乐。

［104］ H. S. Salt, *Animals' Rights* (Clarks Summits, PA: Society for Animal Rights, 1980 [1892]), p.9.

［105］ H. S. Salt, "The Rights of Animals," *International Journal of Ethics*, 10 (1900), pp.206−222, at p.210.

［106］ 关于从现代动物权和包容性正义（inclusive justice）的哲学立场对梭特思想的批评，参见 Rob Boddice, *A History of Attitudes and Behaviours Towards Animals in Eighteenth- and Nineteenth-Century Britain* (Lewiston: Edwin Mellen Press, 2008), pp.344−346; Rod Preece, *Animal Sensibility and Inclusive Justice in the Age of Bernard Shaw*。

［107］ H. S. Salt, *Animals' Rights*, pp.20−21.

［108］ "Manifesto of the Humanitarian League," in *The Literae Humaniores: An Appeal to Teachers*, by H. S. Salt (London: William Reeves, 1894), back page.

［109］ H. S. Salt, *The Logic of Vegetarianism* (London: George Bell & Sons, 1899), p.110.

［110］ H. S. Salt, "A Professor of Logic on the Rights of Animals," *Humanity*, Jul.1895, pp.36−38, at p.37.

[111] Howard Williams, "Humane Nomenclature," *Humanity*, Aug.1895, pp.42−44.

[112] *Twenty-Third Annual Report*, Humanitarian League, 1914, pp.5−6.

[113] Editor, "The Prevention of Cruelty to Animals," *Humanitarian*, Jul.1905, pp.151−152.

[114] "Introduction to the Humanitarian League," in *The Humane Yearbook and Directory of Animal Protection Societies* (London: T. Clemo, 1902), pp.62−63; *Fifth Annual Report of the Humanitarian League, 1895−1896*, pp.1−2.

[115] E. B. Kingsford, "Dr. Anna Kingsford: Reminiscences of My Mother," *Anti-Vivisection and Humanitarian Review*, Oct.−Dec.1929, pp.170−178, at p.172; S. S. Monro, "The Inner Life of Animals," *Animals' Friend*, Feb.1915, p.76.

[116] F. S. Ross, "Justice to Animals," *Animals' Friend*, Aug.1919, pp.170−171. 另可参见 F. S. Ross, "From a Sermon Preached on 'Animal Sunday'," *Animals' Friend*, Aug.1917, pp.164−166。

[117] "Rights of Animals," *Animals' Guardian*, Sep.1895, p.198.

[118] "Annual Meeting of the London Anti-Vivisection Society," *Animals' Guardian*, Jun.1893, pp.155−156.

[119] "Annual Meeting of the London Anti-Vivisection Society," *Animals' Guardian*, Jun.1893, pp.155−156.

[120] 参见 "'Animals' Rights,'" *Animals' Defender and Zoophilist*, Dec.1915, p.88;"斯堪的纳维亚反动物实验协会"秘书长哈格比写给梭特的信件, in *Humanity*, Feb.1902, p.1。

[121] 图中的动物实验者长有兽蹄,身穿屠夫围裙,头戴犹太帽。这种恶意影射也反映了当时在部分动保运动派别,乃至整个英国社会中普遍存在的反犹太主义情绪。笔者感谢史学家希尔达·基恩教授指出了这一点。

[122] Minutes of the Executive Council, dated May 26, 1911, the Animal Defence and Anti-Vivisection Society, GC/52, Wellcome Medical Library.

[123] Emma Griffin, *Blood Sport: Hunting in Britain Since 1066* (New Haven: Yale University Press, 2007).

[124] 关于维多利亚晚期至爱德华时期（1901—1910）政治激进主义中的反狩猎传统,参见 Antony Taylor, *Lords of Misrule: Hostility to Aristocracy in Late Nineteenth- and Early Twentieth-Century Britain* (Basingstoke: Palgrave Macmillan, 2004), pp.73−96。

[125] Antony Taylor, *Lords of Misrule: Hostility to Aristocracy in Late Nineteenth- and Early Twentieth-Century Britain*, p.94.

[126] H. S. Salt ed., *Killing for Sport* (London: G. Bell and Sons, 1915).

[127] 自 18 世纪中期起，在农业资本主义与农业改革的双重推进下，通过一系列国会圈地法案，大片的公有地以比先前更大的规模被转为私有地，史称圈地运动。公有地的消失，也使得狩猎活动成为地主阶层的特权，而《狩猎法》即扮演了维护此特权的角色，严惩贫穷盗猎者。

[128] 关于狩猎群体提出的支持论点，参见 Antony Taylor, *Lords of Misrule: Hostility to Aristocracy in Late Nineteenth- and Early Twentieth-Century Britain*, pp.79–82。关于狩猎在 19 世纪晚期帝国主义意识形态中的重要性，参见 John M. MacKenzie, "Chivalry, Social Darwinism and Ritualized Killing: The Hunting Ethos in Central Africa up to 1914," in David Anderson and Richard Grove eds., *Conservation in Africa: People, Policies and Practice* (Cambridge: Cambridge University Press, 1987), pp.41–61。

[129] 关于与"人道联盟"相关的激进改革者对军国主义和大英帝国主义的批判，参见 J. M. Robertson, "Militarism and Humanity," *Humane Review*, 1 (1900–1901), pp.39–48; G. B. Shaw, "Civilization and the Soldier," *Humane Review*, 1 (1900–1901), pp.298–315; H. S. Salt, "Notes. Sport and War," *Humane Review*, 2 (1901), pp.82–85; J. A. Hobson, *The Psychology of Jingoism* (London: G. Richards, 1901); J. A. Hobson, *Imperialism* (London: James Nisbet, 1902); Edward Carpenter, "Empire in India and Elsewhere," in *Humanitarian Essays. Second Series* (London: Humanitarian League, 1904), pp.1–15; Adams, "Patriotism: True and False," *Humane Review*, 2 (1901–1902), pp.112–124。

[130] H. S. Salt, "Sport as a Training for War," in H. S. Salt ed., *Killing for Sport* (London: G. Bell and Sons, 1915), pp.149–155, at p.152.

[131] *The Beagler Boy: A Journal Conducted by Old Etonians*, Feb.1907, p.5. 除了伊顿公学传统的比格犬狩猎活动，当时另一所学校同样有比格犬狩猎的传统，即位于达特茅斯（Dartmouth）的不列颠尼亚皇家海军学院（Britannia Royal Naval College），其活动亦是为"人道联盟"所谴责并力促废止的。

[132] *The Beagler Boy: A Journal Conducted by Old Etonians*, pp.5–6.

[133] *The Beagler Boy: A Journal Conducted by Old Etonians*, pp.5–6.

[134] *The Beagler Boy: A Journal Conducted by Old Etonians*, p.1.

[135] 关于当时报章和期刊对《比格兄弟》的评论，参见 *Beagler Boy*, Mar.1907, pp.1–4; H. S. Salt, *The Eton Hare-Hunt* (London: Humanitarian League, n.d.), pp.21–23。

[136] *Beagler Boy*, Mar.1907, p.2.

[137] *Beagler Boy*, Feb.1907, pp.1, 6.

[138] 四人分别是克罗默勋爵（Lord Cromer）、基尔莫雷勋爵（Lord Kilmorey）、昂斯洛勋爵（Lord Onslow）和米德尔顿勋爵（Lord Midleton），参见 "The Cruelty

to Animals Bill," *Humanitarian*, Jun.1909, pp.140-141。

[139] "The Prevention of Cruelty to Animals," *Humanitarian*, Jul.1905, p.150. 参见 J. Stratton, *The Attitude, Past and Present, of the RSPCA, Towards Such Spurious Sports as Tame Deer Hunting, Pigeon Shooting, and Rabbit Coursing* (Wokingham, privately printed, 1906); "The RSPCA: A Criticism," *Humane Review*, 8 (1907), pp.23-33。

[140] "A Retrospect," *Humanitarian*, Sep.1919, p.169.

[141] 参见 BUAV, *What We Have Done During the War* (London: Deverell, Sharpe & Gibson, n.d.), 以及现在位于赫尔大学的"英国废除动物实验协会"档案馆（BUAV Archives, University of Hull）所藏的大量战时传单和小册子。

[142] Stephen Coleridge, "To the Members of the National Anti-Vivisection Society," *Animals' Defender and Zoophilist*, Sep.1918, pp.33-34; Walter R. Hadwen, "The Outlook of the New Year," *The Abolitionist*, Jan.1918, pp.2-3.

[143] "A Retrospect," *Humanitarian*, Sep.1919, p.168.

[144] Stephen Coleridge, *Memories* (London: John Lane, 1913), p.59; L. Williamson, *Power and Protest: Frances Power Cobbe and Victorian Society* (London: Rivers Orem Press, 2005), pp.147-149. 关于"维多利亚街协会"于 1877 年的海报宣传，参见 Diana Donald, *Women Against Cruelty: Animal Protection in Nineteenth-Century Britain*, Chapter 5。

[145] "Our Engravings," *The Anti-Vivisectionist*, Jul.31, 1880, p.479.

[146] Lisa Tickner, *The Spectacle of Women: Imagery of the Suffrage Campaign 1907-14* (Chicago: University of Chicago Press, 1988); Laura E. Nym Mayhall, *The Militant Suffrage Movement: Citizenship and Resistance in Britain, 1860-1930* (Oxford: Oxford University Press, 2003).

[147] "Woman-Power and International Appeasement," *The Times*, Oct.4, 1938, p.17; L. Lind-af-Hageby, *Mountain Meditations and Some Subjects of the Day and the War* (London: George Allen & Unwin, 1917).

[148] 关于双方的合作，参见 *The Theosophist*, Jun.1908, 16; Dec.1909, pp.59, 280-281。关于神智学运动的社会改革思想与事业，参见李鉴慧《论安妮·贝森的神智学转向：宗教、科学与改革》。

[149] Lind-af-Hageby, "To My Friends in the Anti-Vivisection Cause," *Anti-Vivisection Review*, Apr.-Jun.1914, p.61.

[150] 关于"棕狗事件"中的争议，参见 Peter Mason, *The Brown Dog Affair* (London: Two Sevens, 1997); C. Lansbury, *The Old Brown Dog: Women, Workers, and Vivisection in Edwardian England*; 李鉴慧:《由"棕狗传奇"论二十世纪初英国反动物实验运动策略之激进化》, 载《新史学》, 23: 2 (2012)。

[151] "Bayliss vs. Coleridge," *Animals' Guardian*, Dec.1903, p.144.

[152] 关于 19 世纪后期大众媒体的兴起，参阅 Joel H. Wiener, P*apers for the Millions: The New Journalism in Britain, 1850s to 1914* (New York: Greenwood, 1988); Aled Jones, *Powers of the Press: Newspapers, Power and the Public in Nineteenth-Century England* (Aldershot: Scholar Press, 1996).

[153] Peter Mason, *The Brown Dog Affair*, p.18.

[154] "The Brown Dog," *The Times*, Jan.11, 1908, p.6.

[155] *Minutes of Proceedings of the Council of the Metropolitan Borough of Battersea*, Mar.9, 1910, pp.439−440, held at Battersea Library.

[156] 参见贝特希图书馆收藏的剪报（Battersea Scraps）。

[157] Mark Willis, "Unmasking Immorality: Popular Opposition to Laboratory Science in Late Victorian Britain," in D. Clifford and E. Wadge eds., *Repositioning Victorian Sciences: Shifting Centres in Nineteenth-Century Scientific Thinking* (London: Anthem Press, 2006), pp.207−250, at p.217. 关于"研究捍卫会"的更多资料，参见 A. W. H. Bates, *Anti-Vivisection and the Profession of Medicine in Britain* (Basingstoke: Palgrave Macmillan, 2017), Chapter 6。

[158] James Thompson, "'Pictorial Lies'? Posters and Politics in Britain c. 1880−1914," *Past and Present*, 197 (2007), pp.177−210; Lisa Tickner, *The Spectacle of Women: Imagery of the Suffrage Campaign 1907−14*.

[159] 关于动保运动如何运用视觉宣传的详细讨论，参见 Hilda Kean, A*nimal Rights: Social and Political Change since 1800*。

[160] *Minutes of the Research Defence Society*, Mar.17, Apr.13, Jun.14, 1909, SA/RDS/C1, Wellcome Medical Library.

[161] Graham Wallas, *Human Nature in Politics* (London: Archibald Constable, 1908); "Anti-Vivisection Processions," *The Times*, Jul.9, 1909, p.4.

[162] *Minutes of the Research Defence Society*, Feb.22, 1909, SA/RDS/C1, Wellcome Medical Library.

[163] "How to Get at the Classes and the Masses." *Abolitionist*, Aug.15, 1900, p.201; Lisa Tickner, *The Spectacle of Women: Imagery of the Suffrage Campaign 1907−14*, pp.45−46.

[164] "The Anti-Vivisection Centre in Piccadilly," *Anti-Vivisection Review*, Sep.−Oct.1911, p.48.

[165] "How to Get at the Classes and the Masses," *Abolitionist*, Aug.15, 1900, p.201.

[166] *Minutes of the Research Defence Society*, Nov.15, 1909; Feb.21, 1910; Nov.14, 1910; Mar.29, 1912; Oct.7, 1912, SA/RDS/C1, Wellcome Medical Library.

[167] 关于此案的剪报和哈格比在法庭上的发言，参见 "The Press and the Anti-Vivisection Libel Action," *Anti-Vivisection Review*, nos. 3 & 4 (1913), pp.246–264; Lind-af-Hageby Libel Case GC/89, Wellcome Library, London。

[168] 关于户外集会于英国政治传统中的作用，参见 Jon Lawrence, *Electing Our Masters: The Hustings in British Politics from Hogarth to Blair* (Oxford: Oxford University Press, 2009)。

[169] "Report of Parade and Mass Meeting at Pimlico," dated Apr.1894, Lister Institute, SA/LIS/E.5, Wellcome Medical Library.

[170] 会议上发表了探讨各种动物虐待形式的近 60 篇论文，包括的梭特的《动物权利》（"The Rights of Animals"）和另一作者的《动物保护运动与其他道德运动之关联》（"The Relation of the Animal Defense Movement to Other Ethical Movements"）；参见 L. Lind-af-Hageby ed., *The Animals' Cause: A Selection of Papers Contributed to the International Anti-Vivisection and Animal Protection Congress* (London: ADAVS, 1909)。

[171] "The Brown Dog Procession," *Anti-Vivisection Review*, 2 (1910–1911), p.284.

[172] "The Anti-Vivisection Congress," *The Times*, Jul.12, 1909, p.7.

[173] "The Brown Dog Procession," *Anti-Vivisection Review*, 2 (1910–1911), p.289.

[174] "The Brown Dog Procession," *Anti-Vivisection Review*, 2 (1910–1911), p.289.

[175] C. Lansbury, *The Old Brown Dog: Women, Workers, and Vivisection in Edwardian England*, pp.1–25.

[176] 关于制药业的兴起，参见 Roy Church and E. M. Tansey, *Burroughs Wellcome & Co.: Knowledge, Profit and the Transformation of the British Pharmaceutical Industry 1880–1940* (Lancaster: Crucible Books, 2007)。

[177] E. M. Tansey, "Protection Against Dog Distemper and Dogs Protection Bills: The Medical Research Council and Anti-Vivisectionist Protest, 1911–1933," *Medical History*, 38, no.1 (1994), pp.1–26.

[178] Edward Carpenter, *My Days and Dreams* (London: G. Allen & Unwin, 1916), p.245.

第三章

挪用自然史传统：
爱思考的狗、深情的蜘蛛

　　有关人们对于动物的现代道德关怀何以兴起的历史叙述，总是离不开"大分离"（Great Separation）这个主题。根据"大分离"理论，在现代资本主义世界中，工业化与都市化快速推进，人类与自然逐渐隔绝疏离，在城市中，动物退出人类的生产活动，人与动物不再是唇齿相依、合作无间的工作伙伴。按此理论，"大分离"使得城市人对过去的郊区生活充满眷念与憧憬，同时对日渐陌生的动物产生了一种以情感主导的依恋。这些倾向因而表现为反对虐待动物的道德主张或者对宠物的热爱。这种观点由马克思主义艺术评论家约翰·伯格（John Berger, 1926—2017）首先提出，其后又为基思·托马斯（Keith Thomas）、詹姆斯·特纳（James Turner）等历史学家所阐述。这种社会结构解释描述动物保护主义以及宠物饲养的角度，不仅容易使人产生文化共鸣，同时也强化了"动物之爱"是中产阶级"多愁善感"之产物，甚至是现代文明之变态现象等常见看法。[1]然而，随着历
史学科重新审视传统研究中的"人类中心"倾向，研究者开始关注到人与动物在"自然／文化"（natureculture）*领域中从未完全间断的共存与共构关系，所谓的"后自然都会环境"（post-natural

---

* 唐纳·哈拉维（Donna Haraway）用语，强调自然与社会之共构连结、无法区隔。

urban realm）和"隔离论点"（segregation thesis）也就不攻自破了。事实上，在维多利亚时期快速兴起的大小繁荣城市中，动物不仅无处不在，甚至还与城市的运作环环相扣。正如安妮·哈代（Anne Hardy）所描述：

> 马匹提供了运输劳力，是国家经济中不可或缺的齿轮；乳牛的奶供应了无数的城市居民；猪支撑起了穷人的家庭经济；狗漫步在大街上；猫在城市里捕捉老鼠……鸡、兔和鸽子为饲养者提供蛋白质和收入；还有牛、羊和家禽被运往市集和屠宰场出售。[2]

如戴安娜·唐纳德（Diana Donald）所言，动物在大都市中无处不在，这正是"伦敦的金融支配地位加强、人们的消费力上升、基础设施发展和建筑模式改进所导致的"。[3]在过去传统研究所仗赖的"人类中心"框架中，动物总位于视角的盲点，因此这一过时的框架绝不可能帮助我们全面理解动物保护运动的兴起与发展。相反，19世纪各种相互关联的现代化发展——工业化、都市化、商业化、帝国扩张、科技推进等——非但没有将人与动物相互隔离，反而更使得跨物种交流能够在更多的地点和生活领域中，以更多不同的形式发生并产生相互作用。[4]

161　　生成于瞬息万变的19世纪的大众自然史文化，正反映了维多利亚时代的人们在智识、情感、灵性、物质方面与无数数量与物种皆日益增加的动物在多元场所、以各异形式进行的密切接触与交流。通过探讨自然史传统，我们可以将动物保护运动定位在一个事实上"人兽共存并充分互动"的历史世界中，并通过运动者对具有重要时代意义的大众自然史传统的积极挪用，来理解它在 19 世纪的存续和发展。

维多利亚时代的自然史狂热与动物保护运动

> 自然史中的一切事实，
> 抽离视之，将不具任何意义，
> 如同单性别之荒瘠，毫无生命力。
> 但若将自然史与人类历史结合起来，
> 就充满了生机。
>
> ——拉尔夫·沃尔多·爱默生[5]

维多利亚时期的英国见证了大众对自然史前所未有的热爱。[6]对动物、植物、矿物的探索有了空前的发展，吸引了社会几乎所有阶层的民众，不论是上层贵族、中产阶级还是有志于改善境况的劳动工人，都投身于这场朝气蓬勃的文化活动当中。大众除了出于纯粹智识上的兴趣而拥抱自然史，还视自然史为"理性"娱乐、美学飨宴，或自我教育、灵性提升的途径。这股自然史狂热在 19 世纪 40 年代步入鼎盛时期，并一直持续到 20 世纪初。每到假日，不论是在乡间还是海滨，经常可以看到受惠于发达铁路运输的民众，一面对照着自然史手册，一面在自然之中寻觅形形色色的贝壳、昆虫或植物等标本；自然学家的户外俱乐部和自然史

162

学会迅速涌现；各类展出动物的大小型博物馆、自然史展览、课堂和演讲数量激增；五花八门的各类自然史出版物自 19 世纪 40 年代起变得随处可见；出现了一群致力于普及自然史的科普作家，他们以平易近人的方式为兴致勃勃的大众读者讲解枯燥的科学事实——这一切现象都反映出维多利亚民众对自然世界的深深着迷。促使这一发展的因素有许多：蒸汽印刷机和纸张生产技术的改进、铁路运输网络的扩张、社会民众日益富裕和识字率的提高、休闲活动的商业化、殖民地版图和影响力的扩张，以及仍然扎根于文化之中的宗教价值观。通过如此生动的自然史文化，维多利亚时代的民众不仅能跨越地域甚至时间的限制，认识到各种本土或外来、驯养或"野生"、灭绝或现存的动物，还可以到许多地点直接"亲近"动物，从探访动物的自然栖息地，到参观国内动物园、演讲厅、展览馆、大会堂、陈列室、博物馆，甚至安坐家中观赏水族箱和收集回来的动物标本。[7]

然而，这股自然史流行文化曾经如何影响着人与动物之间的伦理关系？动保运动者又是如何看待与运动几乎同时兴起并共同经历活跃发展的自然史潮流？迄今为止，自然史很少出现在有关英国动物保护运动的历史叙述之中，即使偶尔被提及，也只是着眼于达尔文主义如何在认知层面上拉近了人与动物之间的距离，从而提升了动物的道德地位。[8]事实上，19 世纪的丰富自然史传统就如同一座思想宝库，当中蕴含许多不同的意识形态和实践，动保运动者亦曾依其需要加以挪用。[9]就如前两章所述的宗教和政治对动物保护主义的影响一样，异质、多元的自然史传统对人与动物关系所产生的影响也并非必然和固定的，而是靠着一众具有主体性的诠释与行动能力的动保运动者，主动从这资源库中精心选取各种有利元素，并应用到各类动员工作之中，以达成其运动目标。动保运动自19世纪30年代起即对自然史文化的兴起感到乐观，运动者也以提倡者、教育者、评论者、出版者、书写者等身份积极参与其中，致力于挪用与传播其所偏好或与自身目标特别相关的自然史传统。透过广泛参与大众自然史文化，19世纪的动保运动亦成为当代自然史文化的建构者之一，其建构方向自然就是尽量让自然史文化向动保运动靠拢。自然史文化成为动保教育和宣传工作的得力助手，并与动保运动一同在19世纪后期迈进迅速发展的黄金时期。

到底是何原因令动保运动在一开始就对自然史情有独钟？自然史文化中存在哪些元素或特色，吸引了运动的关注？在接下来的部分，我们将看到主流的大众自然史作品所依据的自然神学传统，及其所致力于从事的道德教化工作，正好能与主流动保运动的意识形态及其宗教和道德关注相互吻合。而自然史传统中亦拥有丰富的可供直接或间接应用于动保运动的智识资源，这亦使得运动者对自然史文化抱有莫大兴趣，甚至积极参与其中。

"俯看自然，仰望上主"

> 祂将永恒文字写入所造万物之中；祂将这本大书展现在我们面前，一切教诲尽在其中，只待我们虚心学习。
> ——J. G. 伍德（J. G. Wood, 1827—1889）[10]

164　　　19世纪的自然科学研究，在颇长一段时间里都被"自然神学"传统所支配。仰赖理性的自然探究，被视为人类努力寻求造物主的秩序法则、精巧设计和神圣本质的一种途径。因此，研究自然不仅是为了获得关于受造之万物的知识，也是为了更深入地了解神，进而认识神的巨大能力、智慧和良善。自然神学传统在基督教内亦并非没有争议，不过大部分偏向仰赖神所启示之《圣经》来认识神的基督徒，也欢迎出于对神之崇敬而创作的自然史作品，并承认这些作品能帮助人们更清楚地理解神以及神在《圣经》中所说的话语。如同英国基督教哲学家威廉·培利（William Paley, 1743—1805）在《自然神学》中所言，如果人们能够受自然神学的引导而习惯性地以敬畏眼光看待自然，这就可以"替一切万物铺下其应有之宗教基础"，终而使得"世界自此成为一座圣殿，生命本身亦成为不断敬慕崇拜的过程"。[11]因此，历代许多自然史参与者相信，通过引导人们以虔诚的眼光思考神的本质，并在自然神学框架内理解大自然的运作，对自然的研究也可成为强化宗教、传扬福音的有效手段。英国圣公会等基督教教派、英国政府，以及许多致力于改善社会的志愿团体都因此认同并大力支持自然史研究。例如，"提倡基督教知识协会"（Society for Promoting Christian Knowledge）、"宗教书册会"（Religious Tract Society）以及"主日学联盟"（Sunday School Union）都大力出版

165　和推广具有宗教色彩的自然史作品，他们相信这些作品远比直接说教的宣教作品更具有福音传播的效果。到了19世纪下半期，专业科学群体崛起，但是即使这些专业科学家普遍十分抗拒宗教对科学探究的干预，许多虔诚的大众自然史作家仍继续遵循各类

　　　　　为动物而战：19世纪英国动物保护中的传统挪用

"自然之神学"叙事传统，向大众传播自然史知识。这一类自然史通俗作品持续地受到大众欢迎，作品中的宗教色彩亦并无减退，它们的明确目的就是要引导人们"俯看自然，仰望上主"。 在一本由"提倡基督教知识协会"于 1858 年出版、教读者如何在家中制作水族箱的手册中，作者于卷尾也仍不忘加上一段宗教训诲：

> 所以总结来说，我们可以看到水族箱这玩意儿，正确来说，是神的仆人大自然这本大书中的其中一页，引导着我们去翻开神所写下的启示之书［指《圣经》］，以增进我们对神的认识；它也可以是一个丰富的花园，任我们休憩徜徉，一方面带给我们视觉上的飨宴，一方面强化我们的信仰，让我们"从自然之花，吸吮神圣之蜜"。[12]

著名通俗自然史作家菲利普·戈斯（Philip Gosse）的著作《动物学简介》（*An Introduction to Zoology*, 1844），其开卷语和结尾语也体现了非常典型的自然神学叙事模式："此书的目的是要通过受造生物，呈现神的智慧和良善……""我们匆匆结束了对神奇伟大的动物世界一系列生物的巡礼……合上书本，我们无法不更加体会到人类的渺小与微不足道，也无法不对造物主的大能、智慧以及爱有更深厚的理解。"[13]

然而，这类充满自然神学语言、宗教意图强烈的自然史作品，对于 19 世纪的动物保护运动而言，具有什么样的吸引力呢？当时的动保运动最为显著的特色，就是其基督教属性。而在自然神学框架之内的自然史作品，正好强调了主流动保运动所仰赖的三个重要基督教教义：创造论、神对自然万物之爱，以及人类与其他受造物之间的统管关系。

      "自然之神学"以创造论为基础。在灌注了其精神的大众自然史作品中，生物每个身体部分的功能（例如鸟的翅膀使其能够飞翔）、适应自然环境的机制，以及大自然的和谐秩序，被视为印证造物主之存在与万能的证据，并反映了祂对万物福祉的深深垂念。既然万物乃神所创造，并处处彰显着神的美好，人类自然也应努力效法神，尤其是神对万物的大爱和仁慈。虔诚的自然史作家除了意图通过对自然万物的认识来提升人们的崇敬心，也经常敦促读者要钦佩和效法神对受造万物的慈爱，并且尊重保护之，使万物能活出神所希望的幸福状态。著名自然史家汤普森（Edward P. Thompson）在《自然史家的笔记本》（*The Note-Book of a Naturalist*, 1845）中的苦心劝诫即颇为典型：

> 自然之神的崇拜者以及优良自然史家，应该富有仁慈与爱，不会破坏或甚至是对任何生物施加一丝痛苦……他以着敬畏之情对待神所创造之一切杰作，明白一切生命皆有其用，绝非徒然受造。[14]

维多利亚时期著名自然史作家伍德牧师在他的众多畅销作品当中，也经常不忘阐述"普遍之爱"这一主题。[15]他的著作《窥探宠物世界》（*Glimpses into Petland*, 1863）以及《再探宠物世界》（*Petland Revisited*, 1884）皆明白传达了"以同情心结合万物"（sympathy unites all）的思想，[16]因而深受动保运动者欢迎。书

                    为动物而战：19世纪英国动物保护中的传统挪用

中序言与此时期运动中劝诫人们善待动物的讲道文可说是如出一辙:"普世之爱这神圣法则抗拒任何限制,也不受狭隘信条、种族、地域或阶层概念所局限……让那些与我们共同受造之动物,如我们一般快乐地生活,这是我们的职责,也符合我们的利益……那展现怜悯的,必将承受怜悯。"[17]

以自然之神学为基础的作品经常强调人类与其他受造物间的统管关系。历史学家哈莉特·里特沃在其著作中即曾阐明,自然史作为一套知识体系,反映并且强化了基督教阶层观,在这个阶层序列中,人类高居自然界之顶端,凌驾于一切受造万物之上。[18]而这人类统管、奴役动物之关系,不仅如里特沃所指,具体体现在动物分类学和命名法中,也更广泛地通过大众自然史作品的传播,建构着维多利亚时期的人与动物关系。例如,伍德的《人类的统治》(*The Dominion of Man*, 1889)和《圣经动物》(*Bible Animals*, 1869—1871)均旨在宣扬神对一切受造物的宏伟计划。专为儿童读者而创作的自然史作品,也往往特别着重于灌输基督教观点。在传授有关动物的知识时,作者会强调上帝创造该动物的目的,以及这些动物与人类的从属关系,并且把认清万物在井然有序的世界各自身居何位视为基督徒的重要责任之一。如"宗教书册会"于其出版物《驯化动物》(*Domestic Animals*, 1877)中所运用的故事结构以及其中所传达的信息,即十分典型。在这本文图并茂的童书中,名叫哈利的城市小男孩来到了叔叔在乡间的农场,然后叔叔就带着他在农场中漫步,一一介绍农场动物让他认识:

> 叔叔告诉他,马儿是人类最有用的仆人,有钱人、穷人

都依赖马匹；待马儿死后，它的皮、蹄以及骨头，仍然可以提供给人类，制作出许多有用的东西。经过叔叔的一番介绍，哈利心中暗想，人类实在不能没了美丽的马儿，他不禁赞叹仁慈的神，赐给人类这么高贵并且乐于助人的动物来当好帮手。[19]

所有这些在大众自然史作品中不断被重申的宗教情感，皆直接呼应了动保运动主流论述所立基的基督教概念——创造论、慈悲精神与人类的统治地位。这类思想上的亲近性对于强化运动意识形态起了偌大助力，这亦是主流动保运动积极挪用自然史传统的原因之一。

自然史传统除了在哲学层面上可为动保运动提供思想支持，同时还有助于实现培养虔诚之心、提升道德水平、教育工人阶级与孩童等更广泛的运动目标。[20]"皇家防止虐待动物协会"年复一年地呼吁各教会牧师加入动保行列时强调："培养人们对于较低等动物的仁慈之心，可使人们更容易接受基督教……善待不会说话的动物的人，将无法抗拒福音中的爱。"[21]隶属于协会的"女子人道教育委员会"也声明其目标不单单是"促进动物保护"，还包括"提升我国平民大众的道德与宗教水平"。[22]协会亦视富有娱乐性和趣味的自然史为达成其目标的理想工具，如它在对"传教士、圣经读者和牧师"的一份呼吁中所言："所有致力于拯救堕落者远离邪欲的人都曾发现，在向他们宣讲《圣经》的教义之前，先采用一些具有教育意义或娱乐性的初步手段会事半功倍。……我们看到过许多人，他们听不进福音，却可以聚精会神地听人讲述各种动物知识。"[23]

出于认为宗教信仰、道德修养以及爱护动物三者关系密不可分的观念，许多动保团体因此把传播福音和道德教化亦视为其首要职责。如"皇家鸟类保护协会"的荣誉秘书长伊丽莎·菲利普斯（Eliza Phillips, 1823—1916）在 1902 年的年度大会中，就提醒鸟类保护者应"同时阅读大自然之书与《圣经》"，并设立"鸟与树之日"（Bird and Tree Day），将其形容为"向社会各阶层人士推广自然研究的一项高尚工作"，因为它将能"最有效地传递一条重要信息至每位教师与学童心中，那就是行善之唯一澎湃泉源，即为对神之爱"。[24] 到了 1925 年，诺福克郡教育委员会（Norfolk Education Committee）秘书长 J. S. 戴维斯（J. S. Davis）在报告"鸟与树之日"计划在其所辖分区的进展情况时，亦再次确认了该计划的初衷："就像所有自然研究的分支，这是一种引导孩子们通过自然造物而认识造物之主的方法。"[25]

挪用"有用"的知识

动保运动不但在推广宗教和道德意识形态方面挪用了自然史传统，还从这一座传统宝库中找到了各类有用的知识。当时观念一直认为对动物需求的无知和误解是导致人们虐待动物的主因，因此动保运动视传播正确的知识为其重要的宣传教育工作之一。比如说，若想令马车夫妥善照顾马匹，令宠物主人妥善照顾自己的猫狗，那么首先任务就是要让这些人群能接收到关于这些动物的全面、正确的知识。同时，动保运动者也认为，让大众了解 170

到每种动物在大自然以及人类社会中的角色也有助于宣扬爱护动物。这类知识尤其在 19 世纪 60 年代起开展的鸟类保护运动中发挥了关键的作用。

自 19 世纪初以来，动保人士就已经对野生动物保护有所关注，他们借鉴了自然神学中的核心概念——"大自然运作制度"（the economy of nature），即大自然各个组成部分在造物主的设计下，组合在一起形成和谐一致的整体，因此人类不应肆意伤害自然中的生物。[26]"动物之友协会"早于 1848 年就曾表现出这方面的思想，他们表示在推展动保工作的过程中"揭示了动物自然史中一些令人惊讶的有趣事实"，例如原来白嘴鸦、乌鸦等鸟类并非对农业有害，反而有助于消灭多种侵扰牲畜、树木和农作物的害虫。[27]在当时，由于栖息地受到破坏、追猎（battue）和平底船枪（punt gun）的日渐流行，以及狩猎工具经改良后效率大幅上升，使得野生动物尤其是鸟类面临广泛灭绝的危机。此外，因自然史狂热而兴起的稀有物种标本收集热潮、女性帽业贸易导致的大规模捕鸟，以及鸽子和麻雀射击俱乐部的兴起等，都让动保运动者忧心如焚，因而运动从 19 世纪 60 年代就开始致力于提倡保护野生动物。在教育公众和推动立法的工作中，动保运动者特别强调生物如何在自然界中相互依存以及不同鸟类在生态系统中的角色的自然史知识。首个鸟类保护协会"约克郡海鸟保护协会"（Yorkshire Association for the Protection of Sea Birds）的创始人之一、著名"牧师—自然学家"（parson-naturalists）兼动保人士 F. O. 莫里斯牧师，曾于 19 世纪 60 年代调查约克郡地区的海鸟群体与当地生态的关联，意在证明各物种在环环相扣的大自然运作机

171

制中的生态重要性。[28]英国最具有学术权威的鸟类专家阿尔弗雷德·牛顿（Alfred Newton, 1829—1907）也在1868年于诺里奇举行的"英国科学促进会"（British Association for the Advancement of Science）会议上支持这一论点，指出人类在繁殖季节大量杀害鸟类确实会导致严重的生态灾害，并且提出关键证据以支持将雀鸟筑巢的时期定为"禁猎期"。[29]

权威的自然史专家在动保运动中的实际参与，以及他们与动保运动者的紧密合作——甚至成为运动者的一分子——都对1869年第一部海鸟保护法案的通过起了关键性作用。[30]从那时起，动保团体与自然史家结盟就成了鸟类保护运动的惯用操作，实践团体有1885年成立的"索本联盟"[Selborne League, 后来更名为"索本协会"（Selborne Society, 1885）]与"反羽饰联盟"（Plumage League），以及1889年的"鸟类保护协会"（于1904年获得"皇家"头衔）。凭着自然保护团体之间的合作，在1869年至1904年间，至少有八个主要野鸟保护法案成功获得通过。1914年通过的《灰海豹保护法》[Grey Seals (Protection) Act]，更是首度将保护范围扩大至本土的大型野生哺乳动物。经过了数十年的努力，《羽饰进口禁令》[Importation of Plumage (Prohibition) Act]也于1921年成功在国会通过。这些成果全都有赖于动保运动积极地挪用了自然史知识，尤其是生态学方面的自然知识，这也使生态保护成为动保运动在19世纪晚期的主要关注点之一。

自然史知识一改过去认为动物没有灵魂、没有语言、没有理性思想的普遍看法。不少动保运动人士乐观地相信，更深入地了解动物，特别是更高地评价动物的心智能力，将能使人们更

172

加欣赏、尊重和喜爱动物。因此，种类多元的自然史知识成为运动者从中寻找可用资源的宝库。科学史向来倾向以"伟大"科学家或发明家为焦点，令人容易误以为只有在达尔文的演化论出现后，大众才意识到动物拥有不寻常的智力，人与动物之间的差距才缩小。事实上，自然史研究者一直以来就热衷于对比人类和动物的心灵和能力，这也是他们对自然界进行分类和排序的工作内容之一。而自然史家亦并非一边倒地认为人类与动物之间存在根本性的差异，也有不少自然史家试图弥合传统观念在人与动物之间形成的巨大鸿沟，并承认动物也具有不同程度的思考能力和其他心理能力。虽然大部分自然史探究都是发生于自然神学的框架之内，但是那并不意味着探究者必然时刻坚信人的独特性。相反地，正如罗伯特·J.理查兹（Robert J. Richards）所指出的，自然神学家往往很乐于思考人与动物之间的精神连续性，甚至愿意相信动物具有近似人类一般的理性能力。[31]许多流行的自然史作品都毫无保留地描写动物具有各种各样的心智能力，包括思考、沟通、辨别力、注意力、同情心、与人同乐、好奇心、聪慧、谨慎、算计、忠诚、仇恨、羞耻，甚至宗教情感——就如达尔文和他的追随者后来所相信的那样。

此外，在专门为道德教化而创作的作品中，作家往往会运用拟人化方式，赋予动物人类美德，让它们担任故事主角，扮演人类的道德典范。这种以"道德高尚"的动物为主题的叙事传统历史悠久，可以追溯至古典时期，有时候动物的品德甚至可能超过人类角色。虔诚的狗儿、勇敢的驴子、勤奋的蜜蜂，成为拯救人类于堕落深渊的模范。因此，尽管主流的自然史著作仍然肯定了人类的统治权柄和优越性，但至少远在达尔文以前，即使是在基督教作品之中，认为人和动物的心智甚至道德能力之间存在巨大差距的观念早就受到过强烈质疑。

对于希望通过提升人们对动物的评价，从而改善动物待遇的运动者来说，歌颂动物心智能力和美德的丰富自然史资源是他们最有力的武器。大量动保运动者即使出于宗教原因而不愿接受演化论，也乐于相信这些对动物能力的夸大估计。他们的思路与达尔文主义一派不一样，并非着眼于人类与其他动物物种之间在演化史上的紧密联系，而是如同伯纳德·莱特曼（Bernard Lightman）所言：赋予动物人类属性，以求"提升它们到达天堂的高度"。[32]因此，持有这种想法的运动者的策略就是认定动物亦具有各种心理能力、道德美德，甚至灵魂。[33]伍德牧师作为一位时刻将动保事业放在心上的自然史作家，从来不忘在其作品中推广人道主义。为了证明动物亦有灵魂并借之驳斥达尔文理论，伍德在其作品《人与兽：今生与来世》（*Man and Beast: Here and Hereafter*, 1874）中搜集了超过 300 条观察记录，以此证明动物拥有各种能力与情绪，如理性、语言、记忆、宽容、无私、欺骗、幽默、自大、嫉妒、愤怒、报复心、良心、怜悯、友情与爱等。[34]动物保护运动中对达尔文主义最不留情的批评者莫理斯牧师，同样支持动物永生的观点，并热情参与甚至亲自开展有关动物智力及其与人类心灵的相似性的研究。[35]其他对"动物由本能驱动，人由理性驱动"的普遍观点提出质疑的作品，例如朱莉亚·洛克伍德（Julia Lockwood）的《本能还是理性？动物传记与轶事》（*Instinct; or Reason? Being Tales and Anecdotes of Animal*

Biography, 1861），也广受运动者欢迎。[36] 不论是演化论的支持者还是反对者，他们都曾采取高调的策略来试图缩小——但并非完全消除——人与动物之间的差异鸿沟。而自 19 世纪初，动保运动中的改革者也不断努力地向世人证明动物的非凡能力。"动物之友协会"出版的《人道进展》（The Progress of Humanity）对于关于"人相对其他动物的优势""人与鹅之间的奇妙对比""人与动物的相似性"和"人与其他动物的进一步比较"的科学小知识津津乐道。[37] 而翻开其他运动刊物，例如《人道之声》（The Voice of Humanity）、《动物世界》、《动物守卫者》（The Animal Guardian）、《动物之友》等，同样充满着对于动物是否具有理性能力等问题的相关讨论，它们也不时会刊载关于忠诚的狗、服从的马、勤劳的虫儿、母爱满溢的鸟妈妈、坚忍的工作动物等各类反映动物具有非比寻常之能力的小故事。在《真犬真事》（True Stories About Dogs）中，狗甚至被描述成拥有信德、仁爱、宽恕、以德报怨等"基督教美德"，这类作品同样受到了运动者的高度赞扬和爱戴。[38]

随着达尔文有关演化论的著作出版，以及后来比较心理学的发展，对动物心智能力的研究更进一步成为学术界与社会的热门话题。具体研究主要针对动物的身体结构、生理特性和智力，这些都是演化理论涉及的讨论核心。[39] 有关动物心智的研究得以在 19 世纪后期取得丰硕成果，这也是有赖演化论引起的激烈争论、比较心理学地位的持续提高，以及长久以来学术界和公众对动物心智能力的浓厚兴趣。不论是提供给受教阶层所阅读的刊物如《当代评论》（Contemporary Review）、《双周评论》，还是面向中下阶层的刊物包括《观察家》（Spectator）、《周六评论》（*Saturday Review*）、《演说家》（*Speaker*）、《每日新闻》（*Daily News*）等，都较先前更为频繁地刊载各类有关动物心理学的文章或专题系列。对于动保运动者而言，无论他们本身对演化论的态度如何，这一切智识上的资源皆有如丰富资料库，供他们任意选用来达到提高动物地位的目的。

值得一提的是，运动者将这些对动物心智的学术研究应用到期刊、讲座以及其他宣传读物中的时候，都经过了细心的拣选与再包装。虽然他们经常引用达尔文、乔治·罗曼尼斯（George John Romanes, 1848—1894）、约翰·拉伯克（John Lubbock, 1834—1913）和 C. 劳埃德·摩根（C. Lloyd Morgan, 1852—1936）等主要科学家的学术著作，[40] 但对于有关演化论及其影响的讨论，运动者同时也刻意避重就轻，并且往往巧妙地忽略不提科学家的理论关注，以避免争议性理论在运动圈中所可能挑起的争议。此外，在引用某一研究成果时，运动者也习惯特别声明没有动物在实验过程中受到伤害。

动保运动者由于殷切相信动物具有能力，他们在挪用自然史传统时，往往也就相对不太在意科学证据的严谨性。有些作品尽管证据可信度备受科学界质疑，但只要能提升人们对动物心智能力的评估，仍然会为运动者所欢迎。如达尔文论者 W. L. 林希（W. L. Lindsay, 1829—1880）有关动物心灵的一部著作即为一例。林希主要由于他的达尔文主义著作《健康与疾病中的低等动物心灵》（*Mind in the Lower Animals in Health and Disease*, 1879）而为动保界所熟知。林希在晚年创作的这部两卷自然史作品展示了人与动物的相似之处，甚至在某些情况下动物具有在道德和精神

176

上的优越性。[41]但由于林希援引的都是一些可信度成疑的轶事证据，并且毫不掩饰其提高动物地位的写作意图，因此科学界人士基本上无人认真看待林希的著作。正如其中一位评论家所言："他（林希）显然是在扮演辩护人而不是法官，但他为当事人辩护的方式也不甚明智，反而令他所谈论之事蒙上一层夸张失实的色彩，招来他人的嘲讽和蔑视，而非尊重和敬佩。"[42]比如说，书中记录了一群老鼠在知道一只小老鼠因溺水而亡后，除了纷纷掉下眼泪，还会用前脚将眼泪自脸庞拭去！这样夸张到让人难以置信的动物观察，自然也就被批评者用来证明林希根本不能"区分可能之事与不可能甚至绝对荒谬之事"。[43]然而，对于部分动保运动者来说，林希的作品正合他们心意。即使在这部作品绝版后，《动物之友》仍然为它撰写推荐好评，并至少在七期刊物中连载了当中许多章节的摘录。[44]

对于较为学术性的著作，动保团体在引用时则需要进行更多的编辑工作，以更为简短的文本与通俗的语言重新呈现对运动目标有利的信息。由作家、出版者、新拉马克（neo-Larmarckian）自然史家兼"人道联盟"成员 H. A. 佩吉（H. A. Page）编辑的《动物轶事新编》（*Animal Anecdotes Arranged on a New Principle*, 1887）就是一个典型的例子。佩吉对所提及的动物心理学研究进行"去理论化"，将轶事简单归类为 28 个主题，每个主题对应着某种特定的动物心理特质，例如独特个性、足智多谋、秩序观念、记忆力、同情心、仁慈、感恩、宽宏、自制、自信和勇气等。透过重新编排这些作者认定为真的科学事实，这本读物可以直接使读者对动物的各种能力产生深刻印象，同时也令读者无须多花精力去阅读冗长艰涩的科学论文，并能确保读者避免接触到不直接相关甚或不利于编者表达观点的理论基础。其他同样从科学研究中撷取轶事趣闻来编辑成书的作品还有恩斯特·贝尔的《动物的内心生活》（*Inner Life of Animals*, 1913）与《低等动物的长处》（*Superiority in the Lower Animals*, 1927），以及爱迪斯·卡灵顿（Edith Carrington, 1853—1929）的《动物的友谊》（*Friendship of Animals*, 1896）。这些作品目标一致，风格相近，都只挪用最相关的事实，并以最贴切和引人入胜的方式编辑排列它们，以求实现运动目标。

如此大量且不经鉴别地引用动物心理学研究未必是明智之举，部分动保运动者也担忧这种鲁莽的做法可能适得其反。翻开《动物之友》和《小小动物之友》（*Little Animals' Friend*, 1911—1944），当中许多版面都在讲述与动物心智能力有关的故事和趣闻，多得连刊物的读者也曾提出质疑，认为此类题材的篇幅不应盖过对虐待动物事件的曝光。作为自然史的忠实支持者和出版者的恩斯特·贝尔，面对这些批评时仍然坚持为刊物的出版政策辩护。贝尔确信"消除动物虐待的唯一方法就是提升动物在世人心中的地位"，因此他重申若这些"关于动物的能力和感情的美谈"是真的，它们将是极其有力的工具，可使大众更为同情和欣赏动物，一改人们过去对动物的过低评价与轻蔑态度。[45]

惹来批评声音的不只是描述动物非凡能力的篇幅过多，其真实性有时也令读者不以为然。有读者就曾嘲讽《动物之友》刊登的一只"超能犬"，据说这只狗提着篮子经过栏杆时，懂得先把篮子从栏杆底部的缝隙中推到对面，然后自己再跳过去把篮子捡起来。然而这次，贝尔通过提供轶事的来源——摩根教授的《动物生命和智能》(*Animal Life and Intelligence*, 1891)——轻松反驳了读者的质疑。贝尔随后更刊登了另一则关于一只苏格兰梗犬的故事，它懂得放好垫子并站在上面抓苍蝇，还知道把它的旧地毯铺在主人的新地毯上，因为主人禁止它躺在新地毯上。[46]

178 20世纪初期，美国爆发了一场"自然骗徒之争"(nature fakers controversy)，美国自然学界掀起有关真假自然学家的讨论，检讨自然书写中夸大动物能力、将动物过度拟人化、赋予动物不恰当的人类德行等问题。当时，"动物之友协会"就是站在捍卫此类书写的一方，反对罗斯福总统以及博物学家约翰·巴勒斯(John Burroughs, 1837—1921)对恩斯特·赛顿(Ernest Thompson Seton, 1860—1946)以及杰克·伦敦(Jack London, 1876—1916)等作家的动物文学作品的批判。[47]

然而部分动物爱好者对这些"会说话"或"有才学"的动物的吹捧，也是最让其他动保人士担忧的。"爱学习的猪""懂算术的马"或"会说话的狗"等表演动物，长期以来一直是市集、巡回特展、马戏团或"珍奇展"(exhibitions of curiosities)中的焦点。[48]到了19世纪末，人们对动物心智的兴趣再度重燃，英国与欧陆也开始出现许多动物明星，会算术、会阅读等展现出非凡天赋的"天才动物"，再次引来了好奇大众和科学界的关注。据说会加减乘除、开根号，甚至懂得读心术的马儿"聪明汉斯"(Clever Hans)以及"艾伯费尔德马"(Elberfeld horses)迅速走红。另外还有一只叫萝拉(Lola)的狗，会用前脚敲打木板拼出英文字母，以"是"与"否"回答问题！尽管在1907年，心理学家奥斯卡·芬格斯特（Oskar Pfungst, 1874—1932）通过一系列测试，证明所谓会计算的"聪明汉斯"只是在对训练员的微小视觉提示作出反应，但这样的曝光丝毫没有打消公众和科学界对天才动物的热情。[49]

对于动物心智的研究也吸引了活跃于英国和欧洲大陆的著名反动物实验人士露意丝·琳达·哈格比的注意，她尤其对那些"天才"动物明星感兴趣，并对它们在推进动保事业方面的潜力寄予厚望。哈格比曾经表示：

> 我们现在拥有越来越多的证据，证明动物的推理能力、智力和思考能力……我们有了一门关于动物心智的新科学。我们得知原来动物经过训练后也能够说话、阅读、计算……这一切实在令人吃惊，却都是事实。对于那些认为动物的价值只能在屠宰场中、陷阱里、猎枪前、实验室和笼子内实现的人来说，这一发现无疑会令他们不安。但对于那些出于同情心的本能而早已明白"一切受造之物一同叹息、劳苦"这条《圣经》经文所蕴含的深刻真理的人来说，这些发现却是极大的安慰。[50]

哈格比与朋友游走欧洲各国，只为亲身拜访这些天才动物明星，见证它们非同寻常的心智能力。她在德国魏玛、斯图加特以及瑞士日内瓦遇到了一些神奇的狗，它们会阅读、报时、评论访客、极速完成算术题，甚至懂得纠正主人的算术错误！最不可思议的要数德国马蒂尔德伯爵夫人（Baroness Mathilde）所养的腊肠狗"库维纳尔"（Kurwenal），据称这只狗在被问到"你最喜欢居住在哪一个欧洲国家"时，它懂得回答"波兰"，而当被进一步询问为什么是波兰时，它还会解释这是因为"动物保护法"。原来这只狗曾听其女主人与朋友聊天时提到波兰有全欧洲最完善的动物保护法！[51]

不过，动保运动中也有人对此类特殊的天才动物不敢恭维，认为这类研究实在无助于运动目标的推展，甚至可能有害，因为这些"表演"有违动物的真实本性，而且训练过程也可能涉及虐待动物。例如，"人道联盟"虽与"动物之友协会"以及哈格比领导下的"反动物实验与动物捍卫联盟"合作频繁，但联盟的成员普遍很反对这种对动物的拟人化。如《人道评论》（*Humane Review*）的一篇文章所言：

180　　　　　　在这一点上，许多虔诚的爱动物之人犯了严重错误。大多数这些关于动物智慧和德行的故事，都是为了显示它们拥有如人类一般的智慧和推理能力，但实际上它们并没有。在我看来，如果柏林那匹会计算的马真的存在的话，它一定是一头怪物。而且我敢肯定，对于它的同类来说，它就是怪胎。对于马来说，数字有什么用处呢？数字的线条对它们来说不具有任何意义。一个物种若将时间花费在这个方向，必然会导致其物种退化。大自然的严肃学生不会小觑各种动物，同时也不会错误地呈现或者夸大它们的智能。[52]

"人道联盟"创办人之一亨利·梭特在其著作《我的亲属：

动物简传》（ *The Story of My Cousins: Brief Animal Biographies* , 1923 ）
中，以诙谐幽默的方式表达了相似的意见：

> 我的动物亲属并不包括……那些现代的半人马、艾伯费
> 尔德那匹会数学的马，或者那些我从书上了解到的狗博士。
> 可能是我自己的算术知识太贫乏，无法高攀这些高材生。但
> 不仅如此，我实在厌恶各种形式的动物表演，训练动物做算
> 术与训练动物跳铁环无异。[53]

　　事实上，在 19 世纪后期比较心理学的发展方向有所改变以
前，维多利亚时代的公众甚至自然史家和科学家，其实也与动保
运动中某些热心改革者一样，常以拟人化的思考方式理解动物。[54]
早期比较心理学由于受到达尔文理论企图寻求人与动物心灵之相
似性的影响，最早一代的科学家并不吝啬于将同情心、仁慈、爱
情、嫉妒、罪恶感、道德与宗教等人类情感投射于动物心灵之
上。达尔文本人即相信灵长类动物和狗具备上述几项能力，其他
动物则或多或少拥有这些能力。达尔文的继承者乔治·罗曼尼斯 　181
进一步发展了动物心智进化的论点，他也同样相信蠼螋有爱子之
情、鱼类会忌妒与发怒、高等甲壳类昆虫有想象能力等。[55]
　　然而时过境迁，到了 19 世纪与 20 世纪之交，部分科学家开
始反对过度把动物行为拟人化的做法。心理学家 C. 劳埃德·摩
根为纠正胡乱以人类心理状态解释动物行为的情况，在 1894 年
提出了"摩根法则"（ Morgan's Canon ），此法则规定"在解释动
物行为时，若能使用较低等级之心理功能的话，则不应使用较高

者"。[56]"摩根法则"成为主导 20 世纪行为主义和比较心理学的基础原则，亦使往后的科学家倾向于否定动物具有心灵。其实摩根本人从不否定动物具有心灵，所以这样的发展远非他的原意，更非动保运动者所乐见。自从动物心理学研究开始摆脱过度拟人化的倾向，从关注思想转向关注行为，不再着眼于更高层次的心理特质，转向单纯研究动物对刺激的反应，动物保护群体也终于结束了在世纪之交对动物心理学的热情拥抱和积极挪用，因为这门学问不再具有他们所期许的教育作用。

建构自然史研究的伦理

尽管自然史文化可在意识形态和智识层面上为动保运动作出贡献，但自然史参与者的理念与追求也未必总是与动保人士所坚持的价值观完全一致。

19 世纪的自然史研究主要着眼于了解大自然的秩序及生物多样性，因此许多自然史家都会从事动植物标本搜集以及描述与分类的工作。研究大英帝国历史的学者约翰·麦肯基（John Mackenzie）对维多利亚时代自然史研究热潮的影响表达了相当悲观的看法，他如此直言当时的情况："分类意味着捕杀，为了学术和教育公众而采集标本则更加意味着需要大规模捕杀。"[57]自然史研究要求收集每个生物物种的标本，特别是那些因人类行为而面临灭绝威胁的物种。此外，19 世纪后期后膛装载机和双管火炮的引入、帝国影响力的增长、业余自然史爱好者对收藏活动

182

的热衷，以及自然研究在学校的引入，这些外部因素都进一步扩大了英国国内甚至全球范围内捕杀自然生物的规模。随后，托马斯·赫胥黎等专业科学家提出了"新生物学"（New Biology），提倡以动物学、解剖学、形态学、生理学、遗传学等各种新的专门学科取代"传统"自然史中与动物有关的研究，野生动物保护因而变得更举步维艰。在"新生物学"中，动物研究的重点从标本收集和分类学转向动物作为有机体的生理过程和功能。这的确降低了大规模捕猎以采集标本的需求，可是此时最常用的实验方法转为研究动物躯体的内部运作，实验对象是显微镜下已被肢解的动物躯体或实验台上被折磨得半死不活的活体动物。从动物保护的角度看来，这些改变对于动物的威胁和危害程度不减反增。

不论是哪一派的动保运动者，他们一致认为大规模捕杀动物和在实验室中活体解剖动物都是不能接受的。对于认为应对自然生物和自然之主抱崇敬心态的人来说，大规模地摧残神的造物显然是罪过。至于动保运动中其他的演化论支持者，他们当中有不少人支持"生机论"（vitalism）的哲学，认为生物的生命力不能被简化为化学反应或物理定理，因此生物在活着时与死去时有着本质上的区别，因此研究活生生的生物和环环相扣的生态系统，比研究已无生命的动物标本更为可取。[58]而对于盼望通过向人们展示动物的智能甚至"个性"来提高动物地位的运动者来说，无论是动物分类学或解剖学都没有任何价值。著名动保运动者弗朗西斯·珂柏即曾指出"对动物进行分类"并不等同于"了解它们"，并主张所有以解剖和活体实验为方法的研究都不能称得上有效的"动物科学研究"。[59]基于动物与人的亲缘关系及其"独

183

特个性"而提出动物权利主张的梭特，同样批评自然学家将动物视为"要杀死、'保存'和编目的博物馆'标本'，亦即只从外部角度来研究动物，将它们视作活着的自动机器，而忽视了它们是有意识、有思想、有自我意识的生物这一真相"。[60]此外，部分运动者所担心的不仅仅是动物生命的逝去，还包括收集标本或解剖昆虫等杀生行为对于孩童人格成长的影响。受这类自然教育的孩童若以为科学知识之追求可以合理化杀生行为，那么当他们长大后，即可能顺理成章地成为动物实验者或是其支持者。[61]而对于长期以来忧心实验精神会助长唯物主义和残酷倾向的部分运动者来说，生物学研究中的这些新趋势导致了严重的道德危机，这不仅会影响直接相关的从业者，还会损害整个社会的风气。

出于上述对自然史研究方法的多方面担忧，动保运动者强烈反对在研究自然时广泛捕杀和收集动物标本。早在1830年前，即自然史参与人士对标本的收集规模达到临界点之前，动保人士威廉·德拉蒙牧师就曾警告不要为了获取自然知识而肆意杀害动物。[62]自然史热潮虽说在某种程度上也是出于对大自然的热爱，但是伴随这股热潮而至的"搜集热"（collecting crazes）以及19世纪蓬勃发展的标本制造业，带来的却是对自然界生物的大量摧毁。至19世纪末，终止捕杀野生动物的呼声变得更加频繁和迫切。关注道德教化，并强烈反对动物实验的维多利亚时代著名艺术评论家兼思想家约翰·拉斯金，曾出版一本关于鸟类研究的作品（*Love's Meinie*, 1873），他在19世纪70年代与科学家就国家课纲进行激烈辩论时，此书成为他与保护主义者斗争的关键武器。拉斯金在书中谴责了传统以捕杀、分类和命名为主的自然史研究，转而提倡耐心并准确地观察鸟类及其在自然状态下的活动。他更希望能以提倡这种不流血的实地观察来将科学重构成一门符合道德的学科，并最终达到促进社会公义之效。[63]

持相似观点的动保主义者也曾借鉴过不少支持户外自然史研究的著作，例如戈斯的《一位自然史家在牙买加的旅居》（*A Naturalist's Sojourn in Jamaica*, 1851）、查尔斯·金斯利（Charles Kingsley, 1819—1875）的《如何太太和为什么小姐》（*Madam How and Lady Why*, 1870），以及伍德牧师的大量著作。这些作品均强调自然史研究最重要的工作是观察充满生气的动物，甚至明言谴责已变质为"已死生物的研究"和"死亡学"（necrology）的"密室"自然史研究。[64]对"死物研究"的类似批判，以及强调观察大自然中动物生命的传统，在19世纪80年代鸟类学以及野外赏鸟风潮兴起后，更进一步获得了延续。许多户外鸟类学家与自然作家如查尔斯·迪克森（Charles Dixon, 1858—1926）、W. 华德·福乐（W. Warde Fowler, 1847—1921）、爱德门·塞罗斯（Edmund Selous, 1857—1934）和W. H. 赫德生（W. H. Hudson, 1841—1922）等，都是户外观察的积极提倡者，后两位同时也是活跃的动保运动支持者。

关注自然研究的动保运动者也积极提倡观察生物、尊重自然的理念。对他们来说，就研究场地而言，大自然这自由开放的大教室远胜于博物馆、动物园、观鸟园或实验室等囚禁动物的场所；在研究工具上，研究自然必不可少的，不是猎枪、绳网、陷阱、大头针、毒药、捕捉盒或捕捉笼，而是望远镜、相机，还有"耐性与爱心"。[65]而针对自然史教学上对动物标本的需求，动保团体鼓励以逐渐普及的摄影技术记录动物影像或以彩绘的假鸟蛋等人工标本来取代实物标本。[66]他们亦同时提倡"自然漫步"
（nature rambles）形式的户外学习活动，例如人道教育团体"怜悯
小团"就经常为其儿童及青少年成员组织此类活动，意在使孩童
能够通过观察自然和动物生活直接感受大自然的神奇。由地方报
社所经营并广受欢迎的儿童草根团体，通常也支持动物保护或环
境保护，并且经常劝导儿童不要收集鸟蛋和捣鸟巢，建议他们用
心观察周围的自然生物，并通过喂鸟这样对雀鸟有益的行为来接
触动物。比如说，1876 年由《纽卡斯尔周报》组织、于 1914 年已
拥有 36 万名会员的"小小鸟报社"设立了一个自然漫游俱乐部，
小孩子必须承诺"绝不偷鸟蛋或破坏鸟巢"才能够加入。[67]同
期由《北方周报领袖》（Northern Weekly Leader）组织的"黄金圈"
（Golden Circle）亦拥有约 9 万名会员，团体的一位"教授"经
常敦促会员"走出去研究大自然"。[68]迅速扩张的鸟类保护组织
"鸟类保护协会"在成立后的五年内即吸引了 1 万多名会员，并逐
渐将保育列入其组织目标。为鼓励学童在大自然中观察鸟类和树
木，并且以图画与文字描绘所见，协会特别设计了"鸟与树之日"
活动，举办校际间的自然观察论文比赛。[69]"全国反动物实验协
会"亦曾于伦敦举办"由大象到蜜蜂"的自然摄影展，以镜头代替
猎枪和绳网，鼓励人们在自然环境中而非实验室中认识动物。[70]

动保运动者作为大众自然史教育者

虽然动保运动内部偶会因为各种争议性问题而产生分歧并

形成不同派别，不过各派的动保团体都支持以自然史为切入点进行人道教育，在此项工作上能达到难得的共识。不论改革者本身持有何种宗教观点，他们都普遍认同自然史在推动人道教育工作方面的价值。具有不同宗教和哲学思想背景的动保人士，如犹太素食者刘易斯·贡珀兹、唯一神教会牧师威廉·德拉蒙、支持毕达哥拉斯主义的天主教徒托马斯·福斯特（Thomas Forster, 1789—1860）、不从国教的新教牧师约翰·史泰尔，甚至自由思想者亨利·梭特，都一致热切主张人道教育的重要性以及自然史可在其中发挥的关键作用。[71]其中一部早期的儿童人道教育读物《人道教科书系列》（*The Humanity Series of School Books*, 1890）就是由自然史家兼动保运动者莫里斯牧师所编写的，全书共六卷。莫里斯牧师为宣扬人道地对待动物，曾写作《自然史轶事》（*Anecdotes in Natural History*, 1860），并在书中提醒父母有关自然史的"书籍对孩子来说永不嫌多，也不用担心孩子过度投入研究"，因为对自然史的追求不仅是一种愉快而有益的消遣活动，更为孩子"提供了取之不尽、用之不竭的各种有趣知识，这些知识将有助于提高孩子的心智，并培养出拥有亲切和仁慈气质的孩子"。[72]此观点受到广泛的认同，"皇家防止虐待动物协会"也曾在其刊物《动物世界》的首篇社论中乐观地宣称："在学校里，孩子们可通过月复一月地浸淫在引人入胜的自然史中，阅读故事，参与课堂，如此累积的积极影响将无可限量。"[73]协会相信"通过有趣的故事和轶事培养小读者对动物的爱"是开展人道教育的第一步，因此将自然史定为未来专栏中的恒定主题，并确实一直如此实行。[74]

186

　　然而，尽管动保运动者普遍深信自然史可有助于推广人道地对待动物，[75]但动保团体能否全力投入于教育工作，却在很大程度上受到其他环境因素的限制。运动早期偏重立法与起诉工作，19世纪上半叶的少数动保团体主要将其有限的资源用于宣传和起诉动物虐待者，迟迟没有系统地发展教育工作。于1832年与"防止虐待动物协会"合并的"理性人道对待受造动物促进会"，以及活跃于19世纪三四十年代的"动物之友协会"均专注于处理这些主要问题。虽然这些团体同样意识到人道教育的重要性，并会定期在其期刊《人道之声》（1830—1831?）和《人道进展》（1833—1841?）中加入与自然史相关的讨论，却一直没有制定任何系统的人道教育计划。

　　直至19世纪60年代末期国会教育法案推动之际，教育问题普遍受社会重视，动保运动者才正式展开人道教育工作，扮演起教育者的角色。乔治·安吉尔（George Angell, 1823—1909）所领导的美国"麻省防止虐待动物协会"（Massachusetts SPCA）率先创办了发行颇为成功的人道教育期刊《我们不会说话的朋友》（*Our Dumb Friends*）。有鉴于此，"皇家防止虐待动物协会"亦于1869年创办了后来在运动圈中广受欢迎的杂志《动物世界》，并且在1870年成立了"妇女人道教育委员会"以及自19世纪70年代起推动草根人道教育团体"怜悯小团"的建立。从那时起，人道教育成为许多动保协会的首要目标，至少是不断扩展的主要工作方向之一。"小小鸟报社"（1876）、"我们不会说话的朋友联盟"（1897）、"人道联盟"（1891）以及"皇家鸟类保护协会"等，皆以教授自然史知识作为其教育工作的核心。在《动物世界》

刊物中，随处可见专为年轻读者而写的自然史文章和趣闻，将自然界的奇观和魅力置于宗教框架之中来描述，并从道德教化角度解释动物的心智能力和"美德"。《家庭新闻报》等反动物实验的报刊也经常刊载大量"聪明的驴子""整齐的蚂蚁"和"聪明而感恩的鹅"等动物轶事。"维多利亚街协会"的期刊《动物爱好者》偶尔亦会发表有关动物心智能力的文章。这些刊物的出版内容有不少来自热心的读者，他们很可能本来也是自然史文化的积极参与者，对动物行为观察入微，尤其是对自家的宠物。比如说，在《动物世界》创刊不到一个月的时间内，编辑就收到读者"大量的""未经消化分类的"各种动物观察小故事，如"大象神奇的聪慧""一只忠狗""一只猫的奇异行为"等。[76] 兼负动保和保育目标的"索本协会"更曾于其《自然笔记》（*Nature Notes*）刊物中，解释他们没有办法一一刊印热情的读者投稿来的各种动物小故事。[77]

　　在当时的各种人道教育形式中，自然史总是占据一席之地。"皇家鸟类保护协会"效仿"皇家防止虐待动物协会"广受欢迎的年度人道作文比赛，为各郡学童组织了校际自然观察论文比赛，作为当时著名的"鸟与树"（"Bird and Tree"）计划的一部分，目的是鼓励学童于大自然中观察鸟类和树木，然后用图画与文字描绘所见并制作报告。[78] 而协会专司出版物、宣传、人道教育的部门也积极为其人道教育计划设计各种学习自然史的教材。[79] "怜悯小团"则会通过定期聚会带领儿童理解《圣经》、歌唱和游戏，同时亦以传授自然史知识为聚会的主要内容。在每周聚会时，带团的老师会可能会选定一种动物作为讨论主题，比如若选定"兔子",就会鼓励孩童们讲出他们所知道的各种有关兔子的知识,然后老师也会再作补充,最后当然也不忘提醒孩童什么才是正确对待兔子的方式。聚会结束前,老师会再选定下一种作为讨论主题的动物,并提醒小孩子在下周聚会前要准备好与大家分享关于这种动物的知识。[80]

为达成特定的动保目标,运动者也与其他自然史教育者和提倡者一样,十分关注自然史知识的呈现与传达方式。早于1870年即开展对孩童的人道教育工作的"皇家防止虐待动物协会",就曾强调其工作的目标"不应是自然史知识的填鸭式教育,而应是对心性的实在锻炼……与其增加孩子学习上的负担,更应该培养他们对大自然的惊奇和浪漫情感,这同样也是一种学习"。[81]尽管"人道联盟"向来不喜"皇家防止虐待动物协会"所设计的教材,认为后者的道德腔过重,但联盟同样赞成激发读者对大自然和活生生的动物的热爱,这远比仅仅传授刻板枯燥的知识更为重要。[82]为了尽可能吸引更多的年轻读者以及普罗大众,菲利普·戈斯的《恋上自然史》(*The Romance of Natural History*, 1860)中所描述的"沉闷博士"(Dr. Dryasdust's way)那套学究式讲解自然史的方式已不合时宜,动保团体喜欢采用的是小故事和趣闻轶事的叙述形式。运动者也效法当时的商业出版社,广泛运用视觉图像的宣传力量。[83]着重人道教育的运动期刊如《动物世界》《动物守卫者》《动物之友》等,往往使用大量图片,而在"人道联盟""皇家防止虐待动物协会""皇家鸟类保护协会"以及"我们不会说话的朋友联盟"等团体的自然史演讲与课程中,也大量运用幻灯片这视觉工具来呈现大自然的神奇美丽,以此激发孩童的兴趣。例如，"人道联盟"的儿童教育部门曾与贝尔家族出版社合作设计了一套幻灯片，可用于关于狗、老鼠、田鼠、蚂蚁和蜘蛛等各种动物的讲座，其内容由运动中的著名人道教育家 F. H. 赛克林（F. H. Suckling, 1848—1923）所编写。"人道联盟"等团体发行和收藏的这些幻灯片资源，同时也提供国内外的外借服务。[84] 比如说"皇家防止虐待动物协会"于 1913 年已收藏有超过 500 套的幻灯片，其中多以自然史为主题，可供其各地方分会或其他机构和学校借用。[85] "皇家鸟类保护协会"在 1894 年也设立了专门"传播鸟类的神奇生命以及提倡鸟类保护"的"幻灯片和讲演计划"，[86] 并于一年之间，就积攒了超过 250 套幻灯片供，据其自称，当中许多幻灯片还甚为"珍贵美丽"。[87]

190

动保运动者作为自然史评论者、出版者与作家

动保团体在参与大众自然史文化的时候，必须不断选择和评估自然史传统中的资源，并思考有利于动保运动目的之挪用、生产和传播方式。每次开展人道教育计划，运动者都需要精心挑选合适的教材，又要不时为家长和教师提供教材建议，与此同时还要小心把关，确保只有符合自身团体目标和原则的作品才能出现在团体刊物之中。为完成以上种种任务，许多运动者更会直接扮演起自然史作品的评论者、出版者甚至作者的角色。

在 19 世纪 70 年代，正值动保运动开始扩展其教育工作并加强宣传之时，出版界也经历着一场大规模的生产革命。有了轮转

印刷、热金属排版、平版印刷、照相以及以电力代替蒸汽动力等一系列创新技术，自然史作品的生产成本变得更低，速度变得更快，质量也变得更好。因此，市场上涌现出大量价格便宜、印刷精美、目不暇接的自然史书籍，可供运动者随意挑选作为教材。为遍布全英国的数百个"怜悯小团"所准备的推荐读物清单，即反映出当时运动对儿童自然史图书市场的高度依赖。[88]然而，运动者在挪用这些丰富的自然史教育资源时也绝非照单全收。特别受运动者推崇的自然史作品，总是那些遵循自然神学传统、充满有趣的轶事和故事、明显以道德教化为目的、着重培养对造物主和大自然的赞叹与敬畏之情的作品。此类作品要么被节录直接刊载于运动刊物中，要么被推荐为优秀读物，父母和老师也可放心购买，作为给小孩子的学习资源或奖励品。通俗自然史作家如伍德牧师、莫里斯牧师、玛格丽特·葛逊（Margaret Gatty, 1809—1873）以及伊丽莎·布莱特文（Eliza Brightwen, 1830—1906）所创作的畅销书，也往往比专业科学家发表的学术性作品更能获得动保运动者的青睐。[89]

为确保只有意识形态正确的作品能在坊间广传，许多动保团体更会在会刊中特设固定的专栏，评论与人道议题相关的自然史出版品，以求引导读者、教育工作者和家长选择他们认为合适的作品，甚至以此对出版商施压。"皇家防止虐待动物协会"的刊物《动物世界》尤其留意自然史出版市场的动向，针对自然史出版品的主题、道德意涵、组织、插图甚至是纸张、装订等各层面，以运动主流观点提出仔细评论。比如说，评论员肯定伯纳德·B.伍德沃德（Bernard B. Woodward, 1853—1930）的《年度

191

自然史》（*The Natural History of the Year*, 1872）一书，给予其具有"明显的宗教基调"这般非常积极的评价，并夸赞此书不但领会了"读者的情感"，还将这情感"正确导向自然这本大书"，让读者在这自然之书中"找寻到神"。[90] 评论者亦将自然史读物奉为"理性娱乐"（rational recreation）和培养品德的最佳选择，认为它们远胜于为儿童而开设的"煽情故事""小说""玩乐性社团""时尚追寻"和"热闹舞会"等娱乐活动。[91] 在另一则书评中，评论员又表扬另一部关于异国鸟类的著作有着吸引人的精美彩色插图、没有晦涩的科学知识与术语，也没有犯"令科学不受欢迎"的错误。而另一部作品则因在提到虐待动物行为后，没有提出任何形式的谴责或纠正而受到严厉批评。评论者甚至称书中教导孩童制作与摆设陷阱捕鸟的部分为"有害的篇幅"，建议读者"将这些部分划去或整页撕掉"。[92] 当评论经改编后重新命名为《知更鸟的历史》（*The History of the Robins*）的莎拉·特莱玛（Sarah Trimmer, 1741—1810）经典之作《神奇故事》（*Fabulous Histories*, 1786）时，评论员力赞作者宣扬宗教、道德和人道的明确写作目的，还有其中由著名维多利亚时代动物插画家哈利逊·威尔（Harrison Weir, 1824—1906）创作的 24 幅精美版画，[93] 并建议家长可以送这本书给孩子作礼物。但评论也同时指出，第 88 页描绘苍头燕雀和麻雀打架的插图并不恰当，并且教训道："我们应该突显它们的正面特质，正如同当我们面对同类时，也应该放大他人的好处，并且尽可能地原谅他人的缺点。"[94]

　　然而，作品评论对自然史著作的内容和形式的影响仍然是间接和被动的，影响力当然及不上出版商和作者本人。近年学者开

192

始注意到出版商中的创作经纪人的作用，认为这一角色在大型科学出版社的出版决策上甚至比作者更举足轻重。出版商在选题、开创丛书、定价、书本设计以及锁定日益多元的读者群的过程中，其实就对科学出版的形式和科学作品所蕴含的文化意义产生了巨大的影响。[95]动保团体当然可以通过评论或对出版社直接建议的方式，影响读者和出版商的决策，例如"皇家防止虐待动物协会"曾经接洽当时的一家童书出版商（Jarrold and Sons），促其以更廉价的版本再度重新发行《黑神驹》（*Black Beauty*, 1877）这本同情交通运输马匹的童书，并且也鼓励其各地分会和其他团体大量购买这本书以作为人道教育教材。[96]但是评论与推介的工作实际上所能发挥的影响力有限，似乎唯有当动保团体亦能自行掌握出版事业，才可按照最切合运动方针的方向制定出版政策，发挥最大的影响力。而在这一点上，至19世纪末，动保运动也确实掌握了一处重要的出版资源——由其第二代经营者恩斯特·贝尔领导的贝尔家族出版社。

恩斯特·贝尔活跃于动保运动界，并长年在众多团体中身居要职，包括出任"皇家防止虐待动物协会"伦敦汉普斯特德（Hampstead）分会荣誉秘书逾30年、"人道联盟"主席和财务长逾20年、"全国反动物实验协会"主席、"素食协会"（Vegetarian Society）副会长（自1896年）以及会长（自1914年）、"皇家鸟类保护协会"以及"动物之友"执委、"表演及被囚禁动物捍卫会"创办人、"全国马科动物捍卫联盟"财务长、"反残酷运动联盟"（League against Cruel Sport）荣誉财务长，并且还是"反缰绳协会"（Anti-Bearing Rein Association）与"国家犬类捍卫联盟"的核心成员。他的参与度如此广泛，足见其关切之深。1888 年，当恩斯特与兄弟接手家族出版社的经营后，他积极参与了在世纪末迅速扩大并激进化的动物保护运动。

贝尔家族出版社是伦敦的一所中型出版社，创立于 1839 年，早期以出版神学著作、教科书以及通俗教育作品著称。在恩斯特·贝尔的主导下，该出版社更发展出独特的出版路线，成为动保运动最重要的出版伙伴并对人道教育工作作出了重大贡献。该出版社经常为各种动保团体出版书籍，特别是"素食协会"和"人道联盟"，也不回避激进或有争议性的作品，例如梭特的《动物权》（1915 年修订版）和哈格比与莉莎·夏道的《科学屠宰场》。贝尔出版社还专门重印一些有关动物的古老经典，例如在 1855 年至 1923 年间共推出了九个版本的玛格丽特·葛逊的《自然中的寓言》（*Parables from Nature*）系列，该作品更被翻译成多国语言。[97] 1895 年，该出版社再版了爱德华·A. 肯德尔（Edward A. Kendall) 专为鼓励善待动物而写、从动物角度讲故事的儿童小说《守护者寻找主人的旅行》（*Keeper's Travels in Search of His Master*, 1799），以及特莱玛的《知更鸟的历史》（*The History of the Robins*, 1786）。[98] 另外重新登场的还有爱德华·杰西（Edward Jesse, 1780—1868）的《狗狗趣闻》[*Anecdotes of Dogs*, 1878（1846）] 和安娜·塞维尔（Anna Sewell, 1820—1878）的《黑骏马》[*Black Beauty*, 1931（1877）]。所有这些作品都是因契合动保运动弘扬福音、道德教化和推广人道主义的目标而被选出重新发行。

在这新瓶装旧酒的过程中，出版社除了适当加以改写，也加上了新插画，或再配上彩色幻灯片组，以便人道教学。[99] 贝

194

尔亦策划了许多紧扣运动需求的出版物，如"动物生命读本"（*Animal Life Readers*）以及"生命和日光丛书"（*Life and Light Books*）等动物系列丛书。这些丛书一般以年幼学童、家长或教师为读者对象，结合了通俗易懂的自然史知识，以及如同广告词所称的"一贯的高标准人道思想"，且为达到寓教于乐的效果，也充满各类动物图片。[100]他又为针对青少年的人道教育出版了一些较为严肃的读物，例如约翰·霍华德·摩尔（John Howard Moore, 1862—1916）的《普世一家》（*The Whole World Kin*, 1906)、《新伦理》（*The New Ethics*, 1907）和《中学伦理讲义》（*High School Ethics*, 1912）等，这些著作则是从演化论角度系统地讨论各种人道议题。出版社意识到"图片在教育年轻人方面的价值"，因此他们创新推出了"魔术幻灯片"，可配合其他关于自然史和动物故事的教材一同使用，还制作了绘有动物和人道教育字句的彩色海报和卡片。例如，专为学校和"怜悯小团"设计的"'动物之友'良善卡"，是为了"增进儿童以及所有人对于与我们一同生活的动物的同情心"；[101]另外还有尺寸为 40×30 英寸、以五色打印制作、印在结实的米黄色马尼拉纸上的"'动物之友'学校图卡"，用作传达"有用的人道教育信息"，图卡主角有笼中鸟、受虐待的工作动物以及流浪猫狗等。[102]贝尔家族出版社一直广泛地出版关于动物的作品，且出版方向独特，其中一个丛书的广告词解释了此举的背后缘由："虽然有关动物以及谈论对待动物之道的书籍已经难以胜计，但是具有一致人道水平的书籍依然罕见。为了弥补这方面的不足，以下的书册皆是为您精心准备与挑选的，爱好动物的人士可以放心购买，因为当中所灌输的原

195

则绝对是正确的。"[103]

有鉴于运动当中缺乏完全以人道教育为主旨的刊物，恩斯特·贝尔于是在 1894 年创办了以一般大众为对象的月刊《动物之友》，并且亲自担任总编辑。自 1897 年起，此期刊也推出儿童副刊，后并独立发行为《小小动物之友》。为了提高《动物之友》的影响力，在 1910 年，贝尔以这份月刊为基础，成立了动保运动中首个专门从事人道教育的团体"动物之友"，并创作出更多的人道教材和书籍。[104] 在证实对于动物心智的研究确可大大提升动物在人们心中的地位之后，出版社的期刊和出版物就惯例性地发表了许多可表现动物非凡心智能力的轶事趣闻。贝尔深信，正确的动物知识能促进人对动物的同情，并使人认识到正确对待动物的方式，他因之也会亲自执笔创作，讲述自然史知识，并出版了一些以轶事和说教方式运用并重组相关自然史知识的作品，例如有《动物的内心生活》（ *The Inner Life of Animals*, 1913 ）、《善待动物》（ *Fair Treatment for Animals*, 1927 ）以及《低等动物的长处》（ *Superiority in the Lower Animals*, 1927 ）。40 多年来，贝尔家族出版社一直服务于动物保护运动，成为运动在出版方面的强大后盾。恩斯特·贝尔不但是一位坚定不移的动保运动支持者，他还拥有出版的话语权和资源。动保运动者在广泛并富有策略性地挪用自然史知识来达到人道教育目的之路上，得到了贝尔的全力配合，可谓如虎添翼。 196

19 世纪下半叶既是科学专业化的时代，也是科学普及化的时代。[105] 受欢迎的通俗自然史作家具有的公众影响力不容忽视。根据伯纳德·莱特曼的统计，许多通俗自然著作的销售量，远高于达尔文、赫胥黎等今日人们眼里的专业科学家之著作。他指出这些面向大众市场的业余科学作家"在建构儿童、青少年、女性以及科学圈外的男性读者对科学的理解方面，可能比赫胥黎和丁达尔这类人物更有影响力"。[106]可想而知，若动保运动能得到畅销自然史作家的支持，如写作契合运动特定需求的作品，甚至公开表态支持运动目标，那对动保运动来说必然是一大助力。维多利亚时期的出版市场正好能够提供这样的助力。19世纪下半期，当"科学自然主义"（scientific naturalism）[107]逐渐为专业科学社群所接受，自然神学逐渐自专业科学著作中退位时，以自然神学传统为基础的通俗自然史著作依旧魅力不衰，直至20世纪初期才逐渐衰落。许多自然史书写者本身亦认同动保运动的道德和宗教取向，因此他们的作品同样充满宗教色彩与教化意图，以及对大自然的热爱，总能与运动多元化的关注点产生某方面的共鸣。而为了吸引出于不同目的（例如自我提升和休闲娱乐）而对自然史感兴趣的读者，这些作家经常会借助同样受运动者重视的视觉元素，并以去理论化的有趣轶事形式来重新讲述自然史知识。19世纪下半叶，随着读者群体的壮大以及多元化，一群女性科普作家亦随之崛起。她们以寓教于乐、引人入胜的文风写作，并扮演着道德教育孩童的传统女性角色，将宗教思想和道德教化融入其自然史作品中。在19世纪这股自然史书写中的特殊"母性传统"（maternal tradition）中，有相当多的女性作家公开表态并以文字创作支持动保运动，[108]爱迪斯·卡灵顿与伊丽莎·布莱特文就是这项传统的前后期代表。

爱迪斯·卡灵顿来自一个热爱自然研究的家庭。她童年时常与自然史作家兼基督徒查尔斯·金斯利一同漫步于金黄色的金雀花丛之间，并被之教导要以"崇敬心与爱"观察大自然，要徜徉贫瘠荒地亦如徜徉"神之殿堂"。[109]卡灵顿后来决志为"神之美丽、圣洁却无法言语的活物"奉献一生，自19世纪90年代起就投身自然史的写作工作，如主笔《动物之友》的自然史专栏《自然笔记》，书籍作品亦不计其数且类型众多。[110]她的作品中有不少是以浓厚的宗教语言，强化了与运动一致的基督教论述（创造论、人类统管权柄、动物的奴仆地位），直接宣扬人类保护动物的职责。这也是当时针对儿童读者的主流自然史文学的特色，同时在意识形态层面上，亦是动保运动乐见的做法。[111]此外，卡灵顿一直致力于澄清大众对动物的误解，增进对动物需求的认识，从而劝导人们改善对待动物的方式。为了这个目标，她曾为"人道联盟"写作《猫于社会中之地位及待遇》（*The Cat: Her Place in Society and Treatment*, 1896）与《被错放的动物》（*Animals in the Wrong Places*, 1896）等作品。

作为一名热心的动保运动者，卡灵顿以其丰富自然史知识作为武器，勇于参与各种关于动物虐待的争论。1885年，英国政府的"御用"昆虫学家爱莲娜·A. 奥尔默洛德（Eleanor A. Ormerod, 1828—1901）以保护农作物为由，呼吁消灭常见的田间麻雀。在这场"麻雀之战"中，卡灵顿借鉴大量鸟类知识写作了《放过麻雀》（*Spare the Sparrow*, 1897）和《农人与鸟》（*The Farmer and the Birds*, 1898），向大众阐释了"自然生态平衡"的概念，以反驳奥尔默洛德一方的观点。[112]为配合运动反羽饰、反标本贸易与反搜集风潮，卡灵顿又曾写作《鸟类的灭绝》

198

（*The Extermination of Birds*，1894），此作品讲述了大自然中生物环环相扣的关系，影响深远。另外卡灵顿还创作了《马的轶事》（*Anecdotes of Horses*，1896）、《动物友谊》（*Friendship of Animals*，1896）、《奇妙工具》（*Wonderful Tools*，1897）以及《动物的真实故事》（*True Stories About Animals*，1905）等作品，以有趣的轶事吸引大众读者，使他们在身心愉悦的同时能认识到动物非凡的心智能力，从而提高动物在人们心中的地位。然而，卡灵顿这些明显为配合动保运动需求而创作的自然史作品，入不了接受过专业训练的科学家之眼。例如，曾在伦敦理科师范学院（Normal School of Science）师承赫胥黎等著名科学家的 H. G. 威尔斯（H. G. Wells，1866—1946），即在《佩尔美尔街报》撰文嘲讽卡灵顿一篇关于"深情的蜘蛛"和"耐心的蜗牛"的文章，批评她在向儿童宣扬上帝之神圣安排和对受虐动物之爱的同时，却对大自然的残酷一面只字不提。[113]

另一位同样致力于动物保护事业的女性自然史家和作家伊丽莎·布莱特文，可能比卡灵顿更为今人所熟知。布莱特文过着低调的隐居式生活，一生致力于自然史研究，并且是一名虔诚的福音主义者。她细腻地观察与记录其周遭或平凡或珍奇之动物，并收集和解剖动物遗体来研究，甚至拥有一个小型动物园供其研究之用。布莱特文全心支持善待动物以及自然保育的理念，她曾自称为"一切毛茸茸活物的保护者"，并发声批评时人残害雀鸟以及佩戴羽饰等行为。[114]虽然她年近 60 岁才展开自然史的书写工作，却也因《以仁慈赢得自然》（*Wild Nature Won by Kindness*，1890）一书而一夜成名。此书讲述了她驯服动物的亲身经历，其

199

写作风格正合当时主流动保运动之意：运用了拟人化的方式，轻松讲述有关动物的观察和轶事，再配上精美的版画插图，并以自然神学为基础，融合了大量道德信息，明确以培养孩童"对自然生物的热爱"为其创作目的。[115] 这本结合了基督教信仰以及动保思想的成名作，在出版三年内即发行了五版，接下来近 20 年间亦不断再版。布莱特文随后又写作了更多类似的畅销作品，例如《与自然学生漫步》(Rambles with Nature Students, 1899)、《再谈野生世界》(More About Wild Nature, 1892)和《家园中的小住客》(Inmates of My House and Garden, 1895)。在成名之前，布莱特文已经在地方学校以及"怜悯小团"教授自然史课程，偶尔也替"皇家防止虐待动物协会"的《动物世界》写写自然史文章。当她成为家喻户晓的作家后，即刻被动保运动者更积极地推上全国性舞台。许多团体纷纷邀她演讲、撰写文章、担任会议嘉宾，或聘请她担任荣誉职务，如"皇家鸟类保护协会"就曾邀她担任荣誉副会长，甚至以她的写作典范来订立学会目标。[116]

　　除了卡灵顿与布莱特文外，还有许多著名的自然作家，例如上文提及的伍德、莫理斯、W. H. 赫德生、爱德门·塞罗斯（Edmund Selous, 1807—1934）和牛顿（Alfred Newton, 1829—1907），他们或直接服务于动保团体，或本身即是活跃的动保运动者。有不计其数知名度较低的自然史书写者，也抱着同样的热情，基于同样的自然神学传统，为提倡爱护自然生物和宣传神对受造物之慈爱而积极书写。学者芭芭拉·盖兹（Barbara Gates）在其著作《自然大家庭》(Kindred Nature)和《以自然之名》(In Nature's Name)中，列举了更多拥抱自然史传统并结合动保思想的女性作家之著作。我们该将所有这类作家视为日益蓬勃的动保文化中的一员，还是大众自然史文化中的一员？是19世纪的自然史文化先影响他们，还是动物保护传统先影响他们？这个问题难以解答，这也反映出19世纪大众自然史文化与动保文化间的高度亲近性、重叠性以及相互建构关系。19世纪的英国曾有这样一群能与动保运动产生共鸣的人，在积极参与大众自然史文化当中的同时，也时刻牢记着为动物权益而奔走。

在以当代科学文化为蓝本的"扩散模式"（diffusion model）影响下，史家倾向于将科学传播视为由专业科学家面向一般大众进行的单向传播，并且视此过程为简化、"稀释"（dilution）甚至损害（derogation）的过程。[117] 在此看法下，为了迎合没有接受过专业训练的大众，科学思想无可避免地丧失其原始复杂度与完美性；大众亦如不会思考的海绵，只会被动地吸收来自专家却已然变质的知识泉源。然而，自20世纪80年代以来，此一扩散模式对于19世纪专业科学家与大众作家/读者两者间的决然划分，对后者的负面定义以及对其能动性的否定，已逐渐受到史家质疑。所谓"科学文化"不再被视作单纯的思想或理论世界，亦不再局限于专业科学家之权威机构，而是一个成员多样且各具能动性，并具有多元声音与主张的"科学市集"（marketplace of science）。[118] 参与"科学市集"的个人和群体，来自不同背景、抱持不同目的，他们积极参与知识之生产、挪用、转化和消费，而不同主体间在各种场合和议题上的频繁交流与碰撞，最终也共同建构了19世纪热闹万分、繁复多元的大众科学文化，甚至在建构科学知识的意义和功能方面扮演着重要的角色。[119] 由此可见动保运动也并非被动地接收自然史知识，而是如同其他自然史参与者一样，作为一个具有主体性与特定需求的行动社群，投入"科学市集"中寻找可挪用的资源。运动者通过扮演消费者、提倡者、教育者、评论者、出版者、书写者等角色，致力于挪用与传播其所偏好的自然史传统，从中宣扬运动认可的意识形态、研究方法以及创作风格。因此，19世纪的动保运动可被视为大众自然史文化的重要建构者之一，它向其中注入的一股人道思潮，在当时社会中亦促进了仁慈与人道地对待动物的道德风气。

挪用自然史文化之尾声？

布莱特文一般被视为19世纪最后一代虔信派大众自然史作家的代表。到了1908年布莱特文逝世之时，这类自然史著作已风光不再。在科学专业化潮流的冲击下，过去的自然史传统换上了新名称——"生物学"，并已分解为各个专门学科，如形态学、动物学、生理学、实验胚胎学和遗传学等。虽然传统自然史研究当中有关系统分类学的分支，仍能在动物园和博物馆中有所发展，但也被迅速扩展的各类生物学研究远远超越了。至于研究方法，随着科学的专业化，实验室成为科研发生的主要场所，其大门也从此对大众紧闭；相比之下，没有"门槛"、人人皆可进场参与的田野观察，却逐渐失去其作为一种研究方法的知识论地位。[120]在意识形态上，新兴的专业科学家阶层带动了生物学的兴起，过去主导了自然研究的自然神学思想先后在专业科学社群和大众科学文化中逐步让位给世俗的科学自然主义哲学。以自然神学传统写作的大众自然史家如葛逊、伍德、莫理斯、戈斯、金斯基等，其智识影响力也不再引领时代风骚。随着新世纪的到来，尤其是在第一次世界大战之后，充满宗教词汇与道德教诲的大众自然史书写亦不再讨喜，反而越来越显得过时。正如剑桥科学史家詹姆斯·西科德（James Secord）所指出的，随着自然史"在科学中的地位急剧下降"，"自然史家"这个头衔此时听起来也变得"不合时宜甚至带有侮辱性"。[121] 而早先在演化论思潮的催生下蓬勃发展的动物心理学，虽然一度因其对人与动物心灵相似性的强调而深受欢迎，但是在行为主义与实证主义的影响下，这个学科亦开始主导实验室的控制环境，不再强调动物所具之心智能力，更不会接受以轶事为证据而对动物行为作出的拟人化解释。无论动保运动者是否为基督徒，都不乐见这样的发展，因而运动早先对动物心理学的高度期盼与积极挪用也逐渐减弱。

此时，学术的钟摆似乎又荡向了另一端，行为主义的大势渐去。在过去半个世纪里，强调研究自然条件下动物行为的动物行为学（ethology）兴起，动物认知和情感再度成为研究焦点，拟人化在理解动物行为方面的价值也被重新审视，伴随而来的还有迅速发展的互联网和社交网络，另外还有动物纪录片与动物频道的兴起。这一切动物研究上的转变让动保运动又再看到来自科学和科技的可能性，并且展开一波波的挪用工作。[122] 珍·古德（Jane Goodall）、马克·贝科夫（Marc Bekoff）、法兰斯·德瓦尔（Frans de Waal）等动物行为学家开始了重新赋予动物丰富心灵的研究，而一般人也有了更多以不同途径、不同形式接触不同种类动物的机会。这股科学新文化无疑会在人与动物伦理关系的转变中另起推波助澜之效。因此，谁又能断言为了保护动物而积极挪用科学研究的工作已成为历史？殊不知又一波挪用浪潮，或许今天已正式展开了呢！

注释

[1] John Berger, "Why Look at Animals," in *About Looking* (New York: Vintage, 1991 [1977])，这篇文章最初出版于 *New Society*, Mar.& Apr.1977; Keith Thomas, *Man and the Natural World* (London: Penguin, 1983), pp.181–183, 367; James Turner, *Reckoning with the Beast: Animals, Pain, and Humanity in the Victorian Mind* (Baltimore: Johns Hopkins University Press, 1980); Yi-Fu Tuan, *Dominance and Affection: The Making of Pets* (New Haven: Yale University Press, 1984); Kete Kathleen, *The Beast in the Boudoir: Pet-Keeping in Nineteenth-Century Paris* (Berkeley: University of California Press, 1994); Richard W. Bulliet, *Hunters, Herders, and Hamburgers: The Past and Future of Human-Animal Relationships* (New York: Columbia University Press, 2005)。

[2] Anne Hardy, "Pioneers in the Victorian Provinces: Veterinarians, Public Health and the Urban Animal Economy," *Urban History*, 29, no.3 (2002), pp.372–387, at pp.373–374.

[3] Diana Donald, "'Beastly Sights': The Treatment of Animals as a Moral Theme in Representations of London, c. 1820–1850," in Dana Arnold ed., *The Metropolis and Its Image: Constructing Identities for London, c. 1750–1950* (London: Blackwell, 1999), pp.48–78, at p.50.

[4] 近年有大量著作挑战传统的"人类中心"主义维多利亚时代历史观，参见 Ann C. Colley, *Wild Animal Skins in Victorian Britain: Zoos, Collections, Portraits, and Maps* (Farnham, Surrey: Ashgate, 2014); Nicholas Daly, *The Demographic Imagination and the Nineteenth-Century City: Paris, London, New York* (Cambridge: Cambridge University Press, 2015), pp.148–188; Hilda Kean and Philip Howell eds., *The Routledge Companion to Animal-Human History* (London: Routledge, 2018); Philip Howell, *At Home and Astray: The Domestic Dog in Victorian Britain* (Charlottesville: University of Virginia Press, 2015); John Simon, *The Tiger That Swallow the Boy: Exotic Animals in Victorian England* (Faringdon: Libri, 2012); Hannah Velten, *Beastly*

London: *A History of Animals in the City* (London: Reaktion, 2013)。

[5] Emerson, *Address on "Nature,"* 1836, 引自 David Elliston Allen, *The Naturalist in Britain: A Social History* (Princeton: Princeton University Press, 1994 [1976]), p.ii。

[6] 关于 19 世纪维多利亚时期自然史，参见 David Elliston Allen, *The Naturalist in Britain: A Social History*; L. L. Merrill, *The Romance of Victorian Natural History* (Oxford: Oxford University Press, 1989); Bernard Lightman ed., *Victorian Science in Context* (Chicago: University of Chicago Press, 1997); N. Jardine, J. A. Secord and E. C. Spary eds., *Cultures of Natural History* (Cambridge: Cambridge University Press, 2000); David Elliston Allen ed., *Naturalists and Society: The Culture of Natural History in Britain, 1700-1900* (Aldershot: Ashgate, 2001); Bernard Lightman, *Victorian Popularizers of Science: Designing Nature for New Audiences* (Chicago: Chicago University Press, 2007)。

[7] 关于出版技术的发展和出版市场的扩张，参见 James Secord, "Progress in print," in Frasca-Spada and Jardine eds., *Books and the Sciences in History* (Cambridge: Cambridge University Press, 2000), pp.369-389; James Secord, *Victorian Sensation: The Extraordinary Publication, Reception, and Secret Authorship of Vestiges of the Natural History of Creation* (Chicago: Chicago University Press, 2000), pp.24-34; Aileen Fyfe, *Science and Salvation: Evangelical Popular Science Publishing in Victorian Britain* (Chicago: Chicago University Press, 2004), pp.49-55; Bernard Lightman, *Victorian Popularizers of Science: Designing Nature for New Audiences*, pp.29-32。

[8] 史学家基思·托马斯将 18 世纪以来的自然史发展与浪漫主义视为同一股增进了人与动物之间的亲和感的推动力量，参见 Keith Thomas, *Man and the Natural World*, pp.51-91。关于自然史传统不同方面的作品，例如女性著作、儿童文学、动物主题展览，以及它们与 19 世纪动物思想的关系，参见 Barbara T. Gates, *Kindred Nature: Victorian and Edwardian Embrace the Living World* (Chicago: Chicago University Press, 1998); Barbara T. Gates ed., *In Nature's Name: An Anthology of Women's Writing and Illustration, 1780-1930* (Chicago: Chicago University Press, 2002); Tess Cosslett, *Talking Animals in British Children's Fiction, 1786-1914*; Helen Cowie, *Exhibiting Animals in Nineteenth-Century Britain: Empathy, Education, Entertainment* (Basingstoke: Palgrave Macmillan, 2014)。

[9] 本书下一章将讨论达尔文主义对 19 世纪动保事业的影响。

[10] 引自 T. Wood, *The Rev. J. G. Wood: His Life and Work* (London: Cassell & Co., 1890), p.67。

[11] William Paley, *Natural Theology* (London: A. Foulder, 1802), p.376.

[12] C. A. Johns, *Hints for the Formation of a Fresh-Water Aquarium* (London: SPCK, 1858), p.129.

[13] P. H. Gosse, *An Introduction to Zoology, Vol.1* (London: SPCK, 1844), p.v; *Vol.2*, pp.417−418.

[14] Edward Thompson, *The Note-Book of a Naturalist* (London: Smith, Elder, 1845), pp.40−41.

[15] 伍德写作并编辑了 60 多部大众自然史作品，其中许多在当时是畅销书，例如《海旁常见生物》(*Common Objects of the Sea-Shore*, 1857) 和《乡郊常见生物》(*Common Objects of the Country*, 1858)。关于伍德的生活和工作，参见 T. Wood, *The Rev. J. G. Wood: His Life and Work*; Bernard Lightman, "'The Voices of Nature': Popularizing Victorian Science," in Lightman ed., *Victorian Science in Context* (Chicago: University of Chicago Press, 1997), pp.187−211; Bernard Lightman, *Victorian Popularizers of Science: Designing Nature for New Audiences*, pp.167−197。

[16] J. G. Wood, *Glimpses into Petland* (London: Bell and Daldy, 1863), p.vii; Wood, *Petland Revisited* (London: Longmans, Green, 1884), p.vii.

[17] J. G. Wood, *Glimpses into Petland*, p.221.

[18] Harriet Ritvo, "Animal Pleasures: Popular Zoology in Eighteenth- and Nineteenth-Century England," *Harvard Library Bulletin*, 33, no.3 (1985), pp.239−79; *The Animal Estate: The English and Other Creatures in the Victorian Age* (Cambridge, Massachusetts: Harvard University Press, 1987), pp.10−15; "Zoological Nomenclature and the Empire of Victorian Science," in Bernard Lightman ed., *Victorian Science in Context* (Chicago: University of Chicago Press, 1997), pp.334−353.

[19] Harrison Weir, *Domestic Animals* (London: Religious Tract Society, 1877), p.2.

[20] 关于道德教化方面的自然史儿童读物，参见 Harriet Ritvo, "Learning from Animals: Natural History for Children in the Eighteenth and Nineteenth Centuries," *Children's Literature*, 13 (1985), pp.72−93; Aileen Fyfe, "Young Readers and the Sciences," in Marina Frasca-Spada and Nick Jardine eds., *Books and the Sciences in History* (Cambridge: Cambridge University Press, 2000), pp.276−290; Aileen Fyfe, "Introduction to Science for Children," in Aileen Fyfe ed., *Science for Children* (Bristol: Thoemmes, 2003), vol. 1, pp.xi−xxviii; Tess Cosslett, *Talking Animals in British Children's Fiction, 1786−1914* (Aldershot: Ashgate, 2006)。

[21] "Notice to the Clergy," *RSPCA Annual Report, 1864*, p.15; "The Pulpit a Means of Teaching Kindness to Animals," *RSPCA Annual Report, 1901*, p.101.

[22] "Our Ladies' Humane Education Committee," *Animal World*, Aug.1897, p.200.

[23] "Our Ladies' Humane Education Committee," *Animal World*, Aug.1897, p.200.

［24］ *Proceedings at the Annual Meeting of the SPB*, 1902, p.10, RSPB Archives, Sandy, Bedfordshire.

［25］ *RSPB Annual Report, 1925*, p.33.

［26］ T. Forster, *Philozoia: Moral Reflections on the Actual Condition of the Animal Kingdom* (Brussels: W. Todd, 1839), pp. 50−54; Rod Preece and Chien-hui Li eds., *William Drummond's The Rights of Animals and Man's Obligation to Treat Them with Humanity (1838)* (Lewiston: Edwin Mellen Press, 2005), pp.44, 192, 203−204; Humphrey Primatt, *The Duty of Mercy and the Sin of Cruelty to Brute Animals* (Fontwell, Sussex: Centaur, 1992 [1776]), pp.20−21.

［27］ T. Forster ed., *Anthologies and Collected Works* (Bruges: C. de Moor, 1845), pp.267−268.

［28］ 关于莫里斯牧师对鸟类保护作出的贡献，参见 M. C. F. Morris, *Francis Orpen Morris: A Memoir* (London: J. C. Nimmo, 1897), pp.135−155, 296−299。

［29］ 关于牛顿对鸟类保护作出的贡献，参见 A. F. R. Wollaston, *Life of Alfred Newton* (London: John Murray, 1921), pp.136−189。

［30］ 关于 19 世纪反羽饰和鸟类保护运动，参见 R. W. Doughty, *Feather Fashions and Bird Preservation* (Berkeley: University of California Press, 1975); T. C. Smout, *Nature Contested: Environmental History in Scotland and Northern England Since 1600* (Edinburgh: Edinburgh University Press, 2000); Tony Samstag, *For Love of Birds: the Story of the Royal Society for the Protection of Birds, 1889−1988* (Sandy: RSPB, 1988); A. Haynes, "Murderous millinery," *History Today*, 33, 7 (Jul.1983), pp.26−30; Nicholas Daly, *The Demographic Imagination and the Nineteenth-Century City: Paris, London, New York*, pp.164−179。

［31］ 关于自然神学家对人类和动物之间心理连续性的不同观点，参见 Robert J. Richards, *Darwin and the Emergence of Evolutionary Theories of Mind and Behavior* (Chicago: University of Chicago Press, 1987), pp.127−156。

［32］ Bernard Lightman, *Victorian Popularizers of Science: Designing Nature for New Audiences*, p.186.

［33］ 菲利普·郝威尔同样强调爱动物人士如何通过宣扬动物永生的信念来反对虐待动物和扩大维多利亚时代的道德关怀范围；参见 Philip Howell, *At Home and Astray: The Domestic Dog in Victorian Britain*, Chapter 5. 值得注意的是，虽然动保运动从未就动物是否具有灵魂一事达成共识，但许多主要运动者例如莫里斯、弗朗西斯·珂柏、爱迪生·卡灵顿、贝索·威博佛斯、谢兹柏利伯爵都公开反对正统基督教认为动物无灵魂的看法。参见《动物之友》中关于动物永生的大量文章、诗歌和读者投稿，以及 Edith Carrington ed., *Thoughts Regarding the*

Future State of Animals (London: Warren & Son, 1899)。

[34] 关于伍德其他使用类似策略和带有明确动保信息的作品，参见 J. G. Wood, *Glimpses into Petland*; J. G. Wood, *Petland Revisited*。

[35] "Anecdotes of Animal Intelligence," *Nature Notes*, Jan.1891, pp.15−18.

[36] J. Lockwood, *Instinct; or Reason? Being Tales and Anecdotes of Animal Biography*, 2nd ed. (London: Reeves and Turner, 1877), p.vi. 还可参见 T. Forster, *A Collection of Anecdotes and Eulogies of Favourite Dogs* (Bruges: Printed by C. de Moor, 1848); F. P. Cobbe, *False Beasts and True* (London: Ward, Lock, and Tyler, 1876)。

[37] Lewis Gompertz, *Fragments in Defence of Animals* (London: W. Horsell, 1852).

[38] *Animals' Friend*, 17 (1911), p.126. 参见 Ernest Bell, "'Christian Virtues' in Animals," in *Fair Treatment for Animals* (London: G. Bell & Sons, 1927), pp.252−255。

[39] 关于动物心理和行为研究的简史，参见 Peter J. Bowler, *The Fontana History of the Environmental Sciences* (London: Fontana, 1992), pp.478−491。

[40] 关于动保改革者引用过的科学和大众权威，参见 Ernest Bell, *The Inner Life of Animals* (London: G. Bell & Sons, 1913)。

[41] W. L. Lindsay, *Mind in the Lower Animals in Health and Disease, Vol.1* (London: Paul & Co., 1879), p.187.

[42] "Animal Intelligence," *Westminster Review*, 113 (1880), pp.448−479, at p.452.

[43] "Animal Intelligence," *Westminster Review*, 113 (1880), pp.448−479, at p.454.

[44] "Mind in the Lower Animals," in *Animals' Friend*, Feb.1919, pp.69−71; Aug.1919, pp.173−175; Oct.1919, p.15; Feb.1920, pp.46−47; Nov.1920, pp.18−19; Dec.1920, p.34; Aug.1921, pp.131−132.

[45] Ernest Bell, "The Mistakes of Humanitarians," *Animals' Friend*, Mar.1917, pp.90−91.

[46] Ernest Bell, *Fair Treatment for Animals* (London: G. Bell & Sons, 1927), pp.121−124. 该作品是贝尔的文集，此前曾发表于《动物之友》。

[47] Jack London, "Instinct and Reason," *Animals Friend*, Jul.1909, pp.158−159. 关于此争议，还可参见 Ralph H. Lutts, *The Nature Fakers: Wildlife, Science and Sentiment* (Charlottesville: University Press of Virginia, 2001)。

[48] Richard D. Altick, *The Shows of London* (Cambridge, MA: Belknap Press, 1978), pp.34−49; Sadiah Qureshi, *Peoples on Parade: Exhibitions, Empire, and Anthropology in Nineteenth Century Britain* (Chicago: University of Chicago Press, 2011).

[49] 关于"聪明汉斯"，参见 Fabio De Sio and Chantal Marazia, "Clever Hans and His Effects: Karl Krall and the Origins of Experimental Parapsychology in Germany," *Studies in History and Philosophy of Biological and Biomedical Sciences*, 48 (2014), pp.94−102; J. Umiker-Sebeok and T. A. Seceok, "Clever Hans and Smart Simians:

The Self-Fulfilling Prophecy and Kindred Methodological Pitfalls," *Anthropos*, 76, (1981), pp.89−165; D. K. Candland, *Feral Children and Clever Animals: Reflection on Human Nature* (Oxford: Oxford University Press, 1993). 关于"萝拉",参见 Henny Kindermann, *Lola: or the Thought and Speech of Animals* (London: Methuen & Co., 1922); "Lola, the Canine Wonder," *Animals' Friend*, Dec.1923, pp.31−32。

[50] L. Lind-af-Hageby, "Fellow-Creatures: Reflections on Mind in Animals and Man," *Progress To-day—The Anti-Vivisection and Humanitarian Review*, Jan.−Mar.1933, pp.3−5, at p.4. 还可参见 L. Lind-af-Hageby, "The Path of Progress," *Animals' Friend*, Mar.1908, pp.81−82; "Educated Horses and Dogs," *Animals' Friend*, Jan.1915, p.55; Hermann Brinkmann, "Thinking Animals," *Anti-Vivisection Review*, May−Jun.1912, pp.176−177。

[51] Baroness von Freytag-Loringhoven Mathilde, "The Talking and Counting Dogs. Recent Facts and Observations," *Progress To-day—The Anti-Vivisection and Humanitarian Review*, Jan.−Mar.1933, pp.12−14, at p.13; L. Lind-af-Hageby, "Fellow-Creatures: Reflections on Mind in Animals and Man."

[52] J. Tonge, "The Minds of Animals," *The Humane Review*, 6 (1905−6), pp.150−164, at p.163.

[53] H. S. Salt, *The Story of My Cousins: Brief Animal Biographies* (London: Watts, 1923), p.v.

[54] Elizabeth Knoll, "Dogs, Darwinism, and English sensibilities," in Robert W. Mitchell, et. al., *Anthropomorphism, Anecdotes, and Animals* (New York: State University of New York Press, 1997), pp.12−21.

[55] Elizabeth Knoll, "Dogs, Darwinism, and English Sensibilities," p.17; John George Romanes, *Mental Evolution in Animals* (London: Kegan Paul & Co., 1883), pp.344−345, 153.

[56] C. L. Morgan, *An Introduction to Comparative Psychology* (London: Walter Scott, 1894), p.51. 关于摩根法则的新诠释,参见 A. Costall, "How Lloyd Morgan's Canon Backfired," *Journal of the History of the Behavioural Sciences*, 29 (1993), pp.113−122; B. E. Rollin, *The Unheeded Cry: Animal Consciousness, Animal Pain and Science* (Oxford; Oxford University Press, 1989), pp.74−100。

[57] John M. MacKenzie, *The Empire of Nature* (Manchester: Manchester University Press, 1988), p.36.

[58] 关于生机论思想在动保运动中的普遍性,参见 Diana Donald, *Women Against Cruelty: Animal Protection in Nineteenth-century Britain* (Manchester: Manchester University Press, 2019), Chapter 6。

[59] F. P. Cobbe, *False Beasts and True*, p.v.

[60] H. S. Salt, "Among the Authors: Edith Carrington's Writings," *Vegetarian Review*, Nov.1896, pp.502−505, at p.502.

[61] H. S. Salt, *Literae Humaniores: An Appeal to Teacher* (London: William Reeves, 1894), p.15; *RSPB Annual Report, 1924*, p.31.

[62] W. H. Drummond, *Humanity to Animals: The Christian's Duty; A Discourse* (London: Hunter, 1830), p.16.

[63] John Ruskin, *Love's Meinie* (Keston: G. Allen, 1873), pp.6−9. 关于拉斯金参与此议题的全国辩论及其影响深远的教育思想，参见 Francis O'Gorman, "Ruskin's Science of the 1870s: Science, Education, and the Nation," in Dinah Birch ed., *Ruskin and the Dawn of the Modern* (Oxford: Oxford University Press, 2004), pp.35−56。

[64] P. H. Gosse, *A Naturalist's Sojourn in Jamaica* (London: Longmans, 1851), p.v.

[65] Edith Carrington, *Animal Ways and Claims* (London: George Bell & Sons, 1897), p.xviii.

[66] H. S. Salt, *Literae Humaniores: An Appeal to Teacher*, p.18; Edith Carrington, *The Extermination of Birds* (London: William Reeves, 1894).

[67] Frederick Milton, "Uncle Toby's Legacy: Children's Columns in the Provincial Newspaper Press, 1873−1914," *International Journal of Regional and Local Studies*, 5, no.1 (2009), pp.104−120, at pp.109, 116.

[68] Frederick Milton, "Newspaper Rivalry in Newcastle upon Tyne, 1876−1919: 'Dicky Birds' and 'Golden Circles,'" *Northern History*, 46, no.2 (2009), pp.277−291, at p.289.

[69] *RSPB Annual Report, 1911*, p.22; *SPB Thirteenth Annual Report, 1903*, p.7.

[70] "Anti-Vivisection Notes: Exhibiting of Living Pictures," *Animals' Friend*, Mar.1909, p.94.

[71] W. H. Drummond, *Humanity to Animals: The Christian's Duty; A Discourse*, pp.23−24; "Review of Sermons," *Voice of Humanity*, 1 (1830), pp.55−61; J. Styles, *The Animal Creation: Its Claims on Our Humanity Stated and Enforced* (Lewiston: Edwin Mellen Press, 2005; originally published in 1839), p.174; T. Forster, *Philozoia: Moral Reflections on the Actual Condition of the Animal Kingdom*; T. Forster, *A Collection of Anecdotes and Eulogies of Favourite Dogs*; H. S. Salt, *Literae Humaniores: An Appeal to Teacher*.

[72] 引自 *The Times* in F. O. Morris, *Anecdotes in Natural History* (London: Longman, Green, 1860), p.311。

[73] "Our Object," *Animal World*, Oct.1869, p.8.

[74] "Our Object," Animal World, Oct.1869, p.8.

［75］ W. H. Drummond, *Humanity to Animals: The Christian's Duty; A Discourse*, p.17.

［76］ F. P. Cobbe, "Instinct and Reason," *Animal World*, Nov.1869, pp.40−41.

［77］ "Anecdotes of Animal Intelligence," *Nature Notes*, Jan.1891, pp.15−18, at pp.15−16.

［78］ *SPB Fourth Annual Report, 1894*, p.3.

［79］ *Publications Committee Minute Books* of the RSPB, RSPB Archives.

［80］ O. R., "A Band of Mercy Meeting," *Band of Mercy*, Jan.1901, p.6.

［81］ "Our Conversazione," *Animal World*, May 1870, p.136.

［82］ H. S. Salt, *Literae Humaniores: An Appeal to Teacher*; Edith Carrington, *Wonderful Tools: With Numerous Pictures* (London: G. Bell & Sons, 1897).

［83］ Bernard Lightman, *Victorian Popularizers of Science: Designing Nature for New Audiences*, pp.167−218.

［84］ 单在 1896 年，"人道联盟"的儿童部门就举办了 369 场自然史演讲，并在 1897 年于近 20 个地区组织了幻灯片讲座。参见 HL's *Sixth Annual Report, 1896−1897* 以及 *Seventh Annual Report, 1897−1898*.

［85］ *RSPCA Annual Report, 1913*。

［86］ *SPB Fifth Annual Report, 1895*, p.5.

［87］ *SPB Fifth Annual Report, 1895*, p.5.

［88］ 英国国内的"怜悯小团"数量在 1888 年已超过 500 个、在 1896 年则已近 800 个。参见 "Sixty-Fourth Anniversary of the RSPCA," *Animal World*, Aug.1888, p.114; "A Few Thoughts Respecting Bands of Mercy, Sermons, and Addresses," *Band of Mercy Almanac*, 1896。

［89］ 关于推荐作品的列表，参见 "Band of Mercy Movement," *RSPCA Annual Reports*, 1913, pp.241−270, at pp.264−270; "A List of Books, Pamphlets, and Journals Likely to be Useful in Bands," in F. H. Suckling compiled, *The Humane Educator and Reciter* (London: Simpkin & Marshall, 1891), pp.513−520; "Books about Animals. Suitable for Prizes and Presents," in F. H. Suckling compiled, *The Humane Play Book* (London: G. Bell & Sons, 1900), pp.117−119。

［90］ "Natural History of the Year," *Animal World*, Apr.1873, p.56.

［91］ "Natural History of the Year," *Animal World*, Apr.1873, p.56.

［92］ "Notices of Books," *Animal World*, Mar.1872, p.86.

［93］ 威尔曾为"皇家防止虐待动物协会"的出版物以及许多自然史作家的作品绘制插图，包括伍德的作品。

［94］ "The History of the Robins," *Animal World*, May 1870, p.140.

［95］ Jonathan. R. Topham, "Scientific Publishing and the Reading of Science in Nineteenth-Century Britain: A Historiographical Survey and Guide to Sources," *Studies in History* and *Philosophy of Science*, 31, no.4 (2000), pp.559-612; Aileen Fyfe, *Science and Salvation: Evangelical Popular Science Publishing in Victorian Britain.*

[96] *RSPCA Annual Report, 1899*, pp.117-118.

[97] 关于这部作品的介绍，参见 Suzanne Sheffield, "Introduction," in A. Fyfe ed., *Science for Children, vol. 5*, pp.v-x。

[98] E. Carrington adapted, *History of the Robins and Keeper's Travels* (London: George Bell, 1895), p.i.

[99] 关于贝尔家族出版社在动保方面的出版品，参见其书后所附之广告页，Ernest Bell, *Fair Treatment for Animals* (London: George Bell & Sons, 1927)。

[100] Advertisement for George Bell & Sons' "Books About Animals," in *Animals' Friend*, 15 (1909), p.197.

[101] Ernest Bell, *Fair Treatment for Animals*, advertisement page.

[102] Ernest Bell, *Fair Treatment for Animals*, advertisement page.

[103] "Books About Animals," *Animals' Friend*, 15 (1909), p.197.

[104] 恩斯特·贝尔于 1910 年成立的"动物之友"，与刘易斯·贡珀兹于 1832 成立、于 19 世纪 40 年代后期停止运作的同名团体并非同一个团体。为免混淆，本书将贡珀兹成立的协会称为"动物之友协会"，而贝尔成立的协会仅称"动物之友"。

[105] Bernard Lightman, *Victorian Popularizers of Science: Designing Nature for New Audiences*, p.495.

[106] Bernard Lightman, "'The Voices of Nature': Popularizing Victorian Science," in Lightman ed., *Victorian Science in Context* (Chicago: University of Chicago Press, 1997), pp.187-211, at p.188. 还可参见 Bernard Lightman, *Victorian Popularizers of Science: Designing Nature for New Audiences*, pp.489-495。丁达尔为 19 世纪下半期著名的物理学家与科学自然主义倡导者。

[107] "科学自然主义者力图打破神学对于科学研究自启蒙时代以来的普遍支配；论者多服膺于经验主义，相信唯有建立在理性与经验上之知识，方为真实知识。至于其他获取知识的传统方法，如圣书、宗教权威、内在良知或直觉等，皆为其所驳斥。受自然主义（naturalism）影响，他们相信宇宙有其统一性（uniformity），一切现象，甚至包括人性与社会，皆受自然法则支配，故也应以自然法则解释之。"参见《论安妮·贝森的神智学转向：宗教、科学与改革》。

[108] 关于自然史书写中的母性传统，参见 Bernard Lightman, *Victorian Popularizers of Science: Designing Nature for New Audiences*, pp.95-166。

[109] Edith Carrington, "Miss Edith Carrington: Portrait and Autobiography," *Animals' Friend*, Aug. 1894, p.24.

[110] Edith Carrington, "Miss Edith Carrington: Portrait and Autobiography," *Animals'*

Friend, Aug.1894, p.24.

［111］参见卡灵顿的作品，如《为无法发声者上诉》（*Appeals on Behalf of the Speechless*, 1892）、《交付人类手中的受造物》（*The Creatures Delivered into Our Hands*, 1893）、《表姐的好帮手》（*Cousin Catherine's Servants*, 1897）、《农场大家庭》（*Round the Farm*, 1899）和《无人问津》（*Nobody's Business*, 1891）。

［112］John F. M. Clark, "The Irishmen of Birds," *History Today*, Oct.2000, pp.16–18, at p.17. 关于这场争议，参见 J. F. M. Clark, *Bugs and the Victorians* (New Haven: Yale University Press, 2009), pp.177–186。

［113］"The Good Intentions of Nature Explained," *The Pall Mall Gazette*, Feb.9, 1894, p.4.

［114］W. H. Chesson, ed., *Eliza Brightwen: The Life and Thoughts of a Naturalist* (London: T. F. Unwin, 1909), pp.xxx–xxxi.

［115］Eliza Brightwen, *Wild Nature Won by Kindness* (London: T. Fisher Unwin, 1890), p.13.

［116］*SPB Third Annual Report, 1893*, p.1; M. L. L., "Linda Gardiner," *Bird Notes and News*, 19 (1941), pp.91–93, at p.91.

［117］Roger Cooter and Stephen Pumfrey, "Separate Spheres and Public Places: Reflections on the History of Science Popularization and Science in Popular Culture," *History of Science*, 32 (1994), pp.236–267; Stephen Hilgartner, "The Dominant View of Popularization: Conceptual Problems, Political Uses," *Social Studies of Science*, 20, 3 (1990), pp.519–539; James A. Secord, "Knowledge in Transit," *Isis*, 95, no.4 (2004), pp.654–672.

［118］Aileen Fyfe and Bernard Lightman eds., *Science in the Marketplace: Nineteenth-Century Sites and Experiences* (Chicago: Chicago University Press, 2007).

［119］关于持此见解的著作，参见 James Secord, *Victorian Sensation: The Extraordinary Publication, Reception, and Secret Authorship of Vestiges of the Natural History of Creation* (Chicago: Chicago University Press, 2000); Aileen Fyfe, *Science and Salvation: Evangelical Popular Science Publishing in Victorian Britain*; Geoffrey Cantor and Sally Shuttleworth eds., *Science Serialized: Representation of the Sciences in Nineteenth-Century Periodicals* (Massachusetts: The MIT Press, 2004); Geoffrey Cantor et al., *Science in the Nineteenth-Century Periodical* (Cambridge: Cambridge University Press, 2004); Bernard Lightman, *Victorian Popularizers of Science: Designing Nature for New Audiences*。

［120］关于这些新发展，参见 Lynn K. Nyhart, "Natural History and the 'New' Biology," in Nick Jardine et al ed., *Cultures of Natural History* (Cambridge: Cambridge University Press, 2000), pp.426–443; Peter J. Bowler and Iwan Rhys Morus, *Making Modern Science: A Historical Survey* (Chicago: University of Chicago Press, 2005), pp.165-188。

[121] James A. Secord, "The Crisis of Nature," in Nick Jardine et al. ed., *Cultures of Natural History* (Cambridge: Cambridge University Press, 2000), pp.447-459, at p.449.

[122] 关于近年科学界和社会中对拟人化之价值与作用的重新评估，参见 J. S. Kennedy, *The New Anthropomorphism* (Cambridge: Cambridge University Press, 1992); Mitchell et al. eds., *Anthropomorphism, Anecdotes, and Animals* (New York: SUNY Press, 1997); Dastin Lorraine and Gregg Mitman eds., *Thinking with Animals: New Perspectives on Anthropomorphism* (New York: Columbia University Press, 2005)。

第四章

挪用演化论传统：
达尔文掀起的动物伦理革命？

查尔斯·达尔文（Charles Darwin, 1809—1882）于 1859 年出 213
版了《物种起源》。这本书普遍受到 20 世纪以来当代渴望彻底
改善人与动物之间伦理关系的动物保护人士欢迎，被他们视为人
与动物关系史上最具颠覆性的历史性大事。当时的动保人士认为
达尔文的思想大大削弱了好几个世纪以来阻碍社会进步的犹太／基
督教传统的影响力，使人对动物的态度有望变得更开明。哲学家彼
得·辛格同样深信，是基督宗教造成了西方对动物的物种歧视，并
认为"达尔文主义思想为我们全面改变对非人动物的态度奠定了基
础"，他也因此对 19 世纪的动保运动者未能发现达尔文理论在这方
面的重大含义深感遗憾。[1]哈佛法学院的史蒂芬·怀斯（Steven
Wise）亦认定，长期支配西方基督教思想的"众生序列"（the
great chain of being）概念导致了人类对动物的长期压迫，他将达
尔文比作勇敢推翻固有理论的伽利略，并将《物种起源》视为对
"众生序列"这一顽固观念的致命一击。他与辛格同样对演化论
满怀希望，认为若达尔文的思想若能深入人心，动物的命运就不 214
会这般悲惨。[2]达尔文更常被视为"新"动物伦理学的先驱，其
"开创性"思想被推崇为人道对待动物之历史上的重要里程碑或分
水岭。这样的说法比比皆是，尤其是在当代倡议善待动物的文学
作品中。

然而，达尔文是否真的称得上是动物伦理上的革命性人物？或许正是由于当时运动者先入为主的认定，相关研究反倒甚为匮乏。大多数的动保运动史学叙事，要么未经查证即直接认定达尔文强化了人们对动物保护的关注，要么片面撷取达尔文著作的文字作为证据。[3]这类普遍问题，终而令部分史家试图修正。罗德·普利斯（Rod Preece）领头挑战达尔文被赋予的"神话式"地位。他强调，在达尔文以前，演化论思想已在英国社会广泛传播，第一代的达尔文主义科学家亦往往倾向于拥护动物实验，因此达尔文的思想"对于动物的待遇并未带来新颖或正面的影响"。[4]罗伯·布迪斯（Rob Boddice）佐证了普利斯的主张。他以实例说明了狩猎支持者和动物实验科学家等群体曾积极利用由达尔文主义衍生而来的亲缘关系理念，以此证明虐待动物的正当性，所以达尔文思想实则强化了人类中心主义。[5]

215 在这一章，我将首先跳脱上述单纯正面或负面的判定，力求充分呈现演化论和达尔文主义对动物伦理发展的多重冲击和影响。过往对达尔文主义影响的评估，往往脱离其历史社会背景，认为思想或文本具有独立存在的内在意涵，不因其在不同历史背景下的用途而有所改变。这不但会产生不合时宜的理解，还会陷入罗杰·夏蒂埃所告诫的"自圆其说"之陷阱，即将自身对文本的解读等同于"普遍的见解"。[6]为避免陷入这类常见于思想史——特别是动物伦理思想史——研究中的谬误，本章会将思想置于历史脉络中考量，视其具有"历史性"，亦即"其意义会受既有传统、用途和历史能动者所建构"。[7]若要尝试解答演化论对人与动物关系的影响这一宏大的历史问题，我们必须考虑到具有诠释能力的各种历史能动者与群体，曾经在不同时空和情境中确实运用了演化论传统。本章首先将重点锁定在人与动物关系之伦理的重要推动者之一——动物保护运动，探讨运动者曾如何挪用演化论思想来推进动保事业，尤其是在 19 世纪末 20 世纪初达尔文主义于科学界渐占主导地位之时。

本章的研究重点受惠于达尔文研究的多方面发展，而这些发展同样受思想史的新发展所启发，趋向于强调思想脉络及其效用。由此趋势，达尔文研究也发展出几项研究重点：其一是对于科学界所谓"达尔文革命"概念的质疑；其二则是出现了更多对达尔文主义的实际接受程度的研究。

学者开始修正传统思想史中聚焦于"伟大"思想家、高深理 216 论、经典文本或某一突破性事件的做法。在过去几十年间，科学史家开始将达尔文及其思想置于愈益广泛的多重历史脉络中，例如考虑到通信技术的发展以及社会和政治观念的转变，从而纠正了科学思想研究中的"达尔文中心主义"（Darwinian centricism）。[8] 在人们将达尔文思想重新置于妥当的脉络后，渐渐发现该思想不如从前认定的那般具有开创性，不是想象中那般广为人们接受，亦未曾"震撼"世界。至于种种曾被认为因达尔文而产生的争议和转变，与其说达尔文的思想产生了这些新的思维，不如说达尔文只是带来了这些新思维出现的契机。[9] 此外，新一代的学者为充分揭示达尔文思想的实际历史影响，也研究了这些思想是怎么在不同时代、地点和背景中被不同群体所接纳和诠释的。事实上，许多群体因不同甚至相互冲突的社会和政治目的而挪用了达尔文主义，其目的包括从自由放任资本主义、帝国主义、军国主义，到社会主义、和平主义，以及"关于女性之能力和角色的各种观点"，[10] 证明了文本的意义和用途最终并不取决于文字的意义本身，而是要视何人、何时，以及他们如何阅读和使用该文本。

受以上种种史学发展趋势的启发，本章试图通过探讨动物保护运动与达尔文理论的实际磨合过程，重新评估被放置在历史脉络中的达尔文主义在动物伦理发展方面的意义。若将关注重点放在动保运动对达尔文主义的接收，我们的发现恰与一般假设相反——在19世纪的大部分时间里，任何演化论思想和后来的达尔文主义其实从未被主流动保运动所接纳，更遑论运动者会积极将其应用于动保事业，而这可归因于达尔文主义在当时所具有的负面含义和关联。主流动保运动本身的意识形态、社会大众对达尔文主义的观感、演化论被作为支持动物实验人士的挡箭牌，以及达尔文本人在动物实验争议中颇具重大象征意义的个人意向等因素，都可以解释动保改革者何以疏离演化论思想。直到19世纪末，这样的情况才逐渐有所转变，大部分运动团体开始消除对各种演化论思想的戒心，并积极重新阐释与包装，使其成为可为各种运动目标服务的思想资源。这一历史分析将使我们看清，达尔文主义本质上并无法对动保的愿景带来必然有利或不利的影响，一切都取决于历史行动者如何发挥其具有创造力的能动性，这才是科学理论带来现实影响的决定性因素。[11]

达尔文与前人的演化论传统

1859年，达尔文在《物种起源》一书中提出了他的生物演化理论，指出地球上的所有物种在历史长河的起点都有着共同的祖先，通过自然选择的机制而经历了多种多样、为适应环境而产生的演变。达尔文当然深知这种思想在其时代的争议性，因此他只在《物种起源》的结尾隐晦地写道，他的理论将会"投射光明"到人类的起源上。[12] 直到十多年后，他于另一著作《人类的由来》（*The Descent of Man*, 1871），才正式将演化论应用于解释人类的生物和社会发展。

达尔文的两本著作确实在出版后即引起广泛争议，不过，在欧洲思想中，生物的有机演化观念并不是什么新鲜的思想。自启蒙运动以来，欧洲已有学者开始探究人类起源以及不同人种和动物之间的关系。[13] 而达尔文的想法可以说是其时代的产物，并非由他独自凭空构想出来。学者亦已证实达尔文演化论中有许多元素远非新创造，只是沿用了他人看法。比如说，现代生物分类学之父卡尔·林奈（Carl Linnaeus, 1707—1778）在进行生物分类时，已将人类与猿类一同划入"拟人目"（Anthropomorpha，现已被"灵长类"取代）；博物学家布丰（Comte de Buffon, 1707—1788）在其百科全书式巨著《自然史》（*Histoire naturelle*, 1766）中亦承认了人类与猿类除了在心理上有所不同之外，在生理上有着诸多相似之处。而认为地球上的生命体都是从更原始的形式进化而来，在当时被普遍称作"兼变传衍理论"（transmutation theories）的演化思想，从 18 世纪开始就有不少追随者，例如法国生物学家拉马克（Jean-Baptiste Lamarck, 1744—1829）、达尔文的祖父伊拉斯谟斯·达尔文（Erasmus Darwin, 1731—1802）、法国博物学家简·文森特（Jean Baptiste Bory de St. Vincent, 1778—1846）和艾

218

第四章 挪用演化论传统：达尔文掀起的动物伦理革命？ 245

蒂安·圣伊莱尔（Étienne Geoffroy Saint-Hilaire, 1772—1844），以及英国动物学家罗伯特·格兰特（Robert Grant, 1793—1874）。在社会理论方面，人口学家托马斯·马尔萨斯（Thomas Malthus, 1766—1834）在论及人口增长及其经济影响的著作《人口论》（*Essay on the Principle of Population*, 1797）中，也曾指出为有限的资源而斗争是生物的生存现实。哲学家兼"社会达尔文主义"之父赫伯特·斯宾塞更早在 1851 年就在其论文《发展假说》（"The Development Hypothesis"）中公开支持过拉马克的演化模型，并应用"适者生存"的概念来描述人类社会的发展，以此来支持自由放任资本主义。诚然，以上有关地球生命会经历演化的讨论主要发生在学者中间，当时的一般民众可能不太会留意到，因此演化论思想仍未曾为大众所熟知。但是到了 1844 年，出版者兼作家罗伯特·钱伯斯（Robert Chambers）匿名出版了《受造物之自然史遗迹》（*Vestiges of the Natural History of Creation*），大胆地主张人类就是从软体动物和无脊椎动物等"低等"生命的连续改进中演化而来的。虽然钱伯斯刻意去除演化论过往所具有的激进甚至革命性意涵，但这般"离经叛道"的著作仍然迅速在维多利亚时期的英国轰动一时，终而使演化论成为上至王公贵族下至工人阶层的茶余饭后的话题，成为"上帝创造论"之外有关生命起源的另一说法。可见早在《物种起源》出版之前，关于物种可变性和现有物种是由少数原始生物体演化而来的概念，不仅已为英国民众所熟知，更已在社会中引起过激烈争论。[14]

　　若是如此，达尔文的理论究竟有何独特之处？虽说在达尔文以前，演化论观点已经被广泛用于解释地球漫长的生命发展历程，然而对于一种生命形式到底如何演变成另一种生命形式的机制，其实还没有人能给出令大家满意的解释。在传统自然神学思想的影响下，时人普遍认为生命的进程是一个慢慢展开的神圣计划，每个阶段都反映出造物主的关怀和智慧。例如，钱伯斯相信生物对于环境的适应过程是根据上帝的计划而发生；拉马克一派的演化论者则认为将后天获得的特征遗传给后代是物种自然演变的基础。在《物种起源》一书中，达尔文却首次提出了"自然选择"这种新机制来取代造物主的角色。大约在同时，博物学家阿尔弗雷德·华莱士也提出了同样的理论。

在 20 世纪 30 年代之前，达尔文和华莱士关于"自然选择"带动生物后代演化的思想，实际上从未为公众或科学界所广泛承认。不过，达尔文的文化影响力仍大大推动了生物演化这个一般性概念的普及。在 19 世纪七八十年代，初露头角的专业科学家以及大批涌现的科普作家使得演化论（虽然未必是达尔文的自然选择理论）至少已为受教育阶层所普遍接受，并从此进入知识分子圈以及大众文化之中。[15] 19 世纪后期，有趣的情况出现了，再度质疑了所谓"达尔文革命"的真实性。当时，虽然达尔文的名字几乎已成为演化论的同义词，但真正由他首创的自然选择理论（theory of natural selection）却一直被同时代的其他诸多竞争理论掩盖光芒，进入了所谓的"达尔文主义的日蚀"（the eclipse of Darwinism），此"日蚀"一直持续到 20 世纪 30 年代才结束。[16]

演化论作为一种涉及生物阶层，尤其是人与其他动物之间的本体论关系的智识传统，自然在看待人与动物的关系方面具有一定的伦理意义。提出演化理论的学者或其评论者，也经常会或

220

开玩笑或庄重地思考这方面的伦理问题。钱伯斯后来为其著作《受造物之自然史遗迹》出版了续篇《解释：〈受造物之自然史遗迹〉续篇》(*Explanations: A Sequel to "Vestiges of the Natural History of Creation"*, 1845)，更深入地阐释了前书的论点，此书同样非常畅销。该书指出，既然现在人类已明白动物只是"相对我们这种完善的生命形式而言比较落后的一种……我们必须尊重动物的权利，如同我们彼此尊重一样。我们甚至必须尊重动物的情感。"[17]英国讽刺漫画杂志《笨拙》(*Punch*)于1861年刊载了著名的漫画《猴阿纳》(*Monkeyana*)，其描绘了一只大猩猩举着标语牌发问道："我是人吗？是你的兄弟吗？"此问句模仿了反奴隶运动的一句著名标语："难道我不是人吗？不是你的兄弟吗？"这也暗示了演化论对人与动物关系的潜在伦理影响，尤其是当时的动物保护运动亦经常自称承续了反奴隶运动的精神。[18]奥伯伦·赫伯特(Auberon Herbert)是位斯宾塞激进分子兼素食主义者，在1872年担任诺丁汉的自由党议员时带头推动了《野鸟保护法》的颁布，他于1876年在《泰晤士报》上发文，质问从事动物实验的科学家是否曾"停下来细想这一新概念'演化论'的道德意涵；这种'人与动物之间'已被证实的亲缘关系是否会给其中一方带来某种新权利，以及给另一方某种新义务？"。[19]

221 　　到了19世纪80年代，演化论已逐渐获得社会的广泛承认，并且普遍被认为意味着人对动物负有道德责任，我们可以想象，一直留意着有何思想资源可供挪用的动物保护运动者，按道理不会放弃挪用演化论来实现运动目标的机会。然而，情况并非如此。虽然当时的主流动保团体已在其教育和宣传工作中大量挪用自然史知识，但他们却有意回避自然史知识中与演化思想相关的内容。虽说动保运动也一直强调人与动物之间的相似性，希望借此提高动物的地位，不过他们主要采用的还是自然神学传统的角度，几乎完全不会提及演化论的观点。动保运动者始终谨慎地与演化论——尤其是达尔文主义——保持着安全距离。19 世纪 70 年代末，反动物实验运动进行得如火如荼之时，动保运动者原先对演化论的保守态度更变成了公开的敌意，反动物实验运动本身亦成为社会上反对达尔文主义和科学自然主义的主要势力。[20] 当时不难见到动保运动公开蔑视演化论的各种声明和举动，例如在伍尔弗汉普顿（Wolverhampton）举行的两次社区互进会集会上，演讲者曾高呼道："我们不需要达尔文的理论来肯定每个人对于动物应负的责任。"[21]"皇家防止虐待动物协会"则在 1882 年达尔文逝世时，发出了一则耐人寻味的讣告，揭示了动保运动本身的立场及其对达尔文主义的矛盾态度。讣文虽然称赞赏达尔文的工作提升了"人类对低等动物的评价"，但又称这并非其倡导的演化论的功劳，而是由于达尔文"对动物习性……以及本能、情感和理解能力的观察"。从来对于上帝之存在不置可否的不可知论者达尔文，在讣文中甚至被说成是因遵循《圣经》的教导而"向蚂蚁学习智慧"！此类话语原本源于自然神学传统，与 19 世纪后期达尔文主义所大力促成的科学自然主义世界观的立场大相径庭。[22] 至于演化论及其对动保目标的影响，可想而知，讣文对此只字未提。

  为何当时的动保运动会对演化思想敬而远之？原因是多方面的。首先，演化理论在挑战基督教创造论的同时，其实也等同于挑战了运动所仰赖的基督教思想基础和道德观。其次，强调"适

222

者生存"的达尔文主义与唯物主义以及科学自然主义之间有着强大的关联，这难免会引发人们对其理论的道德效应的担忧；而事实上，当时支持动物实验的团体亦曾积极挪用达尔文主义以达成其目的。此外，达尔文本人对于动物实验的支持，同样令动保人士深为反感。以上种种因素，使得动保运动者难以热切拥抱演化论，这种情况直到19世纪和20世纪之交才有所改变。

我们"从最高的立场"——"即上帝圣言"——看待问题[23]

对于相信《圣经》的创世描述字字为真的基督徒来说，扬言地球生命是演化而来的演化论，自然是对基督教核心教义神创论的直接冲击，同时也威胁到人类在基督教世界观中的特殊地位。根据演化论的观点，人类不是按照上帝的形象创造的特殊存在，而是像其他所有动物一样，经历漫长、缓慢的演化过程而来的偶然产物。虽然达尔文在《物种起源》中只隐晦地暗示了所有生物均起源于一种最原始的生命形式，而且他亦绝非第一个称人类起源于动物或者起源于类人猿的思想家，但其理论涉及的人类起源这部分，仍在接下来数十年间引起了批评者最激烈的反应。在《物种起源》出版以前，基督徒面对演化思想的冲击时，有部分人会转而相信《圣经》中的创世记载不应按字面理解，如此演化论尚能与有神论信仰共存。然而，许多基督徒都属于"经律主义者"，坚持《圣经》字字如实，应直接按字面意义理解，他们

自然拒绝为演化论而改变其信念。此时达尔文的《物种起源》又
重新引发了这一争议，即使是动保运动中的经律主义基督徒运动
者，也同样不支持达尔文。若物种的演化是真实的，那么动保运
动论述中一些关键的神学概念，例如神创论和万物造物主的存
在，将需要彻底更正。因此，当时动保运动为求"自保"，经常
会发声攻击演化论，尤其是极力否认人类与类人猿之间的联系。
在"全国反动物实验协会"1904 年末的盛大年会上，曾有一位来
自伦敦东区的代表在演讲中幽默地评论道：

> 很久以前有个人，现在已经不在了，他说我们都是从猴
> 子进化而来的：又一个"科学观点"。那个人好像叫达尔文
> 吧？好吧，他可以把这非同凡响的自负狂言用来形容自己。
> 现在台上就站着一个小伙子，他可不是……（笑声）……从
> 猴子变来的！[24]

英国圣公会牧师兼博物学家 F. O. 莫里斯是坚定的反动物实
验人士，同时亦积极参与保护鸟类的工作，并会定期给"皇家防
止虐待动物协会"的《动物世界》刊物撰稿。在其诸多作品中，
随处可见对达尔文主义的批评。莫里斯在《达尔文主义的难题》
（ *Difficulties of Darwinism*, 1869 ）、《达尔文主义的双重困境》（ *The
Double Dilemma in Darwinism*, 1870 ）和《专属轻信者的达尔文主
义》（ *The Demands of Darwinism on Credulity*, 1890 ）等著作中，毫不
留情地嘲讽万物同源之想法为荒谬至极，并警告读者要小心演化
论的负面道德效应，甚至称《物种起源》实为"叛道起源"。[25]

动保运动向来认为缺乏宗教虔敬心会滋生出残酷，莫里斯也同样坚信这个观点，他形容达尔文主义、不虔信与残酷之间有着"一生二，二生三"的关系。[26]他尤其不齿那些尝试挪用演化论思想的动保运动者，被他强烈谴责过的包括反对动物实验的苏格兰医生罗伯特·劳森·泰特（Robert Lawson Tait, 1845—1899）。莫里斯曾于1870年在《动物世界》发表一系列文章反驳泰特的观点。[27]

"全国反动物实验协会"名誉秘书长史蒂芬·柯勒律治是从19世纪90年代末至1920年反动物实验运动的主要发言人之一，同样坚决反对任何涉及物种演变的理论，特别是达尔文版本的演化论。柯勒律治曾在刊于《动物捍卫者与爱好者》（*The Animals' Defender and Zoophilist*）的一篇社论中，嘲讽达尔文关于人和猿的尾巴消失是由于长期摩擦的解释，指达尔文"作为一个科学家，竟然连任何荒谬理论都能搬出来解释那个附肢的消失"。[28]即使后来支持动保运动的国会议员兼自由思想者乔治·格林伍德爵士站出来为达尔文辩护，反对柯勒律治无理攻击这位科学伟人及其理论，但柯勒律治仍坚持其看法，并宣称："我一直在心中认为《人类的由来》一书充满了风趣机智的内容；而且我想连'奇幻讽刺文学作家'斯威夫特（Jonathan Swift, 1667—1745）也写不出比坐着摩擦会使尾巴消失更荒诞的说法了。"[29]

即使对于愿意接受人类来自灵长类动物之说的基督徒而言，达尔文的自然选择理论同样令人担忧，他们认为这个理论会严重动摇动保运动的道德基础。最常由此角度来抨击达尔文主义的动保运动者，要数弗朗西斯·珂柏。珂柏在19世纪七八十年期间领导了反动物实验运动，而此前她已是一位著名的女性主义者、记者，以及关注宗教、道德和社会议题的作家。珂柏具有正统福音派传统的家庭背景，成年后转而成为有神论者。脱离了福音派思想枷锁的珂柏并不反感生物演化的观点，且认为人类拥有猿类祖先亦没什么值得羞耻。然而，与许多仍然相信只有人类才具备道德和灵性的维多利亚时代英国人一样，珂柏反对的是达尔文在《人类的由来》中认为道德良心也是人类历代祖先为适应环境所形塑而成的观点。珂柏认为这个解释是"当今各方就道德提出的理论中最危险的异端邪说"。[30]达尔文在《人类的由来》提出，　　225
人类的智力、道德感和精神生活与其他生物的官能并无不同，同样是通过自然选择过程演化而来的。相信道德具有绝对性与神圣本质的珂柏，自然无法苟同如此说法。她认为达尔文此说即意味着人类不再拥有由神独赐且永恒不变的道德能力，人类在众受造物之中的独特性也就随之消散。道德感自此沦为效益主义式的生存本能和历史环境作用下的一种"偶然"产物，道德之内涵亦可能因"生存需要"而更替。珂柏和持类似观点的人难免忧心，他们视为神圣的人类道德观念在"适者生存"法则之下有可能会遭到淘汰。说到底，动保运动最终是一场诉诸道德伦理之运动，道德观念若遭到动摇，动保运动也将面临崩塌。[31]自由主义基督教神学家兼《旁观者》（*The Spectator*）周刊的编辑 R.H. 赫顿（R.H. Hutton, 1826—1897），与珂柏同样忧虑不可知论、唯物主义和效益主义倾向可引致的广泛负面道德效应，质疑自然选择论以及将其用来解释人类道德的做法，坚信每个人均是拥有道德自主性的主体。他担心，达尔文所提出的基于生存斗争的自然选择原则会"消灭人性中的一切高尚品德"，使"弱肉强食"正当化，并且令人性中的"克己忘我、怜悯弱小、爱护穷苦"之精神，在现代生活中从此缺席。[32]

而反动物实验运动本身已对"生存斗争"和"适者生存"之类的观念十分反感，尽管这些观念起源于马尔萨斯与斯宾塞等思想家的社会学著作，但此时却已与达尔文主义紧密联结，因此达尔文主义自然成为动保者的主要炮轰对象。长久以来，"利他主义 vs. 利己主义""基督的牺牲精神 vs. 科学的自私本质"之类的二元对立框架一直常见于反动物实验运动的论述。从动保者的角度来看，自然选择理论将大自然描绘成"腥牙血爪"的可怖形象，即暗示了社会中各种形式的压迫均属"自然"，并且支持了动物实验背后的"强权即道理"之逻辑。如此推论下去，恐怕在以后的世界里，《圣经》中耶稣的话语也不再适用了，而是要更改成"强者必承受地土，弱者被践踏如尘土"。由于动保者坚信在"基督教道德"和"达尔文主义道德"[33]之间别无他选，因此他们认为有必要首先稳站在象征前者的反动物实验立场上。

对动保人士而言，反动物实验运动也是具有更长战线的对抗科学自然主义、唯物主义和不可知论的激烈抗争的一部分。从19世纪60年代开始，支持动物实验的阵营就高举无神论的自然主义世界观大旗，此时他们更积极挪用达尔文的著作作为思想武器，此举难免加剧了反动物实验运动者对达尔文思想的戒心。历来演化思想都是自然主义世界观的主要支柱之一，达尔文提出的理论亦使得演化论更加获得学界的重视和承认。托马斯·赫胥黎、约翰·丁达尔和威廉·克利福德等科学自然主义者，更刻意借助达尔文之名与其学说，在当时社会上激起一场"关于以自然主义或科学方法理解人类与自然的有效性的广泛争论"。[34]与此同时，信奉自然主义的新兴专业科学家迫切争取各种制度和方法上的改革，例如提倡实验方法和实验室在科学研究上的重要性、以"生物学"取代传统的自然史研究、促使生理学成为生物学中的主要学科，以及在生理心理学中开创有望能为人类思维提供自然主义解释的大脑定位技术。[35]科学自然主义者致力于摆脱传统神学对科学探究的影响，并在社会中带来一股清新的"受科学主导之文化"，[36]以上种种改革都是达成此最终目标的必要步骤。作为这股改革力量的主要引擎，达尔文主义无可避免地成为反动物实验运动及其背后的道德理念的重大威胁。

227

最让反动物实验者反感的是，许多科学家高喊"生存竞争"与"弱者牺牲"等自然法则，企图为动物实验辩护。支持动物实验的阵营不时会诉诸"弱肉强食"的自然世界秩序，作为其效益主义论点的延伸。他们指出大自然本身就是喋血的，生物相争每天无休止地发生着，因此强者利用弱者以确保自身生存纯粹是自然之道，人类拿弱小的动物作实验品亦然。在1875年的"形上学学会"（Metaphysical Society）会议上，支持动物实验的自由党议员亚瑟·罗素伯爵（Lord Arthur Russell, 1825—1892）发表了一篇讨论动物实验问题、题为"人类对于低等动物之权利"的文章，文末如此总结："利用动物的生命来获取食物或知识，是人类在生存斗争中与生俱来的权利，绝非不必要或不负责任的行为。"[37]赫胥黎亦表示极度赞同该文章的内容。支持动物实验的"生理学会"（Physiological Society, 1876）主要创始人兼著名剑桥生理学家迈克尔·福斯特（Michael Foster, 1836—1907），亦曾在1874年于

《麦克米伦月刊》（*Macmillan's Magazine*）撰文写道："达尔文先生指出所有生物都受'生存竞争'所影响……人类存在的境况，赋予人类有权利用他周遭的世界，包括其中的动物生命，来协助人类自身的求生斗争。"[38] 类似的论点，后来也出现在医学杂志《刺络针》（*The Lancet*）中："大自然是满手血腥的……所有动物相互捕食，弱者恒败。"[39] 前任英国首相 W. E. 格莱斯顿（W. E. Gladstone, 1809—1898）的私人医生兼皇家医师学院院长安德鲁·克拉克爵士（Sir Andrew Clarke, 1826—1893）曾在 1892 年给在福克斯通（Folkestone）举行的圣公会"教会大会"发电报，当中有一段话后来经常被人引用，其宣称"生命之法即牺牲之法，无人能逃"，动物实验只要是出于必要，不但是人类的"特权"，更是"道德责任"。[40]

最后，关键性决定反动物实验运动对演化论传统的态度的，是达尔文对动物实验的态度。作为演化论的象征人物以及具有巨大文化声望的达尔文，直接参与有关动物实验的争论，并明确站在支持动物实验的一方，这使主流反动物实验运动与演化论传统在 19 世纪七八十年代彻底决裂。此外，19 世纪英国的生理学界普遍接纳了演化论观点，这与欧洲大陆其他国家的状况稍有不同。[41] 这一因素或多或少亦可能影响了动保人士对演化论的观感。但是达尔文个人在 19 世纪 70 年代至 80 年代初期动物实验争议中的立场，无疑使动保运动与演化论传统更加疏离。

撇开动物实验的问题不谈，达尔文本身可称得上是典型的"爱护动物的英国人"。他非常关心驯化动物，厌恶任何对它们的不必要伤害。对于家中宠物，达尔文也是十分慈爱尽责的主人，他与狗儿"波利"的感情尤其深厚。而在他担任地方治安法官时，亦处理过不少当地农场工作人员虐待动物的案件。[42] 同时，达尔文与妻子艾玛·威治伍德（Emma Wedgwood, 1808—1896）也是"皇家防止虐待动物协会"的长期捐款人，二人曾于 1863 年写信给园艺期刊《园丁纪事》（*Gardener's Chronicle*），批评狩猎场使用钢制捕兽器对付捕食鸟类的所谓"害兽"之做法，并向"皇家防止虐待动物协会"提供了 50 英镑，作为提供给能发明出更人道的捕兽工具者的赏金。然而，在动物实验问题上，尽管达尔文本人未曾亲自以动物为实验对象，但他也毫不介意引用一些曾在动物身上进行的生理实验研究。据他本人在《人类和动物的情感表达》（*The Expression of the Emotions in Man and Animals*, 1872）中所引述的，这些研究对动物来说往往"非常痛苦和漫长"。[43] 达尔文亦声称自己一想到动物实验，就会"因惊恐而感到恶心"，229甚至晚上无法安睡。但与此同时，他在 19 世纪 70 年代时又极力反对由珂柏领导的争取彻底废除动物实验的运动，反而站在支持动物实验的阵营。[44] 尽管达尔文一向尽量避免卷入有关动物实验的社会争议，但事实上他仍对这一议题非常关注。1875 年，当珂柏开始紧锣密鼓地推动一项监管动物实验的法案时，忧心忡忡的达尔文终于按捺不住，赶忙与其他科学家商讨如何维护科学界的利益。不久后，一项抗衡法案在达尔文的全力支持下诞生，并由科学家里昂·普莱菲尔（Lyon Playfair, 1818—1898）在下议院中提出。此法案虽然一定程度上限制了不必要的残酷实验，但仍为动物实验的发展保留了不少空间。[45] 当"皇家动物实验调查委员会"邀请达尔文作证时，尽管他宣称对于不必要地不为动物施予麻醉之实验"深恶痛绝",但也在总结时指出,考虑到以活体动物进行实验有可能取得造福人类的成果,完全废止动物实验"将是巨大的祸害"。[46]

达尔文这一番权威发言,随即被支持动物实验的团体多次引用,达尔文此后就动物实验所作的声明也无一例外。尽管素来低调、不爱出风头的达尔文极力拒绝成为动物实验阵营的代表,但他在私下和公开场合都毫不忌讳地表达了对实行动物实验的科学家的认可和支持。比如说,达尔文曾写信给支持动物实验的代表团体"生理学会"主席乔治·罗曼尼斯(George Romanes, 1848—1894),表达自己很荣幸当选为该学会的荣誉会员,并特别表示"以文字对抗反对动物实验的偏执人士,就如用芦苇阻止洪流一样无望",示意与对方同仇敌忾。[47]1881 年,当生物医学界利用国际医学大会(International Medical Congress)的机会发起反对限制动物实验的公开运动时,达尔文应一位瑞典教授的请求,再次公开表态,于《泰晤士报》上重申了他对动物实验的一贯坚定立场:

> 我深信,阻碍生理学进步即等同于犯下反人类的罪行……至于我自己,我可以向大家保证,我永远尊重每一位致力于发展生理学这门崇高科学的人。[48]

《爱丁堡晚报评论》(*Edinburgh Evening Review*)形容这番发言为"一枚投向反动物实验阵营的重磅文字炸弹"。[49]该言论亦随即掀起了轩然大波,在媒体上引发了又一场争论。[50]达尔文后来再次写信给他的"同志"罗曼尼斯，回应了那些针对他的攻击，包括珂柏在《泰晤士报》上的尖锐反驳，他写道："我认为我也有责任共同分担所有生理学家遭受到的粗暴对待。"[51]同年稍后，19世纪末最大的反动物实验团体"维多利亚街协会"通过 1876 年动物实验管制法案起诉生理学家大卫·费里尔（David Ferrier, 1843—1928）。在这场审判中，支持与反对动物实验的两方再次对峙。费里尔是大脑定位术的先驱，他通过无数次的动物实验证明了大脑皮层刺激和运动功能之间的相关性。此时，达尔文再次投书至该案件的辩护方《英国医学期刊》（*British Medical Journal*），表达自己全心认同和欣赏费里尔的研究。[52]

231

　　达尔文屡次对动物实验阵营的公开支持，已彻底激怒反动物实验一方。动物保护人士难以相信一名爱狗之人会采取如此立场，因为动物实验的受害者往往也包括狗，达尔文所取的立场必会"延长和增加对这些动物的折磨"，他们同时惊讶于"提出此学说［演化论］的科学家竟声称我们有权使用与人共为亲族的可怜动物作为实验品"。[53]按珂柏的理解，这一定是由于达尔文身边的"动物实验帮派"，这些人"不断游说达尔文支持他们的做法……直到他们终于令人遗憾地把这个连苍蝇叮咬小马脖子都会极力阻止的人，成为动物实验的支持者……以此身份站在全欧洲面前"。[54]正如一位对演化论的伦理效应持有特定立场的评论者所言，"按照任何逻辑"演化论都应该能引起大众对动物的加倍关心，但"一些自称演化论者"实际上却是动物保护运动"最大的敌人"，这情况实在"背离常理"。[55]

"但达尔文曾活于这世上!"[56]

尽管动物保护运动一直对演化论持保留态度,但运动中也渐渐有人开始尝试将演化论视为动物事业的助力而非阻力。19世纪末动保运动策略的激进化、运动内和社会上宗教与科学之间的紧张关系变得缓和,以及19世纪晚期至20世纪初达尔文主义经历"日蚀"期间其他演化理论的百花齐放,这一系列环境因素都促使动保运动对演化论的态度有所好转。

正如第三章所言,在19世纪末振奋人心的进步变革浪潮中,动保运动并非置身事外,而同样是构成改革洪流的一部分。不少社会主义者、女性主义者、女子选举权运动者、工会人士、神智论者以及各种憧憬美好社会愿景的改革者,都纷纷加入动保运动。这些激进改革者大多以某种方式与基督教的传统观念对抗,投入动保运动后,他们亦往往有意识地抵制"仁慈"和"怜悯"那种缺乏力度的基督教论述,转而采用"正义"和"权利"等具有强烈激进意涵的世俗概念来对抗社会中的压迫与不公。在社会改革方面,激进改革者也开始从不同角度来看待科学和演化论。在19世纪三四十年代以及六七十年代期间,曾作为激进改革和自由主义运动的智识资源库的演化理论,此时已不再是会惹来宗教和政治迫害的异端邪说,而被部分人士视为消除社会中所有迷信观念和不公现象的强大思想武器库。[57]赫胥黎将《物种起源》形容为"自由主义军械库中名副其实的惠特沃斯步枪",并将这个有力的思想武器应用在19世纪60年代以后积极

为动物而战:19世纪英国动物保护中的传统挪用

推行科学自然主义的工作上。[58] 在赫胥黎的带领下，许多同样具有现世主义和自由思想传统背景的激进改革者，例如亨利·梭特（Henry Salt）、安妮·贝森（Annie Besant）、萧伯纳（George Bernard Shar）、爱德华·卡本特（Edward Carpenter）和 G. W. 富特（G.W. Foote）等人，均认为演化论不只是中立的科学事实，更是智识启蒙的源泉，能够打破教条主义神学和基督教的迷信。科学对他们来说不再代表着败坏道德的危险事物，而是意味着理性、进步与改革。而对于当时运动中信奉唯灵论和神智学的运动者来说，科学也是他们精神启蒙和改革道路上的潜在助力。连一向强烈批评科学自然主义的"神智学会"（Theosophical Society），也始终对科学新发展表示欢迎，并会利用最新的科学理论和修辞来解释其唯灵论追求和理想。[59] 在这个科学社会声望和文化地位节节上升的时代，动保运动中与神智学有联系或具有神智学倾向的运动者，例如贝森、露意丝·琳达·哈格比（Louis Lind-of-Hageby）、夏洛特·德斯帕德（Charlotte Despard）、赫伯特·布罗斯（Herbert Burrows）和莫娜·凯德（Mona Caird），此时都对科学见解采取了一种虽具有批判性却欢迎开放的态度。在打击人类对动物的压迫和暴政的艰巨斗争中，最愿意求助于演化论的一批动保运动者，主要就是这些具有各种激进传统背景的改革者，他们每个人与激进主义和科学各有不同的联系与关系。

这群在世纪末转向了演化论的动物保护者，主要借鉴了演化论传统中的三个观点——地球生命的共同起源，人与动物的生理、心理相似性，以及自然万物相互依存的关系。尽管演化论对生命和人类起源的解释曾被视为对基督教教义和社会道德的

233

威胁，而主流动保运动又正是以基督教思想作为其意识形态基础，但此时的动保改革者则从所有物种之"共同起源"（common origin）、"连续性"（continuity）和"相互联系"（connectedness）等概念中发现，众生之间事实上有着一种"亲缘关系"，基于这种亲密关系，人与动物可建立一种全新的道德关系。

　　然而，演化论传统中这三个相关概念绝非由达尔文或其他演化论者首创，也不是首次被动保运动者采用。首先，在基督教宇宙观中，虽然人类在众生排行榜上占据首位，不过追根究底，所有生物同样作为"神之杰作"，仍等同于有着一个共同起源。如本书第二章所指出，"万物皆为同一天父所创造"以及"上帝关爱所有受造物"此等观念，长期以来都被用于推动人们尊重和同情动物。英国浪漫主义诗人塞缪尔·泰勒·柯勒律治（Samuel Taylor Coleridge, 1772—1834）在其诗集《抒情歌谣集》（*Lyrical Ballads*, 1798）中的一首诗作《老水手之咏》（"The Rime of the Ancient Mariner"）当中有几句，一直被运动者所广泛引用——"最好的祈祷即用心爱护，庞大或渺小的天地万物；因爱着我们的那位上帝，同是众生慈爱的造物主。"（158—161）。这些诗句恰好描述了所有受造之物拥有共同起源这一重要概念，因而整个19世纪都在动保运动中流行。其次，本书第四章亦提过，早在达尔文的著作出版之前，许多动保改革者曾为提升动物的地位而挪用自然神学框架内的自然史传统，以此缩小人与动物之间在精神和心理上的差距，无论他们对演化论思想有何立场。至于大自然乃相互依存的生物所组成的复杂网络这一观念，亦一直以不同形式在人类思想中存在，例如在浪漫主义传统、基督教宇宙观的"众生序列"和各派自然神学传统中。达尔文只是站在前人肩上，为已有的思想传统增添了新的思路，却并非开创先河之人。[60]因此，在演化思想变得人尽皆知的后达尔文时代来临以前，动保改革者早已积极挪用过那些遵循基督教传统的浪漫主义文学和自然史资源，以此宣扬人与动物亲密无间、同为一体的思想。"皇家防止虐待动物协会"兽医威廉·优特（William Youatt, 1776—1847）在其著作《以人道对待无理性动物之责任与程度》（*The Obligation and Extent of Humanity to Brutes*, 1839）中，结合了自然神学修辞以及关于动物心智能力的事实，并选取了诗人亚历山大·波普（Alexander Pope, 1688—1744）的诗句——"万物均为伟大整体的一部分"——作为其座右铭。[61]福音派牧师约翰·史泰尔同样在其获奖论文《受造动物》中列举了大量有关动物本能和智慧的例子，并总结道：

> 在本能上、理性上、文化养成的习惯上，动物天性与人 235
> 类天性何其相似！两者于"众生序列"中紧密相邻，难道两
> 者的紧靠是为了让彼此相煎相毁吗？[62]

诸如此类的先例反映出，无论在动物伦理学还是在科学史上，所谓的"达尔文革命"说法有待商榷与修正。动物保护运动对演化论的挪用，似乎也只是运动的悠久传统之一部分，运动者只是从类似角度思考人与动物的关系，而不是开辟了全新的思维方向。[63]

话虽如此，达尔文的贡献仍不能忽视。他的著作确实为转向

演化论的动保运动者营造了有利的外在环境和提供了更多可供挪用的智识资源。比如说，达尔文的理论经由众多科学家传播——即使这些科学家严格说来本身未必是达尔文主义的信奉者，为物种演变提供了直接证据和可行机制，使得这一旧有观念首度得到了科学证明。同时，达尔文的著作也推动了科学界对人类和动物之间心理和情感的相似性的系统性研究，促成了动物心理学研究在 19 世纪末的迅速发展。除了"共同起源""连续性"和"相互联系"等有助于巩固人与动物之间的"亲缘关系"的概念外，达尔文的演化论更带来了一种新的理解，即人与动物之间的任何能力区别都只属于"程度上而非本质上"之差异。[64]

"程度虽异，本质相同"这一精辟表述首度出现在《人类的由来》中，用以描述人类与高等动物之间的智力差异，其后很快就流行于动保运动的某些分支中。正统基督教神学和笛卡尔哲学均认为，人类和动物之间存在着绝对的鸿沟，而上述精辟之语就瓦解了这种观念——人与动物之间并没有分裂的鸿沟，只有程度上的差异。若动物拥有远比传统认知中更丰富的心智能力，甚至如人类一般能够感受痛苦，那么我们自然需要重新审视动物的道德地位，以及我们对动物的道德责任。"人道联盟"的创立人梭特指出："人道主义最牢固的基础，就是所有生物共享亲缘关系与共同起源这一科学事实。"[65]他还对达尔文的精辟表述略作扩充：

> 我们认为人类相对于非人动物的优越性，无论看似多么显著，都只是在程度而非本质层面的差别，至于人类对其他人类同胞应负的义务，无论多么重要，与人类对弱小动物同

胞应负的义务相比，同样只有程度上的不同，并没有本质上的差异。[66]

梭特此番论述后来亦广为其他进步分子所重申。著名反动物实验运动者露意丝·琳达·哈格比同样将演化论誉为"[科学] 带给世界的……空前重要的思想之一"，她曾在一次发言时激昂地表示：

> 如果所有生物之间存在着实际的亲缘关系，那么我们当然有责任尽力确保这些与我们同样拥有神经痛觉、拥有皮骨血肉、拥有程度不同而本质相同之心智思想的动物，受到应得的保护，免于任何形式的残忍对待。（掌声）[67]

早期美国学者兼动保人士爱德华·埃文斯（Edward Evans）甚至认为动物心理学是"动物伦理学的唯一坚实基础"，并明确提出"我们对低等生物的责任的衡量标准，取决于它们的智力发展程度"。[68]

强调人与动物之亲缘关系的话语经常与权利论述并用，改革者相信只要人类与动物互为亲族这一事实得到确立，动物权利自然就随之而来。正如一位反对动物实验的医生所言："承认所谓的低等动物也是我们的一分子，与我们同处一个生命体系，只在程度上与我们有所不同，不管怎么说，就等于承认了动物应具有与我们同等的权利。"[69]梭特在《动物权利》中亦表示："亲族之情一旦被唤醒，人类暴政之丧钟即被敲响，[动物] 获得'权利'就是迟早的事。"[70]有了这种经科学认证的亲缘关系和同胞

237

情感，"权利"和"正义"的论述在意识形态层面也更加具有效力，从此更经常被激进改革者采用来为动物争取更大的权益，例如在反狩猎和提倡素食的运动中。对于那些同时涉足许多其他改革运动（如社会主义、工会运动、女性主义、选举权运动和反战运动）的动保改革者来说，新的"亲缘信念"更是确认了所有生命的一体性和关联性，巩固了其整体政治愿景的本体论基础。"普遍亲缘关系"或"普遍兄弟"的理念于是成为19世纪末激进改革运动的最核心思想与显著特色。

关于"达尔文革命"还有一个奇特的现象：尽管演化思想拥有悠久的智识渊源以及不少支持者，但每每提到人从灵长类祖先进化而来的观念，在公众脑海中响起的似乎只有达尔文的名字。学者珍妮特·布朗（Janet Browne）曾研究在《物种起源》出版后数十年间的达尔文漫画，借以呈现复杂的新兴科学思想是如何在大众认知中被简化的。在大众印象中，仿佛在达尔文之前从来没人敢站出来指出人与猿之间的关系。达尔文成为卡通、歌曲、讽刺文章和漫画中唯一被"恶搞"的对象，以猿和猴子的形象出现，而他同时也成为演化论支持者眼中举世无双的英雄人物。[71]
虽然动保运动到后期才开始采纳演化论，但在他们挪用演化论的过程中，我们仍可看到类似的粗糙观点和戏剧性反应。运动者将达尔文视作真真切切的"先知"，从他的话中寻得安慰与喜悦；认识达尔文的演化论，犹如发现了唯一真正的宗教，令人狂喜。达尔文为运动者带来的，还有踏进"新时期"的希望。正如一位匿名作者曾在一篇题为"福音"的文章中写道："时候到了，先知（查尔斯·达尔文）出现了。他传达了信息，并确定真实无

　　　　　　为动物而战：19世纪英国动物保护中的传统挪用

误！……我们与动物的血缘关系或兄弟情谊，正是动物权利稳固发展的基础。"[72] 在约翰·霍华德·摩尔的著作《新伦理》中，30 年前仍被认为是英国反动物实验运动之敌人的达尔文和赫胥黎，此时则被热情吹捧成两位为了伟大真理而敢于承受迫害的天才和先知。摩尔描述达尔文为"一个无人能及、异于常人地坦诚的人"，并且"近乎像耶稣一般坚忍和无私"，[73] 而赫胥黎则独自一人就如同"整支军队"般强大，并被誉为具有"无惧烈焰、无战不胜的伟大灵魂"，"自信地投身于正义事业"。作者亦表扬了赫伯特·斯宾赛、阿尔弗雷德·华莱士、约翰·丁达尔和恩斯特·赫克尔（Ernst Haeckel, 1834—1919）等其他"思想更开放"的人，称他们"对［达尔文的］学说坚信不疑"，[74] 而事实上这些人只是有条件地承认了达尔文的理论。

科学与宗教之和解年代

尽管部分动保改革者对所谓的达尔文理论以及他本人抱有高度热情，但若希望在运动中应用演化思想中的普遍亲缘关系概念，运动内部还须清理掉一些固有的思想和意识形态。动保运动长久以来习惯于假设科学与宗教之间必然存在冲突，这种思维经常反映在运动对科学的各种批评中，而这对于同为科学理论的演化思想之挪用极为不利。[75] 然而，新一代改革者大多曾从不同方面反思过正统基督教信仰，并且深知在这个科学与政治自由主义的联系日益紧密的时代，科学亦可以发挥积极的文化和政治作

239

用。因此，全盘否定科学不仅是鲁莽且错误的，更可能会"使知识分子和文化阶层远离反动物实验运动"。[76]因此，不少动保人士开始有意识地纠正陈旧的二元对立框架，试图促进科学与宗教在运动中的和解。致力于"以科学和人道主义取代传统和野蛮"的"人道联盟"，不再将科学研究视为人道主义运动的敌对势力，而是能与人道改革并列、同样值得追求的崇高目标。[77]在哈格比领导下的"反动物实验与动物捍卫联盟"也将破除认为科学与宗教水火不容的信念定为团体的主要目标之一，并同时描绘出科学与人道思想不再有冲突的愿景。[78]团体刊物《反动物实验评论》曾在其封面上展示两位手持火炬的女神的版画，她们脚下的站台分别刻有"科学"与"人性"的铭文，二人手执的火炬彼此连结，象征其携手前行，这幅图像有力地说明联盟积极并具有目的性地重新定位了这两个概念（图 4.1）。

然而，正如科学与宗教或科学与人性之斗争隐喻不一定意味着把所有科学思想及其产物拒诸门外，此时某些动保团体所提倡的"大和解"精神，也同样不等于说他们从此毫无保留地支持各类科学。事实上，当时科学的知识论、方法与伦理正在社会上引起激烈的辩论，动保运动重新定位科学并将之与人道主义事业相联系的举动，也共同建构了这场关于何谓"真正"科学的智识讨论。运动中的激进改革者没有完全停止对科学的批判，他们看到其中仍有诸多问题，例如自然主义世界观之狭隘、人们对科学之盲目吹捧，以及科学家之自我膨胀，并继续谴责各种不必要或不道德的科学研究。比如说，"人道联盟"于 1896 年和 1897 年举办的一系列"人道科学"讲座，就体现了这种"批判以改正"的另

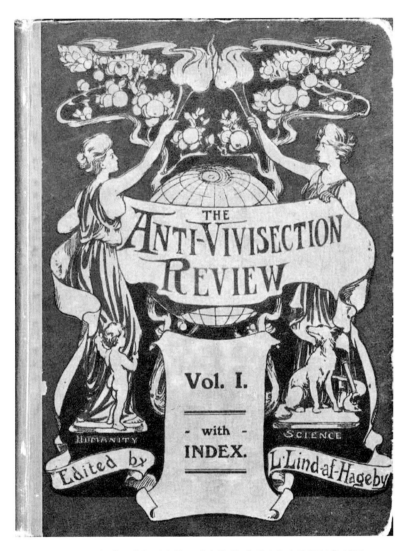

图 4.1 印有"人道与科学携手前行"的《反动物实验评论》封面

© British Library Board. 引自 *The Anti-Vivisection Review*, 1 (1909), front cover page。

类方针。撰写《现代科学批判》(*Modern Science: A Criticism*, 1885)的爱德华·卡本特, 也曾在其"理性和人道科学的重要性"演讲中严厉批评现代科学将无限宽广的大自然切割成孤立部分, 并将人类的智识生活与感知、情感和道德等面向区隔看待。他提倡所有关乎生命的科学追求都应采取整体性的探讨, 而非机械的观点。[79] 认为有神论和演化论可以并存的同时代著名苏格兰知识分子约翰·亚瑟·汤姆森 (John Arthur Thomson, 1861—1933), 亦致力于寻求宗教与科学的和解, 他同样在其演讲中推崇一种着重整体、反物质主义的生活方式, 并呼吁科学要更加面向社会, 关注人类生命中更高层次的道德目的。[80] 梭特则曾激昂地发问: "为什么只要科学被援引时——也只有对于科学, 我们就必须'露出一副满脸崇拜的蠢样'? ……为什么在这一点上我们就不能保持更为持平的心态? 只在科学应受赞扬时赞扬科学, 同时不忘道德亦是我们的义务。"[81]

同样致力于平衡科学追求与人道原则的"利布朗基金"(Leigh Browne Trust) 于 1884 年正式成立, 旨在促进无须伤害活体动物的生物科学原创性研究。[82] "反动物实验与动物捍卫联盟"也积极实践"建设性反动物实验策略", [83] 例如主动表扬不涉及动物实验的医学研究, 并宣扬顺势疗法、德国自然疗法 (German Nature Cure)、东方医学和心理疗法等另类医学。1907 年, 主要由专业医生组成的"国际医学反动物实验协会"(International Medical Anti-Vivisection Association) 于英国成立了分会。联盟通过这个国际组织以及联盟的刊物《反动物实验评论》——又名《建设性反动物实验期刊》(*Journal of Constructive Anti-Vivisection*),

241-242

得以与欧洲大陆上同样以平衡科学与人道为目标的动保改革者紧密合作。[84]在第一次世界大战爆发前几年，抱有相同理念的改革者正积极筹备建立一所"生理学与病理学暨卫生研究所"（Institute for Physiology, Pathology and Sanitary Research），以促进不涉及动物实验的生物学研究，可惜后来该计划因战事爆发而遭搁置。不过，"利布朗基金""人道联盟""反动物实验与动物捍卫联盟"和"国际医学反动物实验协会"等团体已成功通过"建设性科学批判"和"建设性反动物实验"策略，描绘出将科学人性化的愿景，为今天快速发展的"不涉及动物实验的科学"研究领域提供了一块宝贵的跳板。

20世纪初的知识分子文化气氛，恰好极有利于科学与人文 /宗教之间的和解与合作。[85]随着教会逐渐失去政治和文化影响力，以及科学持续受到各方批评，越来越多的自由主义神学家、宗教作家和科学家试图修复宗教与科学之间的裂痕，反思前人的陈旧观念和顽固态度。一方面，自由主义神学家和宗教作家试图消解宗教与科学事实和现代思想的冲突，另一方面，一些科学家如约翰·亚瑟·汤姆森、J. S. 霍尔丹（J. S. Haldane, 1860—1936）、C. 劳埃德·摩根和威廉·麦克杜格尔（William McDougall, 1871—1938）则尽力抗衡认为科学思想在本质上是唯物主义与化约主义（reductionist）的观念，并说服大众相信科学思维仍可能是非机械性与非唯物主义的。这些尝试究竟取得了多大成功，或许仍值得商榷，不过此时弥漫于知识界的一片和解气氛，以及对科学的各种正面的重新想象，无疑为同样希望科学与宗教能共存的动保运动创造了有利的氛围。

243

"我们坚信演化论思想与人道主义并不对立" [86]

深信科学可以成为解放力量的动保人士，此时正努力消除运动一直以来对演化论的冷漠甚至明显的敌意，并尝试为演化论辩解，消除人们对其的各种负面联想。梭特曾评论道：

> 在所有阻碍人道主义进展的反对意见中，最常见且因深入民心而最顽固的，就是"生存斗争""适者生存"等"科学真理"，还有达尔文学派的其他类似说辞。[87]

针对此类问题，改革者此时的一项关键任务就是将早已被大众等同而视的"一般演化思想"与建立于自然选择这演化机制的"达尔文主义"仔细区分开来。根据反动物实验者兼新拉马克演化论者 A. H. 积普（A. H. Japp, 1836—1905）的引述，珂柏曾在1888 年写信给她，并如此论及达尔文："我非常了解他们一家，并完全赞同你的观点，他的确是非常和蔼可亲、温柔的一个人。但和蔼可亲和温柔的他还是对人道事业造成了不可衡量的破坏。"积普亦持相同的看法，并同意珂柏对达尔文唯物主义道德观的批评。[88] 在一篇评论积普著作的文章中，梭特同样承认达尔文主义恐怕已变得过于"教条化"，自然选择理论在大众脑海中只剩下"适者生存"四字，且常常被胡乱用以反对人道主义。接着，梭特借此机会辩解道："我们坚持的是，演化思想本身与人道主义并不冲突。至于达尔文对演化论的特殊见解，我们作为人道主

244

义者则没有兴趣去特别深究。"[89]对于积普提出的另外九个从理论技术层面反对达尔文主义的理由，梭特同样没有太多回应。

事实上，启发人道主义者产生万物亲缘关系和众生一体之信念的，确实并不是达尔文的自然选择理论，而只是作为一个宽泛概念的演化论。动保改革者各自支持的演化思想实际上来自多个不同的流派。在19世纪末20世纪初，更流行于文学界而非科学界的新拉马克演化论由于多受文人圈欢迎，很受亲近"人道联盟"的文人改革者青睐。[90]而运动中不少唯灵论者和神智论者也倾向于接受达尔文演化论以外其他更符合自身道德伦理观的演化论。与达尔文共同创立自然选择理论的华莱士，既是一名社会主义者，亦是唯灵论者，并且与"人道联盟""意气相投"。[91]作为新达尔文主义者的华莱士坚信自然选择理论是唯一可行的演化机制，但同时亦相信自然选择理论不足以解释人类思维的发展。神智论者在融合演化论与自身道德观时则更为"大胆"，甚至将 245演化论思想与东方宗教的轮回和因果报应思想相结合。他们发展出一套关于人与动物关系的专门论述，当中也融合了"众生一体"和"普遍兄弟"等不少常见于进步主义思想的概念。[92]此时最广为运动者所接受的演化论版本，一般是置于有神论的框架中。这类理论在指出生命不断经历演化的同时，还承认神是地球生命的最初创造者，因此对基督教信仰和教义造成的冲击最为轻微。活跃的反动物实验者劳森·泰特医生很早就已秉持这一观点，他认为演化论观念与有利于动物保护的传统基督教论述毫无冲突，因为那"全能且永恒"的演化原则即由仁慈的造物主所亲自设定。[93]因此，19世纪末在运动中出现的新概念"万物亲缘关系"也获得了一众演化思想流派的支持，而达尔文的演化论与这些演化思想从来就不相干。

20 世纪初可谓动保运动的黄金时代，对于因某些理论细节而难以全盘接受达尔文主义的运动者，各式各样丰富的演化理论相继出现。在所谓的"达尔文主义日蚀"期间，其他演化机制例如直生论（orthogenesis）、突变论（mutationism），尤其是拉马克主义，都在与达尔文的自然选择理论竞争着正统演化论的宝座，直到一个结合了达尔文自然选择理论的现代演化综合论（Modern Synthesis）出现，并在 20 世纪 30 年代渐渐被认可为范式。较为开明的自由主义宗教作家亦努力融合宗教和科学，提出了各种具有目的论和神学意涵的演化模型，避免了演化科学一边倒地向唯物主义靠拢。这些相互争鸣的演化理论共同组成了丰富的资源库，可供动保运动者根据不同需求来挑选。

246　　此外，从互惠和利他主义角度解释自然运作的理论，其实同样拥有悠久的传统，若不乐见大自然"爪牙染血"并担忧达尔文主义之"生存斗争"和"适者生存"所带来的负面道德效应，那么也可从一种并非仅仅强调自私竞争的演化理论中找到共鸣。正如英国史家斯特凡·科里尼所指出的，到了 19 世纪 90 年代，关于动物之间的利他主义和合作的讨论大行其道。[94] 不少支持演化论的科学家如卡尔·科斯勒（Karl Kessler, 1815—1881）、路德维希·毕希纳（Ludwig Büchner, 1824—1899）和一些昆虫学家，都从不同方面证实了在物种之间与物种内部，竞争的角色均没有达尔文所言那般重要。阿拉贝拉·巴克利（Arabella Buckley, 1840—1929）、R.H. 赫顿和亨利·德拉蒙德（Henry Drummond,

1851—1897）等倾向于自然主义伦理观的知名作家，则尝试通过演化科学来强化基督教道德教诲，传播爱与同情的信息，而非将大自然描绘成一场血腥的"格斗秀"。[95]俄罗斯无政府主义哲学家兼自然史家彼得·克鲁泡特金（Peter Kropotkin, 1842—1921）对生物间的"互助"原则进行的阐述，最为历久不衰且具有系统性，其理论聚焦于不断演化的自然生物本能中的利他行为，特别受相信社会应以相互合作而非无情竞争为基础的进步主义改革者欢迎。英国社会学家本杰明·基德（Benjamin Kidd, 1858—1916）则质疑自私个体在自然选择中必占上风之说，尤其是对于高等物种而言，并提出了关于自然界利他主义的另一种可能性。在其畅销著作《社会进化》（Social Evolution, 1894）中，基德描绘了一个最终导向具有宗教色彩的终极目标的进化过程。《社会进化》与基德的其他类似作品比较受"全国反动物实验协会"和"反动物实验与动物捍卫联盟"等团体的欢迎，而克鲁泡特金的著作则较能得到较为激进的动保改革者的支持。"人道联系"十分认同克鲁泡特金关于"合作型社会"的政治愿景，即在阶级、国家、种族甚至物种之间都没有剥削或竞争。克鲁泡特金在英国 247 流亡期间结识了不少"人道联系"的核心成员，他们在同一个进步圈子中推动改革事业。"人道联系"不仅邀请克鲁泡特金开设"人道科学"系列讲座，[96]同时也大力推广他的著作《互助论：进化的一个要素》（Mutual Aid, a Factor of Evolution, 1902），认为此书"对人道主义事业举足轻重"，因为它证明了"除了（经常被引用来反对人道主义的）竞争法则之外，世上还有我们的反对者经常忽视的互助法则"。[97]即使对于较少涉足政治讨论的动保运动者来说，当时进行得如火如荼的科学辩论所产生的各种关于动物互助的说法和理论同样极具价值。动保运动者向来善于将自然史知识从其学术理论或政治背景中抽离并按运动需要加以挪用，此时他们自然亦不放过挪用这些丰富智识资源的大好机会。[98]

有部分运动者或认为达尔文主义演化模型有违进步主义和目的论，因而对其疏远，而他们却可在此时的知识氛围中寻得安慰。其实除了达尔文主义之外，19世纪的演化论模型大多倾向于进步主义。达尔文的演化论在理论上容许演化向无限方向发展，演化的最终结局是"开放式"的，这使得上帝作为神圣指引者的角色变得多余。但尽管如此，在那个进步思潮盛行的时代，人们一般还是相信演化论意味着朝更崇高、更伟大的目标前进。这种观念使演化思想在维多利亚时代的大众眼中，包括动保人士，深具吸引力。[99]愿意接纳演化论思想的动保运动者，无论是否为达尔文主义者，往往均认同具有进步主义色彩及目的论的演化论观念，将某种更高的道德意识或不断扩展的同情心视为演化之最终目的。即使是在演化思想流行之前，一般从基督教框架理解世界的动保运动者早已设想人类的同情心将不断扩展，不仅会涵盖所有人类，最终还能恩泽其他动物。[100]而此时盛行的演化论已非达尔文主义，主流观点将演化视为一个有进步趋势且具有目的性的进化过程，因此动保运动者很容易与之共鸣，更乐意挪用来支持自身信念。比如说，梭特承认相互对立的残忍和仁慈并存于人类思想中，但同时亦坚信人的同情心的"覆盖面将越来越大"，"终将包涵许多目前仍被认为处于同情心边界线以外的他者"。[101]英国女作家维农·李（Vernon Lee, 1856—1935）则曾警告演化不一定带来进步，也可能导致道德倒退，但她仍相信演化最终会带来更高水平的道德意识。[102]即使是如约翰·霍华德·摩尔（John Howard Moore, 1862—1916）这般毫不忌讳地支持达尔文主义的运动者，亦相信达尔文带来了"革新世界的希望"，而且"演化力量之不懈"也将"产生一种包容所有有情众生的普遍怜悯"。[103]

"人道联盟"的忠实支持者萧伯纳虽然认为达尔文的自然选择论"既不带有意志，也不带有目的或设计"，但他相信达尔文主义批评者所言的"邪恶失败主义"[104]亦非演化的必然结果。例如，在萧伯纳本人更赞同的新拉马克理论中，生物之有目的性行为被赋予了更重要的角色，该理论设想的是一个线性、渐进的演化过程。后来，萧伯纳又寄望于从法国哲学家亨利·柏格森（Henry Bergson, 1859—1941）的"创造进化论"（Creative Evolution）所衍生出来的"宗教"。柏格森甚至提出人类精神才是演化的驱动力，基督教和达尔文主义同样被他批评为有害的观念。[105]此前，动保运动者可能对把人类描绘成因应环境而产生的偶然产物的达尔文主义大感失望，并对其解释人类心灵的唯物主义理论感到心寒，抑或担忧人类从此失去"万物之灵"的独特地位，对由此产生的无目的、无上帝的世界观深感恐惧。而在达尔文主义以外的这些演化理论中，生命目的、意义甚至神都有了容身之地，并且其趋势亦被预设为进步而非退步，这让先前敬而远之的动保运动者都能安心拥抱这些不同版本的演化论。

249

约翰·霍华德·摩尔与"万物亲缘关系"

> 宇宙是我们的国度，与我们同叹息的生物是我们的亲族。
>
> ——约翰·霍华德·摩尔[106]

　　虽说以上的众多版本的演化论对动保运动而言属于可用之材，但运动者在实际挪用这些素材来实现特定运动目标之前，仍须重新诠释和传播所选理论。动物学家兼哲学家约翰·霍华德·摩尔就曾致力于这类理论的再诠释工作。摩尔基于演化科学发展出系统性的哲学，并为人道主义运动改革出谋划策。不同流派的动保运动者对摩尔之思想和著作的拥戴程度，也正可反映出在 19 世纪和 20 世纪之交，运动者如何评价这种基于演化论而对人与动物关系作出的大胆新诠释。

　　摩尔生于美国伊利诺伊州芝加哥市，曾毕业于芝加哥大学，后来成为克兰技术高中（Crane Technical High School）的生物学教授。1925 年发生了轰动一时的"美国猴子案件"（Monkey Trial），高中生物课教师约翰·斯科普斯（John Scopes）被控违反田纳西州禁止在课堂上讲授演化论的法令。当时为斯科普斯辩护的美国律师克拉伦斯·达罗（Clarence Darrow），正是摩尔妻子的兄长，亦与"人道联盟"关系密切。摩尔首次接触到英国的人道主义运动圈子，是由于"人道联盟"的梭特在书评中推荐了其在美国出版的著作《更好世界之哲学》（*Better-World Philosophy*, 1899）。此后，"人道联盟"与《动物之友》期刊、贝尔家族出版社等盟友即在英国大力推广和宣传摩尔的思想和作品。

怀着满腔热情和激愤的摩尔基于"普遍亲缘关系"的理想，在其最著名的巨著《普遍亲缘关系》（*The Universal Kinship*, 1906）[107]中提出了一种以伦理为导向，涵盖所有种族、国家和物种的宇宙人生观。他采纳了达尔文的自然选择理论，亦不排斥将其应用在人类心智发展方面。然而，他也认同在19世纪末由恩斯特·赫克尔复兴并发展的非达尔文主义"复演论"（recapitulation theory），该理论提出现存物种的胚胎生长过程会重演该物种过去演化的关键阶段（ontogeny recapitulates phylogeny）。相比达尔文主义，这个理论与拉马克主义和新拉马克主义的联系更深，但随着现代遗传学的出现，其渐渐在生物学界失去认可。[108]在《普遍亲缘关系》的前两部分，摩尔详细阐述了人类与其他动物在生理和心理方面的亲缘关系，广泛借鉴了地质学、古生物学和生物学的发现，以及达尔文、赫胥黎、赫克尔、罗曼尼斯和约翰·拉伯克等演化科学家的著作，证实了"所有生物之统一和血缘关系"的存在。最后在第三章，摩尔主张"达尔文革命"最终必然意味着所有有情众生之间拥有一种"伦理亲缘关系"。[109]"亚伯拉罕一神诸教"（Abrahamic religions，即基督教、伊斯兰教与犹太教）向来宣称人在受造物中拥有特殊地位，将人视为宇宙之"无限时空长河"中的"最终目的"，所有其他生物都只是人类的"工具"；摩尔认为演化论对人类在宇宙演化过程中的重新定位，将能消除这种狂妄的观念。[110]摩尔深信随着《物种起源》的出版与普及，从此所有地球居住者"必成一家"。[111]这并非说摩尔否认演化过程中生物间的激烈竞争，事实上他反而认为克鲁泡特金等人过度夸大了

251

互助在自然界的角色。然而他仍然相信，人的社交本能和同情心如同《人类的由来》所阐述的那样，经过不断的演化发展后，一个受"普遍怜悯"原则引导的美好世界将会到来。信奉道德进步主义的摩尔，与达尔文一样，认为人的同情心将"变得更加宽容和广泛，直到它能容纳一切有感知能力之生灵"。[112]

《普遍亲缘关系》中亦穿插着对古今人类种种野蛮行径的控诉，这些暴行的受害者不只有动物，还有其他阶级、种族和国家的人类同胞。摩尔对人类的"滔天罪恶之普遍性以及正义之声之匮乏"感到义愤，因而提出了与"人道联盟"相似的改革方针，坚决反对一切针对有感知能力之生灵（不论人还是动物）的残忍行为。摩尔其后的另一部著作《新伦理》进一步将亲缘关系理想应用于当代的实际问题上，全面探讨了各种人道主义议题，例如饮食模式、残忍的狩猎活动、皮草服饰、囚犯待遇和战争等。在伊利诺伊州成为美国第 13 个要求在公立学校进行道德教学的州后，摩尔另外写了两部结合理论与实践的著作——《中学伦理讲义》（*High School Ethics*, 1912）和《伦理与教育》（*Ethics and Education*, 1912），将其提供给学校作为教材。这些教科书就如同"当今谈论任何主题的正确方式"一样，同样是从演化论的角度出发。[113]摩尔曾努力尝试构建和传播一个受达尔文主义启发的演化论伦理体系，可是他一切的努力在 1916 年画下了句点。他在这一年，选择了结束自己的生命。

在摩尔与"人道联盟"密切交流的那些年间，他与素未谋面的梭特建立了一种精神上的深厚友谊。摩尔不断在信中重复表达对梭特和"人道联盟"工作的钦佩和赞赏："在这世上，没有人能比您更贴近我心目中的思想倾向与智识高度。能与您生活同在一时代，我一直深感荣幸。"[114]"您知道您对我来说有多重要吗？要是没有了这少数人之间的相互理解和友谊，我们这种异类能在这孤独的人生理想中达成何事呢？"[115]"我们在书信中已认识良久！您为我的生活增添了多少意义呀！您就是我在知识上的兄长，我仰慕您。我真心盼望自己能永远配得上成为您的朋友。"[116]"我将赞善里53号['人道联盟'的会址]视为一个神圣的屠宰场，以科学来屠宰这世上敌视正义的人。"[117]这些话语一方面道出了两位志同道合的好友之间的心灵联系，另一方面也显示出摩尔在意识形态层面上与以梭特思想为代表的世纪末动保运动激进派的高度契合。

当《普遍亲缘关系》在英国出版时，梭特在多个场合盛赞它是有史以来最佳的人道主义作品，并动员"人道联盟"的影响力网络大肆宣传此书。随后摩尔的其他作品同样获得了"人道联盟"与相关团体的热烈欢迎和推广。贝尔家族出版社和"人道联盟"积极将摩尔的众多作品引入英国，并经常在"人道联盟"刊物以及《动物之友》上发表摩尔著作的摘录。也许是由于这些不懈的宣传，到摩尔去世之时，英国大众似乎比其美国同胞还"更广泛和更乐意地接受他的观点"。[118]摩尔的作品不仅受到与"人道联盟"关系密切的读者所青睐，还带给不少长期致力于动保事业的人莫大的安慰。社会主义者、女性主义者兼"先锋反动物实验协会"主席莫娜·凯德在读完《普遍亲缘关系》后，写下了这么一段感人肺腑的读后感：

> 这本书让我心潮澎湃和满怀希望。它体现了我们所有感

受过这些事情的人在这些年近乎绝望的努力和痛苦……摩尔的著作——它不仅是针对事实的情绪宣泄，还是从科学理性角度对整个荒谬实况进行的广泛、具有说服力的探讨，并且是由情感和热情所驱动（一个绝妙融合）——使得我们那自以为"文明"的生活的可怕本质历历在目，无人可再矢口否认或者对真相视而不见。容我直言，摩尔的著作既出色又宏大；我好多年都没有读到能让我如此充满希望的书了。[119]

"全国马科动物捍卫联盟"的主席 F. A. 考克斯（F. A. Cox）亦发表了类似的书评："所有应该说的、能够说的，以及我们任何一位动保人想说的，这本书都替我们开口了，这样形容绝对不失为过……我过往读过的一切，都未能如这本书一般阐明了我与人类以外的其他受造物的关系以及对于它们的责任。"[120] 著名美国作家马克·吐温（Mark Twain, 1835—1910）与"人道联盟"和"伦敦反动物实验协会"等英国动保团体亦常有往来，他也曾发言感激摩尔说出了他长期以来的心底话："《普遍亲缘关系》让我好几天充满了深深的喜悦与满足感。同时我衷心感激此书的存在，它清晰而热切地陈述了我长期以来的想法，使我不必费心思去描述我的夙愿、反思和不满。"[121] 在"美国人道协会"（American Humane Association）于美国举行的一次会议上，协会成员宣读了摩尔的论文《人道主义要点》（"Flashlights on humanitarianism"），文章大受听众欢迎，会上立即投票通过了将论文印制 2 万份以便传播的提议。[122]

254　　　然而，尽管许多动保运动者打心眼里对摩尔的作品推崇备至，但摩尔的思想并没有完全为广大动保人士理解和接受。《动物之友》曾发表一篇书评，指出即使是对于有经验的动保工作者而言，《新伦理》一书也"过度强烈"，因为"摩尔关于我们对非人生物的关系和态度的观点，与当前思想相比，实在超前了好几代人"。[123] 如同许多相信道德意识为神所赐的基督教改革者一样，"全国反动物实验协会"对《普遍亲缘关系》的书评亦质疑了演化论足以解释人类心智能力这样的达尔文式观点，但协会基本上赞同摩尔所言的人与动物之间存在"伦理亲缘关系"。[124] 谨慎保守的"皇家防止虐待动物协会"虽认为此著作的"论点"得到事实的充分支持，但对其达尔文主义立场有所保留，表示"对其中不少观点不敢苟同"。[125] 鉴于摩尔是从非宗教角度看待生命和宇宙过程，也相信自然选择以及对人类心智和道德的自然主义解释，并提倡全面彻底的改革倡议，某些较为传统的动保运动派别无法敞开双臂欢迎摩尔提出的这种具有严谨阐述的演化主义动物伦理，也许亦在意料之中。

达尔文故土之耻？

演化论传统在动物保护运动中的角色一直备受争议。然而到了 20 世纪 20 年代，许多迹象显示人们对基于演化论而来的"万物亲缘关系"概念的接受程度又比半个世纪前更为广泛。

"威伯福斯主教在赫胥黎面前嘲讽达尔文主义，并为此付出代价"[126] 的情况早已成为过去。相对地，此时演化论已登堂入室，不再面临人人喊打的情况，在动保运动界也同样如此。在国

255

教中颇有地位与文化威望的圣保罗大教堂主任牧师威廉·拉尔夫·英格（William Ralph Inge, 1860—1954），即曾撰写一篇文章《动物权利》，于1920年在伦敦《旗帜晚报》（Evening Standard）上首次发表。英格相信演化论，但是其所信仰的理论是一个由神主导的非机械式演化观，而他的动物权利主张也正是基于亲缘关系概念。他在谈到某些妇女以白鹭羽毛为服装佩饰时，义愤填膺地宣称："这类猎物制品居然能成为展品和欣赏对象，简直是查尔斯·达尔文故土之耻。"[127] 1923年，在"皇家防止虐待动物协会"等大多数动保团体参与的"动物福利周"举行之际，英格在伦敦女王音乐厅发表演讲时重申，达尔文的著作已广为流传60余年，我们再无任何借口否认人与动物在肉身上和伦理上的关系。[128]此前，弗雷德里克·坦普尔（Frederick Temple, 1821—1902）于1884年时在牛津大学的年度"班普顿讲座"（Bampton Lecture）上表示宗教与科学不必冲突，后来他顺利于1896年当选为坎特伯雷大主教，此事常被视为基督教与演化论和解的象征。同样地，当像英格这样一位著名的基督教动保运动者如此公开肯定演化论在动保事业中的角色时，这对过往一直与演化论保持距离的运动本身而言，也是极具象征意义的时刻。然而值得一提的是，虽然英格积极宣扬动物"权利"和万物的"亲缘关系"，但他并未反对肉食，也不支持摩尔和其他激进的动保运动者所提倡的全面改革方案。

在另一些方面，我们则可以看到亲缘观念更普遍地融入了动物保护运动的意识形态之中。1927年，在"英国动物福利周委员会"（National Council for Animals' Welfare Week）召开的全国会议上，许多动保团体聚首一堂签署了《动物宪章》(*Animal Charter*)。科学、伦理和宗教被列为动保事业的三大基础，科学更处于领头地位，该宪章如此说道：

> 科学在证明人类与非人物种之共同起源和亲缘关系的 　256　同时，也揭示了众生合一的法则。基于此法则，我们得出了"虐待动物乃进步之大敌"的结论。我们的经验和历史均可证实这是不容否认的真理。[129]

如此公开承认演化科学之贡献的动保运动宪章，在上一个世纪根本无法想象。同年，为促进动保运动者的国际间合作，英国和世界各地的运动者又签署了具有不同语言版本的《反动物实验宣言》(*Anti-Vivisection Declaration*)并广加宣传。此宣言同样宣称："保护动物免受残酷和不公对待的运动立足于对动物与人类之间的亲缘关系的认识。"[130]在这些极具象征意义的场合发表的标志性声明，反映出演化论虽曾因被视为宗教与道德的威胁以及具有唯物主义倾向而引起动保运动者的忧虑，但现在则又因其万物亲缘关系概念而广为运动者所接受。换言之，到了20世纪20年代末，演化论已然成为各界动物保护人士心中不言自明的公理。

话虽如此，只要演化论一天仍存争议，并且可以从不同角度解读与诠释其含义，那么动保运动对演化论的挪用工作即难以完全一帆风顺。1936年，因格雷戈尔·孟德尔（Gregor Mendel, 1822—1884）之遗传定律的重新流行以及现代遗传学的发展，达尔文主义终于真正立足于生物学界。然而，此时已85岁并已退休的梭特在写给一位密友的信中如此写道："你知道吗？H. H. 琼斯（H. H. Jones）安排了《亲族的信条》（*The Creed of Kinship*，1935［梭特本人的著作］）作为素食暑期学校的研读主题。我听说因为此事，基督徒成员中的抗议声不断。"[131]

小结

257　　这类意外插曲恰恰反映出英国第一波动物保护运动的改革者从拒绝、怀疑到接纳、挪用演化论思想（不仅是达尔文主义）的复杂过程。整个 19 世纪，直到一战爆发或之后更久的时间，从达尔文主义而来的丰富智识资源改变了人们对人与动物关系的认知，但其所产生的影响绝非固定或必然的，它也不专属于任何一种特定的改革运动。演化论在动保运动中扮演何种角色，实际上并不全然取决于达尔文本人所写文字的内在含义，而是端赖所有与运动有关的历史行动者对文本的选择性挪用和独特理解，这些群体包括支持和反对动物实验的人士、自然史科学家、知识分士和普罗大众等。每一个群体在一个不断变动的智识和社会脉络中，皆各自有其利益、倾向与诠释角度。

政治思想史学家昆廷·斯金纳论及文本意义的建构时，提醒我们不应仅将着眼点置于原文的用词和字句，而更应关注文本所处的历史使用脉络，并警告我们在诠释和理解任何智识传统时，要当心"当代主流智识传统对我们如魔咒般的掌控"。[132]在演化论对人与动物关系之影响的讨论中，我们很容易陷入"伟大思想家达尔文 vs. 落后倒退的犹太-基督教传统"的二元对立框架，过度简化历史。通过本章的历史考察，我们可以明白，演化论传统对于动物伦理的多元效应，实际上来自历史行动者在不同历史时刻与不同可能性中，做出的一系列抗争和决定，其结果或影响，也必然是繁复多变的。[133] 正如斯金纳所言，我们必须认清，某一思想的意义仅存在于它在特定时代和社会背景下的特有作用中。此一自觉将帮助我们在理解与诠释智识传统时，挣脱当代学术界或公众舆论"对于这样一些价值以及它们该如何被理解与诠释的霸权论述的束缚"。[134] 长期以来，基督教与演化论就是 258 独特而共存的文化和知识传统，我们在探讨两者之间的关系时，不应片面采用持有特定立场的解释，从而误以为一种传统必然对动保事业带来负面或正面的影响。唯有除去了这种成见，我们方能以一种崭新、开放的探究精神，重新聆听历史上的不同声音和愿景，[135] 并在未来再次活化并应用包括基督教与演化论传统在内的不同传统，为建构人与动物的关系提供丰富的可能性。

注释

[1] Peter Singer, *A Darwinian Left: Politics, Evolution and Cooperation* (London: Weidenfeld & Nicolson, 1999), p.17; Peter Singer, *Animal Liberation* (London: Pimlico, 1995), p.207.

[2] Steven M. Wise, *Rattling the Cage* (London: Profile Books, 2000), pp.21-22. 还可参见 J. Rachels, *Created from Animals: The Moral Implications of Darwinism* (Oxford: Oxford University Press, 1990); Mark Gold, *Animal Century: A Celebration of Changing Attitudes to Animals* (Charlbury: Jon Carpenter, 1998), pp.3-4。

[3] Hilda Kean, *Animal Rights: Social and Political Change Since 1800* (London: Reaktion, 1998), pp.70-72; Diane L. Beers, *For the Prevention of Cruelty: The History and Legacy of Animal Rights Activism in the United States* (Athens, OH: Ohio University

Press, 2006), pp.29-30.

[4] Rod Preece, "Thoughts Out of Season on the History of Animal Ethics," *Society and Animals*, 15, no.4 (2007), pp.365-378, at p.365. 还可参见 Rod Preece, "Darwinism, Christianity, and the Great Vivisection Debate," *Journal of the History of Ideas*, 64, no.3 (2003), 399-419; Rod Preece, *Brute Souls, Happy Beasts, and Evolution: The Historical Status of Animals* (Vancouver: University of British Columbia Press, 2005); Rod Preece, "The Role of Evolutionary Thought in Animal Ethics," in John Sorenson ed., *Critical Animal Studies: Thinking the Unthinkable* (Toronto: Canadian Scholars' Press, 2014), pp.67-78。

[5] Rob Boddice, *A History of Attitudes and Behaviours Towards Animals in Eighteenth- and Nineteenth-Century Britain: Anthropocentrism and the Emergence of Animals* (Lewiston: Edwin Mellen Press, 2008), Chapter 7. 事实上，布迪斯的研究更注重达尔文以前的万物亲缘关系思想如何影响人们对动物的态度。他在直接评估达尔文或动保运动者的思想时，一般立于哲学上的"权利"之批判高地，强调前人思想的落后倒退。

[6] Roger Chartier, "Intellectual or Sociocultural History," in Dominick LaCapra and Steven L. Kaplan eds., *Modern European Intellectual History: Reappraisals & New Perspectives* (Ithaca: Cornell University Press, 1982), pp.13-46, at p.36.

[7] Keith Michael Baker, "On the Problem of the Ideological Origins of the French Revolution," in Dominick LaCapra and Steven L. Kaplan eds., *Modern European Intellectual History: Reappraisals & New Perspectives* (Ithaca: Cornell University Press, 1982), pp.197-219, at p.206.

[8] 保罗·怀特以这个用词指涉维多利亚时代科学和文化史中传统"以达尔文思想为中心的学术研究"如何扭曲而非揭露历史真貌的问题；参见 Paul White, "Introduction: Science, Literature, and the Darwin Legacy," *Interdisciplinary Studies in the Long Nineteenth Century* (On-line Journal), Sep.2010。

[9] 关于挑战"达尔文革命"观点的作品，参见 Gertrude Himmelfarb, *Darwin and the Darwinian Revolution* (New York: W. W. Norton, 1959); James Secord, *Victorian Sensation: The Extraordinary Publication, Reception, and Secret Authorship of Vestiges of the Natural History of Creation* (Chicago: The University of Chicago Press, 2000); Peter J. Bowler, *The Eclipse of Darwinism: Anti-Darwinian Evolution Theories in the Decades Around 1900* (Baltimore: Johns Hopkins University Press, 1983); Peter J. Bowler, *Non-Darwinian Revolution: Reinterpreting a Historical Myth* (Baltimore: Johns Hopkins University Press, 1988); Jonathan Hodge, "Against 'Revolution' and 'Evolution,'" *Journal of the History of Biology*, 38, no.1 (2005), pp.101-121; Peter J.

Bowler, *Darwin Deleted: Imagining a World Without Darwin* (Chicago: University of Chicago Press, 2013)。

[10] Diane B. Paul, "Darwin, Social Darwinism and Eugenics," in Jonathan Hodge and Gregory Radick eds., *The Cambridge Companion to Darwin* (Cambridge: Cambridge University Press, 2003), pp.214−240, at p.226. 关于谈论达尔文主义的接受程度和挪用情况的主要著作，参见 A. Ellegård, *Darwin and the General Reader* (Chicago: University of Chicago Press, 1990 [1958]); Greta Jones, *Social Darwinism and English Thought* (Brighton: Harvester, 1980); Paul Crook, *Darwinism, War and History* (Cambridge: Cambridge University Press, 1994); Geoffrey Cantor, *Quakers, Jews and Science* (Oxford: Oxford University Press, 2005); R. L. Numbers and J. Stenhouse eds., *Disseminating Darwinism: The Role of Place, Race, Religion, and Gender* (Cambridge: Cambridge University Press, 1999); Eve-Marie Engels and Thomas F. Glick eds., *The Reception of Charles Darwin in Europe* (London: Continuum, 2008)。

[11] 本章在必要时会将演化论和达尔文的自然选择理论分开看待，以避免把准确来说并非由达尔文提出的思想错误地归于其名下。此外，本章在采用"演化论"一词的同时，亦意识到对演化这一主题的强调受到了当代的关注点所影响，可能会因而忽略或歪曲了过去演化理论原本的关注点。关于这一点，参见 Jonathan Hodge, "Against 'Revolution' and 'Evolution,'" *Journal of the History of Biology*, 38, no.1 (2005), pp.101−121. 关于"演化"一词在维多利亚文化中的多种含义，参见 Bernard Lightman and Bennett Zone eds., *Evolution and Victorian Culture* (Cambridge: Cambridge University Press, 2014)。

[12] Charles Darwin, *On the Origin of Species* (Oxford: Oxford University Press, 2008 [1859]), p.359.

[13] Peter J. Bowler, *Evolution: The History of an Idea* (Berkeley: University of California Press, 1983); Harriet Ritvo, *The Animal Estate: The English and Other Creatures in the Victorian Age* (Cambridge, MA: Harvard University Press, 1987), pp.1−45; Keith Thomas, *Man and the Natural World: Changing Attitudes in England 1500−1800* (London: Penguin, 1984).

[14] 关于达尔文以前的演化论思想以及接受情况，参见 Peter J. Bowler, *Evolution: The History of an Idea*; James Secord, *Victorian Sensation: The Extraordinary Publication, Reception, and Secret Authorship of Vestiges of the Natural History of Creation*; James Secord, "Introduction," in James Secord ed., *Vestiges of the Natural History of Creation and Other Evolutionary Writings* (Chicago: University of Chicago Press, 1994), pp.ix−xlv。

[15] Bernard Lightman, "The Popularization of Evolution and Victorian Culture," in

Bernard Lightman and Bennett Zon eds., *Evolution and Victorian Culture* (Cambridge: Cambridge University Press, 2014), pp.286-311.

[16] Peter J. Bowler, *The Eclipse of Darwinism: Anti-Darwinian Evolution Theories in the Decades Around 1900* (Baltimore: Johns Hopkins University Press, 1983); Peter J. Bowler, *Non-Darwinian Revolution: Reinterpreting a Historical Myth* (Baltimore: Johns Hopkins University Press, 1988); Peter J. Bowler, *Charles Darwin: The Man and His Influence* (Cambridge: Cambridge University Press, 1996).

[17] Robert Chambers, "Explanations: A Sequel to 'Vestiges of the Natural History of Creation,'" in James Secord ed., *Vestiges of the Natural History of Creation and Other Evolutionary Writings* (Chicago: The University of Chicago Press, 1994), pp.1-198, at pp.184-185.

[18] Janet Browne, "Darwin in Caricature: A Study in the Popularization and Dissemination of Evolutionary Theory," in Barbara Larson and Fae Brauer eds., *The Art of Evolution: Darwin, Darwinism, and Visual Culture* (Hanover, NH: Dartmouth College Press, 2009), pp.18-39, at pp.21-23.

[19] *Times*, Jan.17, 1876.

[20] Bernard Lightman, "Science and Culture," in Francis O'Gorman, *The Cambridge Companion to Victorian Culture* (Cambridge: Cambridge University Press, 2010), pp.12-42, at pp.29-38.

[21] J. Woodroffe Hill, *The Relative Positions of the Higher and Lower Creation; A Plea for Dumb Animals* (London: Bailliére, Tindall and Cox, 1881), pp.60-61.

[22] "The Late Charles Darwin," *Animal World*, May 1882, p.66.

[23] J. Woodroffe Hill, *The Relative Positions of the Higher and Lower Creation; A Plea for Dumb Animals*, pp.60-61.

[24] *Zoophilist*, Jun.1902, p.46.

[25] F. O. Morris, *A Curse of Cruelty* (London: Elliot Stock, 1886), p.6.

[26] F. O. Morris, "Infidelity and Cruelty," *Home Chronicler*, Jul.14, 1878, p.126; F. O. Morris, *A Curse of Cruelty*, p.6.

[27] Lawson Tait, "Dogs," *Animal World*, Feb.1870, p.92; Mar.1870, pp.98-99; Apr.1870, pp.122-123.

[28] Stephen Coleridge, "Darwin and Vivisection," *Animals' Defender and Zoophilist*, Jul.1920, pp.17-18, at p.18. 还可参见 Stephen Coleridge, *The Idolatry of Science* (London: John Lane, 1920)。

[29] *Animals' Defender*, Aug.1920, pp.38-39.

[30] F. P. Cobbe, "The New Morality," *Zoophilist*, Jan.1885, pp.167-169, at p.167.

［31］ F. P. Cobbe, "Agnostic Morality," *Contemporary Review*, 43 (1883), pp.783-794; F. P. Cobbe, *Darwinism in Morals and Other Essays* (London: Williams and Norgate, 1872).

［32］ R. H. Hutton, "The Darwinian Jeremiad," In Malcolm Woodfield ed., *R. H. Hutton: Critic and Theologian* (Oxford: Clarendon, 1986), pp.146-150, at pp.147-148.

［33］ "Editorial," *Zoophilist*, Dec.1884, pp.149-150, at p.149.

［34］ Ruth Barton, "Evolution: The Whitworth Gun in Huxley's War for the Liberation of Science from Theology," in David Oldroyd and Ian Lanham eds., *The Wider Domain of Evolutionary Theory* (Dordrecht, Holland: D. Reidel, 1983), pp.261-287, at p.262.

［35］ 关于 19 世纪大脑理论的发展以及其道德争议，参见 Robert M. Young, *Mind, Brain, and Adaptation in the Nineteenth Century: Cerebral Localization and Its Biological Context from Gall to Ferrier* (Oxford: Clarendon, 1970); Rick Rylance, *Victorian Psychology and British Culture 1850-1880* (Oxford: Oxford University Press, 2002)。

［36］ Frank M. Turner, *Between Science and Religion: The Reaction to Scientific Naturalism in Late Victorian England* (New Haven: Yale University Press, 1974), p.31.

［37］ Arthur Russell, *Papers Read at the Meetings of the Metaphysical Society* (Privately printed, 1896), p.4. 还可参见 Stephen Catlett, "Huxley, Hutton and the 'White Rage': A Debate on Vivisection at the Metaphysical Society," *Archives of Natural History*, 11 (1983), pp.181-189。

［38］ Michael Foster, "Vivisection," *Macmillan's Magazine*, Mar.1874, pp.367-376, at pp.368-369.

［39］ *Lancet*, Jan.2, 1875, pp.19-23, at p.20.

［40］ "The Church Congress," *Times*, Oct.7, 1892, p.6.

［41］ Gerald L. Geison, *Michael Foster and the Cambridge School of Physiology* (Princeton: Princeton University Press, 1978), p.334.

［42］ "Appendix VI: Darwin and Vivisection," in Frederick Burkhardt *et al.* ed., *The Correspondence of Charles Darwin,*Vol.23 (Cambridge: Cambridge University Press, 2015), pp.579-591, at p.580.

［43］ Paul White, "Darwin Wept: Science and the Sentimental Subject," *Journal of Victorian Culture*, 16, no.2 (2011), pp.195-213, at p.212.

［44］ Letter from Charles Darwin to E. R. Lankester, Mar.22, 1871, in *Darwin Correspondence Project*, "Letter No.7612," accessed on 30 Aug.2017, http://www.darwinproject.ac.uk/DCP-LETT-7612.

［45］ 关于达尔文与动物实验的关系，参见 "Appendix VI: Darwin and Vivisection," in Frederick Burkhardt et al. ed., *The Correspondence of Charles Darwin,*Vol.23 (Cambridge: Cambridge University Press, 2015), pp.579-591。另一种关于达尔文

在动物实验争议中之作用的见解，着重于达尔文在 1875 年的举动以及普莱菲尔的法案与珂柏的法案之差异，参见 David Allan Feller, "Dog Fight: Darwin as Animal Advocate in the Antivivisection Controversy of 1875," *Studies in History and Philosophy of Biological and Biomedical Sciences*, 40, no.4 (2009), pp.265–271。

[46] *Minutes of Evidence: Royal Commission on Vivisection* (London: H. M. S. O, 1876.), p.234.

[47] Letter from Darwin to Romanes, Jun.4, 1876, collected in Ethel Duncan Romanes, *Life and Letters of George John Romanes* (London: Longmans, Green, 1896), p.51.

[48] Charles Darwin, "Mr. Darwin on Vivisection," *Times*, Apr.18, 1881, p.10.

[49] *Edinburgh Evening Review*, Apr.19, 1881. Quoted in "Professor Darwin on Vivisection," *Home Chronicler*, May 15, 1881, pp.61–62, at p.61. 参见 "The 'Spectator' on Mr. Darwin's Letter," *Home Chronicler*, May 15, 1881, p.60。

[50] 关于珂柏和赫顿在《泰晤士报》上对达尔文的回应，参见 *Special Supplement to the Zoophilist*, May 1881, pp.17–19。

[51] Charles Darwin to G. J. Romanes, dated Apr.22, 1881, in Francis Darwin ed., *The Life of Charles Darwin* (London: John Murray, 1908), p.290.

[52] Darwin to T. L. Brunton, dated Nov.19, 1881, in Francis Darwin ed., *More Letters of Charles Darwin: A Record of His Work in a Series of Hitherto Unpublished Letters* (London: John Murray, 1903), pp.437–438.

[53] "The Immortality of Animals," *Zoophilist*, Feb.1899, p.194.

[54] F. P. Cobbe, *Life of Frances Power Cobbe, as Told by Herself* (London: Swan Sonnenschein, 1904), pp.490–491.

[55] E. M. Cesaresco, "The Growth of Modern Ideas on Animals," *Contemporary Review*, 91 (1907), pp.68–82, at p.81. 其他积极支持动物实验的知名演化论者包括赫胥黎、罗曼尼斯、迈克尔·福斯特、伯顿·桑德森、约翰·丁达尔、雷·兰开斯特、乔治·亨利·路易斯等科学家。

[56] John Howard Moore, "The Psychical Kinship of Man and the Other Animals," *Humane Review*, 1 (1900–1901), pp.121–133, at p.122.

[57] 关于政治激进主义和演化论之间的密切联系，参见 Adrian Desmond, *The Politics of Evolution* (Chicago: University of Chicago Press, 1989); Roger Cooter, *The Cultural Meaning of Popular Science* (Cambridge: Cambridge University Press, 1984); Adrian Desmond, *Archetypes and Ancestors: Palaeontology in Victorian London, 1850–1875* (London: Blond & Briggs, 1982)。

[58] Thomas Huxley, "The Origin of Species [1860]," in Thomas Huxley ed., *Collected Essays: Volume 2, Darwiniana* (London: Macmillan, 1893), pp.22–79, at p.23.

[59] Olav Hammer, *Claiming Knowledge: Strategies of Epistemology from Theosophy to the New Age* (Leiden: Brill, 2004); 李鉴慧:《论安妮·贝森的神智学转向：宗教、科学与改革》。

[60] 关于在达尔文之前的哲学、文学和自然史领域中的类似观点，参见 Robert J. Richards, *Darwin and the Emergence of Evolutionary Theories of Mind and Behavior* (Chicago: University of Chicago Press, 1987), pp.127−156; Donald Worster, *Nature's Economy: A History of Ecological Ideas* (Cambridge: Cambridge University Press, 1994); Jane Spencer, "'Love and Hatred Are Common to the Whole Sensitive Creation': Animal Feeling in the Century Before Darwin," in Angelique Richardson ed., *After Darwin: Animals, Emotions, and the Mind* (Amsterdam: Rodipi, 2013), pp.24−50; Christine Kenyon-Jones, *Kindred Brutes: Animals in Romantic-Period Writing* (Aldershot: Ashgate, 2001); David Perkins, *Romanticism and Animal Rights* (Cambridge: Cambridge University Press, 2003); Peter Heymans, *Animality in British Romanticism: The Aesthetics of Species* (London: Routledge, 2012)。

[61] William Youatt, *The Obligation and Extent of Humanity to Brutes* (London: Longman, 1839), p.1.

[62] John Styles, *The Animal Creation: Its Claims on Our Humanity Stated and Enforced* (Lewiston, NY: Edwin Mellen Press, 1997 [1839]), p.85.

[63] 考虑到有学者指出达尔文大量借鉴了自然神学和浪漫主义传统，这亦不令人意外，参见 Michael Ruse, *The Darwinian Revolution: Nature Red in Tooth and Claw* (Chicago: University of Chicago Press, 1979); Robert J. Richards, *The Romantic Conception of Life: Science and Philosophy in the Age of Goethe* (Chicago: University of Chicago Press, 2002)。

[64] Charles Darwin, *The Descent of Man, and Selection in Relation to Sex* (London: Penguin, 2004 [1874, 2nd. ed.]), p.151.

[65] "Reviews," *Humane Review, 2* (1901), p.281.

[66] H. S. Salt, "Mr. Chesterton's Mountain," *Humane Review*, 7 (1906), pp.84−89, at pp.85−86.

[67] L. Lind-af-Hageby, "The Science and Faith of Universal Kinship," *Vegetarian Messenger*, May 1914, pp.155−162, at pp.156−157.

[68] E. P. Evans, *Evolutional Ethics and Animal Psychology* (London: William Heinemann, 1898), pp.17−18.

[69] 引自 John Cleland, *Experiment on Brute Animals* (London: J. W. Kolckmann, 1883), p.14。

[70] H. S. Salt, *Animals' Rights* (Clarks Summits, PA: Society for Animal Rights, 1980

[1892]), p.21.

[71] Janet Browne, "Darwin in Caricature: A Study in the Popularization and Dissemination of Evolutionary Theory," in Barbara Larson and Fae Brauer eds., *The Art of Evolution: Darwin, Darwinism, and Visual Culture* (Hanover, NH: Dartmouth College Press, 2009), pp.18−39.

[72] Anon., "The Rights of Animals: Part Two—The Gospel," *Animals' Friend*, 5 (1899), pp.5−7, at p.5.

[73] John Howard Moore, *The New Ethics* (London: George Bell & Sons, 1907), p.203.

[74] John Howard Moore, *The New Ethics* (London: George Bell & Sons, 1907), p.205.

[75] 关于运动采用、在社会上常用于描述宗教和科学之争的军事隐喻，参见本书第一章。

[76] "An Inquiry into the Rationale of Anti-Vivisection. No.1. The Moral and Scientific Aspects—Should They Be Antagonistic?" *Anti-Vivisection Review*, 1 (1909−1910), pp.21−23, at p.23.

[77] H. S. Salt, *Seventy Years Among Savages* (London: George Allen & Unwin, 1921), p.134.

[78] L. Lind-af-Hageby, *Mountain Meditations and Some Subjects of the Day and the War* (London: George Allen & Unwin, 1917), p.131; "An Inquiry into the Rationale of Anti-Vivisection. No.1. The Moral and Scientific Aspects—Should They Be Antagonistic?" *Anti-Vivisection Review, 1* (1909−1910), pp.21−23, at p.23.

[79] Edward Carpenter, "The Need of a Rational and Humane Science," in Various Authors eds., *Humane Science Lectures* (London: George Bell & Sons, 1897), pp.3−33, at p.27.

[80] J. A. Thomson, "The Humane Study of Natural History," in *Humane Science Lectures* (London: G. Bell & Sons, 1897), pp.35−76.

[81] H. S. Salt, "Concerning Faddists," *Anti-Vivisection and Humanitarian Review*, Nov.−Dec.1927, pp.239−240, at p.240.

[82] 关于"利布朗基金"，参见 *Humanity*, Jan.1897, pp.6−7; A. Kenealy, *The Failure of Vivisection and the Future of Medical Research* (London: George Bell & Sons, 1909)。

[83] 关于"建设性反动物实验策略"的概念，参见 [L. Lind-af-Hageby] "Where Will Anti-Vivisection Lead?" *Anti-Vivisection Review*, Sep.−Oct.1911, pp.54−55; 以及《反动物实验评论》中的相关文章。

[84] "Objects of the International Medical Anti-Vivisection Association," *Anti-Vivisection Review*, Mar.−Apr.1927, p.68.

[85] Peter J. Bowler, *Reconciling Science and Religion: The Debate in Early-Twentieth-Century Britain* (Chicago: University of Chicago Press, 2001).

[86] "Correspondence: Darwinism and Humanitarianism," *Humane Review*, 2 (1901−1902),

pp.377-384, at p.384.

[87] *Humanity*, 3 (1902-1903), p.36.

[88] 引自 A. H. Japp, *Darwin Considered Mainly as Ethical Thinker, Humane Reformer and Pessimist* (London: J. Bale, Sons & Danielsson, 1901), p.49。

[89] A. H. Japp, "Darwinism and Humanitarianism: To the Editor of The Humane Review," *Humane Review*, 2 (1901), pp.377-384, at p.384.

[90] James R. Moore, *The Post-Darwinian Controversies: A Study of the Protestant Struggle to Come to Terms with Darwin in Great Britain and America 1870-1900* (Cambridge: Cambridge University Press, 1979), Chapter 4; Peter J. Bowler, *Evolution: The History of an Idea*, Chapter 9.

[91] H. S. Salt, *Seventy Years Among Savages*, p.202.

[92] 关于神智论者的演化思想，参见 W. Kingland, *The Mission of Theosophy* (London: Theosophical Publishing Society, 1892); Annie Besant, *The Seven Principles of Man* (Madras: Theosophical Society, 1892); 李鉴慧:《论安妮・贝森的神智学转向：宗教、科学与改革》。

[93] Lawson Tait, "Dogs," *Animal World*, Feb.1870, p.92.

[94] Stefan Collini, *Public Moralists: Political Thought and Intellectual Life in Britain* (Oxford: Clarendon, 1991), p.238.

[95] Thomas Dixon, *The Invention of Altruism: Making Moral Meanings in Victorian Britain* (Oxford: Oxford University Press, 2008), Chapters 4 and 7.

[96] Peter Kropotkin, "Appendix: Natural Selection and Mutual Aid," in Various Authors eds., *Humane Science Lectures* (London: George Bell & Sons, 1897), pp.182-186.

[97] *Humanity*, Dec.1902, p.78.

[98] "Evolution and Ethics," *Zoophilist*, Jun.1895, p.190; "Mutual Aid Among Animals," *Animals' Guardian*, Dec.1903, p.151; Ernest Bell, "Mutual Aid," in *The Inner Life of Animals* (London: G. Bell & Sons, 1913), pp.38-49.

[99] 关于达尔文是否持一种具有进步主义、目的论思想的演化论观点，事实上历史学家仍未一致定论，参见 James R. Moore, *The Post-Darwinian Controversies: A Study of the Protestant Struggle to Come to Terms with Darwin in Great Britain and America 1870-1900* (Cambridge: Cambridge University Press, 1979); Michael Ruse, *Monad to Man: The Concept of Progress in Evolutionary Biology* (Cambridge, MA: Harvard University Press, 1996); Robert J. Richards, *Darwin and the Emergence of Evolutionary Theories of Mind and Behavior* (Chicago: University of Chicago Press, 1987); Peter J. Bowler, "Revisiting the Eclipse of Darwinism," *Journal of the History of Biology*, 38, no.1 (2005), pp.19-32, at pp.22-24。

[100] *A Report of the Proceedings at the Annual Meeting of the Association for Promoting Rational Humanity Towards the Animal Creation* (London: APRHAC, 1832), p.20; *RSPCA Annual Report, 1834*, pp.13, 25–27; W. R. Hawkes, *Creation's Friend; Lines Addressed to, and Published with the Approbation of the Society for the Prevention of Cruelty to Animals* (London: J. M. Mullinger, 1824), p.8.

[101] H. S. Salt, *Humanitarianism* (London: HL, 1893), pp.24–25.

[102] Vernon Lee, "Vivisection: An Evolutionist to Evolutionist," *Contemporary Review*, 41 (1882), pp.803–811. 虽然不少动保运动者受到进步主义氛围的感染而抱持"道德进化"观，但在 19 世纪末同样流行着"道德退化"的想法。动保运动对于"道德退化"的担忧，可见于运动者对动物实验科学家之批判，或对于残酷的道德效应之担忧，此现象值得另作深究。

[103] John Howard Moore, *The Universal Kinship* (Fontwell, Sussex: Centaur Press, 1992 [1906]), pp.323, 328–329.

[104] George Bernard Shaw, *Back to Methuselah: A Metabiological Pentateuch* (New York: Brentano's, 1929 [1921]), pp.xliv–lvi.

[105] George Bernard Shaw, *Back to Methuselah: A Metabiological Pentateuch* (New York: Brentano's, 1929 [1921]), p.xc.

[106] John Howard Moore, *The Universal Kinship*, p.240.

[107] 这部著作的精简版《普遍一家》(John Howard Moore, *The Whole World Kin: A Study in Threefold Evolution*, London: George Bell & Sons, 1906) 于同年由贝尔家族出版社出版。

[108] Peter J. Bowler, *Evolution: The History of an Idea*, pp.180, 202, 264.

[109] John Howard Moore, *The Universal Kinship*, pp.320, 323.

[110] John Howard Moore, *The Universal Kinship*, pp.277, 319, 320.

[111] John Howard Moore, *The Universal Kinship*, p.319.

[112] John Howard Moore, *The Universal Kinship*, p.321. Charles Darwin, *The Descent of Man, and Selection in Relation to Sex*, p.147.

[113] John Howard Moore, *Ethics and Education* (London: G. Bell & Sons, 1912), p.v.

[114] 引自摩尔写给梭特的书信，dated Jul.23, 1909, Wynne-Tyson Collection, Sussex。

[115] 引自 H. S. Salt, "Howard Moore," *Humanitarian*, Sep.1916, pp.177–179, at p.179。

[116] 引自摩尔写给梭特的书信，dated Nov.3, 1915, Wynne-Tyson Collection, Sussex。

[117] 引自摩尔写给梭特的书信，dated Apr.20, 1906, Wynne-Tyson Collection, Sussex。

[118] "Howard Moore's Lifework," *Humanitarian*, Oct.1916, pp.185–187, at p.186。

[119] *Humanitarian*, Sep.1906, p.72.

[120] F. A. Cox, "The Universal Kinship," *Animals' Friend*, Nov.1915, pp.17–18.

[121] "Mark Twain as Humanitarian," *Humanitarian*, Jul.1910, pp.53−54, at p.54.

[122] *Supplement to the Humanitarian*, Jan.1907.

[123] "Our Library Table," *Animals' Friend*, Dec.1897, p.48.

[124] "Our Poor Relations," *Zoophilist and Animals' Defender*, Mar.1906, p.210.

[125] "Books of the Month," *Animal World*, May 1906, p.122.

[126] W. R. Inge, *More Lay Thoughts of a Dean* (London: Putnam, 1931), p.267.

[127] W. R. Inge, *Lay Thoughts of a Dean* (London: Putnam, 1926), p.200.

[128] *Animal World*, Aug.1923, p.86.

[129] "An Animals' Charter," *Vegetarian Messenger*, May 1928, pp.78−79 at p.78.

[130] *Anti-Vivisection Review*, Jan.−Feb.1927, p.12.

[131] 引自梭特写给安尼斯·戴维斯（Anges Davies）的书信，dated 28 Sep.1936, Wynne-Tyson Collection。

[132] Quentin Skinner, *Visions of Politics, Volume I: Regarding Method* (Cambridge: Cambridge University Press, 2002), p.6.

[133] Frank M. Turner, *Contesting Cultural Authority: Essays in Victorian Intellectual Life* (Cambridge: Cambridge University Press, 1993), pp.3−37.

[134] Quentin Skinner, *Visions of Politics, Volume I: Regarding Method*, p.6.

[135] 关于基督教对 19 世纪动保事业的积极影响，参见本书第一章。

第五章

挪用文学传统：
"最终一锤定音的……乃是心灵"

文字非虚，一点点墨水，

如露水滴落，溅起想象，

能使成千上百万人思考。

——拜伦爵士（Lord Byron）[1]

1910 年某日，伦敦街头聚集了约 3000 人，人们带着各种各 267
样的狗。人群从大理石拱门（Marble Arch）出发，经过牛津街、
摄政街和佩尔美尔街，最后到达特拉法加广场，抗议本来立于贝
特希市中心一处交通路口广场旁的棕狗纪念铜像突然被拆除——
这只小小的"棕狗"象征了许多反动物实验人士日夜祈求实现
的正义与怜悯。[2] 在游行队伍的前头，可见大大小小的彩色横
幅，上面印有被实验折磨而死的棕狗的照片，还有参与团体和著
名反动物实验运动者的名字。其中一幅十分显眼的横幅，写有桂
冠诗人阿尔弗雷德·丁尼生（Alfred Tennyson, 1809—1892）的名
字，以及其诗句"切莫蔑视微小生命"（ Hold Thou No Lesser Life
in Scorn?）。在这支壮观的游行队伍中悬挂的其他几面横幅，还向 268
约翰·拉斯金、罗伯特·布朗宁（Robert Browning, 1812—1889）、
让-雅克·卢梭（Jean-Jacques Rousseau, 1712—1778）、伏尔泰和奥
维达（Ouida, 1839—1908）等一众著名文人致敬。

文学名人在"棕狗示威"等动保运动的标志性场合中，可算是享有荣誉地位的常客。长期以来，请来古今文人雅士"助阵"一直是动物保护运动的工作重点，尤其是在 19 世纪 70 年代中期爆发并持续了近 40 年的反动物实验运动中。从某种意义上说，动物保护运动与反奴隶运动、宪章运动、社会主义和女子争取选举权运动等活跃于 19 世纪的社会运动颇为相似，同样吸引了一批能鼓舞人心的诗人和作家为其事业发声与创作。[3]然而，动保运动者不仅仅单纯地引用文学作品中的字句以激发人们爱护动物，他们还坚称他们与文学界有着亲密的联系，并积极挪用与运动目标相符的文学创作传统。著名文人的诗句和言论，只要是与人道主义理想相关，都经常会被运动者引用于演讲、出版物和海报横幅等视觉元素中，以作为支持动保事业的有力理据。对于运动者来说，文学传统中可谓充满了可供挪用的丰富智识、道德和文化资源。

历史学家在早至 18 世纪的文学作品中，就发现了一种新萌发的与动物共情的现象，这个现象与福音主义同为推动 19 世纪初反虐待动物运动兴起的主要智识力量。[4]随着文学评论界出现了探讨文学与大自然、动物之关系的生态批评（ecocriticism）、动物批评（zoocriticism）或以动物为主题的研究动向，以及近年来动物研究急速发展，文学学者也开始察觉到动物本身以及人类对它们的同情心在浪漫主义时期的重要性，因此学者也依其所需，以批判或欢迎的态度看待这些作品（感性文化）。[5]史学与文学的研究，让我们看到过去的文学世界不但从来不缺动物的身影，而且曾在 19 世纪 20 年代之前——即有组织的动保团体出现前的数十年间，就已带动了关于动物的道德和法律地位的讨论。[6]此

269

外，随着近年来人们愈发意识到文本的情境化意涵及其开放式解读可为文本赋予的意义与现实行动力，针对 18 世纪"感性崇拜"（cult of sensibility）的丰富研究也愈发使我们对文学在现实行动领域可产生的多重影响有了更全面且深刻的理解。学者强调 18 世纪的感性文学叙述对于社会和政治问题的暧昧性或多重意义，正质疑了文学作品对实际改革有固定影响的传统预设。学者尤其留意到感性文学传统和浪漫主义的作品，在众多社会争议（例如奴隶制、动物虐待和性别议题）中，为正反双方以不同的形式援引与解读，以作为支持己方的理据。[7]

　　本章旨在考察英国动物保护运动在其发展的第一个百年间，对于文学传统的接收、理解与挪用，并借以剖析文学传统与社会变革之间复杂而动态的关系。与大多数针对动物的文学研究不同，本章目的并不在于实质性地分析作者、文本或文学传统本身，而是将重点放在运动中的行动者身上，探讨他们在自身需求与文学传统中所扮演的中介角色，分析动保运动者如何通过文学评论、出版事业、文学系谱建构、争取作家支持、亲自书写与创作等一系列工作，维系着与文学传统和文学界的密切关系，并从中大量挪用相关的道德、智识和文化资源，从而改善人与动物的关系。

270

与文学的亲缘关系

　　反动物虐待运动从兴起之初，就已敏锐地意识到各种文学传统中所包含的资源，并常常高调宣称动保运动与文学间具有亲密联系。运动内部存有一种普遍信念，即认为许多过去的伟大文学都能与动保事业的人道精神产生共鸣，文学界堪称"动保之友者"不胜枚举。到了19世纪后期，当动保运动的关怀范围日渐广泛，运动也如火如荼地进行之际，运动领导人和支持者对文学寄予的厚望则更加强烈。譬如说，在19世纪70年代初期动物实验争议爆发之时，同情受虐动物的著名文人亚瑟·海普斯爵士在其著作《动物与主人》中，列举了众多曾鼓吹仁慈对待动物的著名作家，并总结道："历代伟大诗人均是动物的景仰者，他们的话语也为我们定下了温柔善待动物亲族的准则。"[8]支持动保运动和素食运动的著名作家 W. E. A. 阿克森（W. E. A. Axon，1846—1913），也在1909年国际反动物实验暨动物保护大会以及1910年5月举行的"素食协会"会议上，发表了一篇文章《诗人作为动物保护者》，他同样指出"历代诗人总能忠实地反映出其时代中最美好的思想和抱负"，并列举了从古代世界的荷马到当代的乔治·梅瑞狄斯（George Meredith，1828—1909）等"云集的见证者"，称他们早已"承认万物之间的亲缘关系，并意识到人对其他动物应肩负的责任"。[9]著名实证主义者兼文学评论家弗雷德里克·哈里森（Frederic Harrison，1831—1923）则在1904年一场关于"人对低等动物的责任"的演讲中，提到了"荷马笔下的尤利西斯（Ulysses）与其忠犬（Argus）久别重逢的动人场面，威廉·古柏（William Cowper，1731—1800）诗中的野兔、罗伯特·彭斯（Robert Burns，1759—1796）诗中的田鼠，以及马修·阿诺德（Matthew Arnold）的爱宠"，借此邀请听众思考："正是对动物权利、情感和智能，以及人与动物间的亲密友谊的正确认识，充实并启发了世界上最好的诗歌和思想。"[10]

究竟为何动保运动会对文学高度认同、情有独钟？并且相信所有伟大的文学作品均与运动的整体目标源于一致信念？本章提出，人道主义在18世纪文学中的萌发，以及19世纪文学所被赋予的更广泛文化和道德意义，还有19世纪末数十年间动保运动在反动物实验和与科学自然主义的抗争中有意识的自我定位，共同促成了动保运动者对文学传统的热切认同与积极拥抱。

文学中日益增长的怜悯动物思想

在人道思想史上，一般认为文学中的人道主义思想最早出现于古典时期，衰退于中世纪时期，略复兴于文艺复兴时期，但直到18世纪才出现了所谓的"心之革命"（revolution of the heart）。这场革命是一种对于感性的崇拜，主要展现于文学和哲学领域。[11]在此期间，英国经济有所增长，资产阶级兴起，上流阶级人士开始讲求文雅社会中的儒雅行为。[12]在这种文化中，本能的情感和油然而发的同情心也被理想化，人们争相成为或推崇拥有丰沛情感的"善感之人"（man of feeling）。诗人、散文家和小说家积极尝试与向来被社会忽视的被压迫者和一无所有的穷苦人同情共感；听觉与视觉文化中也时兴对不幸的角色同情与垂泪。以往被鄙视的群体，如罪犯、乞丐、妓女、奴隶、疯子，全都被纳入新兴中产阶级的情感关怀对象范围，特别是通过文学这扇门。动物既已被公认具有知苦知乐的感受，自然也被囊括在这股感性新文化之中。当时著名的评论家兼诗人詹姆斯·比蒂（James Beattie, 1735—1803）在其作品《散文：论诗歌与音乐》（*Essays: On Poetry and Music*, 1779）中，阐述了如何才能称得上拥有这种新涌现的"感性美德"（virtue of sensibility）：

> 对于无理性的受造动物，我们应当怀有强烈的同情心，因为它们和我们同一样，都是有感知能力的生物。有良知的人顾惜他牲畜的生命；忧怨或铁石心肠的人就算看到蹦跳的小羊，或听到百灵鸟欢快的歌声，或留意到狗儿与主人重逢时的狂喜，仍无法感受到动物的喜悦。[13]

随着浪漫主义的到来，尽管其属性纷杂，且对 18 世纪感性文学的部分元素有所反弹，但是整体而言作家对"情感"和"情感"的重视丝毫不减，甚至进一步将他们的共情对象扩展至自然世界。无数作家尤其是诗人，带着同情的心态和想象力尝试走进动物的生命，与动物同喜同悲，并且基于这些感悟创作出大量为人类暴政之下受压迫的动物打抱不平的作品。学者大卫·珀金斯（David Perkins）表示，1750 年到 1830 年间"与动物有关或涉及动物主题"的作品"数量之多已臻巅峰"。[14]

然而，早在现代学者得出此类发现之前，19 世纪的动物保护者就已懂得挪用 18 世纪文学作品中同情动物的文化。"人道联盟"的创始人之一霍华德·威廉姆斯（Howard Williams, 1837—1931）将 18 世纪称为"人道主义时代"，[15] 另一创始人亨利·梭特则称 18 世纪文学中的"人道伦理"（ethics of humaneness）为

"西方人道主义"之"起源"。[16]虽说18世纪中同样有文学著作表达了相反的情感和观点，例如有不少颂扬野蛮的"血腥自然"和狩猎文化的诗歌作品，[17]甚至可充当允许人类持续剥削动物的挡箭牌，不过就数量而言，同情动物的文人与作品仍占大多数，许多著名诗人都在此列，例如亚历山大·波普（Alexander Pope, 1688—1744）、詹姆斯·汤姆森（James Thomson, 1700—1748）、威廉·古柏、威廉·华兹华斯（William Wordsworth, 1770—1850）、柏西·比希·雪莱（Percy Bysshe Shelley, 1792—1822）、罗伯特·彭斯和威廉·布莱克（William Blake, 1757—1827）等。这串长长的名单无疑证明了文学与动保事业之间的特殊联系。

作为圣贤与道德典范的文人

> 那位能写出一本真正的书来说服全英国的人，难道还不算是英国乃至整个英格兰民族的主教、大主教和首席主教吗？
> ——托马斯·卡莱尔[18]

动保运动者如此热衷于与文学结盟，除了纯粹由于该时期的 274文学中充满了人道主义的同情精神之外，文学界的文化声望也是原因之一。19世纪的"文人"（men of letters）拥有崇高且特殊的社会地位。从诗人、小说家、哲学家、历史学家、神学家和传记作家，到记者和评论家，各种各样的文字工作者都位列这个特殊社会阶层之中。在此瞬息万变的年代，迷失的大众更渴望获得道德和精神方面的指引，于是这些受过教育的精英便成为民众的导师、道德典范和社会知识阶层，他们的话语有时甚至比社会中传统的卫道人士（如牧师和神职人员）更具有权威。[19]维多利亚时期最受称颂的大文学家，如丁尼生、拉斯金和托马斯·卡莱尔，均被大众誉为时代的"圣贤"（sages）和"先知"（prophets），可指引国民之品德发展，并可掌握常人难以领悟的深层次真理。而在各类作家当中，诗人因其丰富的想象力和作品的"预言"性质而最受尊敬，地位尤其崇高。

文学界也没有推却社会赋予他们的崇高角色。事实上，浪漫主义和维多利亚时期的文人本身即有意营造这种观念，将诗人和其他富有想象力的作家拔高为受神所启发的道德家、梦想家和真理传授者。雪莱在其著作《为诗歌辩护》（*A Defense of Poetry*，创作于 1821 年，于 1840 年雪莱身后出版）中，不仅高度颂扬诗歌与想象力，并重申诗人堪当法律订立者和先知。在 19 世纪享有盛名的诗人、思想家兼"先知"华兹华斯，曾如此形容一位"伟大的诗人"：

> ［他］应在某种程度上纠正人的情感，赋予人新的综合感情，使其更为明智、纯洁、坚定，一言蔽之，即更呼应自然，亦即永恒之自然，以及那俾使万物运转的精神。[20]

坚定反对动物实验的拉斯金亦赞同浪漫主义的信念——深度想象即如同预言，他相信具有强大想象力的艺术家可以企及

275

更高层次的真理。[21]许多其他极具影响力的作家和评论家，如丁尼生、罗伯特·布朗宁（Robert Browning, 1812—1889）、约翰·基布尔（John Keble, 1792—1866）、艾萨克·威廉姆斯（Isaac Williams, 1802—1865）和马修·阿诺德（Matthew Arnold, 1822—1888），同样对文学的道德功能和诗人的真理先知角色寄予厚望。19世纪绝大部分的文学家也确实对得起主流社会对他们的高度评价，尽职尽责地履行了大家所期许的道德指引和预言任务，在其作品中回应了当时的社会和道德问题。对于渴望拥有道德权威并引导舆论的动保运动来说，文人的崇高道德地位自然十分具有吸引力。文学被赋予了引领社会道德、加强同情心和表现人道主义理想的伟大使命，这些获得公认的教化、启迪功能对动保运动者而言尤其有用。事实上，运动者也充分意识到文学界的文化权威及其可以发挥的社会作用。许多动保运动者本身亦是颇具影响力的文学人物，他们不仅协助巩固了维多利亚时代文坛这种独特的文化，且会在自己的作品中承传这些价值观。

坚定的反动物实验人士R. H. 赫顿（R.H. Hutton, 1826—1897），他相信诗人担当了"道德典范"的特殊角色，而他自己作为一名文学评论家兼道德家，亦会积极为读者把关，抨击当代的不可知论和唯物主义作品。[22]弗朗西斯·鲍尔·珂柏在全力投身于反动物实验运动之前，已是一名为人熟知的记者和神学作家，她与卡莱尔同样对文学界抱有宏大愿景，认为文学"在教化受教育阶层的情感方面最为有力"，影响力远不止在"法规订立和社会功能"方面。[23]20世纪早期活跃的著名反动物实验运动者路易丝·琳达·哈格比，亦称"诗人、艺术家、作家"为"人道思

276

想和情感的先驱",因为他们"比其他人更洞悉人性"。[24] 就连对维多利亚时代价值观多所批判的梭特,也同样如时人一样,尊崇文学圣贤为先知,认为诗人"预示了一个更美好的社会状态"。[25] 著名的动保运动者与社会普遍都一致对文学持有这种信念,我们不难明白为何运动者会屡屡从文学中寻求能支持运动正当性的理据。而运动对文学的钟爱,同时也与运动在 19 世纪的修辞政治有关,例如最常用的"科学与宗教"之间的军事隐喻,以及与之相关的其他二元对立框架,如"科学 vs. 文学""理性 vs. 情感"以及"头脑 vs. 心灵"。

心灵与头脑的二元政治

> 世间智者一如既往地说道:
> "先生,你的心灵胜过你的头脑。"
> 这不争的事实使我一时沉默,
> 而非以反语回敬;
> 确实,谁见了这乏味之人——
> 能说他的头脑胜过他的心灵?
>
> ——亨利·梭特[26]

"战争"隐喻一直被用来描述维多利亚时期"科学与宗教"或"科学与文学"之争,而在过去数十年里,这一观点已被更具有影响力的"一体文化"(One Culture)研究趋势所取代。学者从多方面重新评估 19 世纪科学与宗教之间的无数交叉点，指出无论在智识、语言、人际关系还是制度层面，两者都曾有着相互促成、互为影响的关系，而非单纯的冲突和敌对，因之可谓共同建构了一个一体而非分裂的文化脉络。[27] 然而，亦有学者反对急于建立起另一套固定的概念框架，因为在 19 世纪科学与文学之间的关系中，某些面向似乎亦难以与"一体文化"模式调和，[28] 动保政治，尤其是反动物实验主义，似乎正是这样的一个领域。动保运动的主流论述普遍将科学与宗教、科学与文学、理性与情感、头脑与心灵，视为彼此对立的存在，支持动物实验的科学家站在对立面的左方，而动保运动者则站在右方，双方各不相让。而 19 世纪动保政治所建构的这种二元想象，正可解释动保运动对文学传统的高度认同和频繁援用。

从古至今，外界常对动保倡议者有狂热、过于情绪化或过度感情用事的印象。在 18 世纪的"感性"时代，当首次有人在文学作品和议会讨论中为动物发声时，批评声音也随之而来。倡议者被指沉溺于过度的情绪，而这类批判，直至法国大革命及其接下来的年代，尤其引发了政治隐忧与恐惧，格外挑起人们敏感的神经。[29] 正如学者托比亚斯·曼奈利（Tobias Menely）指出，一旦对动物的共情与法国大革命式的平等主义理想在人们脑海中产生关联时，人们即会将共情与怪异、浮夸、缺乏男子气概，乃至反人类等概念联系起来。动保运动的批评者如亨利·麦肯基（Henry Mackenzie, 1745—1831）、汉娜·莫尔（Hannah More, 1745—1833），都曾谴责或嘲讽动保人士，指他们对动物的情感，实为非理性的多愁善感和错置的同情。[30] 随着动保运动在 19 世

278

纪发展壮大，尤其是在 19 世纪 70 年代反动物实验运动激烈进行之时，此类强调"理性"与"情感"、"阳刚"与"阴柔"、"人"与"动物"之间的对立关系的批评越演越烈。纵然科学界和文学界双方都曾尝试在广泛的社会中彼此连结，可是接下来的历史发展，却使得两方对立之势依旧可见。一方面，科学成为一种崭新、讲求理据和理性的新文化权威；另一方面，文学与心灵的传统连结、福音主义对情感信念的强调、维多利亚时代性别意识形态中女性特质与强烈情感和宗教热忱之连结，都让反动保者利用以批判运动。支持动物实验的人以及动保运动的其他反对者，通常将拥有明显宗教立场以及大量女性支持者的动保运动，描绘为反科学、非理性、多愁善感和妇人之仁的，而他们自己则稳稳地占据科学、理性和男子气概的道德高地。保罗·怀特和罗伯·布迪斯指出，在动物实验争议上，科学家一方面试图反驳批判他们冷血无情的指摘，另一方面亦积极企图建立起科学从事者的"绅士"身份以及一套相关的科学价值体系，于是他们采用了一套"同情心论述"，强调在进行科学研究时，"暂止同情"（suspension of sympathy）是必须的。[31]这种论述形式同样借用了理性与情感对立的文化框架。支持动物实验的科学家将在追求科学时掌控自身感情的能力，以及坚忍、理性、毅力和敬业等"男子汉"气概，推崇为实现崇高目标的必要条件，特别是对于减少人类苦难这一重要人道目标而言。反动物实验人士一直强调行为的道德正当性，并以之批评动物实验是不道德的。现在支持动物实验的科学界所提出的这些无懈可击的理由，使压抑对动物的同情心反倒成为名正言顺、理所当然之事。反动物实验人士和其他

279

动保运动者则被描述为以妇人之仁行事，缺乏远见和理性。他们尤其在 19 世纪 70 年代反动物实验运动爆发后常常被贬为"反科学的宗教狂热分子""狂热无理性之人""有心无脑"，并且犯有"歇斯底里式的情绪化"。[32]

　　科学家阵营不只利用了当时社会上有关"科学 vs. 宗教""男性理智 vs. 女性情感"等自启蒙运动起即越发根深蒂固的文化比喻，他们甚至进一步丑化了批评科学的反对声音，使人道主义与同情心等概念更处于文化劣势。他们从科学百宝箱中搬出心理学和生理学的理论，重新定义同情心和情感的本质和意义，除了将"理性"和"智力"置于"情感"之上，更引用了他们声称具有医学基础的性别概念，将与女性联系较深的"情感"贬为"歇斯底里"和病态的表现。实验捍卫者通过以上种种策略，成功在传统的二元概念框架内提升了科学的地位及文化价值，同时将同情心、感性、多愁善感等曾被褒扬的女性特质"问题化"，使这些表现反而成了应被解决的社会问题。[33]这些 19 世纪的心理学与生理学重大科学发展，进一步巩固了科学家企图塑造的意识形态，使得科学反对者更处于文化劣势地位而奋力反击。这日益激昂的针锋相对与文化立足本身就不平等之斗争，不但使得反动物实验运动的公众形象恶化，最终更以一种极端的污名化收场——20 世纪初美国著名神经学家查尔斯·卢米斯·达纳（Charles Loomis Dana）甚至将反动物实验主义"诊断"为一种他称作"痴迷动物精神病"（zoöphilpsychosis）的精神紊乱疾病。[34] 280

　　面对一连串无情的攻击和批评，反动物实验人士——尤其是首代的运动者，并没有通过改变自身行为来自证清白，反而坚守着这些文化标签，并尝试将它们转化为有利于运动目标的工具。他们致力于强调道德、情感和同情心在科学界、医学界以及广泛社会中的重要性，也不扬弃与"科学对立于宗教"相关的所有二元论述，甚至积极挪用以对抗科学家阵营。他们提倡灵性、道德、情感、同情心、艺术和文学等与宗教有更深联系的价值观，同时贬低理性和智力等与科学相关的价值，并警告社会这些价值可导向危险的无神论和唯物主义。19世纪末出现的与生理学科学相关的各种负面趋势，例如枉顾道德的实验实践、科学家对业界利益的自私追求、将情感视作纯粹反射机制的心理学倾向，以及为人类思想和行为提供的机械式解释，在反对者看来都证明自然科学已渐渐离神学、道德和灵性远去。[35]反动物实验运动者恐惧新兴科学文化侵蚀宗教价值观，因此经常在批评科学时刻意采用二元对立式的修辞。珂柏认为"我们智力上扬，情感即跌落乃至失去踪影"，且"当科学……入室，艺术——如同爱一样，即自窗口飞逸"。她相信，当新兴的科学精神盛行时，"宗教情绪便忽隐忽现，就如密室中的烛火一样"。[36]诗歌和想象文学在传统上与情感、情绪和道德领域密切相关，[37]一般也被认为与受科学自然主义建构的"新科学"文化格格不入，即使科学界曾试图利用文学来建构他们的身份和群体形象。[38]史蒂芬·柯勒律治接替珂柏担任"全国反动物实验协会"领导人后，甚至将科学定义为"与诗歌、文学、演说、历史和哲学迥然不同并完全相反、与情感或人性毫无关联的东西"，[39]而诗歌则是"人类迄今为止能够表达内心最深处情感的最高形式"，因此是科学的"决然对立面"。[40]在传统的二元修辞框架中，生理学家和其他科学家经常被形容为缺乏信仰、道德和同情心，[41]与"最崇高的职业"——作为真理先知的诗人——正好相反。珂柏宣称"医师实在与诗人或艺术家截然相反"，因为他们接受的唯物主义训练"足以抹去世上所有美好，并且毁灭人性奥妙之处的魅力和神圣性"。[42]反动物实验人士亦喜爱引用达尔文自传，因后者曾坦言自己已失去了年轻时"读各种诗歌时"感到的喜悦，随年岁渐长甚至连"一行诗句"都无法再享受。运动者常以此作为科学破坏性影响灵魂的完美证据。简而言之，在诸多反动物实验者眼中，科学在本质上与诗歌水火不容，也与人类思想中所有崇高和有价值的事物不相容。[43]

"最终一锤定音的……乃是心灵"[44]

然而，动保运动者广泛采用"心灵与头脑"二元对立这一举 282
措也带来了危机。虽然这个二元对立框架明确界定了敌我，可在修辞政治上大有所为，但同时也限定了运动的自我定位，令之与二元对立中特定一端的文化地位连结，一荣俱荣，一损俱损。随着文化对"头脑"而非"心灵"的日益强调，动保运动也随之在当时的文化斗争中处于劣势。正如学者曼奈利指出："感性的贬值程度，已使严肃的动保倡议者再难从中获取助力。"[45]科学、理性和智力的价值在大众文化中越来越受到重视，科学和科学主义的文化地位节节上升，动物保护运动却被心灵领域的文化败仗所波及，因而处于巨大的劣势当中。

然而，19世纪与20世纪之交的动保运动非同寻常之处，在于无论当时运动者多么渴望摆脱恶意针对他们的"多愁善感""非理性"和"妇人之仁"等指控，但他们从未打算摒弃运动的灵性和感性基础。"国家犬类捍卫联盟"主席C. R. 约翰斯（C. R. Johns）曾向一位动物权利批评者扬言，他"自然不是一个多愁善感的妇人，也不是一个情绪化的牧师"，不过即使他是，"那也没什么好羞愧的——因为情感和情绪是世上所有伟大运动的驱动力"。[46]作家奥维达在回应针对反对动物实验情绪的"侮慢指控"时，同样宣称："从爱国运动到反奴隶运动，世上每一场崇高的运动都是因'它'之名；人类的每一种利他动机都出于同一情感——即灵性与无私的灵感，而非粗鄙和自私自利的精神。"[47]反动物实验和反疫苗接种的"个人权利协会"（Personal Rights Association）名誉主席J.H. 利维则在《政治与疾病》（*Politics and Disease*, 1906）中，引用了赫伯特·斯宾赛的名言："情感为主，理智为仆"，并谴责"对诉诸情感的反对"是"无稽之谈"，并指这实际上是在"掩饰他们对于诉诸道德的不以为然"。[48]同时，史蒂芬·柯勒律治在回应狂热无脑的指控时，更不讳言地将情感置于理智之上，声称"我们的情感能力比认知能力更强大、更高尚。在人类的作为中，情感应当凌驾理智，良心比算计更适合作为生活的指引。"他并进一步坚持"人类力量的最高体现"在于"诗歌创作"。[49]比起科学知识，柯勒律治向来更热情地拥抱人文智慧，因此他此番发言并不足为奇。当面临这类选择题时，动保运动中许多领军人物，纵使曾在19世纪末努力修复科学与宗教之间的关系，此时却都毫不含糊地选择拥抱心灵领域。在引发长达十年的"棕狗"抗议事件的《科学屠宰场》一书中，作者之一哈格比批评"知识分子"是一帮拒绝"承认心灵、灵魂和精神之主宰地位"的"自我崇拜者"。在著名的"哈格比 vs. 萨利比与《佩尔美尔街报》"案（Lind-af-Hageby vs. Dr. Saleeby and the *Pall Mall Gazette*）中，她在法庭上自辩时表示愿意为动保事业献出生命，并明言宗教是她"心底最深处的信仰和信念"，她的动人言辞甚至使庭上的旁听者落泪。[50] 梭特也曾表示情感是"进步的原动力……即便无数傻瓜对之嗤之以鼻"，而他亦称缺乏情感之人为"愚人和傻蛋"。[51] 即使梭特向来坚持应理性地讨论动保议题，但他在谈及"动物表亲"时仍承认：

> 当然要从智识方面充分考虑这个议题。尽管如此，我仍坚信最终能一锤定音的不是智识，而是心灵。一旦"心意上的改变"发生，［万物］亲缘关系不再只是通过争论和证明而被人所知——而是被人感受到，这时候任何进一步的论理都是多余的。[52]

这类强调动保运动的情感和精神基础、置情感和感受于理性和智识之上的公开声明，不但反映出运动者最珍视的价值观，还有他们在此时代逆流而上捍卫这些价值的强烈决心。自 18 世纪以来，想象文学一直在阐述对动物的人道主义情感方面发挥了重要作用，并被赋予捍卫社会道德的角色，负责体现良知、同情和情感等所有崇高的价值。对运动者而言，想象文学自然是值得好好把握、充分发挥的宝贵资源。接下来，我们将探讨运动者如何通过文本评论、构建文学中的人道谱系、出版同情动物的作品选集、争取文人作家的支持，甚至亲自担当作者等一系列工作，积极从这个宝库汲取可用资源，以实现各项运动目标，特别是在第一次世界大战前的半个世纪内。

运动者作为文学评论家："动物文学评论"的诞生？

尽管动物保护者感受到与文学的亲近性，但面对大量过往文学作品时，他们仍需主动从事挪用和复兴工作。文本的含义大大取决于其阅读方式与角度，因此运动者需要以有益于动保事业的方式选取和解读作品。过去的文学传统纵然蕴含丰富的人道主义情感，未必自然会获致今人的关注和欣赏，而且亦并非所有作者或文学流派，都能引起身处不同历史背景的读者的共鸣。对于具有明确目标的动保运动者来说，他们自然必须依其自身需求，慎选作者及作品，并从对运动有利的角度重读各类文本，无论是经典还是非经典的著作。正因如此，许多运动引领者还担当了文学评论家的角色，尤其是自19世纪末开始，他们甚至开创了"动物文学评论"的传统。这个现象为何在此时发生？又有哪些社会因素促成了这一发展？

大约从19世纪70年代开始，印刷和通信技术蓬勃发展，大众识字率提高，维多利亚社会进入"大众识字"和"大众传播"的时代。1870年后通过的一系列教育法案，造就了大批大众读者的涌现，为满足这一新兴市场的需求，书籍、杂志、报纸等读物开始大规模生产。到维多利亚时代晚期，可供选择的期刊数量高达 4914 种，[53] 报纸也从受教育绅士阶层的专利，变成数百万人也有能力享用的消费品。然而，印刷品的爆炸式增长并未受到全国上下的一致欢迎，那些关注国民道德发展的人士对这个新转变就有所保留。此时，阅读活动从"文化"领域降格至"休闲"领域，由此产生的信息泛滥，令关心社会和道德风气的有识之士深感忧心。面临文学的商业化与批量生产、文学水准的下降、大众传媒的毒害、煽情小说的腐败、违背文学教化功能的文学审美思潮，一场前所未见的文化危机似乎来临在即。[54] 许多文人都 286 相信文学"可创造民众的主体，因而具有推进（或阻碍）文明发展的力量"，[55] 他们因此心急如焚，加倍积极地从事文学评论工作，就"什么该读"与"该如何读"向读者提供建言。然而，除了文学市场的这些变化之外，另一制度性因素亦刺激了传统文学评论者的积极行动。在 19 世纪的最后数十年，英语研究正式引入大学课程，戴有学术光环的"专业文评家"开始在大学机构中诞生。不过，这个体制性发展也使得艺术越来越脱离先前所负有的社会和道德教化责任。面对以上种种变迁与挑战，传统"业余"文评家变得比以往更加积极好战，他们坚守文学的道德本质和社会功能，以此为自己守住生存空间，拒绝仅仅将文学视为不同风格或流派的艺术表现。[56] 学者伊恩·斯莫尔（Ian Small）观察到，1865 年至 1890 年是"英国文学评论写作的黄金时期"，文坛充满了各类"文评写作"和"关于文评的写作"。[57]

面对不断演变的文学界景观，动保运动不得不随之灵活制定应对策略。到了 19 世纪 70 年代，运动已将工作扩展至人文教育方面，特别是在反动物实验运动开展之后，运动目标更广泛，项目也更多，因此对宣传和教育资源材料的需求日益增长。为了把握扩张中的出版界所带来的新机遇，动保运动也积极出产自己的文学作品，试图在廉价印刷时代争夺读者。当时英国出版的期刊文学，从 1864 年的 1768 种增加至 1901 年的 4914 种，总体增长了将近两倍，运动刊物的数量也同样，从 19 世纪 60 年代的寥寥数本，增加到 20 世纪最初十年的超过十本。[58] 除此之外，运动者亦努力引导读者在令人眼花缭乱的大量出版品中，选取出最适合阅读的作品；动保运动中不乏博学的领导人物和来自中产阶级的成员，他们普遍深信文学的道德和社会重要性，因此既有能力亦有动力担当此任，将公众舆论引向"正轨"。比如说，珂柏特别关注"道德败坏"的法国小说和时兴之"为艺术而艺术"运动（"art for art's sake" movement）对文学的实用与教化功能之扬弃，她曾忧心表示"这个时代不断高涨且扩大的书籍和期刊洪流"，仿佛"危机四伏的文学浅滩和流沙"。[59] 珂柏秉持维多利亚时代传统文学观，认为文学应依循五大神圣原则——"真理、纯洁、简朴、仁爱、敬畏"（Truth, Purity, Simplicity, Loving-Kindness, and Reverence），违者则该受"普遍谴责"。[60] 她本人不仅撰写评论，还开创了早期的"动物文学评论"。在其著作《人与动物之友——诗人》（The Friend of Man and His Friends—The Poets, 1889）中，她以主流动保运动所支持的价值观作为评论标准，例如人犬友谊、人对动物的同情、动物美德以及动物永生信念，审视了古埃及、波斯、印度、犹太、希腊、罗马、伊斯兰世界和英国的文学作品。凡是能体现以上这些"动物友善"态度的作品即获得肯定，而宣扬或纵容虐待动物的作品则遭受批判。除此以外，珂柏明言编撰该评论文集的另一目的，就是要以“诗人卓越的洞察力”，突显那些只会通过显微镜观察动物“骨骼和组织”的科学家之浅薄。[61]

除珂柏之外，不少文学评论家如 R. H. 赫顿、约翰·拉斯金、 288
弗雷德里克·哈里森、亚瑟·海普斯爵士和霍华德·威廉姆斯，都曾为动物运动书写过评论作品，当中贡献最大的当属梭特。梭特在投身于“人道联盟”的工作之前，已是一位多产作家，并曾负责编辑过不少著名文人的作品，例如有亨利·梭罗、雪莱、詹姆斯·汤姆森（笔名为 B. V.）和托马斯·德·昆西（Thomas De Quincey, 1785—1859）。1891 年，梭特任职“人道联盟”名誉主席后，其文字工作不减反增，他亦有了更多文学创作和出版的渠道。[62]梭特不但担任《人道主义者》和《人道评论》的编辑，同时还频繁为其他动保团体期刊撰稿。他孜孜不倦地从广阔的人道主义角度审阅和评论文学作品，评论范畴广泛，包括了当代和过去的诗歌、戏剧，或宣传性、虚构性与科学性的作品。1885 年，梭特担任“素食协会”副主席，随后在 1895 年至 1897 年间也为协会刊物《素食评论》（*Vegetarian Review*）撰写了 24 篇文学评论，其中特别肯定了亨利·梭罗和沃尔特·惠特曼、萧伯纳、詹姆斯·汤姆森、爱迪斯·卡灵顿、亨利克·易卜生（Henrik Ibsen, 1828—1906）、约翰·巴勒斯、W. H. 赫德生以及爱德华·卡本特等文人之作品对人道主义事业所作出的贡献。而热衷于狩猎大型动物的通俗作家弗雷德里克·塞罗斯（Frederick Selous, 1851—1917）的作品，则因其伤害动物的思想而被梭特点名批评。虽然梭特与珂柏各持截然不同的宗教和政治观点，但二人同样深信文学的基本道德性质和功能。梭特认为优质的文学作品不会违背至高的道德原则，即包容众生的仁爱精神。他在评论作品时，始终将人道主义原则作为衡量作品价值的标准，在作品中寻找表达或违背人道主义精神的元素，但同时仍会将其艺术性纳入考虑。梭特认为某些所谓的文学权威，往往因本身缺乏人道主义情感和抱

负，而无法欣赏这类作者的广阔胸怀，他对此大失所望。因此梭特相信人道主义者应迫切介入，填补专业评论界的这一缺陷。[63]而一般的文评家和传记作者，也倾向于将文人的人道主义情绪贬低为"偶发奇想或标奇立异"，这也使梭特更加感到"人道主义文评"的重要性。[64]梭特作为《人道主义者》和《人道评论》的编辑，为了在这个大众印刷时代中将读者目光引导至能造福人道事业的"有价值"的文学作品，不仅自己撰写作品评论，还频频向他的一众文人朋友征求评论文章。其他动保团体也多少曾在各自的期刊中，从动物保护或人道主义角度评论和推广文学作品，但是梭特领导的"人道联盟"在文学传统方面的探索，仍属最为积极和多产。梭特写给作家兼著名素食运动者 W. E. A. 阿克森的书信内容，即揭示了这项文学任务背后的挑战，并也积极向其求稿：

> 我发现最难征求的文章就是文学类型的。事实上，我不得不亲自为"人道联盟"［之刊物］编写或重写其中大部分内容。我指的是关于德·昆西、雪莱、梭罗这些满怀人道主义精神的作家的文章。如果您想找到任何类似作者，还请您留意于心。或者实际上任何主题，只要与人道主义运动相关，都是对我们有用的。[65]

多年来，"人道联盟"汇集了众多文学界名人，为联盟担任散文作家、评论家或文评撰写人。当然，本身反感道德教条主义的梭特也意识到自己身为运动者的角色，难免会令人觉得他所发表的文学评论有所偏颇，是以他亦曾自嘲为"文学'拳击手'和人道主义的'打手'"。[66]他在 1895 年至 1897 年间为《素食评论》撰写了一系列评论，在最后一篇的总结文章中，幽默地嘲讽 290 自己作为半职业评论家的角色：

> 不过我希望能如此总结。如果任何读者要不留情面地持续追问为何我这个连续写了 24 期的专业评论者，竟然还有颜面贬抑"专业"和"持久"的文学评论，那我只能保证，因目前时间有限，我将在下一期《素食评论》中好好回答读者这个疑问，直至大家满意为止。[67]

若读者真以为能等到梭特的解答，他们将会发现《素食评论》原来已再无后续！次年，该刊物便与《素食通信》（*The Vegetarian Messenger*）合并了。

构建人道谱系

大约从 19 世纪 70 年代开始，部分为了回应各式新型出版物海量涌现所导致的文化危机，人们开始刻意厘清英国文学的地位与特征，并努力构建英国文学史。文学研究、文集、"伟大作家丛书"

迅速问世，不仅为英国文学成就的传承奠定了基础，也展示了高雅文学文化的精髓，以促进提升国民的道德与精神水平。[68]与此同时，新建立的英语研究学科也急于划清学科边界，制订学术标准，并创造其评价体系。为了达成这些目标，学者呼吁应选取作品以确立文学"经典"，建立系统性的档案以收录经过权威编辑的作品，并且撰写文学史。[69]到了1887年，已有逾44种关于文学的手册、研究和文学史入门读物面世，大都极为畅销。[70]在此英国文学广受关注的黄金时期，大众共同勾画英国文学的轮廓，并激烈讨论其社会和文化意义。动物保护运动亦未曾置身事外，也忙于为运动的各项目标构建有益的文学谱系。此时文学仍被赋予崇高的道德地位，历年来那些拥有文化权威并同时赞同动保运动价值观的文学名家，正好能供运动者引用来支撑运动的伦理愿景，并在各种道德争议当中为运动者占得道德高地。动保人士经常热衷于表示"我国所有伟大作家"都谴责动物实验——许多作家也确实如此——抑或宣称所有文学"巨擘"都支持动保运动。这类诉诸权威的做法，清楚表明了构建文学谱系的主张亦具有深刻的政治意义。[71]

有别于当时大部分文学系谱的建构工程，动保运动并不仅将其搜寻范围局限于英国之内。运动者相信人性真理无国界之分，因此他们往往将触角探向世界上其他地区，包括欧洲与东方，探寻当地及其古代的文学传统。自18世纪以来持续得到复兴的古典传统，曾被19世纪知识分子用于各种道德或政治目的，也尤其受人道主义者关注。[72]若是在运动早期，求助于古典时期之"异教"传统可能是难以想象之事，不过到了19世纪后期，动保改革者已毫不犹豫地将毕达哥拉斯（Pythagoras）、波菲

291

利（Porphyry）、普鲁塔克（Plutarch）、维吉尔（Virgil）、卢克莱修（Lucretius）和塞内卡（Seneca）等曾主张人道主义或素食哲学的古希腊和拉丁作家、诗人奉为运动的文学先驱。随着 19 世纪末宗教宽容度和多样性的提升，东方思想也在英国民间流行起来。292世纪末的进步主义分子向来常在其他文化和宗教中寻求替代价值观，特别是东方思想，以作为对工业化和西方唯物主义的有力批评，动保运动中的进步分子亦不例外。[73]

例如，"素食协会"期刊《饮食改革者》（*Dietetic Reformer*）历时五年（1877—1882）推出了人道饮食学文献系列，主编是"人道联盟"联合创始人霍华德·威廉姆斯，他亦是剑桥大学圣约翰学院学者，以及"皇家防止虐待动物协会"的支持者。此系列与约翰·莫利（John Morley, 1838—1923）广受关注、共 39 卷的标志性丛书"英国文人"系列（"English Men of Letters"series, 1878—1892），差不多同期面世。威廉姆斯所编的期刊不仅摘录了古今近 60 位支持素食之文人的观点，更如同"英国文人"系列一般，加入了许多相关文人与作品的背景资料，以收"定义并掌控文学文本的历史和意识形态力量"之效，[74]并同样数度再版，例如于 1883 年以单卷形式再版的《饮食伦理：对肉食行为的权威批评集》（*The Ethics of Diet: A Catena of Authorities Deprecatory of the Practice of Flesh-Eating*），并于 1896 年再次进行修订和增补。此书后来即成为素食运动的经典，并且为往后所有类似的人道主义谱系之建立提供了典范。[75]从此以后，类似的出版努力在运动中愈发频繁。比如说在 1897 年至 1903 年间，《动物之友》发表了一系列关于 18 世纪和 19 世纪"人道主义诗人"

的文章，当中包括有塞缪尔·泰勒·柯勒律治（Samuel Taylor Coleridge, 1772—1834）、克里斯蒂娜·罗塞蒂（Christina Rossetti, 1830—1894）、托马斯·胡德（Thomas Hood, 1799—1845）、珍·英格洛（Jean Ingelow, 1820—1897）、济慈、伊丽莎白·芭蕾特·布朗宁（Elizabeth Barrett Browning, 1806—1861），还有上文提过的威廉·古柏、罗伯特·彭斯、罗伯特·布朗宁、丁尼生、雪莱以及华兹华斯。1899 年，威廉姆斯开始为"人道联盟"在《人道》

293　（*Humanity*）上发表另一系列题为《人道主义先驱》的文章，这次的调查范围更扩大至涉及联盟更广泛的人道主义目标的文献，主题涉及社会各类不公不义以及动物议题。到了 1902 年，联盟又举办了一系列的"人道主义先驱"讲座，从人道主义角度讨论作家雪莱、托尔斯泰、拉斯金和理查德·华格纳（Richard Wagner, 1813—1883）的生平和作品。大量与人道主义相关的诗歌选集于 19 世纪与 20 世纪之交相继涌现，比如 F. H. 赛克林编纂的《人道主义诗文教育与朗诵集》（*The Humane Educator and Reciter*, 1891）、梭特的《亲朋戚友：动物生活诗篇》（*Kith and Kin: Poems of Animal Life*, 1901）、伯特伦·劳埃德（Bertram Lloyd, 1881—1934）的《伟大亲缘关系》（*The Great Kinship*, 1921），恩斯特·贝尔《为动物发声：诗歌读诵》（*Speak Up for the Animals: Poems for Reading and Recitations*, 1923）、伊丽莎白·德奥伊利（Elizabeth D'Oyley）的《爱动物者文选》（*An Anthology for Animal Lovers*, 1927）。所有这类努力都有助于强化动保运动所宣称的与文学领域的联系，并使运动自身的文学谱系得以逐步建立，同时也为运动的各方潜在支持者提供了有用的现成教材，更为他们与批评者的持续争论提供了强力的文化武器。

带有道德意涵之诗词

　　动保运动者在构建文学谱系时，采用了何种标准？哪些文学流派和作家更受他们欢迎？运动者又是如何在各种场合和行动中援用这些文学资源？面对海量的文献，动保工作者首先必须进行严谨的挑选。梭特曾指出"或多或少带有人道主义情感"的作品多不胜数，[76]威廉姆斯也将他在"古希腊伦理思想的文学遗迹"中搜索的过程，形容为"从矿场中小心提取和筛选出珍贵矿石"。[77]"人道联盟"的积极支持者伯特伦·劳埃德曾阐明他为编纂选集而挑选人道主义诗歌的标准：入选作品必须认同正义对待动物是人的道德义务，或者将人道精神视为良心的一部分；作品须反映出对万物之间普遍亲缘关系或连结纽带的信念；作品须唤起读者有益于人道情感发展的情绪或思想。[78]此处分析亦将借用劳埃德的分类标准，将动保运动所偏爱的作品分成两大类：直接提倡人道对待与同情动物的著作，以及间接有助于扩展人对动物生命的同情和想象的著作。

　　就动保运动的一般目标而言，最适合的文学资源就是属于第一类的含有道德寓意的诗词。寓言诗对动物苦难的逼真描写，能唤醒读者的同情心，并且往往带有明确的人道信息，可帮助运动者框定议题、引领舆论，并且巩固动保工作者与支持者的信念等。就诠释策略而言，运动者倾向于更多地按字面意义解读作品，而不是从比喻角度视之；如同19世纪人们诠释文学作品的惯例，他们倾向于将诗句所言视为诗人情感的真实传达，而非借

294

由想象力所建构出的情感。[79] 例如诗中若论及目睹一只受伤云雀所产生的情绪反应，将首先被解读为诗人情感的真实表达，而非修辞手法，如对受伤大自然的隐喻，或对普遍人性的反思等。因此，过去曾描写受伤和受压迫动物或者人对动物的情感反应的诗人，都被归为运动有力的倡导者、坚定的盟友、文学先驱或心灵契合者。无论诗人创作初衷为何、作品对当时的读者有何特定含义，运动者通过按字面解读的方式，就可将作品从其历史背景中抽离，放进动保运动的新诠释框架之中。作品可以被重新赋予明确、直接的教育意义，并成为对运动有利的宣传工具。

至于何种文学体裁最受运动者青睐，具有道德权威、地位崇高且容易引用的诗歌显然位居榜首。诗歌向来被视为艺术的最高形式，能表达出人类最深刻、最纯粹的情感，并能提升甚至升华人类的思想。借托马斯·阿诺德（Thomas Arnold, 1795—1842）的话来说，诗歌使人类"进入比我们平常所处的更高的思想状态"。[80] 珂柏亦曾高呼"诗人至高、诗歌至伟"，[81] 此番言论绝不仅仅是为了贬低科学家阵营，而是呼应了当时维多利亚时代社会的主流观点。虽然诗歌作品在销量方面不及小说，但它们仍是维多利亚时代人们日常生活的核心。学者娜塔莉·郝斯顿（Natalie Houston）针对《泰晤士报》所刊诗歌的研究指出，诗歌在当时的社会经常"扮演着公共事件的一种诠释框架"。正如伊丽莎白·米勒（Elizabeth Miller）所指，维多利亚时代的阅读大众，包括激进媒体的读者，都习惯"将诗歌视为新闻读，并一边读新闻一边读诗"。[82] 动保团体的小册子、传单、期刊同样参考了这种普遍模式，在其中随处可找到植入文本或作为附加文字并列的诗句。这些诗句或由动保运动支持者所创作，或取自著名诗人的作品，能简要地阐明文本谈及的具体议题，并以引人注目的方式反映出运动的价值理念。

在诗歌的选择上，由于浪漫主义诗人在维多利亚社会中享有尊贵地位和大众号召力，因而运动者也推崇并最经常援用浪漫主义诗作。在19世纪期间，诗人在运动中的受欢迎程度也会随着社会品位和评价的转变而有所变化。温和的福音派诗人威廉·古柏在社会上享有盛名，[83]他过着安静的乡村生活，饲养了许多动物，可能也是19世纪上半叶动保运动者最常引用其作品的诗人。古柏的虔诚信仰和保守主义，与早期反残酷运动的观点不谋而合，他的大量诗作也毫不含糊地表达了对受造动物的同情。1809年，史上首个防止虐待动物协会在利物浦成立，其协会报告的首页即印有古柏的诗句："感谢上帝赐予食粮。/ 以死物为食，饶动物性命。"[84]最频繁出现在协会文章和小册子的标题页、简介短文或引言结语中的，除了《圣经》的段落外，毫无疑问就是古柏表达他坚决疏远罔顾动物感受之人的诗句："我绝不与他称兄道弟 /（纵有优雅举止、高端品位 / 却有感性缺憾的）那种人 / 他们无端践踏无辜虫蚁。"[85]牧师托马斯·摩尔（Thomas Moore）在一次布道中，表扬古柏为"当代最令人欣慰和最富道德感的诗人"，并建议"每个年轻人都应牢记［上述诗句］于心"。[86]"皇家防止虐待动物协会"属下的"妇女人道教育委员会"在成立后不久就开始广发"古柏论及动物残酷的精美诗句卡片"，作为其教育工作的一部分。[87]然而到了19世纪末，正如珂柏所言，古柏"创作时所秉持的精神，对于现今这'为艺术而艺术'（de

296

l'Art pour l'Art）的时代来说，劝导意味可能有点过于浓烈了"。[88]

不过，另亦有人高推古柏为"除雪莱之外，对人道主义作品的读者来说最亲切的咏者"，并且有一本小册子"收录了无数灌输其特有美德——即人道精神和更高层次之正义与同情——的古柏诗句"，在 1900 年古柏百岁诞辰之际，他的作品仍然位列动保团体的推荐读物名单之中。[89]

从 19 世纪 70 年代起，华兹华斯在英国社会中声名鹊起，他在动保运动中的地位也随之上升。[90]华兹华斯与古柏一样，从不忌讳表达自己对"劣等生物"的同情。[91]他的诗明确谴责各种残忍行为，如以笼养鸟、滥杀昆虫、虐待驴马等。他的一首诗《鹿跳泉》（"Hart-Leap Well"），以讽刺口吻描述了有关狩猎精神的传统迷思，谴责其为鲁莽地浪费动物生命之举——受害者包括马匹、猎犬和成为猎物的鹿；此诗携带的信息尤其受到爱动物之人和动保改革者的赞同。诗末，一位旅行者与一位年迈的牧羊人交谈，牧羊人刚向他讲述了一个关于受诅咒而荒废的井的传说——曾有一只被猎杀的雄鹿在死前一跃跨过这口井，赢得猎物的猎人后来却在那儿为自己建造了一座豪宅。诗人如此写道：

> 白头牧者，如您所言；
> 我俩信念相合：
> 此兽于自然之母眼下殒落；
> 其死受同情之神深深哀悼。
> ……
> 牧者，且让我俩分别时谨记此一教训，

自然之母所显露与隐藏的道理；

永远不要将一己快乐或荣耀

建立于有情弱者的悲伤之上。[92]

莫里斯·G. 赫林（Maurice G. Hering）在《威斯敏斯特评论
报》（*The Westminster Review*）中评论这首诗时坚称："每一位华兹
华斯的崇拜者，每一位动物之友，都深信随着这首诗的广传与获
誉，我们所祈求的'和平之日'很快就会来临。"[93]一位动保者
兼评论家曾指华兹华斯关于人应如何对待动物的明确表达"毫不
隐讳地表现出教条主义"，但他仍然"感谢'华兹华斯'以清晰
有力的言词为动物权利发声"。[94]

其他正统浪漫主义和 18 世纪诗人如罗伯特·彭斯、威
廉·布莱克、塞缪尔·泰勒·柯勒律治、雪莱、詹姆斯·汤姆
森和亚历山大·波普，同样毫不含糊地表达了对受压迫动物的
同情，他们先知般的见解和道德劝说才能亦得到动保运动的珍视。
苏格兰农民诗人罗伯特·彭斯经常在其诗歌中谴责人类对其他生
物的暴政，著名例子有《致老鼠》（"To a Mouse"）和《遇见受伤
野兔》（"On Seeing a Wounded Hare"），他因而被誉为"至高无上的
富现代性对动物情感的引领者"，并以"先知和诗人的身份，为未
来运动引领了道路"。[95]革命诗人和画家布莱克则在他的《纯真
启示录》（"Auguries of Innocence"）中，谴责了各种不人道对待动物
的行为，他也被称拥有"先知之灵魂"。[96]

有些诗歌则因明确从道德角度谈论特定的虐待动物行为（如
狩猎、屠宰和动物实验）而经常被动保团体引用在关于这些议

题的读物中，例如印刷在正文旁边，抑或引用于相关著作和演讲中，[97]这些诗句亦在建构和诠释动保议题上发挥了一定作用。有些诗句由于能吻合动保运动的普遍精神，因此格外流传，并获得了独特的意涵与特殊的地位。

比如说，华兹华斯的《鹿跳泉》末尾两行——"永远不要将一己快乐或荣耀 / 建立在有情弱者的悲伤之上"——不仅常出现于 19 世纪末反对狩猎、射鸽和毛皮及羽毛贸易的运动中，甚至更被精简为言简意赅的信条，被动保人士广泛征引，用来表达他们珍视的信念。"人道联盟"也在其宣言中明确表示，华兹华斯那"街知巷闻的诗句"与团体本身坚信的"直接或间接给任何有情众生造成痛苦乃极其不公"之原则完全一致。[98]塞缪尔·泰勒·柯勒律治的诗集《抒情歌谣集》有一首诗作《老水手之咏》（"The Rime of the Ancient Mariner"），结尾诗句便反映了主人公对自己曾杀害信天翁的悔恨：

> 最善祷告者必用心爱护，
> 庞大或渺小的天地万物：
> 因爱着我们的那位上帝，
> 同是众生慈爱的造物主。（158—161）

以上来自经典浪漫主义作品的诗句，成为流行于动保运动的金句。"苏格兰防止虐待动物协会"至少在其 1882 年到 1892 年的年度报告扉页上，持续引用了这些诗句。而"皇家防止虐待动物协会"以及旗下的"怜悯小团"，不仅从 19 世纪 70 年代开始即将诗句奉为格言，印刷在年度报告、杂志和出版物上（协会至少于 1877 年至 1907 年间将其印在年度报告扉页），更将它们编成了赞美诗和歌曲，用于全国性和地方的大小活动场合。1899 年，在柯勒律治家族第四代传人史蒂芬·柯勒律治所主持的"全国反动物实验协会"盛大年会上，写有诗句的大横幅更被高高悬挂在圣詹姆斯大厅演讲台后的大管风琴上。^[99]然而，这些朗朗上口的300诗句虽然被动保运动广泛应用于表述对神创论、众生共同起源和上帝普遍之爱的信念，但塞缪尔·泰勒·柯勒律治本身却不一定赞同运动者这种做法。正如曼奈利所指出的，柯勒律治本人反对将"'理所应当的感性'直接写入明文法规"。19 世纪 20 年代，争取为动物保护立法的努力激发了有组织的反残酷运动，此时柯勒律治亦持反对立场。他晚年的立场与广大社会对过度感性之文化的负面反应一致，他更否定了自己早期的人道主义诗歌《致小驴子》（"To a Young Ass"），因为在这首诗中，他谈到驴子如何受人类压迫，并称驴子为其兄弟。他又批评了自己的另一诗作《老水手之咏》，认为当中著名的结尾诗句过于感性，未能彰显出"清晰的道德原则"。^[100]

此外，由于动保运动内部亦存在多种多样甚至时有冲突的意识形态，不同运动者心中所认可的诗人亦有所不同。事实上，通过各派运动者所推崇的诗人，亦能窥见运动中暗藏的意识形态之争。诗人马丁·图珀（Martin Tupper, 1810—1889）就是一个明显例子。图珀未必为今人所熟知，但在当时名盛一时。在他享誉社会之际，"皇家防止虐待动物协会"即出于赏识而常引用他的诗作，并视之为坚定的动物之友，更以一便士的价格出售他所撰写的传单《怜悯动物》（"Mercy to Animals"）。[101] 然而，图珀对"低等动物"的家长式关怀态度，虽深获运动中较为传统的派别赏识，却也惹来其他运动者的反感。比如说，图珀有一首诗如此说道：

> 你们命运虽苦，
> 与它们相比，却不及万一；
> 无望、无爱，唯苦与痛，
> 具有感知，却只为受苦；
> 男子小儿，有朋相伴，偶能欢笑取乐，
> 有家可归，多少心怀希望——
> 但这些可怜畜生无法言语，
> 命中亦从未享有欢乐。[102]

倾向于激进意识形态的梭特，一直致力于以更平等的精神，来取代传统对所谓"野蛮动物"的怜悯态度，鼓励以一种源自普遍亲缘关系的全新目光看待动物的内在生活。对于梭特这类激进改革者而言，上述来自图珀的诗句所反映的是一种"襁褓裹婴式的图珀主义"，正是运动之大害。梭特曾如此嘲讽道：

> 短短八行诗中，竟能塞入如此之多的可怕元素：良善之意图、低劣之诗歌，加上更低劣之思想。这诗人对非人动物智能的贬抑，若被广泛接受，将会对动保事业造成致命伤害。如此伤害，也非任何诉诸于人性仁慈的感性诉求所能弥补；因为将一种生物归类为无法表达和无法感知，等同断定

它们也将得到相应的对待。[103]

即使是主流反动物实验运动中最受尊敬的诗人丁尼生，也曾被梭特和社会主义圈子批评。激进改革者认为丁尼生的诗作反映了维多利亚时代注重体面却嗜血如命的保守主义世界中的一切陈旧价值观，而这正是他们所致力于破除的。因此这些诗人顶多应受到公开戏仿，而非公开表扬，更不应在动保运动构建的人道谱系中享有尊崇地位。[104]

相对地，生活不受社会规范拘束、放荡不羁的诗人雪莱所宣扬的思想亦被认为过于激进，无法被上流社会接受，但他却深受众多素食主义者和激进改革者的拥戴，如萧伯纳、霍华德·威廉姆斯、威廉·阿克森、W. J. 尤普（W. J. Jupp）和 H. B. 阿莫斯（H. B. Amos, 1869—1946）。这些人都是"全面人道主义"精神的坚定信徒，一贯反对各种对人或动物的不公和残忍作为，而非仅关切单独的议题。[105] 而主流动保运动以及文学圈中较为保守的成员，则难以接受雪莱。[106] 雪莱的无神论、共和主义以及关于性和婚姻的前卫观点，使其诗歌一直受主流社会所鄙夷，他本人亦未能被纳入国家的伟大文人之列。然而，从 19 世纪 80 年代开始，许多激进分子、社会主义者和现世主义者一心要为雪莱平反，梭特与"雪莱学会"（Shelley Society）部分成员也开始联手，试图纠正卡莱尔、拉斯金、查尔斯·金斯利、马修·阿诺德等有影响力的批评家所展现的"恶评雪莱主义"（Abusive Shelleyism），或指雪莱的才华与失德可"功过相抵"的"辩解雪莱主义"（Apologetic Shelleyism）。作为这场平反运动的领头人物，梭特提倡从激进主

302

义角度全新解读雪莱的作品的做法，名为"新雪莱主义"，促进人们整体主义地理解这位诗人。雪莱在其诗中热切表达的社会愿景和人道主义理想，正是梭特和其他志同道合的修正主义者所看重的核心价值，而绝非一般评论者斥为"奇人怪语"的可忽略之处。[107] 这番企图化雪莱为激进主义诗人和人道主义先驱的积极尝试，应可被视为激进改革者在动保运动圈以及更广泛的社会中，通过文学评论，推动进步意识形态传播的努力。[108]

扩展同情心的诗

除了带有明确道德意涵的诗外，以美学观点赞颂大自然及其动物居民的诗歌同样受到改革者的积极推崇。对这些诗的挪用，反映了动保运动者相信审美与伦理情感、想象力与道德之间不但具有关联且能相辅相成。到 19 世纪后期，当运动开始将注意力转向野生动物保护以应对自然资源的过度开发与掠夺时，美学与道德之间的紧密关联更加受到强调。

受浪漫主义思想影响，许多运动者都相信美学与伦理是相关联的。美学经历可增强人的伦理敏感度和同情心，为人提供道德行为背后的重要情感力量，驱使人采取行动对抗可憎的残酷行为。正如自然爱好者和人道主义改革者 W. J. 尤普所言："对美的热爱、让所有生命和作为与万物秩序融为一体的渴望，将可带给人们强大的道德驱动力。理性、同情和怜悯皆为我们对抗邪恶的强大内在力量，借由美学欲求，人们也将获得强化。"[109] 拉斯金创立的文艺教育团体"圣乔治公会"（Guild of St. George）信条第五条写道："我绝不无谓地杀害或伤害任何生物，也不会破坏任何美好事物，我会努力拯救和关怀和善的众生，守护和完善地球上一切的自然美好。"这一信条经常被动保者征引，特别是用于儿童教育工作中。这一宣告再次反映出对于美学与道德之关联的信念，以及守护"美"与保护生命背后的共同驱动力。梭特、爱德华·卡本特与艺术家华特·克莱恩等激进动保改革者，也主张"人道精神与美之间的本质联系"，他们提出"爱美之心与人道精神紧密地关联"。[110]他们这种毫不隐晦的坚定信念，解释了为何赞美自然之崇高与美好的诗歌亦会受到激赏和挪用。济慈正因其对崇高的自然之美的抒发而享誉诗坛，并甚至成为崇高与美之精神的化身。其形象自然也使备受动保人士爱戴。《动物之友》曾如此评价济慈的诗："他细腻精巧的笔触，让可爱的事物更显可爱，将平凡枯燥的生活化成了诗歌，让大多数人眼中的卑微事物也受到永恒的光荣加冕。"[111]18世纪和浪漫主义时期的其他诗歌，凡为描写自然界中的鸟兽乃至昆虫的，例如济慈的《夜莺颂》（"Ode to a Nightingale"）、《蚱蜢与蟋蟀》（"The Grasshopper and the Cricket"）、雪莱的《云雀颂》（"Ode to a Skylark"）和詹姆斯·汤姆森的《四季》（*The Four Seasons*，共四首），皆因同样的原因而受珍视。

浪漫主义相信神圣的想象力对于道德感的强化作用这一影响深远的信念，进一步强化了浪漫主义文学对运动的吸引力。正如前引雪莱《为诗歌辩护》所言：

　　若要达到至善，则必须激昂地、全面地想象；必须将心比心；以同类之苦乐，为一己之苦乐。道德之善的终极手段正是想象力；诗歌则通过想象力取得效果。[112]

鉴于这种信念以及运动在世纪末对众生之"亲缘关系"和"一体性"的强调，那些可促进人与动物之间的情感呼应与精神和心理联系的诗，也同样受到许多动保人士的重视。比如说威廉·布莱克著名的《猛虎》（"The Tyger"），[113]此诗对猛兽烈火般的精神面貌进行了深层次的想象。"国家和平委员会"（National Peace Council）主席卡尔·希思（Carl Heath）称赞《猛虎》一诗"以奇妙的方式体现出人道主义精神，读者似乎能窥探到老虎的内心，体会到老虎可能有的感受"。[114]作为"皇家鸟类保护协会"以及"人道联盟"活跃成员的 W. H. 赫德生，也盛赞此诗为"英语中最优秀的动物诗"。[115]然而，动保运动包含异质、多元的意识形态，其中各人所偏爱与支持的诗歌自然也会有所不同。运动者对这首诗的意见亦有分歧：当梭特将这首诗收录于《亲朋戚友》后，赫德生私下向梭特表达了他的担忧："你那些病态的朋友可能会对此有意见。"[116]

争取当代文人支持

动保运动除了借鉴过去的文学作品外，也积极争取当代作家无论是具名还是创作文字作品的支持。当代文人与已故文人的支持对运动来说同等重要。文人一向享有巨大的文化权威，而在 19

世纪最后数十年，由于识字率提高、商业出版扩张、报纸和期刊盛行等社会变化，"文学名人"更成为一个新兴社会群体。[117]这一发展趋势使动保运动对文学人物更加趋之若鹜，就如同他们对于其他文化权威者的积极争取，如教会神职人员、贵族、皇室、政客，乃至后来的科学家。请愿书上的一个签名、受委托撰写的一篇诗文、集会上的一场演讲——哪怕仅仅是到场支持，或是写一封支持信或认同话语，都是运动者所积极征求的。一旦有作家愿意给予这些支持，运动者也必定把握机会广作宣传，以借用文学力量进一步提升运动的道德正当性、文化影响力和公众形象。

在反动物实验运动之初，珂柏和其他运动者向"皇家防止虐待动物协会"呈交了一份联名信，敦促协会在这场运动中扮演更为积极的领导角色。联名信除了有社会上数百名传统道德和文化权威人物的签名，亦包括卡莱尔、丁尼生和罗伯特·布朗宁等文坛巨擘的背书。"人道联盟"也不例外，如同"皇家防止虐待动物协会"向神职人员所发出的经常性号召，"人道联盟"也会定期致信知名文人，呼吁他们"以其思想，以其敢言，贡献人道事业"。它亦不忘时时标榜支持其目标的作家之份量与盛名。[118]其 306
他团体同样不遗余力地从事此类工作。1906年，当第二次"皇家动物实验调查委员会"召开之时，作为"全国反动物实验协会"名誉主席的史蒂芬·柯勒律治去信乔治·梅瑞狄斯——一战爆发前最后一位在世的维多利亚文学巨匠。柯勒律治在信中提到了动保运动所创建且引以为荣的人道谱系：

虽说我不清楚您对这些议题的看法，不过从约翰逊博士到丁尼生，所有文人都厌恶虐待动物，我坚信您必也同样如此。在这场长期抗争之初，我们得到了拉斯金、曼宁、卡莱尔、布朗宁、丁尼生等伟大人物的支持，但他们已与世长辞……如今文坛巨擘独您一人。因此，请允我借您的显赫声名，助怜悯动物的事业一臂之力……[119]

在获得梅瑞狄斯表态支持后，柯勒律治在调查委员会的证词中，提到了信中列出的所有文学巨匠的名字，证明一众伟大思想家在这个议题上的同声共气。他更明言自己此时既不是"全国反动物实验协会"的代表，也不是反动物实验运动的代言人，而仅是"这群伟大作家卑微的代言者"。[120]在 1913 年"哈格比 vs. 萨利比与《佩尔美尔街报》"司法案件中，领导"反动物实验与动物捍卫联盟"的露易丝·琳达·哈格比亦提到了她所在这方面所付出的努力，以及从"了解人类思想和情感之先驱——诗人、艺术家、作家"处所获得的支持：

307　　　　当我在 1909 年组织一场动物保护和反动物实验支持者的国际会议时，我曾亲笔去信列夫·托尔斯泰、梅特林克（Maeterlinck, 1862—1945）、[121]皮埃尔·洛蒂（Pierre Loti, 1850—1923）、[122]埃拉·惠勒·威尔科克斯[123]和许多其他文学界杰出人物……他们表达了由衷的支持，以笔墨对动物虐待作出了强烈谴责。[124]

即使不少文坛中人支持动保事业，但最受运动者尊崇的始终是丁尼生、卡莱尔、拉斯金和布朗宁等"臻至睿智圣者"（wise sage）和具有伟大思想家地位的文人。这些维多利亚时代的文人贤哲，与教会要人和贵族赞助者同占据请愿名单上的领衔位置，并常被邀请担任动保团体的名誉会员或副主席。在"维多利亚街协会"的议会大厅中，墙上挂满了伟大文人的肖像，另也包括其他权威人物，如谢兹柏利伯爵、红衣主教曼宁和首席大法官柯勒律治。[125] 在 1901 年和 1902 年教会大会的"全国反动物实验协会"展示摊位上，丁尼生的照片同样被高挂，相较之下，向来被协会视为主要卫道士的教会要人的肖像反居次要地位。[126]

当然，支持动保理念的文人，也未必只是被动地受邀，有时他们也会主动公开表态支持，或为运动提供实质帮助。19 世纪下半叶最杰出的两位诗人丁尼生和罗伯特·布朗宁正是如此。大约在 19 世纪 60 年代，在丁尼生接替华兹华斯成为桂冠诗人约十年后，他的巨大社会声望已堪比任何"在世君主"或政治人物。[127] 至于布朗宁，从大约 19 世纪 70 年代起，当动物实验争议在英国爆发时，他已是国内公认的伟大哲学家、道德导师和宗教思想家。[128] 如许多浪漫主义诗人一样，丁尼生和布朗宁都是热切的自然爱好者和观察者，他们在诗中都以关爱目光描写家养和野生动物。[129] 两位文人与维多利亚时代的多数大众一样热爱宠物，并同受当时善待动物的社会风气所熏陶，因此皆大方地向动保事业伸出了援手。曾受到珂柏邀请的丁尼生，从一开始就支持反动物实验运动，并在"维多利亚街协会"初期即担任其荣誉副主席。[130] 丁尼生写于 1879 年至 1880 年间动物实验争议最为激烈之时的一首诗——《儿童医院中》（"In the Children's

308

Hospital"）——将动物实验与无神论联系起来，并采用了"宗教虔敬 vs. 动物实验者之冷酷无情"的二元框架。这一表达模式恰恰呼应了主流反动物实验运动的观点，自也受其高度赞扬与援引，但却引发运动内其他偏向激进主义的自由思想者的反对。[131] 至于布朗宁，他同样表达了对反动物实验目标无保留的支持，并通过笔墨协助巩固运动中的基督教精神。同时，他出任"维多利亚街协会"荣誉副主席一职，并支持建立反动物实验医院的计划。[132] 布朗宁经常引用珂柏的一句话——"我宁愿接受最痛苦的死亡，也不愿让一只狗或猫为了解除我的痛苦而受折磨"——这与反动物实验运动中获得广泛回响的自我牺牲情绪相呼应。如同"绝不与无端践踏虫蚁的人称兄道弟"的古柏一样，布朗宁在回应珂柏邀请他签署请愿书的请求时，同样表示"谁若拒绝签名将肯定不是他的朋友"。[133] 布朗宁的一首诗《崔儿》（"Tray"）描述了一只舍身拯救溺水女孩的狗"崔儿"，并以之对比一名想将之买去以进行动物实验的无良科学家。诗中，这位科学家高喊："我们将可见到狗的脑袋如何分泌出其灵魂！"[134] 这首诗在运动中广为流传，有效强化了反动物实验者对科学人士为求知识不择手段的自私无情形象的描述。

309

　　除了丁尼生和布朗宁之外，大大小小的维多利亚时代诗人也皆曾受邀或主动为动保运动发声。比如说，圣公会教徒克里斯蒂娜·罗塞蒂出于其虔诚信仰而关心受苦动物，曾为反动物实验运动散发传单和收集签名。在一次动保慈善义卖活动中，她自谦"别无贡献"，故特地为活动创作诗歌。[135] 此外，社会主义支持者兼"人道联盟"理念支持者诗人罗伯特·布夏南，[136] 以及信奉众生一体的神智论者兼美国诗人埃拉·惠勒·威尔科克斯，皆曾分别贡献了《无神之城》（"The City without God"）和《被钉十字架的基督》（"Christ Crucified"）这两首阐述基督牺牲精神的诗。社会主义者爱德华·卡本特则在进步圈子中享有先知诗人的美誉，他认为动物虐待问题其实预示了更大的社会问题，甚至就是其中的一部分。梭特虽于运动圈中具有先知地位，亦谦称卡本特的文字其实先行道出了他在《动物权利》这本前卫之作中的想法。卡本特的长篇散文诗《迈向民主》（*Towards Democracy*, 1883）宣扬了普遍自由与平等，提倡对大自然的泛神论式热爱以及众生之间的手足情谊。[137] 而印在梭特的《动物权利》首版扉页前面的，正是出自《迈向民主》的诗句，开头是"我在动物目光深处，看见人类灵魂凝望着我……"。各类诗人参与动保运动，是当时极其常见的现象，类似例子不胜枚举，难以一一道尽。但这一切，不外乎指向了动保运动与文学界的密切关联，以及一场向来重视文学传统所蕴藏的强大而丰富之文化、道德和智识力量的活跃运动。

310

小说家作为宣传者

在动保运动中享有崇高地位的，也并非只有诗人和诗歌，具有不同功能和社会地位的小说也是运动的挪用对象，只是挪用方式略有不同。尽管小说常被 19 世纪早期的福音派人士谴责为败坏道德之物，甚至亦被后来的评论家贬为品位低俗的大众读物，但无可否认的是，小说确实在维多利亚时代的文学国度中占有一席之地，并能广泛地吸引读者。在整个维多利亚时期，小说作为一种体裁也逐渐摆脱了之前在道德方面的不良声誉，通过结合"写实主义"和"道德教化"等倾向而获得了新的评价与尊重。此外，小说自从日益被用以作为社会批评的重要媒介后，其道德严肃性也随之提升。小说家积极参与时代的道德、社会和政治等主要话题之中，较为突出的例子有回应"19 世纪 40 年代饥荒"导致的社会危机的"英格兰状况"（Condition of England）小说、回应维多利亚中期信仰危机的"信仰危机"（Crisis of faith）小说，以及回应 19 世纪后期爆发的"女性问题"的"新女性"（New Woman）小说等。[138]在那个识字率大幅提升的出版物海量发行年代，动保运动鉴于小说的高度介入社会的程度和强大的公众影响力，自然不遗漏地善用这类体裁以揭露和探讨动物虐待的问题，进而借之引导公众舆论。

众所周知，比切·斯托夫人（Beecher Stowe）的小说《汤姆叔叔的小屋》（*Uncle Tom's Cabin*, 1852）是推动反奴隶事业的关键著作。在动保运动中堪比其贡献的，则当属安娜·塞维尔于 1877 年出版的畅销小说《黑骏马》。[139]小说对马匹生活的逼真描述，字字控诉着人类对工作马匹的不公，引起大众读者的热议。塞维尔亦十分乐意让动保团体将此书用于与保护工作马匹有关的宣传工作，如针对负缰绳、剪尾、剥削租用马匹和贩卖老弱马匹等议题的讨论。《黑骏马》是以第一人称叙事形式写成的想象性动物自传，虽然这并非首创的文学类型，但也确实为 19 世纪后来一系列以人道教育为目标、以工人阶级为对象的动物自传作品树立了典范。[140]其他著名的为动保目标而创作的小说，包括杰克·伦敦的《群岛猎犬杰瑞》（*Jerry of the Islands*, 1917）和《杰瑞的兄弟迈克尔》（*Michael, Brother of Jerry*, 1917），这些作品揭露了表演动物的悲惨生活，作品中的动物角色也如同《黑骏马》一样，被刻画为具有应受尊重的主体性、情感和个性，值得人类更妥善地对待。大西洋彼岸的美国动保运动者通过引用和广泛传播杰克·伦敦这些著作中的动人文字，有时甚至免费分发相关读物，成功推进了当地的反对表演动物运动。由马萨诸塞州"皇家防止虐待动物协会"发起的国际性"杰克伦敦社团"（Jack London Club）亦由此成立，并在十年内即有超过 30 万名会员。[141]

312

不过，最受小说家关注的 19 世纪动保议题，始终是动物实验，他们热烈参与 19 世纪末 20 世纪初的反动物实验运动激战，[142]"反动物实验"小说也随之而生。反动物实验小说往往以充满恐怖与黑暗等哥德式元素和煽情性质的故事吸引读者，特意宣扬动物实验之恶，建构读者对反动物实验目标的认同。[143]另一方面，这些小说又具有高度的写实主义，例如，会真实呈现正反两方阵营的论点，甚至连达尔文、赫胥黎、路易斯·巴斯德（Louis Pasteur, 1822—1895）、约瑟夫·李斯特（Joseph Lister, 1827—1912）、罗伯特·科赫（Robert Koch, 1843—1910）和珂柏等或支持或反对动物实验的著名人物在论战中的话语，也会被精心写入小说中。反动物实验人士的一些延伸关注点，尤其是对唯物主义科学的反感以及对现代医院和医疗界弊病的批判，偶尔也会见于反动物实验小说中，爱德华·贝尔多的《圣伯纳德：医学生罗曼史》（*St. Bernard's: The Romance of a Medical Student*, 1887）即是一例。这些小说作品虽为虚构，却对医学界和科学界有极其翔实的描述，向公众读者揭示了他们原本无从接触到的世界。但出于对维多利亚时代礼仪文化的考虑，以及为避免冒犯或惊吓到读者，通常不会直接论及关于动物实验的血腥细节。不过作者仍可通过虚构情节和人物设计，将反动物实验一方经常提出但难以在现实中说明的主张具体呈现出来，例如动物实验如何腐蚀从业者的道德观、实验者的麻木不仁甚至在性方面的不道德、实验者的自私和欠缺关怀等。这类具有明确"坏蛋 vs. 英雄"情节的煽情小说，恰恰呼应了反动物实验运动中常见的"科学 vs. 道德""唯物主义 vs. 灵性""头脑 vs. 心灵""男性阳刚 vs. 女性阴柔"的二元论述框架——威尔基·柯林斯（Wilkie Collins, 1824—1889）的小说作品标题《心灵与科学》（*Heart and Science*）即是一例。此外，这些小说的不同寻常之处，亦在于作者通常会加倍留心以确保相关"事实"的精确性，如关于科学理论、医学实践以及科学和医学专业文化等方面的细节。柯林斯创作《心灵与科学》的时候，不仅曾请珂柏提供相关资料，更在付印之前将手稿"交给伦敦一位行医达 40 年的著名外科医生进行校对"。[144] 伦纳德·格雷厄姆（Leonard Graham）则在其小说《教授之妻》（*The Professor's Wife*）中附上尾注，提供了 1876 年"皇家调查委员会"关于动物实验的报告中的证人证词，以及其他科学出版物来证实小说中的细节。[145] 贝尔多另外出版了注释集《死于科学〈圣伯纳德〉注释集》（*Dying Scientifically: A Key to St. Bernard's*, 1888），逐条逐点地详细注释其在《圣伯纳德》中提出的主张，其中并多半出自科学和医学期刊。[146] 对真实性和准确性的强调，虽然本来即是维多利亚小说的现实主义传统，不过对动保作家而言，这一做法更多少起到了模糊"虚构小说"和"论战文学"之间的界限的效果。反动物实验运动事实上亦以这些提供了"真实"细节和"正确"观点的小说作为其有效宣传手段。多个反动物实验团体，如"维多利亚街协会""全国反动物实验协会""英国废除动物实验协会"和"伦敦反动物实验协会"，不仅盛赞并大力宣传这些"具有明确立场"的小说，偶尔还会以连载或摘录的形式在其团体期刊上发表小说篇章。正如学者苔丝·科斯莱特（Tess Cosslett）所提出的，19世纪带有明确人道主义目的之动物传记写作传统，亦属于"更广泛的动保运动的一部分"，以此视之，所有这些直接满足了反动物实验运动的宣传与意识形态需求的小说作品，也同样与运动密不可分。[147]

314

除了反动物实验小说这个主题明确的类别之外，另外还有大批小说家也曾在作品中展现了维多利亚时代善待动物的价值观，甚或公开表态支持动保事业。这群小说家以及剧作家包括查尔斯·狄更斯（Charles Dickens, 1812—1870）、托马斯·哈代（Thomas Hardy, 1840-1928）、约翰·高尔斯华绥（John Galsworthy, 1867—1933）、奥维达、杰罗姆·K. 杰罗姆（Jerome K. Jerome, 1859—1927）、刘易斯·卡罗尔（Lewis Carroll, 1832—1898）、莫娜·凯德、杰克·伦敦、马克·吐温、R.B.坎宁安·格雷厄姆（R. B. Cunninghame Graham, 1852—1936）、莎拉·格兰德（Sarah Grand, 1854—1943）、巴里·培恩（Barry Pain, 1864—1928）、格特鲁德·克尔莫（Gertrude Colmore, 1855—1926）和佛罗伦萨·迪克西（Florence Dixie, 1855—1905）。他们皆支持各类动保议题，并精心以其笔墨与文学创意来推动动保事业。[148]狄更斯也许是首位获得名人地位和国际知名度的维多利亚时代小说家，他同时亦是"皇家防止虐待动物协会"成员，以及首批指出人类不公平对待动物的记者之一。[149]在"皇家防止虐待动物协会"开始通过新闻媒体从事教育和宣传工作的 20 年前，狄更斯已在流行周刊《家喻户晓》（*Household Words*, 1850—1859）中频繁发文，批评各种形式的动物虐待行为，包括食用小牛的遭遇以及牛的运输和屠宰等。在有关活畜市集"史密斯菲尔德市场"的搬迁争议中，这家周刊也发挥过重要的作用，最后促使该市场搬迁到伊斯灵顿郊区。[150]哈代则经历了 19 世纪末 20 世纪初动物伦理争议更为激烈的时期，他虽未参与反动物实验运动，但也积极关切许多动保议题，例如反对羽毛贸易、不人道屠杀、虐待工作马匹、狩猎和圈禁动物。[151]此外他亦出任"动物正义委员会"的执行委员会成员，同时是"人道联盟""动物之友协会"和"皇家防止虐待动物协会"的坚定支持者。为支持屠宰场改革和反血腥狩猎运动，哈代主动提议摘录其著作《无名的裘德》（*Jude the Obscure*, 1895）中详细逼真的杀猪情节，以及《德伯家的苔丝》（*Tess of the D'Urbervilles*, 1891）中，苔丝逃跑至森林时，遇见一群被猎人射中的垂死雉鸡，并结束了它们的痛苦的情节，转载于《动物之友》。哈代此举反映了他的人道关怀，以及乐意贡献自身的文字于动保事业。[152]正如他在给一位友人的信中提到自己作品时所言："我的书是什么？不就是对人类不人道对待男人、女人和低等动物的控诉吗？"[153]

除了经典作家之外，当时同样著名的通俗小说家也扮演过作

家和运动者的双重角色，例如多产的煽情小说家奥维达，她从 19
世纪 60 年代起就广受欢迎。一位传记作家直接以"猛烈"来描
述奥维达对动物的热爱。[154] 奥维达通过其小说、评论文章和实
际行动，颂扬人与动物——尤其是与犬类——之间的情感纽带，
并且抒发了她对所有受虐动物的强烈同情，从因狂犬病威胁而被
套口罩的狗，到被虐马匹、笼中鸟、实验动物等。[155] 她亦常在 316
《双周评论》和《北美评论》（*North American Review*）等期刊发表
文学和社会评论，直言不讳地批评科学自然主义，并猛烈抨击野
蛮、狂热和放肆的"科学祭司"新阶层。[156] 尽管奥维达并未受
到专业文学评论者的严肃对待，对后世影响力亦不大，但她对动
保事业的贡献仍获得当时动保人士和改革者的广泛认同。"英国
废除动物实验协会"将奥维达纳入其人道文学谱系当中，称她
为"反动物实验运动领导者"之一，与其他文学名人如卡莱尔、
丁尼生、拉斯金和罗伯特·布朗宁并列。[157] 1908 年奥维达逝世
后，她的出生地贝里圣埃德蒙兹（Bury St. Edmunds）建起了一处
可供马和狗喝水的纪念饮水槽，上面装饰有奥维达的肖像，以
及另外两个代表正义和同情的金属人像雕塑。[158] 在此两年后的
"棕狗游行"中，亦有几位"穿着得体的妇女"举着一面誉奥维
达为"众动物之朋友"的旗帜。[159]

不过，说到 20 世纪初文坛中具有代表性，且有意识地结合
作家、传教士、道德家和社会批评家等角色于一身者，要数约
翰·高尔斯华绥。他是《福尔塞世家》（*The Forsyte Saga*，1906—
1921）的作者兼 1932 年诺贝尔文学奖得主。高尔斯华绥无论在虚
构故事世界里，还是在现实生活中，都是弱势群体的代言人，他

的关怀对象广及被单独监禁的囚犯、罢工工人、父权制下的女性、经历战争的人，以及被人类虐待的动物等。高尔斯华绥对于动物特别关心，几乎从不缺席任何一场动保运动。

317　　　高尔斯华绥致力于通过撰写新闻文章、演讲、参与辩论、主持集会，甚至亲自调查屠宰场的残酷行为等，努力维护动物福祉，包括遭受虐待、过劳、用于实验、非人道屠宰、囚禁、猎杀、取皮或羽毛的动物。[160]到了20世纪初，高尔斯华绥已成为极具影响力的动保名人，名气或许仅次于萧伯纳。"英国废除动物实验协会"也感受到文学名人可以提供的巨大助力，在其1924年理事会会议上，正式指明"若每月都能邀请到如萧伯纳、高尔斯华绥先生、威廉·沃森（William Watson）[161]等名人，为《废除动物实验人士》撰文、作诗或绘图，这将对动保事业极有价值"，能向公众表明协会期刊"获重要人士支持"，并能"增益期刊的文学重要性，也有助于实现目标"。[162]

　　　尽管不少动保团体急切追求文学名人的支持，但部分动保人士则不太乐见这些名人获得大量媒体关注。1913年，高尔斯华绥在《每日邮报》（Daily Mail）中关于动物屠宰的系列文章引起了大量公众瞩目，更促成了官方行动。此时，"人道联盟"却提醒大家，应多多关注那些为这个"长期遭公众冷眼相待和忽视"的议题默默付出的英雄。[163]在1914年庆祝《羽饰进口禁令》可能获得通过的活动中，高尔斯华绥的现身一如既往地受到媒体和公众的热烈欢迎。"人道联盟"再次抗议这种荒谬的"个人崇拜倾

318　向"，强调这个机会是众人努力的成果，尤其是那些首先提出这个议题的人。[164]高尔斯华绥的例子，反映出动保运动所热切寻

求的文学支持其实是一把两刃剑，可能导致不少默默耕耘的无名动保工作者士气低落，从而有碍于运动。但与此同时，这些例子也清楚地反映了文学阶层在漫长的 19 世纪中享有的巨大权威和影响力，动保运动者也意识到并积极善用了这一点。

小结

在两次世界大战之间的 20 世纪二三十年代，文学的功能和社会地位发生了变化，运动与文学的密切关系也受到波及。首先，在日益多元化的文学领域中，赋予 19 世纪文学崇高形而上层次和文化权威的浪漫主义的影响力逐渐减弱，进而影响到文学的地位。此外，自 19 世纪后期开始，与"为艺术而艺术"和现代主义相关的美学运动的影响力上升，使得艺术家的注意力转向人类经验中的无意识、非理性和美学层次，文学摆脱了其先前的道德和社会使命，这也导致传统上文学作者所享有的道德威望有所下降。此外，英国文学逐渐发展成一门学科，再加上 19 世纪末专业批评家阶层的诞生，文学不再被视为一种普通读者可从中获得道德知识的途径。这种发展反过来导致"业余"批评家被边缘化甚至消失，从此少了这群向来坚持文学的道德基础和社会形塑力量的人。[165] 此前，动保运动的众多领头人物例如珂柏、梭特、柯勒律治、赫顿和威廉姆斯，均曾以其自身才艺学识，从事评论、编选文集、建构人道文学史等各种文学工作的经验，推动动保事业。这一改变却无可避免地削弱了他们"业余"评论家角

319

色的重要性和影响力。此外，在动保政治方面，科学的文化权威不断增强，并且在 20 世纪初与宗教有和解趋势，这使得主流反动物实验运动者一直仗赖的二元对立修辞不再奏效。科学与宗教、情感、道德、文学对立的观念也逐渐减弱。随着这种意识形态的转变，动保运动亦不再如从前那般热衷于挪用文学权威来抗衡科学弊端。然而，尽管环境因素不断变化，文学仍是一直前行的动保运动的独特资源库。[166]在新的历史大环境中，不同历史行动者仍多少对各种文学传统所能提供的助力保持关注，相信关于动保运动挪用工作的故事也会随之翻开新的篇章。

注释

［1］取自 Canto III in *Don Juan*，引自 F. H. Suckling, "Seed Time and Harvest XII. The Great Writers on Humanity," *Animal World*, Jun.1914, pp.103−110, at p.103。

［2］"The Brown Dog Procession," *Anti-vivisection Review*, 2 (1910−1), pp.284−290.

［3］Antony Taylor, "Shakespeare and Radicalism: The Uses and Abuses of Shakespeare in Nineteenth-Century Popular Politics," *Historical Journal*, 45 (2002), pp.357−379; Tobias Menely, "Acts of Sympathy: Abolitionist Poetry and Transatlantic Identification," in Stephen Ahern ed., *Affect and Abolition in the Anglo-Atlantic, 1770−1830* (Farnham, Surrey: Ashgate, 2013), pp.45−70.

［4］关于人道主义与 18 世纪文学之间关系的作品，参见 Dix Harwood, "The Love for Animals and How It Developed in Great Britain," PhD thesis (Columbia University, New York, 1928); E. S. Turner, *All Heaven in a Rage* (Fontwell, Sussex: Centaur Press, 1992 [1964]); Keith Thomas, *Man and the Natural World: Changing Attitudes in England 1500−1800* (London: Penguin, 1984), pp.173−181; A. H. Maehle, "Literary Responses to Animal Experimentation in Seventeenth- and Eighteenth-century Britain," *Medical History*, 34, no.1 (1990), pp.27−51; G. J. Barker-Benfield, *The Culture of Sensibility: Sex and Society in Eighteenth-Century Britain* (Chicago: University of Chicago Press, 1992), Chapter 5。

［5］Marian Scholtmeijer, *Animal Victims in Modern Fiction: From Sanctity to Sacrifice* (Toronto: University of Toronto Press, 1993); B. T. Gates, *Kindred Nature: Victorian and Edwardian Women Embrace the Living World* (Chicago: University of Chicago Press, 1998); Christine Kenyon-Jones, *Kindred Brutes: Animals in Romantic-Period Writing* (Aldershot: Ashgate, 2001); David Perkins, *Romanticism and Animal Rights* (Cambridge: Cambridge University Press, 2003); Deborah Denenholz Morse and Martin A. Danahay eds., *Victorian Animal Dreams: Representations of Animals in Victorian Literature and Culture* (Aldershot: Ashgate, 2007); Laura Brown, *Homeless Dogs and Melancholy Apes* (Ithaca: Cornell University Press, 2010); Peter Heymans, *Animality in British Romanticism: The Aesthetics of Species* (London: Routledge, 2012); Tobias Menely, *The Animal Claim: Sensibility and the Creaturely Voice* (Chicago: University of Chicago Press, 2015); Josephine Donovan, *The Aesthetics of Care: On the Literary Treatment of Animals* (London: Bloomsbury, 2016); Laurence W. Mazzeno and Ronald D. Morrison eds., *Animals in Victorian Literature and Culture: Contexts for Criticism* (Basingstoke: Palgrave Macmillan, 2017); Laurence W. Mazzeno and Ronald D. Morrison eds., *Victorian Writers and the Environment: Ecocritical Perspectives* (London: Routledge, 2017).

[6] Tobias Menely, *The Animal Claim: Sensibility and the Creaturely Voice.*

[7] Karen Halttunen, "Humanitarianism and the Pornography of Pain in Anglo-American Culture," *American Historical Review*, 100, no.2 (1995), pp.303−334; Tobias Menely, *The Animal Claim: Sensibility and the Creaturely Voice*, pp.176−182; Stephen Ahern ed., *Affect and Abolition in the Anglo-Atlantic, 1770−1830* (Farnham, Surrey: Ashgate, 2013); Markman Ellis, *The Politics of Sensibility: Race, Gender and Commerce to Sentimental Novel* (Cambridge: Cambridge University Press, 1996); Barbara M. Benedict, *Framing Feeling: Sentiment and Style in English Prose Fiction, 1745−1800* (New York: AMS Press, 1994); Markman Ellis, "Suffering Things: Lapdogs, Slaves, and Counter-Sensibility," in Mark Blackwell ed., *The Secret Life of Things: Animals, Objects, and It-Narratives in Eighteenth-Century England* (Lewisburg: Bucknell University Press, 2007), pp.92−113; Brycchan Carey, *British Abolitionism and the Rhetoric of Sensibility: Writing, Sentiment, and Slavery, 1760−1807* (Basingstoke: Palgrave Macmillan, 2005); Ildiko Csengei, *Sympathy, Sensibility and the Literature of Feeling in the Eighteenth Century* (Basingstoke: Palgrave Macmillan, 2012).

[8] Arthur Helps, *Some Talk About Animals and Their Masters* (London: Strahan, 1873), p.106.

[9] W. E. A. Axon, "The Poets as Protectors of Animals," *Vegetarian Messenger and Health Review*, Jun.1910, pp.189−193, at pp.189−190. 还可参见 W. E. A. Axon, "The Moral Teaching of Milton's Poetry," *Almonds and Raisins* (1883), pp.6−11。

[10] Frederic Harrison, "The Duties of Man to the Lower Animals," *Humane Review*, 5 (1904), pp.1−10, at p.10.

[11] Rod Preece, *Awe for the Tiger, Love for the Lamb: A Chronicle of Sensibility to Animals* (Toronto: UBC Press, 2002).

[12] Janet Todd, *Sensibility: An Introduction* (London: Methuen, 1986); John Mullan, *Sentiment and Sociability: The Language of Feeling in the Eighteenth Century* (Oxford: Clarendon, 1988).

[13] James Beattie, *Essays: On Poetry and Music* (London: Dilly and Creech, 1779), p.182.

[14] David Perkins, *Romanticism and Animal Rights* (Cambridge: Cambridge University Press, 2003), p.x.

[15] Howard Williams, "Pioneers of Humanitarianism. VIII. Voltaire, Rousseau, and the Eighteenth Century Humanitarians," *Humanity*, Sep.1899, pp.162−164, at p.164.

[16] H. S. Salt, "Humanitarianism," in J. Hastings ed., *Encyclopedia of Religion and Ethics, Vol.VI* (Edinburgh: T. & T. Clark, 1913), pp.836−840.

[17] 关于浪漫主义艺术在狩猎的伦理问题上的模糊立场，参见 John M. MacKenzie, *The Empire of Nature* (Manchester: Manchester University Press, 1988), pp.25−53; Diana Donald, *Picturing Animals in Britain* (New Haven: Yale University Press, 2007), pp.233−305。

[18] Thomas Carlyle, *On Heroes, Hero-Worship and the Heroic in History* (New York: John Wiley, 1849 [1840]), p.139.

[19] 关于文人角色和维多利亚时代的 "圣贤" 概念，参见 John Holloway, *The Victorian Sage: Studies in Argument* (London: Macmillan, 1953); Ben Knights, *The Idea of the Clerisy in the Nineteenth Century* (Cambridge: Cambridge University Press, 1978); T. W. Heyck, *The Transformation of Intellectual Life in Victorian England* (London: Croom Helm, 1982)。

[20] *Wordsworth to John Wilson*, 1800, 引自 H. Blamires, *A History of Literary Criticism* (Basingstoke: Macmillan Education, 1991), p.222。

[21] G. P. Landow, *The Aesthetic and Critical Theories of John Ruskin* (Princeton: Princeton University Press, 1971), pp.372−378.

[22] Malcolm Woodfield, *R. H. Hutton: Critic and Theologian* (Oxford: Clarendon, 1986).

[23] F. P. Cobbe, "The Education of the Emotions," in *The Scientific Spirit of the Age* (Boston: Geo. H. Ellis, 1888), pp.35−67, at p.55.

[24] "Lind-af-Hageby v. Astor and others, report of the trial," *Anti-vivisection Review*, nos. 3 & 4, 1913, pp.272−288, at p.284.

[25] H. S. Salt, *Seventy Years among the Savages* (London: G. Allen & Unwin, 1921),

p.101.

［26］H. S. Salt, *Consolations of a Faddist. Verses Reprinted from "The Humanitarian."* (London: A.C. Fifield, 1906), p.7.

［27］关于早期的关键文本，参见 James Paradis and Thomas Postlewait eds., *Victorian Science and Victorian Values: Literary Perspectives* (New York: New York Academy of Sciences, 1981); Gillian Beer, *Darwin's Plots* (London: Routledge & Kegan Paul, 1983); George Levine ed., *One Culture: Essays in Science and Literature* (Madison, WI: University of Wisconsin Press, 1987); Gillian Beer, *Open Fields: Science in Cultural Encounter* (Oxford: Oxford University Press, 1999)。

［28］Gowan Dawson, *Darwin, Literature and Victorian Respectability* (Cambridge: Cambridge University Press, 2007); Anne Dewitt, *Moral Authority, Men of Science, and the Victorian Novel* (Cambridge: Cambridge University Press, 2013).

［29］Tobias Menely, *The Animal Claim: Sensibility and the Creaturely Voice*, pp.182－201; Markman Ellis, "Suffering Things: Lapdogs, Slaves, and Counter-Sensibility," in Mark Blackwell ed., *The Secret Life of Things: Animals, Objects, and It-Narratives in Eighteenth-Century England* (Lewisburg: Bucknell University Press, 2007), pp.92－94; Ingrid H. Tague, *Animal Companions: Pets and Social Change in Eighteenth-Century Britain* (University Park: Pennsylvania State University Press, 2015); Thomas Dixon, *Weeping Britannia: Portraits of a Nation in Tears* (Oxford: Oxford University Press, 2017), pp.108－122.

［30］Tobias Menely, *The Animal Claim: Sensibility and the Creaturely Voice*, pp.182－201.

［31］Paul White, "Sympathy Under the Knife: Experimentation and Emotion in Late-Victorian Medicine," in Bound Alberti ed., *Medicine, Emotion, and Disease, 1700－1950* (Basingstoke: Palgrave Macmillan, 2006), pp.100－124; Paul White, "Darwin's Emotions: The Scientific Self and the Sentiment of Objectivity," *Isis*, 100, no.4 (2009), pp.811－826; Rob Boddice, *The Science of Sympathy: Morality, Evolution, and Victorian Civilization* (Urbana: University of Illinois Press, 2016).

［32］E. De Cyon, "The Anti-Vivisectionist Agitation," *Contemporary Review*, 43 (1883), pp.498－516, at p.509. 关于这一现象，参见 Diana Donald, *Women Against Cruelty: Animal Protection in Nineteenth-century Britain* (Manchester: Manchester University Press, 2019); Richard D. French, *Antivivisection and Medical Science in Victorian Society* (Princeton: Princeton University Press, 1975), p.349。值得注意的是，法兰奇的著作经常直接错误地将批评者的指责视作反动物实验人士的"真实想法"。

［33］Ornella Moscucci, *The Science of Woman: Gynecology and Gender in England, 1800－1929* (Cambridge: Cambridge University Press, 1990); Cynthia E. Russet, *Sexual*

Science: The Victorian Construction of Womanhood (Cambridge, MA: Harvard University Press, 1989); Thomas Dixon, *From Passions to Emotions: The Creation of a Secular Psychological Category* (Cambridge: Cambridge University Press, 2003); Paul White, "Darwin Wept: Science and the Sentimental Subject," *Journal of Victorian Culture*, 16, no.2 (2011), pp.195−213; Thomas Dixon, *Weeping Britannia: Portraits of a Nation in Tears* (Oxford: Oxford University Press, 2017).

［34］Craig Buettinger, "Antivivisection and the Charge of Zoophil-Psychosis in the Early Twentieth Century," *The Historian*, 55 (1993), pp.177−188.

［35］F. P. Cobbe, *The Scientific Spirit of the Age* (Boston: Geo. H. Ellis, 1888), p.12; F. P. Cobbe, *Physiology as a Branch of Education* (London: VSS, 1888). 珂柏在前者（*The Scientific Spirit of the Age*）中批评机械式解释的一个例子来自达尔文的《人与动物的情感表达》（*The Expressions of Emotions in Man and Animals*, 1872）中关于流泪的解释，该解释取代了以往将内在情感和性格与外在生理反应相联系的旧解释。

［36］F. P. Cobbe, *The Scientific Spirit of the Age*, pp.16, 31−32.

［37］关于维多利亚时代的诗歌与心灵文化发展的关系，参见 Kirstie Blair, *Victorian Poetry and the Culture of the Heart* (Oxford: Clarendon, 2006)。

［38］Paul White, *Thomas Huxley: Making the "Man of Science"* (Cambridge: Cambridge University Press, 2003), Chapter 3.

［39］Stephen Coleridge, *The Idolatry of Science* (London: John Lane, 1920), pp.4−5.

［40］Stephen Coleridge, *The Idolatry of Science*, p.80.

［41］关于反动物实验人士对"疯狂科学家"的构建，参见 Rob Boddice, *The Science of Sympathy: Morality, Evolution, and Victorian Civilization*, pp.53−71。

［42］F. P. Cobbe, *The Medical Profession and Its Morality* (Providence: Snow & Farnham, 1892 [reprinted from The Modern Review, 1881]), p.15.

［43］Nora Barlow ed., *The Autobiography of Charles Darwin, 1809−1882* (London: Collins, 1958 [1887]), p.138. 参见 "Darwin and Vivisection (from *The Morning Leader*, Oct.11, 1910)," *Zoophilist and Animals' Defender*, Nov.1910, p.123. 拉斯金亦"经常引用达尔文的自白"来说明这一点，参见 Stephen Coleridge, *Famous Victorians I Have Known* (London: Simpkin, Marshall, 1928), pp.23−24。

［44］H. S. Salt, *Story of My Cousins* (London: Watts, 1923), p.70.

［45］Tobias Menely, *The Animal Claim: Sensibility and the Creaturely Voice*, p.187.

［46］C. R. Johns, "The Evolution of Animals' 'Rights'," *Animals' Friend*, Nov.1913, p.27.

［47］Ouida, *The New Priesthood* (London: E. W. Allen, 1893), p.61.

［48］J. H. Levy, "Vivisection and Moral Evolution," in A. Goff and J. H. Levy eds.,

Politics and Disease (London: P. S. King & Son, 1906), pp.37−52, at p.41.

[49] Stephen Coleridge, *The Idolatry of Science*, p.12.

[50] L. Lind-af-Hageby and Leisa K. Schartau, *The Shambles of Science: Extracts from the Diary of Two Students of Physiology* (London: Animal Defence and Anti-Vivisection Society, 1913 [1903], 5th edition), p.x; *The Anti-vivisection Review*, nos. 3 & 4, 1913, p.252.

[51] S., "Sentiment," *The Humanitarian*, Oct.1905, pp.172−173, at p.172.

[52] H. S. Salt, *Story of My Cousins*, p.70.

[53] 数据来自 *Mitchell's Newspaper Press Directory*，引自 Simon Eliot, "The Business of Victorian Publishing," in Deirdre David ed., *The Cambridge Companion to the Victorian Novel* (Cambridge: Cambridge University Press, 2001), pp.37−60, at p.48。

[54] Kelly J. Mays, "The Disease of Reading and Victorian Periodicals," in John O. Jordan and Robert L. Patten eds., *Literature in the Marketplace: Nineteenth-Century British Publishing and Reading Practices* (Cambridge: Cambridge University Press, 1995), pp.165−194; Elizabeth Carolyn Miller, *Slow Print: Literary Radicalism and Late Victorian Print Culture* (Stanford: Stanford University Press, 2013).

[55] Anna Maria Jones, "Victorian Literary Theory," in Francis O'Gorman ed., *The Companion to Victorian Culture* (Cambridge: Cambridge University Press, 2010), pp.236−254, at p.244.

[56] Josephine M. Guy and Ian Small, "The British 'Man of Letters' and the Rise of the Professional," in A. Walton Litz, Louis Menand, and Lawrence Rainey eds., *The Cambridge History of Literary Criticism. Volume 7: Modernism and the New Criticism* (Cambridge: Cambridge University Press, 2000), pp.377−388, at pp.382−384.

[57] Ian Small, *Conditions for Criticism: Authority, Knowledge, and Literature in the Late Nineteenth Century* (Oxford: Clarendon, 1991), p.3.

[58] Simon Eliot, "The Business of Victorian Publishing," in Deirdre David ed., *The Cambridge Companion to the Victorian Novel* (Cambridge: Cambridge University Press, 2001), pp.37−60, at p.48; "Journals, Magazines and Periodicals Devoted to Animals," in *The Humane Yearbook and Directory of Animal Protection Societies*, 1902. 关于反动物实验运动进行的宣传工作，参见 Richard D. French, *Antivivisection and Medical Science in Victorian Society* (Princeton: Princeton University Press, 1975), pp.252−270。

[59] F. P. Cobbe, "The Morals of Literature," in *Studies New and Old of Ethical and Social Subjects* (Boston: William V. Spencer, 1866), pp.259−285, at p.261.

[60] F. P. Cobbe, "The Morals of Literature," pp.261−262.

[61] F. P. Cobbe, *The Friend of Man and His Friends—The Poets* (London: George Bell & Sons, 1889), pp.8–9; 关于从动物友善角度审视寓言和艺术中的动物形象的作品，参见 F. P. Cobbe, *False Beasts and True* (London: Ward, Lock, and Tyler, 1876)。

[62] 关于梭特的文学作品，参见 George Hendrick, *Henry Salt: Humanitarian Reformer and Man of Letters* (London: University of Illinois Press, 1977), Chapter 5。

[63] H. S. Salt, "Among the Authors: Criticism a Science," *Vegetarian Review*, Dec.1897, pp.569–572, at p.570.

[64] "Notes," *Humane Review*, 2 (1902): p.367.

[65] Letter from H. S. Salt to W. E. A. Axon, dated Mar.19, 1907, Axon Papers, John Rylands Library, Manchester.

[66] H. S. Salt, "Among the Authors: Criticism a Science," p.569.

[67] H. S. Salt, "Among the Authors: Criticism a Science," p.572.

[68] Stefan Collini, *Public Moralists: Political Thought and Intellectual Life in Britain, 1850–1930* (Oxford: Clarendon, 1991), pp.342–374.

[69] Josephine M. Guy and Ian Small, "The British 'Man of Letters' and the Rise of the Professional," in A. Walton Litz, Louis Menand, and Lawrence Rainey eds., *The Cambridge History of Literary Criticism. Volume 7: Modernism and the New Criticism* (Cambridge: Cambridge University Press, 2000), pp.377–388, at p.381.

[70] John Gross, *The Rise and Fall of the Man of Letters* (London: Weidenfeld & Nicolson, 1969), p.193.

[71] Stephen Coleridge and Professor Schäfer, *The Torture of Animals for the Sake of Knowledge* (London: NAVS, 1899), pp.18–19; Anthony Ashley-Cooper, Earl of Shaftesbury, *Substance of a Speech in Support of Lord Truro's Bill. House of Lords, 15th July, 1879.* (London: VSS, 1879), pp.9–10.

[72] R. Jenkyns, *The Victorians and Ancient Greece* (Oxford: Blackwell, 1980); F. M. Turner, *The Greek Heritage in Victorian Britain* (New Haven: Yale University Press, 1981).

[73] Philip C. Almond, *The British Discovery of Buddhism* (Cambridge: Cambridge University Press, 1988); Joy Dixon, *Divine Feminine: Theosophy and Feminism in England* (Baltimore: Johns Hopkins University Press, 2001).

[74] John L. Kijinski, "John Morley's 'English Men of Letters' Series and the Politics of Reading," *Victorian Studies*, 34, no.2 (1991), pp.205–225, at p.213.

[75] 该作品亦于 2003 年由伊利诺伊大学出版社再版，并由当代著名女性主义动保运动者卡罗尔·J. 亚当斯（Carol J. Adams）重新撰写引言。

[76] H. S. Salt, "Humanitarianism," *Westminster Review*, 132 (July 1889), pp.74–91, at

p.81.

［77］ Howard Williams, "Two 'Pagan' Humanitarians," *Humane Review*, 5 (1904−5), pp.85−96, at p.90.

［78］ Bertram Lloyd ed., *The Great Kinship* (London: G. Allen & Unwin, 1921), pp.xiii–xiv.

［79］ David Perkins, *A History of Modern Poetry: From the 1890s to the High Modernist Mode* (Cambridge, MA: Belknap Press, 1976), pp.5−6.

［80］ Thomas Arnold, "Preface to Poetry of Common Life (1831)," in A. P. Stanley ed., *The Miscellaneous Works of Thomas Arnold* (London: B. Fellowes, 1845), pp.252−253.

［81］ F. P. Cobbe, "The Hierarchy of Art," in *Studies New and Old of Ethical and Social Subjects* (Boston: William V. Spencer, 1866), pp.287−355, at p.298.

［82］ Natalie M. Houston, "Newspaper Poems: Material Texts in the Public Sphere," *Victorian Studies*, 50, no.2 (2008), pp.233−242, at p.241; Elizabeth Carolyn Miller, *Slow Print: Literary Radicalism and Late Victorian Print Culture* (Stanford: Stanford University Press, 2013), p.169; 还可参见 Catherine Robson, "The Presence of Poetry: Response," *Victorian Studies*, 50, no.2 (2008), pp.254−262。

［83］ 关于 19 世纪上半叶古柏在中产阶级中的受欢迎程度, 参见 Leonore Davidoff and Catherine Hall, *Family Fortunes: Men and Women of the English Middle Class 1780−1850* (London: Hutchinson, 1987), pp.155−172。

［84］ *Report of the Society for Preventing Wanton Cruelty to Brute Animals* (Liverpool: Egerton Smith, 1809).

［85］ *Leaflets No.5. On Cruelty to Horses* (London: SPCA, 1837), p.1; Egerton Smith, *The Elysium of Animals: A Dream* (London: J. Nisbet, 1836), front page.

［86］ Thomas Young, *The Sin and Folly of Cruelty to Brute Animals: A Sermon* (Birmingham: J. Belcher and Son, 1810), pp.23−24.

［87］ *Ladies' Committee Minutes*, 1879, 引自 Diana Donald, *Women Against Cruelty: Animal Protection in Nineteenth-century Britain* (Manchester: Manchester University Press, 2019), Chapter 3.

［88］ F. P. Cobbe, *The Friend of Man and His Friends—The Poets* (London: George Bell & Sons, 1889), p.84.

［89］ "Notes," *Humane Review*, 1 (1900−1901), pp.174−175.

［90］ Stephen Gill, "William Wordsworth," *Oxford Dictionary of National Biography*. Accessed 7 December 2017. http://www.oxforddnb.com/view/10.1093/ref:odnb/9780198614128.001.0001/odnb-9780198614128-e-29973.

［91］ 参见《莱尔斯通的白母鹿》("White doe of Rylstone") 的献词部分; 这首诗现今

已不再流行，却曾受到维多利亚时期许多英国人的热爱。

［92］ 收录于 Stephen Gill ed., *William Wordsworth: The Major Works* (Oxford: Oxford University Press, 2000), p.173。

［93］ Maurice G. Hering, "Relations of Man to the Lower Animals in Wordsworth," *Westminster Review*, Apr.1905, pp.422-430, at pp.424-425.

［94］ E. C., "The Humane Poets. William Wordsworth," *Animals' Friend*, Jun.1902, pp.129-131, at p.131.

［95］ A. H. Japp, "Robert Burns as Humanitarian Poet," *Humane Review*, 6 (1906), pp.222, 229.

［96］ C. Heath, "Blake as Humanitarian," *Humane Review*, 6 (1906), pp.73-83, at p.82.

［97］ 其中例子可参见 E. A. Freeman, "The Morality of Field Sports," *The Fortnightly Review*, Oct.1869, pp.353-385; George Greenwood, "The Ethics of Field Sports," *Westminster Review*, 138 (1892), pp.169-173, at pp.169-173; "A Cloud of Witnesses Against Torture," *Animals' Friend*, Apr.1897, pp.125-127; "The Poet and the Vivisected Dog," *Anti-vivisection Review*, Apr.-Jun., 1914, p.65; "Some Opinions of Dr. Johnson," *Animals' Guardian*, Jan.1893, pp.63-64。

［98］ H. S. Salt, "Manifesto of the Humanitarian League," in *Humanitarianism: Its General Principles and Progress* (London: William Reeves, 1891), Back Cover.

［99］ "Annual Meeting of the National Anti-Vivisection Society," *Zoophilist*, Jun.1899, pp.45-52, at p.51.

［100］ Tobias Menely, *The Animal Claim: Sensibility and the Creaturely Voice*, pp.181-182, 200-201.

［101］ D. Hudson, *Martin Tupper: His Rise and Fall* (London: Constable, 1949), p.141.

［102］ 引自 (H. S. Salt), "Poetry of Animal Life," *Humane Review*, 1 (1900-1901), pp.381-384, at p.382。

［103］ 引自 (H. S. Salt), "Poetry of Animal Life," *Humane Review*, 1 (1900-1901), pp.381-384, at p.382。另可参见 H. S. Salt, *Kith and Kin: Poems of Animal Life* (London: George Bell & Sons, 1901), p.vi.

［104］ 关于梭特和其他社会主义运动者对丁尼生诗歌和政治思想的谐仿作品，参见 H. S. Salt, *Tennyson as a Thinker* (London: A. C. Fifield, 1909); Elizabeth Carolyn Miller, *Slow Print: Literary Radicalism and Late Victorian Print Culture* (Stanford: Stanford University Press, 2013), pp.188-194。

［105］ Elizabeth Carolyn Miller, *Slow Print: Literary Radicalism and Late Victorian Print Culture*, p.155; "The Doyen of Humanitarianism. Mr. Howard Williams," *Cruel Sports*, Feb.1927, pp.14-15; W. E. A. Axon, "Shelley's Vegetarianism," *Vegetarian*

Messenger, Mar.1891, pp.72−82, at pp.72−82; W. J. Jupp, *Wayfarings* (London: Headley Brothers, 1918); "Tributes to Mr. H. B. Amos," *League Doings*, Jan.− Mar.1947.

[106] 关于 19 世纪人们对雪莱的接受，参见 J. E. Barcus ed., *Shelley: The Critical Heritage* (London: Routledge & K. Paul, 1975)。

[107] H. S. Salt, *Percy Bysshe Shelley: Poet and Pioneer: A Biographical Study* (London: W. Reeves, 1896), p.120. 梭特关于雪莱的其他主要作品包括 H. S. Salt, *A Shelley Primer* (New York: Kennikat Press, 1887); *Percy Bysshe Shelley: A Monograph* (London: Swan Sonnenschein, 1892); *Shelley as a Pioneer of Humanitarianism* (London: Humanitarian League, 1902), *Selected Prose Works of Shelley* (London: Watts, 1915); *Shelley as a Pioneer of Humanitarianism* (London: Humanitarian League, 1902)。

[108] 关于梭特在激进政治界和文学界对雪莱的推崇，参见 Elizabeth Carolyn Miller, *Slow Print: Literary Radicalism and Late Victorian Print Culture* (Stanford: Stanford University Press, 2013), pp.149−158。

[109] W. J. Jupp, *The Religion of Nature and of Human Experience* (London: Philip Green, 1906), p.149.

[110] "Beauty in Civic Life," *Humanitarian*, Jan.1912, p.5.

[111] E. C., "The Humane Poets. John Keats," *Animals' Friend*, Jan.1903, pp.51−52, at p.51.

[112] P. B. Shelley, *A Defence of Poetry* (Indianapolis: Bobbs-Merrill, 1904 [1840]), p.34.

[113] 摘自布莱克的《纯真与经验之歌》(*Songs of Innocence and of Experience*, 1795)，选自 H. S. Salt, *Kith and Kin: Poems of Animal Life* (London: George Bell & Sons, 1901), pp.30−31. 此诗的开头是："猛虎，猛虎，热烈燃烧，照亮了森林的黑夜：只有那永生的双手和目光，能勾勒出你雄伟的匀称美！"

[114] 引自 C. Heath, "Blake as Humanitarian," *Humane Review*, 6 (1906), pp.73−83, at p.78。

[115] Letter from W. H. Hudson to Salt, 引自 H. S. Salt, *Company I Have Kept* (London: George Allen & Unwin, 1930), p.123。

[116] Letter from W. H. Hudson to Salt, 引自 H. S. Salt, *Company I Have Kept* (London: George Allen & Unwin, 1930), p.123。

[117] Eric Eisner, *Nineteenth-Century Poetry and Literary Celebrity* (Basingstoke: Palgrave Macmillan, 2009); Jennifer McDonell, "Henry James, Literary Fame and the Problem of Robert Browning," *Critical Survey*, 27, no.3 (2015), pp.43−62, at p.46。

[118] H. S. Salt, "Humanity and Art," *Humanity*, Sep.1896, pp.145−146, at p.146; "The

Humanitarian League," *Vegetarian Messenger*, Jun.1916, pp.128-130, at pp.129-130.

[119] S. Coleridge to G. Meredith, Oct.3, 1906, printed in "Correspondence. Mr. Meredith and Vivisection," *Zoophilist and Animals' Defender*, Jun.1909, pp.24-25, at p.24. 关于梅瑞狄斯在 19 世纪英国的声誉的评价，参见 Ioan Williams, *Meredith: The Critical Heritage* (London: Routledge, 1971)。

[120] Stephen Coleridge, Opening Statement from the Evidence Given by the Honble. *Stephen Coleridge Before the Royal Commission on Vivisection* (London: NAVS, 1907), p.4.

[121] 比利时作家，1911 年诺贝尔文学奖得主。

[122] 法国小说家。

[123] 美国女作家与诗人。

[124] "Lind-af-Hageby v. Astor and Others," *Anti-Vivisection Review*, nos. 3 & 4, 1913, p.284.

[125] 关于对"维多利亚街协会"委员大厅的描述，参见 "The Rise and Progress of the Victorian Street Society," *Animals' Friend*, Nov.1895, pp.24-27。

[126] *Zoophilist and Animals' Defender*, Nov.1901 & Nov.1902.

[127] J. D. Jump ed., *Tennyson: The Critical Heritage* (London: Routledge & K. Paul, 1967), pp.11-13.

[128] Boyd Litzinger, *Time's Revenges: Browning's Reputation as a Thinker 1889-1962* (Knoxville: University of Tennessee Press, 1964); Boyd Litzinger and Donald Smalley eds., *Browning: The Critical Heritage* (London: Routledge & K. Paul, 1970).

[129] Peter Levi, *Tennyson* (London: Macmillan, 1993), p.49.

[130] F. P. Cobbe, *Life of Frances Power Cobbe as Told by Herself* (London: S. Sonnenschein, 1904), p.553.

[131] F. P. Cobbe, *The Friend of Man and His Friends—The Poets* (London: George Bell & Sons, 1889), pp.127-128; H. S. Salt, "The Poet Laureate as Philosopher and Peer," *To-day*, Feb.1884, pp.135-147, at pp.139-140; H. S. Salt, *Tennyson as a Thinker* (London: A. C. Fifield, 1909), p.13.

[132] Edward Berdoe, "The Humane Poets. No.4.—Robert Browning and the Animals," *Animals' Friend*, Sep.1897, pp.226-227. 关于后来实现的反动物实验医院，参见 A. W. H. Bates, *Anti-vivisection and the Profession of Medicine in Britain* (Basingstoke: Palgrave Macmillan, 2017), pp.99-132。

[133] R. Browning to F. P. Cobbe, Dec.28, 1874, 引自 Stephen Coleridge, "Robert Browning," *Animals' Defender and Zoophilist*, Jan.1917, pp.97-98, at p.97.

[134] 全诗引自 F. P. Cobbe, *The Friend of Man and His Friends—The Poets* (London:

George Bell & Sons, 1889), pp.128-129。

[135] Jan Marsh, *Christina Rossetti: A Literary Biography* (London: Pimlico, 1994), at p.435. 关于罗塞蒂对动物的热爱及其从事的反动物实验努力，参见 Jed Mayer ed., "'Come Buy, Come Buy!': Christina Rossetti and the Victorian Animal Market," in Laurence W. Mazzeno and Ronald D. Morrison eds., *Animals in Victorian Literature and Culture: Contexts for Criticism* (Basingstoke: Palgrave Macmillan, 2017), pp.213-231。

[136] "Robert Buchanan and His Best Friend," *Animals Friend*, Dec.1913, p.45. 此外，布夏南从 1900 年起，亦与马克·吐温和杰罗姆·K. 杰罗姆同样成为"伦敦反动物实验协会"（London Anti-Vivisection Society）的荣誉会员。

[137] Letter from Salt to Carpenter, MSS 356-12, 4 Nov.1892, Carpenter Collection, Sheffield Public Library.

[138] 关于维多利亚时代的小说、道德教化主义和社会改革之间的紧密联系，参见 Richard Stang, *The Theory of the Novel in England: 1850-1870* (London: Routledge & Kegan Paul, 1959), pp.64-72; Amanda Claybaugh, *The Novel of Purpose: Literature and Social Reform in the Anglo-American World* (Ithaca: Cornell University Press, 2006)。然而，并非所有 19 世纪小说家都对艺术的道德功能持相同看法。

[139] 关于塞维尔写《黑骏马》背后的人道意图，以及对过去倾向于回避作品的人道说教意图的批评，参见 Diana Donald, *Women Against Cruelty: Animal Protection in Nineteenth-century Britain* (Manchester: Manchester University Press, 2019), Chapter 6。本章不特别在此讨论虚构小说在以人道教育为目标的儿童文学中的应用。关于此类型的文学，参见 Tess Cosslett, *Talking Animals in British Children's Fiction, 1786-1914* (Aldershot: Ashgate, 2006)。

[140] Adrienne Gavin, "Introduction to Black Beauty," in Adrienne Gavin ed., *Anna Sewell: Black Beauty* (Oxford: Oxford University Press, 2012), pp.ix-xxvii; Mary Sanders Pollock, "Ouida's Rhetoric of Empathy: A Case Study in Victorian Anti-Vivisection Narrative," in Mary Sanders Pollock and Catherine Rainwater eds., *Figuring Animals: Essays on Animal Images in Art, Literature, Philosophy, and Popular Culture* (London: Palgrave Macmillan, 2005), pp.135-159, at p.139.

[141] David A. H. Wilson, *The Welfare of Performing Animals: A Historical Perspective* (Berlin: Springer, 2015), pp.33-34; Diane L. Beers, *For the Prevention of Cruelty: The History and Legacy of Animal Rights Activism in the United States* (Athens, OH: Ohio University Press, 2006), pp.105-107.

[142] 关于以动物实验为主要或次要主题的小说，参见以下作者的作品：G. MacDonald, E. Melena, L. Graham, M. Daal, R. L. Stevenson, E. Berdoe, H. G. Wells, J.

Cassidy, B. Pain, M. Corelli, E. Marston, M. Maartens, W. B. Maxwell, G. Colmore, E. S. Phelps, M. Reed, H. Huntly, W. Hadwen。

[143] 更多关于反动物实验的小说，参见 Anne Dewitt, *Moral Authority, Men of Science, and the Victorian Novel* (Cambridge: Cambridge University Press, 2013); Jessica Straley, "Love and Vivisection: Wilkie Collins's Experiment in Heart and Science," *Nineteenth-Century Literature*, 65, no.3 (2010), pp.348−373; Laura Otis, "Howled Out of the Country: Wilkie Collins and H. G. Wells Retried David Ferrier," in Anne Stiles ed., *Neurology and Literature, 1860−1920* (Basingstoke: Palgrave Macmillan, 2007), pp.27−51; Laurence Talairach-Vielmas, *Wilkie Collins, Medicine and the Gothic* (Cardiff: University of Wales Press, 2009); Keir Waddington, "Death at St Bernard's: Anti-Vivisection, Medicine and the Gothic," *Journal of Victorian Culture*, 18, no.2 (2013), pp.246−262; Christy Rieger, "St. Bernard's: Terrors of the Light in the Gothic Hospital," in Sharon Rose Yang and Kathleen Healey eds., *Gothic Landscapes: Changing Eras, Changing Cultures, Changing Anxieties* (Basingstoke: Palgrave Macmillan, 2016), pp.225−238。

[144] F. P. Cobbe, *Life of Frances Power Cobbe as Told by Herself*, pp.558−559; Wilkie Collins, *Heart and Science. Vol.I* (London: Chatto & Windus, 1883), p.xiii.

[145] Leonard Graham, *The Professor's Wife* (London: Chatto & Windus, 1881), pp.159−167.

[146] 此观点亦可见于 Anne Dewitt, *Moral Authority, Men of Science, and the Victorian Novel*, p.147。

[147] Tess Cosslett, *Talking Animals in British Children's Fiction, 1786−1914*, pp.80−81.

[148] 然而这仍远非完整的名单，19 世纪参与动物保护的文人数量极多，这亦是值得进一步探讨的课题。

[149] Arthur W. Moss, *Valiant Crusade: The History of the RSPCA* (London: Cassell, 1961), p.46.

[150] 关于这一场搬迁争议，参见 Chien-hui Li, "A Tale of Multi-Species Encounterings in Mid-Victorian London: Controversies Surrounding the Smithfield Livestock Market," *Chinese Studies in History*, 54, 2 (Jun.2021), pp.106−129。关于狄更斯在运动中的角色，参见 Ronald D. Morrison, "Dickens, Household Words, and the Smithfield Controversy at the Time of the Great Exhibition," in Laurence W. Mazzeno and Ronald D. Morrison eds., *Animals in Victorian Literature and Culture: Contexts for Criticism* (Basingstoke: Palgrave Macmillan, 2017), pp.41−63。

[151] 然而，哈代并不完全支持反动物实验运动，因为他相信动物实验对人类有用。关于哈代对动物议题的看法的深入讨论，参见 Anna West, *Thomas Hardy*

为动物而战：19 世纪英国动物保护中的传统挪用

and Animals (Cambridge: Cambridge University Press, 2017); Elisha Cohn, "'No Insignificant Creature': Thomas Hardy's Ethical Turn," *Nineteenth-Century Literature*, 64, no.4 (2010), pp.494-520; Ronald D. Morrison, "Humanity Towards Man, Woman, and the Lower Animals: Thomas Hardy's Jude the Obscure and the Victorian Humane Movement," *Nineteenth-Century Studies*, 12 (1998), pp.65-82; Christine Roth, "The Zoocentric Ecology of Hardy's Poetic Consciousness," in Laurence W. Mazzeno and Ronald D. Morrison eds., *Victorian Writers and the Environment* (London: Routledge, 2017), pp.79-96。

[152] Editor, "A Merciful Man (Scene from *Jude the Obscure* by Thomas Hardy)," *Animals' Friend*, Dec.1895, pp.50-51; "Thomas Hardy on the Sport of Shooting (From *Tess of the D'Urbervilles*)," *Animals' Friend*, May 1898, p.135.

[153] 引自 "Thomas Hardy," *Animal World*, Feb.1928, p.14。

[154] Monica Stirling, *The Fine and the Wicked: The Life and Times of Ouida* (London: Victor Gollancz, 1957), p.63.

[155] Ouida, *A Dog of Flanders* (London: Chapman & Hall, 1872); *Bimbi* (London: Chatto & Windus, 1882); *Puck: His Vicissitudes, Adventures, Observations, Conclusions, Friendships, and Philosophies, Related by Himself, and Edited by Ouida* (London: Chapman & Hall, 1870). 关于奥维达作品中的动物主题的分析，参见 Mary Sanders Pollock, "Ouida's Rhetoric of Empathy: A Case Study in Victorian Anti-Vivisection Narrative," in Mary Sanders Pollock and Catherine Rainwater eds., *Figuring Animals: Essays on Animal Images in Art, Literature, Philosophy, and Popular Culture* (London: Palgrave Macmillan, 2005), pp.135-159。

[156] Ouida, *The New Priesthood* (London: E. W. Allen, 1893). 奥维达关于动物虐待的批评文章收录于 Ouida, *Views and Opinions* (London: Methuen, 1895); Ouida, *Critical Studies* (London: T. F. Unwin, 1900)。

[157] BUAV's pamphlet, titled the *Views of Men and Women of Note on Vivisection and Second Annual Report of the BUAV*, 1900, 8, U DBV/3/1, BUAV Archive, University of Hull.

[158] Elizabeth Lee, *Ouida: A Memoir* (London: T. Fisher Unwin, 1914), p.231.

[159] *Evening News* report, quoted in "The Brown Dog Procession," *Anti-vivisection Review*, 2 (1910-1911), pp.284-290, at p.290.

[160] 关于高尔斯华绥参与动保运动的情况，参见 James Gindin, *John Galsworthy's Life and Art: An Alien's Fortress* (London: MacMillan, 1987), pp.208, 293, 536。另可参见高尔斯华绥本人的 John Galsworthy, *A Bit o'Love: A Play in Three Acts.* (London: Duckworth, 1915); John Galsworthy, *A Sheaf* (London: William

Heinemann, 1916)。然而高尔斯华绥并未反对猎杀野鸟或猎狐。

[161] 威廉·沃森（1858—1935）是一位诗人和评论家，大致已被今人所遗忘，但在19 世纪和 20 世纪之交却一度备受赞誉。

[162] Minutes of Council Meeting, BUAV, May 29, 1924, unpaginated, U DBV/2/3, BUAV Archive, University of Hull.

[163] "Slaughter-House Reform," *Humanitarian*, Feb.1913 & Jun.1913.

[164] "The Plumage Bill," *Humanitarian*, May 1914; 还可参见 H. S. Salt, "Correspondence. Animals in Captivity," *Animals' Defender and Zoophilist*, Mar.1918, p.121。

[165] Ian Small, *Conditions for Criticism: Authority, Knowledge, and Literature in the Late Nineteenth Century* (Oxford: Clarendon, 1991); Josephine M. Guy and Ian Small, "The British 'Man of Letters' and the Rise of the Professional," in A. Walton Litz, Louis Menand, and Lawrence Rainey eds., *The Cambridge History of Literary Criticism. Volume 7: Modernism and the New Criticism* (Cambridge: Cambridge University Press, 2000), pp.377−388; Josephine M. Guy, "Specialization and Social Utility: Disciplining English Studies," in Martin Daunton ed., *The Organization of Knowledge in Victorian Britain* (Oxford: Oxford University Press, 2005), pp.199−234.

[166] 当代学界兴起的生态文学批评与动物文学批评，亦可视为一股关切自然环境与动物的广泛潮流对于文学所进行的挪用。

结 语

在所有改革运动中……人们似乎都倾向于忘记社会和国家变革之速度极其缓慢，需时往往以世纪而非以年计。

——亨利·梭特[1]

1874年，"皇家防止虐待动物协会"成立50周年纪念大会　331
之际，来自法国、德国、意大利、葡萄牙、土耳其和波斯的数千名学童、皇室成员、政要、外交大使，以及来自世界各地的动保团体代表，都纷纷前来参与盛会。协会主席兼会议主持人哈罗比伯爵（Earl of Harrowby）首先公开宣读了协会在过去50年间的成就，接着发表主题演讲。演讲中随处可见类似动保团体在活动场合中常用的修辞话术。首先，哈罗比祝贺协会"在推动标志文明生活的特质方面取得巨大进步"，指出这种进步不应"仅仅反映在我们日益丰盛的奢侈品""我们的辉煌建筑和豪华装饰"，同　332
时也要伴随"对人性冲动的克制和调节，并且提升尽力保护所有受造物的普遍意识（欢呼声）"。[2]哈罗比又重提19世纪初理查德·马丁（Richard Martin, 1754—1834）首次尝试在国会推动保护牲畜法案时，引发的"奚落、羞辱、蔑视、嘲讽与冷笑"，接着再问听众，现在还有没有人公开认同那些反对任何形式的动物保护的人："大家今时今日还能在国会两院看到任何一位英国绅士，胆敢大声斥责这事业吗？（欢呼声）难道这不已标志着我国文化有了巨大进步吗？（欢呼声）"[3]接着他亦提起以反奴隶制这一"伟大事业"为代表的伟大道德传统，指出"英国的声誉在世界各地均与'反奴隶运动'密不可分"，因此他自豪地宣称："我们很荣幸，从今以后除了对其他人类同胞的保护，英国的名字更将与保护低等动物的事业紧紧相连。（欢呼声）"[4]

此类自我祝贺式的言论，显然带有民族主义和帝国主义成分，当中亦夹杂了动物保护以外的其他意识形态元素。言论中预设的历史进步观点，掩盖了真实的动物状况的历史复杂性，以及实际上人们对此议题的态度的不尽一致。[5]正如"人道联盟"等激进组织曾指出的，这种论调会强化民族自豪感和自满情绪，反而阻碍英国人进行批判性的自我反省。[6]不带批判地从字面上对这种言论照单全收，确实会导致危险的误解。但尽管如此，从某些主要指标来看，我们或许仍可称动保运动在其发端以来的首个世纪中，的确实现了一定程度的制度改进、立法进步以及文化变革。

首先，动保运动在起初数十年间，基本上举步维艰，随时有失败的可能，经过一番努力才得以在其群众基础、目标、意识形态和策略等各方面稳步扩展并多元发展。在约 100 年间，动保团体及其分支机构的数量激增至数百个，遍及整个英国以及其帝国影响范围之内。各类受虐动物，如过劳的工作动物，被诱捕、猎杀、囚禁在笼子里的野生动物，被屠宰和剥皮的经济动物，被用于实验的动物等，都逐渐被纳入运动不断扩大的关注范围内。主流运动的工作范围也从早期专注于起诉和立法，扩展到 19 世纪

60 年代以后的慈善和教育工作。到 19 世纪中叶，动物保护已成为维多利亚时代宏大的慈善和道德改革传统中不可或缺的一部分。而到了 19 世纪末，这一事业也成为英国激进政治传统一部分，其目标、口号和策略也相应有所扩充。在大众民主和高识字率的时代，露天集会、街头示威、卧底调查和媒体曝光等行动等颇具宣传效果的策略，也愈加为动保者采用，这弥补了议会游说、群众请愿和室内会议等传统行动之不足。这种采取高调与高曝光行动的趋势，也被动保运动者一直沿用至今。

在立法成果方面，多方面的促成因素使得动物保护的范围不断扩大，程度不断提高。[7] 1822 年，英国通过了世界上首个保护牲畜法案。到 1835 年，各项动物搏斗娱乐活动如斗牛、斗鸡和斗獾亦被废除。1849 年，法案保护范围更扩及所有的驯化动物，纵容虐待动物的雇主和动物养主也将受到起诉。1868 年，首个海鸟保育法案获得通过，带动了接下来数十年间一连串类似的鸟类保育法的通过，为更多鸟类提供了更广泛的保障机制。1876年，全球首个管制动物实验法案也获得通过，激发起持续数十年的全面改良实验方法的努力。而在 1900 年通过的《被囚禁野生动物法案》[*Wild Animals in Captivity Protection Act*]，则首次将圈养的野生动物纳入保护范围，将造成这些动物"任何不必要的痛苦"的行为定为刑事犯罪。自 19 世纪 90 年代从英国贩运到欧洲大陆用于屠宰的老弱马匹数量增加，相应规束此类做法的法案亦于 1898 年、1910 年和 1914 年获得通过。[8] 1911 年，通过被动保团体称为"动物宪章"（Animals' Charter）的综合性动保法，原有动保法令中的人道标准与罚责措施也得到强化，并保护了涵盖

334

更多用途的家养动物和圈养野生动物，例如用于表演、打斗、诱捕、运输、屠宰的动物，以及限制了钢制捕兽陷阱的使用。同年，《煤矿法》[Coal Mines Act] 中的第三条款也获得通过，照顾到矿坑小马这一特定动物群体在矿业这一重要工业中所处的特殊困境，被动保界誉为"矿坑小马宪章"。经过运动者数十年的努力，在一战结束后，《羽饰进口禁令》和《表演动物（管制）法》[Performing Animals (Regulation) Act] 也最终分别于 1921 年和 1925 年获得通过。当然，这些法律保障在有效性和充分程度方面仍远非完美，例如上流社会的猎狐运动就一直能够免受约束，不受任何法律所管制，直到 2004 年才为《狩猎法》[Hunting Act] 所禁止。不过，所有这些以减少动物"不必要的痛苦"为主导原则的法规，正体现了今天的"动物福利"立场，为英国和许多其他国家的当代动保立法框架奠定了基础。

除了制度上的具体变革外，在文化价值观、态度和行为实践方面，一些无形而同样重要的转变也正悄悄发生。这一切全靠动保运动者不断思考当时的主要文化和智识传统（如基督教、政治激进主义、自然史、演化论和文学），并适时积极加以挪用。运动者灵活挑战既定观点，通过无数程度不同的挪用，努力在众多不同领域中带来变革，并取得了各种程度的成功。尽管当时大多数信奉基督教的民众对动物保护漠不关心，主流教会亦无意给予支持，但动保运动却成功将基督教传统转变成一股支持动保事业的关键文化力量，并在整个 19 世纪中为运动者提供了基本意识形态，以及道德和情感上的支持。而在不尽然支持动物保护的现世主义和社会主义运动中，不少同时参与动保事业的进步思想家则借鉴了激进政治传统，使动保事业亦能成为世纪末争取社会正义和解放的广泛斗争的一部分。至于在科学领域，运动者甚至克服了流行于19世纪中期有关达尔文主义的负面联想，将其转化为对运动有利的思想资源。激进运动者以及其他动保派别人士纵然对达尔文主义对人与动物关系的影响分别持有不同关注点、解读和态度，但是在人们的历史能动性和时代环境机遇的共同作用下，到19世纪末，他们也不再视演化传统为忧虑之源，而是新希望之源。在同样异质的自然史和文学传统中，类似因素也发挥了相同作用。通过主动担当教育者、提倡者、评论者、系谱研究者、出版者和书写者等多种角色，动保运动者从这两种传统中成功发掘出有用的意识形态、思想和文化资源。尽管这些运动者称不上是"专业"或成就斐然的神学家、哲学家、自然史家、科学家、文学评论家或作家，但他们成功挪用了最契合其能力与内心关注点的传统。他们开创了一系列强而有力的话语、修辞、口号和符号——尽管定义可能并不明确或概念简单——以及大量的作品，如布道书、传单、教材、诗歌和小说，这一切都或多或少有助于促进广泛的文化变革。由这些与主流传统相关的文化实践和创造物所带来的新造意义和应用，无论是论述性质还是物质性质，我们都可以从中窥见这场运动所带来的实质文化变革。而这些实践与创造物对于运动无论是在意识形态还是在制度层面的成就，都具有举足轻重的促进作用。而我们在判断这一成就的规模和意义时，应谨记梭特关于社会态度变化之缓慢的观察。诚然，如果没有动保运动在其发端以来的首个世纪中取得的进展，尤其是运动者对当时社会核心传统的全面挪用，那么今天的动保运动

336

者所面对的，会是一个截然不同的世界，所承继的，也会是截然不同的人与动物的伦理关系文化，更会在全然不同的基础上经营其事业。

挪用动物史

著名文化史学家罗伯特·达恩顿（Robert Darnton）特别关注普罗大众而非高居云端之上的深奥哲学家的思想，他曾评论道：

> 我对哲学体系在一代代哲学家之间传承的方式并非特别感兴趣。我所感兴趣的，是市井小民如何理解这个世界，如何发展出各种策略以排解困难、始应环境。对我来说，普罗大众不是知识分子，但却绝对是聪明的。[9]

这条评论恰如其分地指出了 19 世纪动保改革者的工作性质，也同样指向了历史学者之关切所在。通过了解动保运动对 19 世纪主流思想传统不懈地动员、诠释和重塑过程，我们可以看出运动者对具体目标的理性追求及其创造性力量。动保运动不仅仅是被动接受 19 世纪主要传统的影响，还会为了自身利益和需要，积极参与这些传统，与其交流碰撞并积极交涉。通过分析这一过程，我们可以重构运动相对于这些传统的中介力量，以及认清其作为变革推动者的历史角色。其实，运动在 19 世纪借鉴的传统，在今天的动保运动中仍具有一定的地位，尽管其侧重点或已有所不同。因此，通过探讨有组织的动保运动在其首个世纪中所开创的各种意义和可用资源，我们不仅能打破自身所承继的对这些传

为动物而战：19 世纪英国动物保护中的传统挪用

统与动保主义之关系的固有预设，更可理解其充分具备的、对于未来发展的可行性。

　　E. P. 汤普森曾评论道："过去并非已故、不具活力或具有限制性，它带有各类隐兆、征象以及创造性资源，可供我们维系今日、昭示未来的可能。"[10]在本书中，"过去"不仅意味着那些在动保运动中曾经并将持续占有一席之地的文化和智识传统，还标示着我所尝试的某种历史书写。正如同书中所探讨的"传统"在未经诠释与挪用的状况下，无法自行发挥作用，"过去"同样亦无法自行维系我们现今所追求的任何目标与未来可能性。书中所论的"传统"与一个广义之"历史"的创造性功能，必须立足于一种根本性理解，那就是任何意义、用途和变革，都得借由历史行动者具有意义创造性的行为方能发挥。历史行动者通过不断诠释和挪用其周遭世界环境，从而参与了社会的持续更新与改造。[11]昆廷·斯金纳认同维特根斯坦所言的"意义体现于应用之中"，且深信所有话语行为均具有深层次的政治本质和创造性。正因意识到上述认识论与本体论观点，斯金纳指出："在社会解释之中，能动性始终比结构性具有更大的重要性。"[12]事实上，运动者正是通过其具有创造力和创新力的能动性，在英国第一波动物保护运动浪潮中，取得了瞩目成就。而我们所迫切需要的，正是一部能充分反映当时运动者经验的历史，供我们从中借鉴，以支援现今我们身边仍在进行中的持续奋斗。

338

注释

[1] H. S. Salt, "Among the Authors: The Poet of Pessimism," *Vegetarian Review*,

Aug.1896, pp.360−362, at p.360.

[2] "Our Jubilee Meeting," *Animal World*, Aug.1874, pp.114−122, at p.118.

[3] "Our Jubilee Meeting," *Animal World*, Aug.1874, pp.114−122, at p.118.

[4] "Our Jubilee Meeting," *Animal World*, Aug.1874, pp.114−122, at p.118.

[5] 关于批评这种宏观的进步叙述并探讨 19 世纪人与动物关系之复杂性的著作，参见 Harriet Ritvo, "Animals in Nineteenth-Century Britain: Complicated Attitudes and Competing Categories," in A. Manning and J. Serpell eds., *Animals and Human Society: Changing Perspectives* (London: Routledge, 1994), pp.106−126; Diana Donald, *Picturing Animals in Britain 1750−1850* (New Haven: Yale University Press, 2007); Helen Cowie, *Exhibiting Animals in Nineteenth-Century Britain: Empathy, Education, Entertainment* (Basingstoke: Palgrave Macmillan, 2014); Philip Howell, *At Home and Astray: The Domestic Dog in Victorian Britain* (Charlottesville: University of Virginia Press, 2015)。

[6] 参见本书第二章。

[7] 关于英国动物保护法的全面讨论，参见 Mike Radford, *Animal Welfare Law in Britain* (Oxford: Oxford University Press, 2001)。

[8] A. M. F. Cole, "The Traffic of Worn-Out and Diseased Horses," in Sidney Trist ed., *The Under Dog* (London: Animals' Guardian Office, 1913), pp.3−15.

[9] M. L. Pallares-Burke, *The New History: Confessions and Conversations* (London: Polity, 2002), pp.161−162.

[10] E. P. Thompson, "The Politics of Theory," in R. Samuel ed., *People's History and Socialist Theory* (London: Routledge, 1981), pp.396−408, at pp.407−408.

[11] 不过，虽然汤普森有意将历史主体的经验和能动性重新置于历史中看待，但其马克思主义式的社会解释仍被认为受物质生活和历史主体意识之间假定的决定论关系所局限。参见 G. M. Spiegel, *Practicing History: New Directions in Historical Writing After the Linguistic Turn* (London: Routledge, 2005), pp.9−10。

[12] Quentin Skinner, *Visions of Politics, Volume I: Regarding Method* (Cambridge: Cambridge University Press, 2002), pp.2, 7.

为动物而战：19 世纪英国动物保护中的传统挪用

参考文献

原始资料

民间档案

Animal Defence and Anti-Vivisection Society, Wellcome Medical Library Archives 反动物实验与动物捍卫联盟，惠康医学图书馆档案。

Axon Papers, John Rylands Library, Manchester 阿克森书信，曼彻斯特约翰·里兰斯图书馆。

Blue Cross Archives, Burford, Oxfordshire 牛津郡伯福德蓝十字会档案馆。

BUAV Archives, University of Hull, Hull 赫尔大学英国废除动物实验协会档案馆。

Darwin Correspondence Project, University of Cambridge 剑桥大学达尔文书信研究项目。

Edward Carpenter Collection, Sheffield Public Library 爱德华·卡本特藏品，谢菲尔德公共图书馆档案馆。

Henry Salt Papers, Wynne-Tyson Collection, Sussex 亨利·梭特书信，温恩-泰森藏品，萨塞克斯郡。

Lind-af-Hageby Libel Case, Wellcome Medical Library Archives 露意丝·琳达·哈格比诽谤案，惠康医学图书馆档案馆。

Lister Institute, Wellcome Medical Library Archives 英国预防医学会，惠康医学图书馆档案馆。

The Research Defence Society, Wellcome Medical Library Archives 研究捍卫会，惠康医学图书馆档案馆。

RSPB Archives, Sandy, Bedfordshire 贝德福德郡桑迪镇英国皇家鸟类保护协会档案馆。

RSPCA Archives, Horsham, West Sussex 西萨塞克斯郡霍舍姆镇皇家防止虐待动物协会档案馆。

官方档案

Hansard's Parliamentary Debates, London 《汉萨德英国议会辩论记录》，伦敦。

Minutes of Evidence: Royal Commission on Vivisection. London: H. M. S. O, 1876 《证词纪录：皇家动物实验调查委员会》。伦敦：H. M. S. O，1876 年。

Minutes of Proceedings of the Council of the Metropolitan Borough of Battersea, Battersea Library, London 《贝特希大都会区议会会议记录》，伦敦贝特希图书馆。

报刊

The Abolitionist 《废除动物实验人士》

Almonds and Raisins 《杏仁与葡萄干》

The Animal World 《动物世界》

The Animals' Defender and Zoophilist 《动物捍卫者与爱好者》

The Animals' Friend 《动物之友》

The Animals' Guardian 《动物守卫者》

The Anti-Vivisection and Humanitarian Review 《反动物实验与人道主义评论》

The Anti-Vivisection Review 《反动物实验评论》

The Anti-Vivisectionist 《反动物实验者》

Band of Mercy 《怜悯小团》

Band of Mercy Almanac 《怜悯小团年历》

The Beagler Boy: A Journal Conducted by Old Etonians 《比格兄弟》

Bird Notes and News 《鸟类笔记与新闻》

Brotherhood 《兄弟报》

The Commonweal 《政治共同体》

The Contemporary Review 《当代评论》

Cruel Sports 《残酷运动》

The Edinburgh Evening Review 《爱丁堡晚报评论》

The Fortnightly Review 《双周评论》

The Freethinker 《自由思想者》

Herald of Humanity 《人道先驱》

The Home Chronicler 《家庭新闻报》

The Humane Review 《人道评论》

The Humanitarian 《人道主义者》

Humanity 《人道主义》

Justice 《正义报》

The Labour Leader 《劳工领袖报》

The Labour Prophet 《劳工先知报》

The Lancet 《刺络针》

League Doings 《联盟工作》

Little Animals' Friend 《小小动物之友》

Macmillan's Magazine 《麦克米伦月刊》

The Monthly Record and Animals' Guardian 《每月记录与动物守卫者》

The National Reformer 《全国改革者》

Nature Notes 《自然笔记》

Our Corner 《我们的角度》

The Pall Mall Gazette 《佩尔美尔街报》

Progress of Humanity 《人道进展》

Progress To-day—The Anti-Vivisection and Humanitarian Review 《今日进展——反动物
实验与人道主义评论》

The Theosophist 《神智学者》

The Times 《泰晤士日报》

To-Day 《今日》

Vegetarian Messenger and Health Review 《素食通信与健康评论》

The Vegetarian Messenger 《素食通信》

The Verulam Review 《维鲁兰评论》

The Voice of Humanity 《人道之声》

The Westminster Review 《威斯敏斯特评论报》

The Zoophilist 《动物爱好者》

其他出版物

Adams, C. *The Coward Science: Our Answer to Prof. Owen.* London: Hatchards, 1882.

Adams, M. "Patriotism: True and False." *Humane Review* 2 (1901–1902): 112–124.

An Address to the Public from the Society for the Suppression of Vice, *Part the Second*.
London: SSV, 1803.

Against Vivisection: Verbatim Report of the Speeches at the Great Public Demonstration.
London: LAVS, 1899.

Ahern, Stephen, ed. *Affect and Abolition in the Anglo-Atlantic, 1770–1830*. Farnham, Surrey:
Ashgate, 2013.

Allen, David Elliston. *The Naturalist in Britain: A Social History*. Princeton: Princeton
University Press, 1994 [1976].

————, ed. *Naturalists and Society: The Culture of Natural History in Britain, 1700–1900*. Aldershot: Ashgate, 2001.

Almond, Philip C. *The British Discovery of Buddhism*. Cambridge: Cambridge University Press, 1988.

Altholz, J. L. "The Warfare of Conscience with Theology." In *Religion in Victorian Britain, Volume IV Interpretations*, edited by Gerald Parsons, 150–169. Manchester: Manchester University Press, 1988.

Altick, Richard D. *The Shows of London*. Cambridge, MA: Belknap Press, 1978.

Anon. "The Rights of Animals: Part Two—The Gospel." *Animals' Friend* 5 (1899): 5–7.

————. *Short Stories. Awful Instances of God's Immediate Judgement for Cruelty to Brute Creation*. London: SPCA, 1837.

"Appendix VI: Darwin and Vivisection." In *The Correspondence of Charles Darwin*, Vol. 23, edited by Frederick Burkhardt et al., 579–591. Cambridge: Cambridge University Press, 2015.

Arnold, Thomas. "Preface to *Poetry of Common Life* (1831)." In *The Miscellaneous Works of Thomas Arnold*, edited by A. P. Stanley, 252–253. London: B. Fellowes, 1845.

Axon, W. E. A. "The Moral Teaching of Milton's Poetry." *Almonds and Raisins* (1883), 6–11.

————. "The Poets as Protectors of Animals." *Vegetarian Messenger and Health Review*, June 1910, 189–193.

————. "Shelley's Vegetarianism." *Vegetarian Messenger*, March 1891, 72–82.

Baillie-Weaver, H. *The Oneness of All Movements for Sympathy and Liberation*. London: League of Peace and Freedom, 1915.

Baker, Keith Michael. "On the Problem of the Ideological Origins of the French Revolution." In *Modern European Intellectual History: Reappraisals & New Perspectives*, edited by Dominick LaCapra and Steven L. Kaplan, 197–219. Ithaca: Cornell University Press, 1982.

Barcus, J. E., ed. *Shelley: The Critical Heritage*. London: Routledge & K. Paul, 1975.

Barker-Benfield, G. J. *The Culture of Sensibility: Sex and Society in Eighteenth-Century Britain*. Chicago: University of Chicago Press, 1992.

Barlow, Nora, ed. *The Autobiography of Charles Darwin, 1809–1882*. London: Collins, 1958 [1887].

Barrett, R. "May a Christian Tolerate Cruelty?" *Home Chronicler*, July 6, 1878, 11.

Barton, Ruth. "Evolution: The Whitworth Gun in Huxley's War for the Liberation of Science from Theology." In *The Wider Domain of Evolutionary Theory*, edited by David

Oldroyd and Ian Lanham, 261−287. Dordrecht, Holland: D. Reidel, 1983.

————. "Huxley, Lubbock, and Half a Dozen Others: Professional and Gentlemen in the Formation of the X Club, 1851−1864." *Isis* 89, no. 3 (1998): 410−444.

————. "Sunday Lecture Societies: Naturalistic Scientists, Unitarians, and Secularists Unite Against Sabbatarian Legislation." In *Victorian Scientific Naturalism*, edited by Gowan Dawson and Bernard Lightman, 189−219. Chicago: University of Chicago Press, 2014.

Bates, A. W. H. *Anti-Vivisection and the Profession of Medicine in Britain: A Social History.* Basingstoke: Palgrave Macmillan, 2017.

Bax, E. B. "Free Trade in Hydrophobia." *The Commonweal*, October 9, 1886, 219.

Beattie, James. *Essays: On Poetry and Music.* London: Dilly and Creech, 1779.

————. *Open Fields: Science in Cultural Encounter.* Oxford: Oxford University Press, 1999.

Bebbington, D. W. *Evangelicalism in Modern Britain: A History from the 1730s to the 1980s.* London: Unwin Hyman, 1989.

Beer, Gillian. *Darwin's Plots.* London: Routledge & Kegan Paul, 1983.

Beers, Diane L. *For the Prevention of Cruelty: The History and Legacy of Animal Rights Activism in the United States.* Athens, OH: Ohio University Press, 2006.

Bell, Ernest. "'Christian Virtues' in Animals." In *Fair Treatment for Animals*, 252−255. London: G. Bell & Sons, 1927.

————. *Fair Treatment for Animals.* London: G. Bell & Sons, 1927.

————. *The Inner Life of Animals.* London: G. Bell & Sons, 1913.

————. "The Mistakes of Humanitarians." *Animals' Friend*, March 1917, 90−91.

————. "Mutual Aid." In *The Inner Life of Animals*, 38−49. London: G. Bell & Sons, 1913.

————. *Speak Up for the Animals: A Collection of Pieces for Recitation.* London: G. Bell & Sons, 1923.

————. *Superiority in the Lower Animals.* London: Animals' Friend Office, 1927.

Benedict, Barbara M. *Framing Feeling: Sentiment and Style in English Prose Fiction, 1745−1800.* New York: AMS Press, 1994.

Bentham, Jeremy. *Introduction to the Principles of Morals and Legislation.* Oxford: Clarendon, 1953 [1780, 1789].

Berdoe, Edward. *An Address on the Attitude of the Christian Church Towards Vivisection.* London: Victorian Street Society, 1891.

————. "The City Without God." *The Monthly Record and Animals' Guardian*, June 1901, 66−67.

————. *Dying Scientifically.* London: Swan Sonnenschein, Lowrey, 1888.

————. "The Humane Poets. No. 4.—Robert Browning and the Animals." *Animals' Friend*, September 1897, 226–227.

————. "Progressive Morality." *Zoophilist*, January 1914, 140–141.

————. *St. Bernard's: The Romance of a Medical Student*. London: Swan Sonnenstein, Lowrey & Co., 1887.

Berger, John. "Why Look at Animals." In *About Looking*, 3–28. New York: Vintage, 1991.

Besant, Annie. *Against Vivisection*. Benares, India: Theosophical Publishing Society, 1903.

————. *The Seven Principles of Man*. Madras: Theosophical Society, 1892.

————. *Vivisection in Excelsis*. Madras, India: T. S. Order of Service, 1910.

————. *Vivisection*. London: A. Besant & C. Bradlaugh, 1881.

Best, Geoffrey. "Evangelicalism and the Victorians." In *The Victorian Crisis of Faith*, edited by Anthony Symondson, 37–56. London: SPCK, 1970.

Best, Steven. "The Rise of Critical Animal Studies: Putting Theory into Action and Animal Liberation into Higher Education." *Journal of Critical Animal Studies* 7, no. 1 (2009): 9–53.

Bevir, Mark. *The Making of British Socialism*. Princeton: Princeton University Press, 2011.

————. "Vegetarianism." *Vegetarian Messenger*, June 1907, 153–154.

Biagini, Eugenio F., and Alastair Reid, eds. *Currents of Radicalism: Popular Radicalism, Organised Labour, and Party Politics in Britain, 1850–1914*. Cambridge: Cambridge University Press, 1991.

Blair, Kirstie. *Victorian Poetry and the Culture of the Heart*. Oxford: Clarendon, 2006.

Blamires, H. *A History of Literary Criticism*. Basingstoke: Macmillan Education, 1991.

Blatchford, Robert. *Merrie England*. London: Journeyman Press, 1976 [1893].

Boddice, Rob. *A History of Attitudes and Behaviours Towards Animals in Eighteenth-and Nineteenth-Century Britain: Anthropocentrism and the Emergence of Animals*. Lewiston: Edwin Mellen Press, 2008.

————. *The Science of Sympathy: Morality, Evolution, and Victorian Civilization*. Urbana: University of Illinois Press, 2016.

————. "Vivisecting Major: A Victorian Gentleman Scientist Defends Animal Experimentation, 1876–1885." *Isis* 102 (2011): 215–237.

"Books About Animals: Suitable for Prizes and Presents." In *The Humane Play Book*, compiled by F. H. Suckling, 117–119. London, G. Bell & Sons, 1900.

Bowler, Peter J. *Charles Darwin: The Man and His Influence*. Cambridge: Cambridge University Press, 1996.

为动物而战：19 世纪英国动物保护中的传统挪用

———. *Darwin Deleted: Imagining a World Without Darwin.* Chicago: University of Chicago Press, 2013.

———. *The Eclipse of Darwinism: Anti-Darwinian Evolution Theories in the Decades Around 1900.* Baltimore: Johns Hopkins University Press, 1983.

———. *Evolution: The History of an Idea.* Berkeley: University of California Press, 1983.

———. *The Fontana History of the Environmental Sciences.* London: Fontana, 1992.

———. *Non-Darwinian Revolution: Reinterpreting a Historical Myth.* Baltimore: Johns Hopkins University Press, 1988.

———. *Reconciling Science and Religion: The Debate in Early-Twentieth- Century Britain.* Chicago: University of Chicago Press, 2001.

———. "Revisiting the Eclipse of Darwinism." *Journal of the History of Biology* 38, no. 1 (2005): 19–32.

Bowler, Peter J., and Iwan Rhys Morus. *Making Modern Science: A Historical Survey.* Chicago: University of Chicago Press, 2005.

Bradlaugh, Charles. "A Bull-Fight in Madrid." *Our Corner*, January 1883, 10–14.

Brightwen, Eliza. *Inmates of My House and Garden.* London: T. Fisher Unwin, 1895.

———. *More About Wild Nature.* London: T. Fisher Unwin, 1890.

———. *Rambles with Nature Students.* London: Religious Tract Society, 1899.

———. *Wild Nature Won by Kindness.* London: T. Fisher Unwin, 1890.

Brinkmann, Hermann. "Thinking Animals." *Anti-Vivisection Review*, May–June 1912, 176–177.

Brooke, J. H. *Science and Religion: Some Historical Perspectives.* Cambridge: Cambridge University Press, 1991.

Brown, Laura. *Homeless Dogs and Melancholy Apes.* Ithaca: Cornell University Press, 2010.

Browne, Janet. "Darwin in Caricature: A Study in the Popularization and Dissemination of Evolutionary Theory." In *The Art of Evolution: Darwin, Darwinism, and Visual Culture*, edited by Barbara Larson and Fae Brauer, 18–39. Hanover, NH: Dartmouth College Press, 2009.

BUAV. *What We Have Done During the War.* London: Deverell, Sharpe & Gibson, n.d.

Buchanan, Robert. *The City of Dream: An Epic Poem.* London: Chatto & Windus, 1888.

Budd, Susan. *Varieties of Unbelief: Atheists and Agnostics in English Society, 1850–1960.* London: Heinemann Educational Books, 1977.

Buettinger, Craig. "Antivivisection and the Charge of Zoophil-Psychosis in the Early Twentieth Century." *The Historian* 55 (1993): 177–188.

Bulliet, Richard W. *Hunters, Herders, and Hamburgers: The Past and Future of Human–*

Animal Relationships. New York: Columbia University Press, 2005.

Burns, John. "Outside the Dog's Home." *Justice*, March 7, 1885, 2. Burrows, Herbert. *Moral Degradation and an Infamy*. London: LAVS, n.d.

———. "Vivisectionist Fallacies and Futilities." *Justice*, August 24, 1912, 5.

Bynum, W. E. *Science and the Practice of Medicine in the Nineteenth Century*. Cambridge: Cambridge University Press, 1994.

Candland, D. K. *Feral Children and Clever Animals: Reflection on Human Nature*. Oxford: Oxford University Press, 1993.

Cannadine, David. *Ornamentalism: How the British Saw Their Empire*. London: Penguin, 2001.

Cantor, Geoffrey. *Quakers, Jews and Science*. Oxford: Oxford University Press, 2005.

Cantor, Geoffrey et al. *Science in the Nineteenth-Century Periodical*. Cambridge: Cambridge University Press, 2004.

Cantor, Geoffrey, and Sally Shuttleworth, eds. *Science Serialized: Representation of the Sciences in Nineteenth-Century Periodicals*. Cambridge, MA: The MIT Press, 2004.

Carey, Brycchan. *British Abolitionism and the Rhetoric of Sensibility: Writing, Sentiment, and Slavery, 1760–1807*. Basingstoke: Palgrave Macmillan, 2005.

Carlyle, Thomas. *On Heroes, Hero-Worship and the Heroic in History*. New York: John Wiley, 1849 [1840].

Carpenter, Edward. "Empire in India and Elsewhere." In *Humanitarian Essays. Second Series*, 1–15. London: Humanitarian League, 1904.

———. "High Street, Kensington." *Humanity*, March 1900, 19–20 [reprinted from *The Commonweal*].

———. *My Days and Dreams*. London: G. Allen & Unwin, 1916.

———. "The Need of a Rational and Humane Science." In *Humane Science Lectures*, edited by Various Authors, 3–33. London: George Bell & Sons, 1897.

———. *Towards Democracy*. London: John Heywood, 1883.

Carrington, Edith. *Anecdotes of Horses*. London: Blossom, 1896.

———. *Animal Ways and Claims*. London: G. Bell & Sons, 1897.

———. *Animals in the Wrong Places*. London: G. Bell & Sons, 1896.

———. *Appeals on Behalf of the Speechless*. London: Griffith, Farran, 1892.

———. *The Cat: Her Place in Society and Treatment*. London: G. Bell & Sons, 1896.

———. *Cousin Catherine's Servants*. Griffith, Farran, 1897.

———. *The Creatures Delivered into Our Hands*. London: Griffith, Farran, 1893.

———. *The Extermination of Birds*. London: William Reeves, 1894.

———. *The Farmer and the Birds.* London: G. Bell & Sons, 1898.

———. *Friendship of Animals.* London: George Bell & Sons, 1896.

———, adapted. *History of the Robins and Keeper's Travels.* London: G. Bell & Sons, 1895.

———. "Miss Edith Carrington: Portrait and Autobiography." *Animals' Friend*, August 1894, 24.

———. *Nobody's Business* London: Griffith, Farran, 1891.

———. *Round the Farm: A Picture Book of Pets.* London: T. Nelson & Sons, 1899.

———. *Spare the Sparrow.* London: Humanitarian League, 1897.

———, ed. *Thoughts Regarding the Future State of Animals.* London: Warren & Son, 1899.

———. *True Stories About Animals.* London: Blackie and Son, 1905.

———. *Wonderful Tools: With Numerous Pictures.* London: G. Bell & Sons, 1897.

Catlett, Stephen. "Huxley, Hutton and the 'White Rage': A Debate on Vivisection at the Metaphysical Society." *Archives of Natural History* 11 (1983): 181–189.

Cesaresco, E. M. "The Growth of Modern Ideas on Animals." *Contemporary Review* 91 (1907): 68–82.

Chambers, Robert. "Explanations: A Sequel to 'Vestiges of the Natural History of Creation.'" In *Vestiges of the Natural History of Creation and Other Evolutionary Writings*, edited by James Secord, 1–198. Chicago: The University of Chicago Press, 1994.

Charlton [Hon. Mrs.]. *Toilers and Toll at the Outposts of Empire.* London: RSPCA, 1911.

Chartier, Roger. "Culture as Appropriation: Popular Cultural Uses in Early Modern France." In *Understanding Popular Culture: Europe from the Middle Ages to the Nineteenth Century*, edited by Steven L. Kaplan, 229–253. New York: Mouton, 1984.

———. *Forms and Meanings: Texts, Performances, and Audiences from Codex to Computer.* Philadelphia: University of Pennsylvania Press, 1995.

———. "Intellectual History or Sociocultural History?" In *Modern European Intellectual History: Reappraisals & New Perspectives*, edited by Dominick LaCapra and Steven L. Kaplan, 13–46. Ithaca: Cornell University Press, 1982.

Chesson, W. H., ed. *Eliza Brightwen: The Life and Thoughts of a Naturalist.* London: T. F. Unwin, 1909.

Church, Roy, and E. M. Tansey. *Burroughs Wellcome & Co.: Knowledge, Profit and the Transformation of the British Pharmaceutical Industry 1880–1940.* Lancaster: Crucible Books, 2007.

Clark, G. Kitson. *The Fallacy of Restriction Applied to Vivisection.* London: Victorian Street Society, n.d.

————. *Life of Frances Power Cobbe as Told by Herself.* London: S. Sonnenschein, 1904.

————. *The Making of Victorian England.* London: Routledge, 1962.

————. "Magnanimous Atheism." In *The Peak in Darien*, 9–74. Boston: Geo. H. Ellism, 1882.

————. "Miss Frances Power Cobbe on 'Lesser Measures.'" *Zoophilist*, February 1898, 171–172.

————. "Mr. Lowe and the Vivisection Act." *Contemporary Review* 29 (1876–1877): 335–347.

————. "The New Morality." In *The Modern Rack: Papers on Vivisection*, 65–69. London: Swan Sonnenschein, 1889.

————. *The Nine Circles of the Hell of the Innocent: Described from the Reports of the Presiding Spirits.* London: Sonnenschein & Co., 1892.

————. *The Scientific Spirit of the Age, and Other Pleas and Discussions.* Boston: G.H. Ellis, 1888.

Clark, J. F. M. *Bugs and the Victorians.* New Haven: Yale University Press, 2009.

————. "Instinct and Reason." *Animal World*, November 1869, 40–41.

————. "The Irishmen of Bird." *History Today* 50, no. 10 (2000): 16–18.

Claybaugh, Amanda. *The Novel of Purpose: Literature and Social Reform in the Anglo-American World.* Ithaca: Cornell University Press, 2006.

Clayton, J. "Between Ourselves: A Tale of a Dog." *Labour Leader*, June 1, 1895, 2.

Cleland, John. *Experiment on Brute Animals.* London: J. W. Kolckmann, 1883.

Clough, David L. *On Animals: Volume 1 Systematic Theology.* London: T&T Clark, 2012.

————. *On Animals: Volume 2 Theological Ethics.* London: T&T Clark, 2017.

Cobbe, Frances Power. "Agnostic Morality." *Contemporary Review* 43 (1883): 783–794.

————. *The Churches and Moral Questions.* London: Victorian Street Society, 1889.

————. *Darwinism in Morals and Other Essays.* London: Williams and Norgate, 1872.

————. "The Education of the Emotions." In *The Scientific Spirit of the Age*, 35–67. Boston: Geo. H. Ellis, 1888.

————. *False Beasts and True: Essays on Natural (and Unnatural) History.* London: Ward, Lock, and Tyler, 1876.

————. *The Friend of Man and His Friends—The Poets.* London: George Bell & Sons, 1889.

————. "The Hierarchy of Art." In *Studies New and Old of Ethical and Social Subjects*, 287–355. Boston: William V. Spencer, 1866.

————. *Life of Frances Power Cobbe as Told by Herself.* London: Swan Sonnenschein,

为动物而战：19 世纪英国动物保护中的传统挪用

1904.

————. "The Morals of Literature." In *Studies New and Old of Ethical and Social Subjects*, 259–285. Boston: William V. Spencer, 1866.

————. "The New Morality." *Zoophilist*, January 1885, 167–169.

————. *Physiology as a Branch of Education*. London: Victorian Street Society, 1888.

————. *The Medical Profession and Its Morality*. Providence: Snow & Farnham, 1892 [reprinted from *The Modern Review*, 1881].

————. *The Scientific Spirit of the Age*. Boston: Geo. H. Ellis, 1888.

Cohn, Elisha. "'No Insignificant Creature': Thomas Hardy's Ethical Turn." *Nineteenth-Century Literature* 64, no. 4 (2010): 494–520.

Cole, A. M. F. "The Traffic of Worn-Out and Diseased Horses." In *The Under Dog*, edited by Sidney Trist, 3–15. London: Animals' Guardian Office, 1913.

Coleridge, J. D. "The Nineteenth Century Defenders of Vivisection." *The Fortnightly Review* 31, no. 1 (1882): 225–236.

Coleridge, Stephen. "The Aim and Policy of the National Anti-Vivisection Society." *Zoophilist*, October 1900, 138–139.

————. "Darwin and Vivisection." *Animals' Defender and Zoophilist*, July 1920, 17–18.

————. "Dr. Randall Davidson, Archbishop of Canterbury." *Zoophilist*, October 1912, 94.

————. *Famous Victorians I Have Known*. London: Simpkin, Marshall, 1928.

————. *Great Testimony against Scientific Cruelty*. London: Bodley Head, 1918.

————. *The Idolatry of Science*. London: John Lane, 1920.

————. *Memories*. London: John Lane, 1913.

————. *Opening Statement from the Evidence Given by the Honble. Stephen Coleridge Before the Royal Commission on Vivisection*. London: NAVS, 1907.

————. "Robert Browning." *Animals' Defender and Zoophilist*, January 1917, 97–98.

————. "To the Members of the National Anti-Vivisection Society." *Animals' Defender and Zoophilist*, September 1918, 33–34.

Coleridge, Stephen, and Professor Schäfer. *The Torture of Animals for the Sake of Knowledge*. London: NAVS, 1899.

Colley, Ann C. *Wild Animal Skins in Victorian Britain: Zoos, Collections, Portraits, and Maps*. Farnham, Surrey: Ashgate, 2014.

Collini, Stefan. *Matthew Arnold: A Critical Portrait*. Oxford: Clarendon Press, 2008.

————. *Public Moralists: Political Thought and Intellectual Life in Britain, 1850–1930*. Oxford: Clarendon, 1991.

Collins, Wilkie. *Heart and Science. Vol. I.* London: Chatto & Windus, 1883.

Colmore, Gertrude. "Humanitarianism and the Ideal Life." *Vegetarian News*, February 1923, 24-28.

Colonel Osborn. *Colonel Osborn on Christianity and Modern Science*. London: Victorian Street Society, 1891(?).

Conway, Katharine St. John, and J. Bruce Glasier. *The Religion of Socialism: Two Aspects*. Manchester: Labour Press Society, 1894.

Cooter, Roger, and Pumfrey, Stephen. *The Cultural Meaning of Popular Science*. Cambridge: Cambridge University Press, 1984.

———. "Separate Spheres and Public Places: Reflections on the History of Science Popularization and Science in Popular Culture." *History of Science* 32 (1994): 236-267.

Cosslett, Tess. *Talking Animals in British Children's Fiction, 1786-1914*. Aldershot: Ashgate, 2006.

Costall, A. "How Lloyd Morgan's Canon Backfired." *Journal of the History of the Behavioural Sciences* 29, no. 2 (1993): 113-122.

Cowie, Helen. *Exhibiting Animals in Nineteenth-Century Britain: Empathy, Education, Entertainment*. Basingstoke: Palgrave Macmillan, 2014.

Cox, F. A. "The Universal Kinship." *Animals' Friend*, November 1915, 17-18.

Craig, David, and James Thompson, eds. *Languages of Politics in Nineteenth- Century Britain*. Basingstoke: Palgrave Macmillan, 2013.

Crook, Paul. *Darwinism, War and History*. Cambridge: Cambridge University Press, 1994.

Crowe, Henry. *Animadversions on Cruelty to the Brute Creation, Addressed Chiefly to the Lower Classes*. Bath: J. Browne, 1825.

Csengei, Ildiko. *Sympathy, Sensibility and the Literature of Feeling in the Eighteenth Century*. Basingstoke: Palgrave Macmillan, 2012.

Cunningham, Andrew and Perry Williams, eds. *The Laboratory Revolution in Medicine*. Cambridge: Cambridge University Press, 1992.

D'Oyley, Elizabeth. *An Anthology for Animal Lovers*. London. W. Collins, Sons, 1927.

Daly, Nicholas. *The Demographic Imagination and the Nineteenth-Century City: Paris, London, New York*. Cambridge: Cambridge University Press, 2015.

Darnton, Robert. *The Kiss of Lamourette: Reflections in Cultural History*. London: Faber & Faber, 1990.

Darwin, Charles. *The Descent of Man, and Selection in Relation to Sex*. London: Penguin, 2004 [1874, 2nd. ed.].

———. *The Expression of the Emotions in Man and Animals*. London: John Murray, 1872.

———, ed. *More Letters of Charles Darwin: A Record of His Work in a Series of Hitherto*

为动物而战：19 世纪英国动物保护中的传统挪用

Unpublished Letters. London: John Murray, 1903.

———. "Mr. Darwin on Vivisection." *Times,* April 18, 1881, 10.

———. *On the Origin of Species.* Oxford: Oxford University Press, 2008 [1859].

Darwin, Francis, ed., *The Life of Charles Darwin.* London: John Murray, 1908.

Daston, Lorraine, and Gregg Mitman, eds. *Thinking with Animals.* New York: Columbia University Press, 2005.

Davidoff, Leonore, and Catherine Hall. *Family Fortunes: Men and Women of the English Middle Class 1780–1850.* London: Hutchinson, 1987.

Davis, Janet M. *The Gospel of Kindness: Animal Welfare & the Making of Modern America.* Oxford: Oxford University Press, 2016.

Dawson, Gowan. *Darwin, Literature and Victorian Respectability.* Cambridge: Cambridge University Press, 2007.

Dawson, Gowan and Bernard Lightman, eds. *Victorian Scientific Naturalism: Community, Identity and Continuity.* Chicago: University of Chicago Press, 2014.

De Cyon, E. "The Anti-Vivisectionist Agitation." *Contemporary Review* 43 (1883): 498–516.

De Sio, Fabio, and Chantal Marazia. "Clever Hans and His Effects: Karl Krall and the Origins of Experimental Parapsychology in Germany." *Studies in History and Philosophy of Biological and Biomedical Sciences* 48 (2014): 94–102.

De Vries, Jacqueline and Sue Morgan, eds. *Women, Gender and Religious Cultures in Britain, 1800–1940.* London: Routledge, 2010.

Dent, John. *Bull Baiting! A Sermon on Barbarity to God's Dumb Creation.* Reading: Smart and Cowslade, 1801.

———. *The Pleasures of Benevolence; A Poem.* London: Hunter, 1835.

Desmond, Adrian. *Archetypes and Ancestors: Palaeontology in Victorian London, 1850–1875.* London: Blond & Briggs, 1982.

Desmond, Adrian. *The Politics of Evolution.* Chicago: University of Chicago Press, 1989.

Despard, Charlotte. *Theosophy and the Woman's Movement.* London: Theosophical Publishing Society, 1913.

Dewitt, Anne. *Moral Authority, Men of Science, and the Victorian Novel.* Cambridge: Cambridge University Press, 2013.

Dixon, Joy. *Divine Feminine: Theosophy and Feminism in England.* Baltimore: Johns Hopkins University Press, 2001.

Dixon, Thomas. *From Passions to Emotions: The Creation of a Secular Psychological Category.* Cambridge: Cambridge University Press, 2003.

————. *The Invention of Altruism: Making Moral Meanings in Victorian Britain.* Oxford: Oxford University Press, 2008.

————. *Weeping Britannia: Portraits of a Nation in Tears.* Oxford: Oxford University Press, 2017.

Donald, Diana. "'Beastly Sights': The Treatment of Animals as a Moral Theme in Representations of London, c. 1820–1850." In *The Metropolis and Its Image: Constructing Identities for London, c. 1750–1950*, edited by Dana Arnold, 48–78. London: Blackwell, 1999.

————. *Picturing Animals in Britain 1750–1850.* New Haven: Yale University Press, 2007.

————. *Women Against Cruelty: Animal Protection in Nineteenth- Century Britain.* Manchester: Manchester University Press, 2019.

Donovan, Josephine. *The Aesthetics of Care: On the Literary Treatment of Animals.* London: Bloomsbury, 2016.

Doughty, R. W. *Feather Fashions and Bird Preservation.* Berkeley: University of California Press, 1975.

Drummond, William H. *Humanity to Animals the Christian's Duty; A Discourse.* London: Hunter, 1830.

Dunkley, C. ed. *The Official Report of the Church Congress, Held at Folkestone, 1892.* London: Bemrose & Sons, 1892.

Durbach, Nadja. *Bodily Matters: The Anti-Vaccination Movement in England, 1853–1907.* Durham: Duke University Press, 2005.

Dyas, R. H. "Cruelty and Christianity in Italy, Part I." *National Reformer*, January 14, 1887, 27–28.

————. "Cruelty and Christianity in Italy, Part II." *National Reformer*, January 21, 1887, 86–87.

E. C. "The Humane Poets. John Keats." *Animals' Friend*, January 1903, 51–52.

————. "The Humane Poets. William Wordsworth." *Animals' Friend*, June 1902, 129–131.

Earl of Shaftesbury, Anthony Ashley-Cooper. *Substance of a Speech in Support of Lord Truro's Bill. House of Lords, 15th July, 1879.* London: Victorian Street Society, 1879.

Editor. "The Prevention of Cruelty to Animals." *Humanitarian*, July 1905, 151–152.

Eisner, Eric. *Nineteenth-Century Poetry and Literary Celebrity.* Basingstoke: Palgrave Macmillan, 2009.

Eldridge, C. C. *England's Mission: The Imperial Idea in the Age of Gladstone and Disraeli 1865–1880.* Basingstoke: Palgrave Macmillan, 1973.

Eliot, Simon. "The Business of Victorian Publishing." In *The Cambridge Companion to the Victorian Novel*, edited by Deirdre David, 37-60. Cambridge: Cambridge University Press, 2001.

Ellegård, A. *Darwin and the General Reader*. Chicago: University of Chicago Press, 1990 [1958].

Ellis, Markman. *The Politics of Sensibility: Race, Gender and Commerce to Sentimental Novel*. Cambridge: Cambridge University Press, 1996.

———. "Suffering Things: Lapdogs, Slaves, and Counter-Sensibility." In *The Secret Life of Things: Animals, Objects, and It-Narratives in Eighteenth- Century England*, edited by Mark Blackwell, 92-113. Lewisburg: Bucknell University Press, 2007.

Ellis, T. "The Royal Society for the Prevention of Cruelty to Animals." *National Reformer*, January 15, 1865, 35.

Elston, Mary Ann. "Women and Anti-Vivisection in Victorian England, 1870-1900." In *Vivisection in Historical Perspective*, edited by N. A. Nupke, 159-294. London: Routledge, 1987.

Engel, Stephen M. "A Survey of Social Movement Theories." In *The Unfinished Revolution: Social Movement Theory and Gay and Lesbian Movement*, 167-186. Cambridge: Cambridge University Press, 2001.

Engels, Eve-Marie, and Thomas F. Glick, eds. *The Reception of Charles Darwin in Europe*. London: Continuum, 2008.

Englander, David. "The Word and the World: Evangelicalism in the Victorian City." In *Religion in Victorian Britain, Vol. 2, Controversies*, edited by Gerald Parsons, 14-38. Manchester: Manchester University Press, 1988.

Evans, E. P. *Evolutional Ethics and Animal Psychology*. London: William Heinemann, 1898.

Fairholme, E. G. and W. Pain. *A Century of Work for Animals: The History of the R.S.P.C.A., 1824-1924*. London: John Murray, 1924.

Feller, David Allan. "Dog Fight: Darwin as Animal Advocate in the Antivivisection Controversy of 1875." *Studies in History and Philosophy of Biological and Biomedical Sciences* 40, no. 4 (2009): 265-271.

Ferguson, Moria. *Animal Advocacy and Englishwomen, 1780-1900*. Ann Arbor: University of Michigan Press, 1998.

Foote, G. W. "Dying Like a Dog." *Freethinker*, June 4, 1899, 353-354.

———. "Christianity and Animals." *Freethinker*, July 30, 1899, 116-117.

———. "The Kinship of Life: A Secularist View of Animals' Rights." *Humane Review* 4 (1904): 301-311.

Forster, Thomas, ed. *Anthologies and Collected Works*. Bruges: C. de Moor, 1845.

———. *A Collection of Anecdotes and Eulogies of Favourite Dogs*. Bruges: C. de Moor, 1848.

———. *Philozoia: Moral Reflections on the Actual Condition of the Animal Kingdom*. Brussels: W. Todd, 1839.

Foster, Michael. "Vivisection." *Macmillan's Magazine*, March 1874, 367–376.

Franklin, Adrian. *Animals & Modern Cultures: A Sociology of Human–Animal Relations in Modernity*. London: Sage, 1999.

Freeman, E. A. "The Morality of Field Sports." *The Fortnightly Review*, October 1869, 353–385.

French, Richard D. *Antivivisection and Medical Science in Victorian Society*. Princeton, NJ: Princeton University Press, 1975.

Freytag-Loringhoven, Mathilde von. "The Talking and Counting Dogs: Recent Facts and Observations." *Progress To-day—The Anti-Vivisection and Humanitarian Review*, January–March 1933, 12–14.

Fyfe, Aileen. "Introduction to Science for Children." In *Science for Children*, edited by Aileen Fyfe, xi–xxviii. Bristol: Thoemmes, 2003.

———. *Science and Salvation: Evangelical Popular Science Publishing in Victorian Britain*. Chicago: University of Chicago Press, 2004.

———, ed. *Science for Children: 7 Volumes*. Bristol: Thoemmes, 2003.

———. "Young Readers and the Sciences." In *Books and the Sciences in History*, edited by Marina Frasca-Spada and Nick Jardin, 276–290. Cambridge: Cambridge University Press, 2000.

Galsworthy, John. *A Bit o'Love: A Play in Three Acts*. London: Duckworth, 1915.

Fyfe, Aileen, and Bernard Lightman, eds. *Science in the Marketplace: Nineteenth- Century Sites and Experiences*. Chicago: Chicago University Press, 2007.

Galsworthy, John. *A Sheaf*. London: William Heinemann, 1916.

Galton, Francis. *English Men of Science: Their Nature and Nurture*. London: Macmillan, 1874.

Garrett, Aaron. "Francis Hutcheson and the Origin of Animal Rights." *Journal of the History of Philosophy* 45, no. 2 (2007): 243–265.

Gates, Barbara. *Kindred Nature: Victorian and Edwardian Embrace the Living World*. Chicago: Chicago University Press, 1998.

———, ed. *In Nature's Name: An Anthology of Women's Writing and Illustration, 1780–1930*. Chicago: Chicago University Press, 2002.

Gavin, Adrienne. "Introduction to *Black Beauty*." In *Anna Sewell: Black Beauty*, edited by Adrienne Gavin, ix-xxvii. Oxford: Oxford University Press, 2012.

Geison, Gerald L. *Michael Foster and the Cambridge School of Physiology: The Scientific Enterprise in Late Victorian Society*. Princeton: Princeton University Press, 1978.

Gill, Stephen. "William Wordsworth." *Oxford Dictionary of National Biography*. Accessed 7 December 2017. http://www.oxforddnb.com/view/10.1093/ref:odnb/9780198614128.001.0001/odnb-9780198614128-e-29973.

———. *William Wordsworth: A Life*. Oxford: Clarendon, 1989.

———, ed. *William Wordsworth: The Major Works*. Oxford: Oxford University Press, 2000.

Gindin, James. *John Galsworthy's Life and Art: An Alien's Fortress*. London: MacMillan, 1987.

Glaholt, Halye Rose. "Vivisection as War: The 'Moral Disease' of Animal Experimentation and Slavery in British Victorian Quaker Pacifist Ethics." *Society and Animals* 20 (2012): 154-172.

Glasier, Catherine Bruce. "Anti-Vivisection." *Labour Leader*, June 9, 1900, 181.

Gold, Mark. *Animal Century: A Celebration of Changing Attitudes to Animals*. Charlbury: Jon Carpenter, 1998.

Goldman, Lawrence. "Ruskin, Oxford, and the British Labour Movement 1880-1914." In *Ruskin and the Dawn of the Modern*, edited by Dinah Birch, 57-86. Oxford: Clarendon, 1999.

Gompertz, Lewis. *An Introduction to Zoology, Vol. 2*. London: SPCK, 1844.

———. *Fragments in Defence of Animals*. London: W. Horsell, 1852.

———. *A Naturalist's Sojourn in Jamaica*. London: Longmans, 1851.

———. *Objects and Address of the Society for the Prevention of Cruelty to Animals*. London: William Molineux, 1829.

Gould, P. C. *Early Green Politics: Back to Nature, Back to Land, and Socialism in Britain 1880-1900*. New York: Harvester, 1988.

Gosse, P. H. *An Introduction to Zoology, Vol. 1*. London: SPCK, 1844.

Graham, Leonard. *The Professor's Wife*. London: Chatto & Windus, 1881.

Granger, James. *An Apology for the Brute Creation*. London: T. Davies, 1772.

Green, S. J. D. *Religion in the Age of Decline: Organisation and Experience in Industrial Yorkshire, 1870-1920*. Cambridge: Cambridge University Press, 1996.

Greenwood, George. "The Ethics of Field Sports." *Westminster Review* 138 (1892): 169-173.

Greenwood, Thomas. "The Existing and Predicted State of the Inferior Creatures, A

Sermon." *The Voice of Humanity* 2 (1831): 148–158.

———. "On National Cruelty." *The Voice of Humanity* 1 (1830): 141–147.

Gregory, James. *Of Victorians and Vegetarians: The Vegetarian Movement in Nineteenth-Century Britain*. London: Tauris Academic Studies, 2007.

Griffin, Emma. *Blood Sport: Hunting in Britain Since 1066*. New Haven: Yale University Press, 2007.

———. "Bull-Baiting in Industrialising Townships, 1800–1850." In *Unrespectable Recreations*, edited by Martin Hewitt, 19–30. Leeds: Leeds Centre for Victorian Studies, 2001.

———. *England's Revelry: A History of Popular Sports and Pastimes, 1660–1830*. Oxford: Oxford University Press, 2005.

Gross, John. *The Rise and Fall of the Man of Letters*. London: Weidenfeld & Nicolson, 1969.

Guy, Josephine M. "Specialization and Social Utility: Disciplining English Studies." In *The Organization of Knowledge in Victorian Britain*, edited by Martin Daunton, 199–234. Oxford: Oxford University Press, 2005.

Guy, Josephine M., and Ian Small. "The British 'Man of Letters' and the Rise of the Professional." In *The Cambridge History of Literary Criticism. Volume 7: Modernism and the New Criticism*, edited by A. Walton Litz, Louis Menand, and Lawrence Rainey, 377–388. Cambridge: Cambridge University Press, 2000.

Hadwen, Walter R. "The Outlook of the New Year." *The Abolitionist*, January 1918, 2–3.

Halttunen, Karen. "Humanitarianism and the Pornography of Pain in Anglo-American Culture." *American Historical Review* 100, no. 2 (1995): 303–334.

Hamilton, Susan. "Introduction." In *Anima Welfare & Anti-Vivisection 1870–1910, Vol. 1*, edited by Susan Hamilton, xiv–xlvii. London: Routledge, 2004.

Hammer, Olav. *Claiming Knowledge: Strategies of Epistemology from Theosophy to the New Age*. Leiden: Brill, 2004.

Haraway, Donna. *Simians, Cyborgs, and Women: The Reinvention of Nature*. London: Routledge, 1991.

Hardie, Keir. *From Serfdom to Socialism*. London: George Allen, 1907.

Hardy, Anne. "Pioneers in the Victorian Provinces: Veterinarians, Public Health and the Urban Animal Economy." *Urban History* 29, no. 3 (2002): 372–387.

Harrison, Brian. *Peaceable Kingdom: Stability and Change in Modern Britain*. Oxford: Oxford University Press, 1982.

Harrison, Frederic. "The Duties of Man to the Lower Animals." *Humane Review* 5 (1904):

1-10.

Harrison, J. F. C. *Late Victorian Britain 1875–1901.* London: Fontana, 1990.

Hart, Samuel Hopgood, ed. *Anna Kingsford: Her Life, Letters, Diary and Work. By Her Collaborator Edward Maitland, Vol. I,* 3rd ed. London: J.M. Watkins, 1913.

Harwood, Dix. "The Love for Animals and How It Developed in Great Britain." PhD thesis, Columbia University, New York, 1928.

Hawkes, W. R. *Creation's Friend; Lines Addressed to, and Published with the Approbation of the Society for the Prevention of Cruelty to Animals.* London: J. M. Mullinger, 1824.

Haynes, Alan. "Murderous Millinery." *History Today* 33, no. 7 (1983): 26–30.

Heath, C. "Blake as Humanitarian." *Humane Review* 6 (1906): 73–83.

Helmstadter, Richard J. and Bernard Lightman. *Victorian Faith in Crisis: Essays on Continuity and Change in Nineteenth-Century Religious Belief.* London: Macmillan, 1990.

Helps, Arthur. *Animals and Their Masters.* London: Chatto & Windus, 1883.

———. *Some Talk About Animals and Their Masters.* London: Strahan, 1873.

Hendrick, George. *Henry Salt: Humanitarian Reformer and Man of Letters.* Urbana: University of Illinois Press, 1977.

Hering, Maurice G. "Relations of Man to the Lower Animals in Wordsworth." *Westminster Review,* April 1905, 422–430.

Heyck, T. W. *The Transformation of Intellectual Life in Victorian England.* London: Croom Helm, 1982.

Heymans, Peter. *Animality in British Romanticism: The Aesthetics of Species.* London: Routledge, 2012.

Hilgartner, Stephen. "The Dominant View of Popularization: Conceptual Problems, Political Uses." *Social Studies of Science* 20, no. 3 (1990): 519–539.

Hill, J. Woodroffe. *The Relative Positions of the Higher and Lower Creation; A Plea for Dumb Animals.* London: Bailliére, Tindall and Cox, 1881.

Hilton, Boyd. *The Age of Atonement: The Influence of Evangelicalism on Social and Economic Thought, 1785–1865.* Oxford: Clarendon Press, 1988.

Himmelfarb, Gertrude. *Darwin and the Darwinian Revolution.* New York: W. W. Norton, 1959.

Hobson, J. A. *Imperialism.* London: James Nisbet, 1902.

———. *The Psychology of Jingoism.* London: G. Richards, 1901.

Hodge, Jonathan. "Against 'Revolution' and 'Evolution.'" *Journal of the History of Biology* 38, no. 1 (2005): 101–121.

Holloway, John. *The Victorian Sage: Studies in Argument.* London: Macmillan, 1953.

Holyoake, G. J. "Characteristics of the Drama." In *Isola, or, the Disinherited: A Revolt for Woman and All the Disinherited,* by Florence Caroline Dixie. London: Leadenhall, 1903.

Houghton, Walter E. *The Victorian Frame of Mind, 1830–1870.* New Haven: Yale University Press, 1957.

Houston, Natalie M. "Newspaper Poems: Material Texts in the Public Sphere." *Victorian Studies* 50, no. 2 (2008): 233–242.

Howell, Philip. *At Home and Astray: The Domestic Dog in Victorian Britain.* Charlottesville: University of Virginia Press, 2015.

Hudson, D. *Martin Tupper: His Rise and Fall.* London: Constable, 1949.

Hunt, Alan. *Governing Morals: A Social History of Moral Regulation.* Cambridge: Cambridge University Press, 2004.

Hunt, John. *The Relation Between Man and the Brute Creation: A Sermon.* London: Whittaker and Co., 1865.

Hutton, R. H. "The Darwinian Jeremiad." In *R. H. Hutton: Critic and Theologian,* edited by Malcolm Woodfield, 146–150. Oxford: Clarendon, 1986.

Huxley, Thomas. "The Origin of Species [1860]." In *Collected Essays: Volume 2, Darwiniana,* edited by Thomas Huxley, 22–79. London: Macmillan, 1893.

Hyndman, H. M. "Correspondence: Mr. Hyndman on Vegetarianism, Anti-toxin and Vivisection." *Humanitarian,* December 1911, 191–192.

Inge, W. R. *Lay Thoughts of a Dean.* London: Putnam, 1926.

———. *More Lay Thoughts of a Dean.* London: Putnam, 1931.

Innes, Joanna. "Happiness Contested: Happiness and Politics in the Eighteen and Early Nineteenth Centuries." In *Suffering and Happiness in England 1550–1850,* edited by Michael J. Braddick and Joanna Innes, 87–108. Oxford: Oxford University Press, 2017.

———. "Politics and Morals: the Reformation of Manners Movement in Later Eighteenth-Century England." In *Inferior Politics: Social Problems and Social Policies in Eighteenth-Century Britain,* 179–226. Oxford: Oxford University Press, 1990.

"Introduction to the Humanitarian League," In *The Humane Yearbook and Directory of Animal Protection Societies,* 62–63. London: T. Clemo, 1902.

Japp, A. H. *Darwin Considered Mainly as Ethical Thinker, Human Reformer and Pessimist.* London: J. Bale, Sons & Danielsson, 1901.

———. "Darwinism and Humanitarianism: To the Editor of *The Humane Review.*" *Humane Review* 2 (1901): 377–384.

———. "Robert Burns as Humanitarian Poet." *Humane Review* 6 (1906): 222–229.

Jardine, N., J. A. Secord, and E. C. Spary, eds. *Cultures of Natural History*. Cambridge: Cambridge University Press, 2000.

Jenkyns, R. *The Victorians and Ancient Greece*. Oxford: Blackwell, 1980.

Johns, C. A. *Hints for the Formation of a Fresh-Water Aquarium*. London: SPCK, 1858.

Johns, C. R. "The Evolution of Animals' 'Rights'." *Animals' Friend*, November 1913, 27.

Johnston, Hank, and Bert Klandermans, eds. *Social Movements and Culture*. London: UCL Press, 1995.

Jones, Aled. *Powers of the Press: Newspapers, Power and the Public in Nineteenth- Century England*. Aldershot: Scholar Press, 1996.

Jones, Anna Maria. "Victorian Literary Theory." In *The Companion to Victorian Culture*, edited by Francis O'Gorman, 236−254. Cambridge: Cambridge University Press, 2010.

Jones, Greta. *Social Darwinism and English Thought*. Brighton: Harvester, 1980.

Joynes, J. L. *The Adventures of a Tourist in Ireland*. London: Kegan Paul, Trench, 1882.

Jump, J. D., ed. *Tennyson: The Critical Heritage*. London: Routledge & K. Paul, 1967.

Jupp, W. J. *The Religion of Nature and of Human Experience*. London: Philip Green, 1906.

———. *Wayfarings*. London: Headley Brothers, 1918.

Kathleen, Kete. *The Beast in the Boudoir: Pet-Keeping in Nineteenth-Century Paris*. Berkeley: University of California Press, 1994.

Kean, Hilda. *Animal Rights: Political and Social Change in Britain Since 1800*. London: Reaktion Books, 1998.

———. "The 'Smooth Cool Men of Science': The Feminist and Socialist Response to Vivisection." *History Workshop Journal* 40 (1995): 16−38.

Kean, Hilda, and Philip Howell, eds. *The Routledge Companion to Animal− Human History*. London: Routledge, 2018.

Kendall, Agustus Edward. *Keeper's Travels in Search of His Master*. London: E. Newbery, 1798.

Kenealy, A. *The Failure of Vivisection and the Future of Medical Research*. London: George Bell & Sons, 1909.

Kennedy, J. S. *The New Anthropomorphism*. Cambridge: Cambridge University Press, 1992.

Kenworthy, John. "The Humanitarian View." In *The New Charter: A Discussion of the Rights of Men and the Rights of Animals*, edited by H. S. Salt, 3−24. London: G. Bell & Sons, 1896.

Kenyon-Jones, Christine. *Kindred Brutes: Animals in Romantic-Period Writing*. Aldershot: Ashgate, 2001.

Kidd, Benjamin. *Social Evolution*. London: Macmillan, 1894.

Kijinski, John L. "John Morley's 'English Men of Letters' Series and the Politics of Reading." *Victorian Studies* 34, no. 2 (1991): 205-225.

Kindermann, Henny. *Lola: Or the Thought and Speech Animals*. London: Methuen, 1922.

Kingland, W. *The Mission of Theosophy*. London: Theosophical Publishing Society, 1892.

Kingsford, E. B. "Dr. Anna Kingsford: Reminiscences of My Mother." *Anti- Vivisection and Humanitarian Review*, October-December 1929, 170-178.

Knights, Ben. *The Idea of the Clerisy in the Nineteenth Century*. Cambridge: Cambridge University Press, 1978.

Knoll, Elizabeth. "Dogs, Darwinism, and English Sensibilities." In *Anthropomorphism, Anecdotes, and Animals*, edited by Robert W. Mitchell, Nicholas S. Thompson, and H. Lyn Miles, 12-21. New York: State University of New York, 1997.

Kropotkin, Peter. "Appendix: Natural Selection and Mutual Aid." In *Humane Science Lectures*, edited by Various Authors, 182-186. London: G. Bell & Sons, 1897.

Landow, G. P. *The Aesthetic and Critical Theories of John Ruskin*. Princeton: Princeton University Press, 1971.

Lansbury, Carol. *The Old Brown Dog: Women, Workers, and Vivisection in Edwardian England*. Madison: University of Wisconsin Press, 1985.

Lawrence, John. "On the Rights of Beasts." In *The Rights of an Animal: A New Essay in Ethics*, by E. B. Nicholson, 78-124. London: C. Kegan Paul, 1879.

Lawrence, Jon. *Electing Our Masters: The Hustings in British Politics from Hogarth to Blair*. Oxford: Oxford University Press, 2009.

———. "Popular Radicalism and the Socialist Revival in Britain." *Journal of British Studies* 31, no. 2 (1992): 163-186.

le Bosquet, C. H. "Down with the Faddist!" *The British Socialist*, August 1913, 349-353.

Leaflets No. 5. On Cruelty to Horses. London: SPCA, 1837.

Lee, Elizabeth. *Ouida: A Memoir*. London: T. Fisher Unwin, 1914.

Lee, Vernon. "Vivisection: An Evolutionist to Evolutionist." *Contemporary Review* 41 (1882): 803-811.

Leneman, Leah. "The Awakened Instinct: Vegetarianism and the Women's Suffrage Movement in Britain." *Women's History Review* 6, no. 2 (1997): 271-287.

Levi, Peter. *Tennyson*. London: Macmillan, 1993.

Levine, George, ed. *One Culture: Essays in Science and Literature*. Madison, WI: University of Wisconsin Press, 1987.

Levy, J. H. "Vivisection and Moral Evolution." In *Politics and Disease*, edited by A. Goff and J. H. Levy, 37-52. London: P. S. King & Son, 1906.

Li, Chien-hui. "A Tale of Multi-Species Encounterings in Mid-Victorian London: Controversies Surrounding the Smithfield Livestock Market." *Chinese Studies in History* 54, no. 2 (Jun. 2021): 106–129.

Lightman, Bernard. *Evolutionary Naturalism in Victorian Britain: The "Darwinians" and Their Critics.* Farnham: Ashgate, 2009.

———. "The Popularization of Evolution and Victorian Culture." In *Evolution and Victorian Culture*, edited by Bernard Lightman and Bennett Zon, 286–311. Cambridge: Cambridge University Press, 2014.

———. "Science and Culture." In *The Cambridge Companion to Victorian Culture*, edited by Francis O' Gorman, 12–60. Cambridge: Cambridge University Press, 2010.

———. *Victorian Popularizers of Science: Designing Nature for New Audiences.* Chicago: Chicago University Press, 2007.

———. "Victorian Sciences and Religion: Discordant Harmonies." *Osiris* 16 (2001): 343–366.

———, ed. *Victorian Science in Context.* Chicago: Chicago University Press, 1997.

———. "'The Voices of Nature': Popularizing Victorian Science." In *Victorian Science in Context*, edited by Bernard Lightman, 187–211. Chicago: University of Chicago Press, 1997.

Lightman, Bernard and Michael S. Reidy, eds. *The Age of Scientific Naturalism: Tyndall and His Contemporaries.* London: Pickering & Chatto, 2014.

Lightman, Bernard and Bennett Zone, eds. *Evolution and Victorian Culture.* Cambridge: Cambridge University Press, 2014.

Lind-af-Hageby, L, ed. *The Animals' Cause: A Selection of Papers Contributed to the International Anti-Vivisection and Animal Protection Congress.* London: ADAVS, 1909.

———. "Fellow-Creatures: Reflections on Mind in Animals and Man." *Progress To-day— The Anti-Vivisection and Humanitarian Review*, January–March 1933, 3–5.

———. *Mountain Meditations and Some Subjects of the Day and the War.* London: George Allen & Unwin, 1917.

———. "The Path of Progress." *Animals' Friend*, March 1908, 81–82.

———, ed. "The Scandinavian Anti-Vivisection Society." *Humanity*, February 1902, 1.

———. "The Science and Faith of Universal Kinship." *Vegetarian Messenger*, May 1914, 155–162.

———, ed. "To My Friends in the Anti-Vivisection Cause." *Anti-Vivisection Review*, April–June 1914, 61.

Lind-af-Hageby, L., and Leisa K. Schartau, *The Shambles of Science: Extracts from the*

Diary of Two Students of Physiology. London: G. Bell & Sons, 1903.

———. *The Shambles of Science: Extracts from the Diary of Two Students of Physiology.* London: Animal Defence and Anti-Vivisection Society, 1913 [1903], 5th edition.

Lindsay, W. L. *Mind in the Lower Animals in Health and Disease, Vol. 1.* London: C. Kegan Paul, 1879.

Linzey, Andrew. *Animal Rights: A Christian Assessment of Man's Treatment of Animals.* London: SCM Press, 1976.

———. *Animal Theology.* London: SCM Press, 1994.

———. *Christianity and the Rights of Animals.* London: SPCK, 1987.

Linzey, Andrew and Dan Cohn-Sherbok. *After Noah: Animals and the Liberation of Theology.* London: Mowbray, 1997.

Linzey, Andrew and Dorothy Yamamoto, eds. *Animals on the Agenda: Questions About Animals for Theology and Ethics.* London: SCM Press, 1998.

Litzinger, Boyd. *Time's Revenges: Browning's Reputation as a Thinker 1889–1962.* Knoxville: University of Tennessee Press, 1964.

Litzinger, Boyd, and Donald Smalley, eds. *Browning: The Critical Heritage.* London: Routledge & K. Paul, 1970.

Livingstone, D. N., D. G. Hart and M. A. Noll, eds. *Evangelicals and Science in Historical Perspective.* Oxford: Oxford University Press, 1999.

Lloyd, Bertram, ed. *The Great Kinship.* London: G. Allen & Unwin, 1921. London, Jack. *Jerry of the Islands.* New York: Macmillan, 1917.

———. *Michael, Brother of Jerry.* London: John Griffith, 1917.

Lockwood, J. *Instinct; or Reason? Being Tales and Anecdotes of Animal Biography*, 2nd. ed. London: Reeves and Turner, 1877.

London, Jack. "Foreword." In *What Do You Know About a Horse?* edited by F. A. Cox, xi–xvi. London: G. Bell & Sons, 1916.

———. "Instinct and Reason." *Animals Friend*, July 1909, 158–159.

Lumsden, L. I. *An Address Given at the Fourth Annual Meeting of the Scottish Branch of the National Anti-Vivisection Society.* London: NAVS, n.d.

Lutts, Ralph H. *The Nature Fakers: Wildlife, Science and Sentiment.* Charlottesville: University Press of Virginia, 2001.

M. L. L. *An Introduction to Comparative Psychology.* London: Walter Scott, 1894.

———, "Linda Gardiner." *Bird Notes and News* 19 (1941): 91–93. Morgan. C. L. *Animal Life and Intelligence.* London: Edward Arnold, 1891.

Macaulay, James. *Essay on Cruelty to Animals.* Edinburgh: John Johnstone, 1839.

MacKenzie, John M. "Chivalry, Social Darwinism and Ritualized Killing: The Hunting Ethos in Central Africa up to 1914." In *Conservation in Africa: People, Policies and Practice*, edited by David Anderson and Richard Grove, 41−61. Cambridge: Cambridge University Press, 1987.

——. *The Empire of Nature*. Manchester: Manchester University Press, 1988.

Macrobius. "Concerning Vivisection." *National Reformer*, May 22, 1892, 323−324.

Maehle, A. H. "Literary Responses to Animal Experimentation in Seventeenth- and Eighteenth-century Britain." *Medical History* 34, no. 1 (1990): 27−51.

Malcolm, Robert W. *Popular Recreations in English Society 1700−1850*. Cambridge: Cambridge University Press, 1973.

Man's Relation to the Lower Animals, Viewed from the Christian Standpoint: A Lecture. London: CAVL, n.d.

"Manifesto of the Humanitarian League." In *Humanitarianism: Its General Principles and Progress*, by Henry Salt, back cover. London: William Reeves, 1891.

"Manifesto of the Humanitarian League." In *The Literae Humaniores: An Appeal to Teachers*, by H. S. Salt, back page. London: William Reeves, 1894.

Marsh, J. L. *Word Crimes: Blasphemy, Culture and Literature in Nineteenth-Century England*. Chicago: University of Chicago Press, 1998.

Marsh, Jan. *Christina Rossetti: A Literary Biography*. London: Pimlico, 1994.

Mason, Haydn, ed. *The Darnton Debate: Books and Revolution in the Eighteenth Century*. Oxford: Voltaire Foundation, 1998.

Mason, Peter. *The Brown Dog Affair*. London: Two Sevens, 1997.

Matsuoka, Atsuko and John Sorenson, eds. *Critical Animal Studies: Towards Trans-species Social Justice*. London: Rowman & Littlefield, 2018.

May, Allyson N. *The Fox-Hunting Controversy, 1781−2004*. Farnham, Surrey: Ashgate, 2013.

Mayer, Jed, ed. "'Come Buy, Come Buy!': Christina Rossetti and the Victorian Animal Market." In *Animals in Victorian Literature and Culture: Contexts for Criticism*, edited by Laurence W. Mazzeno and Ronald D. Morrison, 213−231. Basingstoke: Palgrave Macmillan, 2017.

Mayhall, Laura E. Nym. *The Militant Suffrage Movement: Citizenship and Resistance in Britain, 1860−1930*. Oxford: Oxford University Press, 2003.

Mays, Kelly J. "The Disease of Reading and Victorian Periodicals." In *Literature in the Marketplace: Nineteenth-Century British Publishing and Reading Practices*, edited by John O. Jordan and Robert L. Patten, 165−194. Cambridge: Cambridge University

Press, 1995.

Mazzeno, Laurence W., and Ronald D. Morrison, eds. *Animals in Victorian Literature and Culture: Contexts for Criticism.* Basingstoke: Palgrave Macmillan, 2017.

———. *Victorian Writers and the Environment: Ecocritical Perspectives.* London: Routledge, 2017.

McAdam, D., J. D. McCarthy, and M. N. Zald, eds. *Comparative Perspectives on Social Movements: Political Opportunities, Mobilizing Structures, and Cultural Framings.* Cambridge: Cambridge University Press, 1996.

McDonell, Jennifer. "Henry James, Literary Fame and the Problem of Robert Browning." *Critical Survey* 27, no. 3 (2015): 43−62.

Menely, Tobias. "Acts of Sympathy: Abolitionist Poetry and Transatlantic Identification." In *Affect and Abolition in the Anglo-Atlantic, 1770−1830*, edited by Stephen Ahern, 45−70. Farnham, Surrey: Ashgate, 2013.

———. *The Animal Claim: Sensibility and the Creaturely Voice.* Chicago: University of Chicago Press, 2015.

Merrill, L. L. *The Romance of Victorian Natural History.* Oxford: Oxford University Press, 1989.

Miller, Elizabeth Carolyn. *Slow Print: Literary Radicalism and Late Victorian Print Culture.* Stanford: Stanford University Press, 2013.

Miller, Ian. "Necessary Torture? Vivisection, Suffragette Force-Feeding, and Responses to Scientific Medicine in Britain c. 1870−1920." *Journal of the History of Medicine* 64, no. 3 (2009): 333−372.

Milton, Frederick. "Newspaper Rivalry in Newcastle upon Tyne, 1876−1919: 'Dicky Birds' and 'Golden Circles.'" *Northern History* 46, no. 2 (2009): 277−291.

———. "Uncle Toby's Legacy: Children's Columns in the Provincial Newspaper Press, 1873−1914." *International Journal of Regional and Local Studies* 5, no. 1 (2009): 104−120.

Mitchell et al., eds. *Anthropomorphism, Anecdotes, and Animals.* New York: SUNY Press, 1997.

Monro, S. S. "The Inner Life of Animals." *Animals' Friend*, February 1915, 76.

Moore, James R. *Post-Darwinian Controversies: A Study of the Protestant Struggle to Come to Terms with Darwin in Great Britain and America, 1870− 1900.* Cambridge: Cambridge University Press, 1979.

———. "Theodicy and Society: The Crisis of the Intelligentsia." In *Victorian Faith in Crisis: Essays on Continuity and Change in Nineteenth-Century Religious Belief*, edited

为动物而战：19 世纪英国动物保护中的传统挪用

by Richard J. Helmstadter and Bernard Lightman, 153–186. London: Macmillan, 1990.

Moore, John Howard. *Ethics and Education.* London: G. Bell & Sons, 1912.

———. *The New Ethics.* London: George Bell & Sons, 1907.

———. "The Psychical Kinship of Man and the Other Animals." *Humane Review* 1 (1900– 1901): 121–133.

———. *The Universal Kinship.* Fontwell, Sussex: Centaur Press, 1992 [1906].

———. *The Whole World Kin: A Study in Threefold Evolution.* London: George Bell & Sons, 1906.

Moore, Thomas. *The Sin and Folly of Cruelty to Brute Animals: A Sermon.* Birmingham: J. Belcher and Son, 1810.

Morgan, K. O. *Keir Hardie: Radical and Socialist.* London: Weidenfeld and Nicolson, 1975.

Morris, A. D., and C. Mueller, eds. *Frontiers in Social Movement Theory.* New Haven: Yale University Press, 1992.

Morris, F. O. *Anecdotes in Natural History.* London: Longman, Green, 1860.

———. *The Cowardly Cruelty of the Experiments on Animals.* London: n.p., 1890.

———. *A Curse of Cruelty.* London: Elliot Stock, 1886.

———. *The Demands of Darwinism on Credulity.* Partridge, 1890.

———. *Difficulties of Darwinism: Read Before the British Association.* London, 1869.

———. *Double Dilemma in Darwinism.* London: William Poole, 1870.

———, ed. *Humanity Series of School Books, 6 Vols.* London: T. Murby, 1890.

———. "Infidelity and Cruelty." *Home Chronicler,* July 14, 1878, 126.

Morris, M. C. F. *Francis Orpen Morris: A Memoir.* London: John C. Nimmo, 1897.

Morrison, Ronald D. "Dickens, *Household Words*, and the Smithfield Controversy at the Time of the Great Exhibition." In *Animals in Victorian Literature and Culture: Contexts for Criticism*, edited by Laurence W. Mazzeno and Ronald D. Morrison, 41–63. Basingstoke: Palgrave Macmillan, 2017.

———. "Humanity Towards Man, Woman, and the Lower Animals: Thomas Hardy's *Jude the Obscure* and the Victorian Humane Movement." *Nineteenth-Century Studies* 12 (1998): 65–82.

Morse, Deborah Denenholz, and Martin A. Danahay, eds. *Victorian Animal Dreams: Representations of Animals in Victorian Literature and Culture.* Aldershot: Ashgate, 2007.

Moscucci, Ornella. *The Science of Woman: Gynecology and Gender in England, 1800–1929.* Cambridge: Cambridge University Press, 1990.

Moss, Arthur W. *Valiant Crusade: The History of the RSPCA.* London: Cassell, 1961.

Mullan, John. *Sentiment and Sociability: The Language of Feeling in the Eighteenth Century.* Oxford: Clarendon, 1988.

Nash, David. *Secularism, Art and Freedom.* Leicester: Leicester University Press, 1992.

Nocella II, Anthony J, et al., eds. *Defining Critical Animal Studies: An Intersectional Social Justice Approach for Liberation.* New York: Peter Lang, 2014.

Numbers, R. L., and J. Stenhouse, eds. *Disseminating Darwinism: The Role of Place, Race, Religion, and Gender.* Cambridge: Cambridge University Press, 1999.

Nupke, N. A., ed. *Vivisection in Historical Perspective.* London: Routledge, 1987.

Nyhart, Lynn K. "Natural History and the 'New' Biology." In *Cultures of Natural History,* edited by Nick Jardine et al., 426–443. Cambridge: Cambridge University Press, 2000.

O. D. O. "Sidney Smith on the Vice Society." *National Reformer,* March 24, 1878, 1114–1115.

O'Gorman, Francis. "Ruskin's Science of the 1870s: Science, Education, and the Nation." In *Ruskin and the Dawn of the Modern,* edited by Dinah Birch, 35–56. Oxford: Oxford University Press, 2004.

On Cruelty to Animals. London: Tract Association of the Society of Friends, 1856.

Otis, Laura. "Howled Out of the Country: Wilkie Collins and H. G. Wells Retried David Ferrier." In *Neurology and Literature, 1860–1920,* edited by Anne Stiles, 27–51. Basingstoke: Palgrave Macmillan, 2007.

Otter, Chris. "Civilizing Slaughter: The Development of the British Public Abattoir, 1850–1910." In *Meat, Modernity, and the Rise of the Slaughterhouse,* edited by Paula Young Lee, 89–126. Durham: University of New Hampshire Press, 2008.

Ouida. *Bimbi.* London: Chatto & Windus, 1882.

———. *Critical Studies.* London: T. F. Unwin, 1900.

———. "The Culture of Cowardice." *The Humane Review* 1 (1900): 110–119.

———. *A Dog of Flanders.* London: Chapman & Hall, 1872.

———. *The New Priesthood.* London: E. W. Allen, 1893.

———. "Our Cause in the Pulpit," *Zoophilist,* June 1891, 27.

———*Puck: His Vicissitudes, Adventures, Observations, Conclusions, Friendships, and Philosophies, Related by Himself, and Edited by Ouida.* London: Chapman & Hall, 1870.

———*Views and Opinions.* London: Methuen, 1895.

Owen, Alex. *The Place of Enchantment: British Occultism and the Culture of the Modern.* Chicago: University of Chicago Press, 2004.

Oxenham, H. N. *Moral and Religious Estimate of Vivisection.* London: John Hodges, 1878.

Page, H. A. *Animal Anecdotes Arranged on a New Principle.* London: Chatto and Windus,

1887.

Paley, William. *Natural Theology*. London: R. Faulder, 1802.

Pallares-Burke, M. L. *The New History: Confessions and Conversations*. London: Polity, 2002.

Paradis, James, and Thomas Postlewait, eds. *Victorian Science and Victorian Values: Literary Perspectives*. New York: New York Academy of Sciences, 1981.

Parry, Jonathan. *Democracy and Religion: Gladstone and the Liberal Party, 1867–1875*. Cambridge: Cambridge University Press, 1986.

Paul, Diane B. "Darwin, Social Darwinism and Eugenics." In *The Cambridge Companion to Darwin*, edited by Jonathan Hodge and Gregory Radick, 214–240. Cambridge: Cambridge University Press, 2003.

Payne, A. "Work in Our Sunday Schools." *Labour Prophet*, December 1894, 175.

Perkins, David. *A History of Modern Poetry: From the 1890s to the High Modernist Mode*. Cambridge, MA: Belknap Press, 1976.

———. *Romanticism and Animal Rights*. Cambridge: Cambridge University Press, 2003.

Pierson, Stanley. *Marxism and the Origins of British Socialism*. Ithaca: Cornell University Press, 1973.

Pollock, Mary Sanders. "Ouida's Rhetoric of Empathy: A Case Study in Victorian Anti-Vivisection Narrative." In *Figuring Animals: Essays on Animal Images in Art, Literature, Philosophy, and Popular Culture*, edited by Mary Sanders Pollock and Catherine Rainwater, 135–159. London: Palgrave Macmillan, 2005.

Porta, Donatella Della, and Mario Diani, *Social Movements: An Introduction*. Oxford: Blackwell, 1999.

Porter, Roy, ed. *The Cambridge History of Medicine*. Cambridge: Cambridge University Press, 2006.

Preece, Rod. *Animal Sensibility and Inclusive Justice in the Age of Bernard Shaw*. Vancouver: University of British Columbia Press, 2011.

———. *Animals and Nature: Culture Myths, Culture Realities*. Vancouver: University of British Columbia Press, 1999.

———. *Awe for the Tiger, Love for the Lamb: A Chronicle of Sensibility to Animals*. Toronto: UBC Press, 2002.

———. *Brute Souls, Happy Beasts, and Evolution: The Historical Status of Animals*. Vancouver: University of British Columbia Press, 2005.

———. "Darwinism, Christianity, and the Great Vivisection Debate." *Journal of the History of Ideas* 64, no. 3 (2003): 399–419.

———. "The Role of Evolutionary Thought in Animal Ethics." In *Critical Animal Studies: Thinking the Unthinkable*, edited by John Sorenson, 67–78. Toronto: Canadian Scholars' Press, 2014.

———. "Thoughts Out of Season on the History of Animal Ethics." *Society and Animals* 15, no. 4 (2007): 365–378.

Preece, Rod and Chien-hui Li, eds. *William Drummond's The Rights of Animals and Man's Obligation to Treat Them with Humanity (1838)*. Lewiston: Edwin Mellen Press, 2005.

Primatt, Humphrey. *The Duty of Mercy and the Sin of Cruelty to Brute Animals*. Fontwell, Sussex: Centaur, 1992 [1776].

Prochaska, F. K. *Women and Philanthropy in Nineteenth-Century England*. Oxford: Clarendon, 1980.

Qureshi, Sadiah. *Peoples on Parade: Exhibitions, Empire, and Anthropology in Nineteenth Century Britain*. Chicago: University of Chicago Press, 2011.

Rachels, J. *Created from Animals: The Moral Implications of Darwinism*. Oxford: Oxford University Press, 1990.

Radford, Mike. *Animal Welfare Law in Britain*. Oxford: Oxford University Press, 2001.

Reclus, E. (trans. E. Carpenter) "The Great Kinship." *Humane Review*, January 1906, 206–214.

Rectenwald, Michael. *Nineteenth-Century British Secularism*. Basingstoke: Palgrave Macmillan, 2016.

Remarks of the Proceedings of the Voice of Humanity and the Association for Promoting Rational Humanity to the Animal Creation. London: AFS, n.d.

Report of an Extra Meeting of the Society for the Prevention of Cruelty to Animals. London: SPCA, 1832.

A Report of the Proceedings at the Annual Meeting of the Association for Promoting Rational Humanity Towards the Animal Creation. London: APRHAC, 1832.

Report of the Society for Preventing Wanton Cruelty to Brute Animals. Liverpool: Egerton Smith & Co., 1809.

Richards, Robert J. *Darwin and the Emergence of Evolutionary Theories of Mind and Behavior*. Chicago: University of Chicago Press, 1987.

———. *The Romantic Conception of Life: Science and Philosophy in the Age of Goethe*. Chicago: University of Chicago Press, 2002.

Rieger, Christy. "*St. Bernard's*: Terrors of the Light in the Gothic Hospital." In *Gothic Landscapes: Changing Eras, Changing Cultures, Changing Anxieties*, edited by Sharon Rose Yang and Kathleen Healey, 225–238. Basingstoke: Palgrave Macmillan, 2016.

Ritvo, Harriet. *The Animal Estate: The English and Other Creatures in the Victorian Age.* Cambridge, MA: Harvard University Press, 1987.

——. "Animal Pleasures: Popular Zoology in Eighteenth- and Nineteenth- Century England." *Harvard Library Bulletin* 33, no. 3 (1985): 239–279.

——. "Animals in Nineteenth-Century Britain: Complicated Attitudes and Competing Categories." In *Animals and Human Society: Changing Perspectives,* edited by Aubrey Manning and James Serpell, 106–126. London: Routledge, 1994.

——. "Learning from Animals: Natural History for Children in the Eighteenth and Nineteenth Centuries." *Children's Literature* 13 (1985): 72–93.

——. "Zoological Nomenclature and the Empire of Victorian Science." In *Victorian Science in Context,* edited by Bernard Lightman, 334–353. Chicago: University of Chicago Press, 1997.

Roberts, M. J. D. *Making English Moral: Voluntary Association and Moral Reform in England, 1787–1886.* Cambridge: Cambridge University Press, 2004.

Robertson, J. M. "The Ethics of Vivisection." *Our Corner,* August 1885, 84–94.

——. "Militarism and Humanity." *Humane Review* 1 (1900–1901): 39–48.

——. "Notes and Comments." *Freethinker,* October 16, 1892, 250.

——. "The Philosophy of Vivisection." *Humane Review* 4 (1903): 230–244.

——. "The Rights of Animal." *National Reformer,* December 11, 1892, 369–371.

Robson, Catherine. "The Presence of Poetry: Response." *Victorian Studies* 50, no. 2 (2008): 254–262.

Rollin, B. E. *The Unheeded Cry: Animal Consciousness, Animal Pain and Science.* Oxford: Oxford University Press, 1989.

Romanes, Ethel Duncan. *Life and Letters of George John Romanes.* London: Longmans, Green, 1896.

Romanes, John George. *Mental Evolution in Animals.* London: Kegan Paul & Co., 1883.

Ross, F. S. "From a Sermon Preached on 'Animal Sunday'." *Animals' Friend,* August 1917, 164–166.

——. "Justice to Animals." *Animals' Friend,* August 1919, 170–171.

Roth, Christine. "The Zoocentric Ecology of Hardy's Poetic Consciousness." In *Victorian Writers and the Environment,* edited by Laurence W. Mazzeno and Ronald D. Morrison, 79–96. London: Routledge, 2017.

Rowell, Geoffrey. *Hell and the Victorians: A Study of the Nineteenth-Century Theological Controversies Concerning Eternal Punishment and the Future Life.* Oxford: Clarendon Press, 1974.

Royle, Edward. *Radicals, Secularists and Republicans: Popular Freethought in Britain, 1866–1915.* Manchester: Manchester University Press, 1980.

Rupke, N. A. ed. *Vivisection in Historical Perspective.* London: Routledge, 1987.

Ruse, Michael. *The Darwinian Revolution: Nature Red in Tooth and Claw.* Chicago: University of Chicago Press, 1979.

———. *Monad to Man: The Concept of Progress in Evolutionary Biology.* Cambridge, MA: Harvard University Press, 1996.

Ruskin, John. *Love's Meinie.* Keston: G. Allen, 1873.

Russell, Arthur. *Papers Read at the Meetings of the Metaphysical Society.* Privately printed, 1896.

Russet, Cynthia E. *Sexual Science: The Victorian Construction of Womanhood.* Cambridge, MA: Harvard University Press, 1989.

Ryder, Richard D. *Animal Revolution: Changing Attitudes Towards Speciesism.* Oxford: Basil Blackwell, 1989.

Rylance, Rick. *Victorian Psychology and British Culture 1850–1880.* Oxford: Oxford University Press, 2002.

S. "Sentiment." *The Humanitarian*, October 1905, 172–173.

Salt, H. S. "Among the Authors: Criticism a Science." *Vegetarian Review*, December 1897, 569–572.

———. "Among the Authors: Edith Carrington's Writings." *Vegetarian Review*, November 1896, 502–505.

———. "Among the Authors: The Poet of Pessimism." *Vegetarian Review*, August 1896, 360–362.

———. *Animals' Rights Considered in Relation to Social Progress*, rev. ed. London: G. Bell & Sons, 1915.

———. *Animals' Rights.* Clarks Summits, PA: Society for Animal Rights, 1980 [1892].

———. "Anti-Vivisectionists and the *Odium Theologicum*." *Humane Review* 4 (1904): 343–349.

———. *Company I Have Kept.* London: George Allen & Unwin, 1930.

———. "Concerning Faddists." *Anti-Vivisection and Humanitarian Review*, November–December 1927, 239–240.

———. Consolations of a Faddist. Verses Reprinted from "The Humanitarian." London: A.C. Fifield, 1906.

———. "Correspondence. Animals in Captivity." *Animals' Defender and Zoophilist*, March 1918, 121.

————. *The Creed of Kinship.* London: Constable, 1935.

————. "Cruel Sports." *Westminster Review* 140 (1893): 545–553.

————. "Edward Carpenter's Writings." *Humane Review* 4 (1903): 160–171.

————. *The Eton Hare-Hunt.* London: Humanitarian League, n.d.

————. "Howard Moore." *Humanitarian*, September 1916, 177–179.

————. "Humanitarianism." In *Encyclopedia of Religion and Ethics. Vol. VI*, edited by James Hastings, 836–840. Edinburgh: T & T Clark, 1913.

————. *Humanitarianism.* London: William Reeves, 1893.

————. "Humanitarianism." *Westminster Review* 132 (July 1889): 74–91.

————. "Humanity and Art." *Humanity*, September 1896, 145–146.

————, ed. *Killing for Sport.* London: G. Bell and Sons, 1915.

————. *Kith and Kin: Poems of Animal Life.* London: George Bell & Sons, 1901.

————. *The Literae Humaniores: An Appeal to Teachers.* London: William Reeves, 1894.

————. *The Logic of Vegetarianism.* London: George Bell & Sons, 1899.

————. "Mr. Chesterton's Mountain." *Humane Review* 7 (1906): 84–89.

————. "Notes. Sport and war." *Humane Review* 2 (1901): 82–85.

————. *The Nursery of Toryism: Reminiscences of Eton Under Hornby.* London: A. C. Fifield, 1911.

————. *Percy Bysshe Shelley: A Monograph.* London: Swan Sonnenschein, 1892.

————. *Percy Bysshe Shelley: Poet and Pioneer: A Biographical Study.* London: W. Reeves, 1896.

————. "The Poet Laureate as Philosopher and Peer." *To-day*, February 1884, 135–147.

————. "Prefatory Note." In *Cruelties of Civilization, Vol. II*, edited by H. S. Salt, v–vii. London: William Reeves, 1895.

————. "A Professor of Logic on the Rights of Animals." *Humanity*, July 1895, 36–38.

————. "The Rights of Animals." *International Journal of Ethics* 10 (1900): 206–222.

————. *Selected Prose Works of Shelley.* London: Watts, 1915.

————. *Seventy Years Among Savages.* London: George Allen & Unwin, 1921.

————. *Shelley as a Pioneer of Humanitarianism.* London: Humanitarian League, 1902.

————. *A Shelley Primer.* New York: Kennikat Press, 1887.

————. "Song of the Respectables." *Commonweal*, May 31, 1890, 175.

————. *The Song of the Respectables.* Manchester: Labour Press Society, 1896.

————. "Sport as a Training for War." In *Killing for Sport*, edited by H. S. Salt, 149–155. London: G. Bell and Sons, 1915.

————. *The Story of My Cousins: Brief Animal Biographies.* London: Watts, 1923.

————. *Tennyson as a Thinker*. London: A. C. Fifield, 1909.

Samstag, T. *For Love of Birds: The Story of the Royal Society for the Protection of Birds, 1889–1988*. Sandy: RSPB, 1988.

Scholtmeijer, Marian. *Animal Victims in Modern Fiction: From Sanctity to Sacrifice*. Toronto: University of Toronto Press, 1993.

Secord, James A. "The Crisis of Nature." In *Cultures of Natural History*, edited by Nick Jardine et al., 447–459. Cambridge: Cambridge University Press, 2000.

————. "Introduction." In *Vestiges of the Natural History of Creation and Other Evolutionary Writings*, edited by James Secord, ix–xlv. Chicago: University of Chicago Press, 1994.

————. "Knowledge in Transit." *Isis* 95, no. 4 (2004): 654–672.

————. "Progress in Print," In *Books and the Sciences in History*, edited by Marina Frasca-Spada and Nick Jardine, 369–389. Cambridge: Cambridge University Press, 2000.

————. *Victorian Sensation: The Extraordinary Publication, Reception, and Secret Authorship of Vestiges of the Natural History of Creation*. Chicago: Chicago University Press, 2000.

Sewell, Anna. *Black Beauty*. London: George Bell & Sons, 1931 [1877]. Sheffield, Suzanne. "Introduction," In *Science for Children, Vol. 5*, edited by Aileen Fyfe, v–x. Bristol: Thoemmes, 2003.

Sharp, Samuel. *An Essay in Condemnation of Cruelty to Animals*. London: Messrs. Simpkin, Marshall and Co., 1851.

Shaw, George Bernard. *Back to Methuselah: A Metabiological Pentateuch*. New York: Brentano's, 1929 [1921].

————. "Civilization and the Soldier." *Humane Review* 1 (1900–1901): 298–315.

Shelley, P. B. *A Defence of Poetry*. Indianapolis: Bobbs-Merrill, 1904 [1840]. Small, Ian. *Conditions for Criticism: Authority, Knowledge, and Literature in the Late Nineteenth Century*. Oxford: Clarendon, 1991.

Shevelow, Kathryn. *For the Love of Animals: The Rise of Animal Protection Movement*. New York: Henry Holt, 2008.

Short Stories No. 3. On Cruelty to Animals. London: SPCA, 1837.

Simons, John. *The Tiger That Swallowed the Boy: Exotic Animals in Victorian England*. Faringdon: Libri, 2012.

Singer, Peter. *Animal Liberation*, 2nd ed. London: Pimlico, 1995.

————. *A Darwinian Left: Politics, Evolution and Cooperation*. London: Weidenfeld & Nicolson, 1999.

Skinner, Quentin. *Visions of Politics, Volume I: Regarding Method*. Cambridge: Cambridge

为动物而战：19 世纪英国动物保护中的传统挪用

University Press, 2002.

Skinner, Simon. "Religion." In *Languages of Politics in Nineteenth-Century Britain*, edited by David Craig and James Thompson, 93‒117. Basingstoke: Palgrave Macmillan, 2013.

Smith, Abraham. *A Scriptural and Moral Catechism Designed to Inculcate the Love and Practice of Mercy, and to Expose the Exceeding Sinfulness of Cruelty to the Dumb Creation*. London: SPCA, 1839.

Smith, Egerton. *The Elysium of Animals: A Dream*. London: J. Nisbet, 1836.

Smout, T. C. *Nature Contested: Environmental History in Scotland and Northern England Since 1600*. Edinburgh: Edinburgh University Press, 2000.

SPCA. *Report of an Extra Meeting of the Society for the Protection of Animals*. London: SPCA, 1832.

Spencer, Jane. '"Love and Hatred Are Common to the Whole Sensitive Creation': Animal Feeling in the Century Before Darwin." In *After Darwin: Animals, Emotions, and the Mind*, edited by Angelique Richardson, 24‒50. Amsterdam: Rodipi, 2013.

Spiegel, Gabrielle M., ed. *Practicing History: New Directions in Historical Writing After the Linguistic Turn*. London: Routledge, 2005.

Stack, D. A. "The First Darwinian Left: Radical and Socialist Responses to Darwin, 1859‒1914." *History of Political Thought* 21, no. 4 (2000): 682‒710.

Stang, Richard. *The Theory of the Novel in England: 1850‒1870*. London: Routledge & Kegan Paul, 1959.

Stedman Jones, Gareth. *Languages of Class: Studies in English Working Class History 1832‒1982*. Cambridge: Cambridge University Press, 1983.

Stevenson, L. G. "Religious Elements in the Background of the British Anti- Vivisection Movement." *Yale Journal of Biology and Medicine* 29 (1956): 125‒157.

Stirling, Monica. *The Fine and the Wicked: The Life and Times of Ouida*. London: Victor Gollancz, 1957.

Straley, Jessica. "Love and Vivisection: Wilkie Collins's Experiment in *Heart and Science*." *Nineteenth-Century Literature* 65, no. 3 (2010): 348‒373.

Stratton, J. *The Attitude, Past and Present, of the RSPCA, Towards Such Spurious Sports as Tame Deer Hunting, Pigeon Shooting, and Rabbit Coursing*. Wokingham, privately printed, 1906.

Stuart, Tristram, *The Bloodless Revolution: A Cultural History of Vegetarianism from 1600 to Modern Times*. New York: W. W. Norton, 2007.

Styles, John. *The Animal Creation: Its Claims on Our Humanity Stated and Enforced*. Lewiston, NY: Edwin Mellen Press, 1997 [1839].

Suckling, F. H. *The Humane Educator and Reciter*. London: Simpkin & Marshall, 1891.

——. *The Humane Play Book*. London: G. Bell & Sons, 1900.

——. "Seed Time and Harvest XII. The Great Writers on Humanity." *Animal World*, June 1914, 103–110.

Tague, Ingrid H. *Animal Companions: Pets and Social Change in Eighteenth- Century Britain*. University Park: Pennsylvania State University Press, 2015.

Tait, Lawson. "Dogs." *Animal World*, February 1870, 92; March 1870, 98–99; April 1870, 122–123.

Talairach-Vielmas, Laurence. *Wilkie Collins, Medicine and the Gothic*. Cardiff: University of Wales Press, 2009.

Tanner, P. E. "Vivisection." *Justice*, October 5, 1912, 3.

Tansey, E. M. "Protection Against Dog Distemper and Dogs Protection Bills: The Medical Research Council and Anti-Vivisectionist Protest, 1911–1933." *Medical History* 38, no. 1 (1994): 1–26.

Taylor, Antony. "Shakespeare and Radicalism: The Uses and Abuses of Shakespeare in Nineteenth-Century Popular Politics." *Historical Journal* 45 (2002): 357–379.

——. *Lords of Misrule: Hostility to Aristocracy in Late Nineteenth- and Early Twentieth-Century Britain*. Basingstoke: Palgrave Macmillan, 2004.

Taylor, Nik, and Richard Twine, eds. *The Rise of Critical Animal Studies: From the Margins to the Centre*. New York: Routledge, 2014.

Tester, Keith. *Animals and Society: The Humanity of Animal Rights*. London: Routledge, 1991.

The Humane Yearbook and Directory of Animal Protection Societies. London: T. Clemo, 1902.

The Scientist at the Bedside. London: Victorian Street Society, 1887.

Thomas, Keith. "The Beast in Man." *The New York Review of Books*, April 30, 1981.

——. *Man and the Natural World: Changing Attitudes in England 1500–1800*. London: Penguin, 1984.

Thomas, R. H. *The Politics of Hunting*. Aldershot: Gower, 1983.

Thompson, E. P. "The Politics of Theory." In *People's History and Socialist Theory*, edited by R. Samuel, 396–408. London: Routledge, 1981.

Thompson, Edward. *The Note-Book of a Naturalist*. London: Smith, Elder, 1845.

Thompson, James. "'Pictorial Lies'? Posters and Politics in Britain c. 1880–1914." *Past and Present* 197 (2007): 177–210.

Thomson, J. A. "The Humane Study of Natural History." In *Humane Science Lectures*, 35–

76. London: G. Bell & Sons, 1897.

Tichelar, Michael. *The History of Opposition to Blood Sports in Twentieth Century England: Hunting at Bay.* London: Routledge, 2017.

Tickner, Lisa. *The Spectacle of Women: Imagery of the Suffrage Campaign 1907–14.* Chicago: University of Chicago Press, 1988.

Todd, Janet. *Sensibility: An Introduction.* London: Methuen, 1986.

Tonge, J. "The Minds of Animals." *Humane Review* 6 (1905–1906): 150–164.

Topham, Jonathan R. "Science, Natural Theology, and Evangelicalism in Early Nineteenth-Century Scotland." In *Evangelical and Science in Historical Perspective*, edited by David N. Livingstone, D. G. Hart, and Mark A. Noll, 142–174. Oxford: Oxford University Press, 1999.

———. "Scientific Publishing and the Reading of Science in Nineteenth-Century Britain: A Historiographical Survey and Guide to Sources." *Studies in History and Philosophy of Science* 31, no. 4 (2000): 559–612.

Trist, Sidney. *De Profundis: An Open Letter.* London: LAVS, 1911.

Tuan, Yi-Fu. *Dominance & Affection: The Making of Pets.* New Haven: Yale University Press, 1984.

Turner, E. S. *All Heaven in a Rage.* Fontwell, Sussex: Centaur Press, 1992 [1964].

Turner, Frank M. *Between Science and Religion: The Reaction to Scientific Naturalism in Late Victorian England.* New Haven: Yale University Press, 1974.

———. *Contesting Cultural Authority: Essays in Victorian Intellectual Life.* Cambridge: Cambridge University Press, 1993.

———. *The Greek Heritage in Victorian Britain.* New Haven: Yale University Press, 1981.

———. "The Victorian Crisis of Faith and the Faith That Was Lost." In *Victorian Faith in Crisis*, edited by R. J. Helmstadter and B. Lightman, 3–98. Basingstoke: Macmillan, 1990.

Turner, James. *Reckoning with the Beast: Animals, Pain, and Humanity in the Victorian Mind.* Baltimore: Johns Hopkins University Press, 1980.

Umiker-Sebeok, J., and T. A. Seceok. "Clever Hans and Smart Simians: The Self-Fulfilling Prophecy and Kindred Methodological Pitfalls." *Anthropos* 76 (1981): 89–165.

Velten, Hannah. *Beastly London: A History of Animals in the City.* London: Reaktion, 2013.

Verschoyle, J. "The True Party of Progress." *Zoophilist*, January 1884, 232–233.

V. W., "Half a Loaf." *Zoophilist*, August 1902, 70.

Vyvyan, John. *In Pity and in Anger: A Study of the Use of Animals in Science.* London:

Michael Joseph, 1969.

Waddington, Keir. "Death at St Bernard's: Anti-Vivisection, Medicine and the Gothic." *Journal of Victorian Culture* 18, no. 2 (2013): 246−262.

Waldau, Paul and Kimberley Patton, eds. *A Communion of Subjects: Animals in Religion, Science & Ethics*. New York: Columbia University Press, 2006.

Wallace, A. R. *Studies Scientific and Social*. London: Macmillan, 1900.

Wallas, Graham. *Human Nature in Politics*. London: Archibald Constable, 1908.

Webb, S. H. *On God and Dogs: A Christian Theology of Compassion for Animals*. Oxford: Oxford University Press, 1998.

Weinbren, D. "Against All Cruelty: The Humanitarian League, 1891−1919." *History Workshop Journal* 38 (1994): 86−105.

Weir, Harrison. *Domestic Animals*. London: Religious Tract Society, 1877. Wollaston, A. F. *Life of Alfred Newton*. London: John Murray, 1921.

West, Anna. *Thomas Hardy and Animals*. Cambridge: Cambridge University Press, 2017.

Wheeler, J. M. "Animal Treatment." *Freethinker*, February 11, 1894, 91−92.

White, Lynn. "The Historical Roots of Our Ecological Crisis." *Science* 155, no. 3767 (1967): 1203−1207.

White, Paul. "Darwin Wept: Science and the Sentimental Subject." *Journal of Victorian Culture* 16, no. 2 (2011): 195−213.

———. "Darwin's Emotions: The Scientific Self and the Sentiment of Objectivity." *Isis* 100, no. 4 (2009): 811−826.

———. "Introduction: Science, Literature, and the Darwin Legacy." *Interdisciplinary Studies in the Long Nineteenth Century* (On-line Journal), September 2010.

———. "Sympathy Under the Knife: Experimentation and Emotion in Late-Victorian Medicine." In *Medicine, Emotion, and Disease, 1700−1950*, edited by Bound Alberti, 100−124. Basingstoke: Palgrave Macmillan, 2006.

———. *Thomas Huxley: Making the "Man of Science."* Cambridge: Cambridge University Press, 2003.

Wiener, Joel H. *Papers for the Millions: The New Journalism in Britain, 1850s to 1914*. New York: Greenwood, 1988.

Wilcox, Ella Wheeler. "Christ Crucified." In *Poems by Ella Wheeler Wilcox*, 106−108. London: Gay & Hancock, 1913.

Williams, Howard. "Humane Nomenclature." *Humanity*, August 1895, 42−44.

———. "Pioneers of Humanitarianism. VIII. Voltaire, Rousseau, and the Eighteenth Century Humanitarians." *Humanity*, September 1899, 162−164.

———. "Two 'Pagan' Humanitarians." *Humane Review* 5 (1904-5): 85-96.

Williams, Ioan. *Meredith: The Critical Heritage*. London: Routledge, 1971.

———. *The Ethics of Diet: A Catena of Authorities Deprecatory of the Practice of Flesh-Eating*, Introduced by Carol J. Adams. Urbana: University of Illinois Press, 2003.

Williamson, L. *Power and Protest: Frances Power Cobbe and Victorian Society*. London: Rivers Orem Press, 2005.

Willis, Martin. "'Unmasking Immorality': Popular Opposition to Laboratory Science in Late Victorian Britain." In *Repositioning Victorian Sciences: Shifting Centres in Nineteenth-Century Scientific Thinking*, edited by David Clifford, Elisabeth Wadge, and Alex Warwick, 207-218. London: Anthem Press, 2006.

Wilson, David A. H. *The Welfare of Performing Animals: A Historical Perspective*. Berlin: Springer, 2015.

Windeatt, Philip. *The Hunt and the Anti-hunt*. London: Pluto, 1982.

Winsten, Stephen. *Salt and His Circle*. London: Hutchinson, 1951.

Wise, Steven M. *Rattling the Cage: Towards Legal Rights for Animals*. London: Profile Books, 2001.

Wolffe, J. *God and Greater Britain: Religion and National Life in Britain and Ireland 1843-1945*. London: Routledge, 1994.

Wood, J. G. *Common Objects of the Country*. London: Routledge, 1858.

———. *Common Objects of the Sea-Shore*. London: Routledge, 1857.

———. *Glimpses into Petland*. London: Bell and Daldy, 1863.

———. *Man and Beast: Here and Hereafter*. London: Daldy, Isbister, 1874.

———. *Petland Revisited*. London: Longmans, Green, 1884.

Wood, Theodore. *The Rev. J. G. Wood: His Life and Work*. London: Cassell, 1890.

Woodfield, Malcolm. *R. H. Hutton: Critic and Theologian*. Oxford: Clarendon, 1986.

Worboys, M. *The Transformation of Medicine and the Medical Profession in Britain 1860-1900*. Cambridge: Cambridge University Press, 2000.

Wordsworth, William. "White Doe of Rylstone." In *William Wordsworth: The Major Works*, edited by S. Gill, 168-173. Oxford: Oxford University Press, 2000.

Worster, Donald. *Nature's Economy: A History of Ecological Ideas*. Cambridge: Cambridge University Press, 1994.

Yeo, Stephen. "A New Life: The Religion of Socialism in Britain, 1883-1896." *History Workshop Journal*, no. 4 (1977): 5-56.

Youatt, William. *The Obligation and Extent of Humanity to Brutes*. London: Longman, 1839.

Young, Robert M. *Mind, Brain, and Adaptation in the Nineteenth Century: Cerebral*

Localization and Its Biological Context from Gall to Ferrier. Oxford: Clarendon, 1970.

Young, Thomas. *An Essay on Humanity to Animals*. London: T. Cadell, 1798.

———. *The Sin and Folly of Cruelty to Brute Animals: A Sermon*. Birmingham: J. Belcher and Son, 1810.

李鉴慧:《由"棕狗传奇"论二十世纪初英国反动物实验运动策略之激进化》,载《新史学》,23:2(2012)。

李鉴慧:《论安妮·贝森的神智学转向:宗教、科学与改革》,载《成大历史学报》,2016年12月,西洋史学专刊,第51号。

索 引

守望思想　　逐光启航

LUMINAIRE
光启

为动物而战：19世纪英国动物保护中的传统挪用

李鉴慧 著

曾琬淋 译

责任编辑　肖　峰
营销编辑　池　淼　赵宇迪
装帧设计　甘信宇

出版：上海光启书局有限公司
地址：上海市闵行区号景路159弄C座2楼201室　201101
发行：上海人民出版社发行中心
印刷：山东临沂新华印刷物流集团有限责任公司
制版：南京展望文化发展有限公司

开本：880mm×1240mm　　1/32
印张：14.25　　字数：320,000　　插页：2
2025年1月第1版　　2025年1月第1次印刷
定价：110.00元
ISBN：978-7-5452-2008-7 / S · 3

图书在版编目 (CIP) 数据

为动物而战：19世纪英国动物保护中的传统挪用 /
李鉴慧著；曾琬淋译 . —上海：光启书局，2024
书名原文：Mobilizing Traditions in the First
Wave of the British Animal Defense Movement
ISBN 978-7-5452-2008-7

Ⅰ.①为…　Ⅱ.①李…②曾…　Ⅲ.①动物保护—概
况—英国—19世纪　Ⅳ.① S863

中国国家版本馆 CIP 数据核字（2024）第 107459 号

本书如有印装错误，请致电本社更换 021-53202430